21 世纪先进制造技术丛书

全陶瓷球轴承加工工艺与噪声特性

吴玉厚　闫海鹏　孙　健　张志桂　著

科学出版社

北　京

内 容 简 介

本书以全陶瓷球轴承加工工艺与噪声分析为重点，对全陶瓷球轴承用工程陶瓷材料磨削加工的表面粗糙度、表面损伤与裂纹扩展、磨削模型、磨削力、磨削加工工艺与优化，以及全陶瓷球轴承声辐射特性进行了重点阐述，形成相对完善的全陶瓷球轴承加工工艺与辐射噪声特性模型，并采用大量理论和试验图片，深入地论述了全陶瓷球轴承的产品性能与技术特点。本书在全陶瓷球轴承的产品研发及其在工程上的应用研究方面具有较高的理论价值和实际指导作用。

本书可供从事陶瓷轴承加工，特别是全陶瓷球轴承设计和制造工作的工程技术人员参考，也可作为高等院校相关专业本科生、研究生的教学参考用书。

图书在版编目（CIP）数据

全陶瓷球轴承加工工艺与噪声特性／吴玉厚等著．—北京：科学出版社，2022.3

（21 世纪先进制造技术丛书）

ISBN 978-7-03-071832-7

Ⅰ．①全… Ⅱ．①吴… Ⅲ．①陶瓷滚动轴承-加工 ②陶瓷滚动轴承-噪声特性-研究 Ⅳ．①TH133.33

中国版本图书馆 CIP 数据核字（2022）第 040128 号

责任编辑：牛宇锋 纪四稳／责任校对：任苗苗

责任印制：师艳茹／封面设计：蓝正设计

科学出版社 出版

北京东黄城根北街 16 号

邮政编码：100717

http://www.sciencep.com

河北鹏润印刷有限公司 印刷

科学出版社发行 各地新华书店经销

*

2022 年 3 月第 一 版 开本：720 × 1000 B5

2022 年 3 月第一次印刷 印张：21 1/4

字数：407 000

定价：168.00 元

（如有印装质量问题，我社负责调换）

“21 世纪先进制造技术丛书”编委会

“21 世纪先进制造技术丛书”序

21 世纪，先进制造技术呈现出精微化、数字化、信息化、智能化和网络化的显著特点，同时也代表了技术科学综合交叉融合的发展趋势。高技术领域如光电子、纳电子、机器视觉、控制理论、生物医学、航空航天等学科的发展，为先进制造技术提供了更多更好的新理论、新方法和新技术，出现了微纳制造、生物制造和电子制造等先进制造新领域。随着制造学科与信息科学、生命科学、材料科学、管理科学、纳米科技的交叉融合，产生了仿生机械学、纳米摩擦学、制造信息学、制造管理学等新兴交叉科学。21 世纪地球资源和环境面临空前的严峻挑战，要求制造技术比以往任何时候都更重视环境保护、节能减排、循环制造和可持续发展，激发了产品的安全性和绿色度、产品的可拆卸性和再利用、机电装备的再制造等基础研究的开展。

“21 世纪先进制造技术丛书”旨在展示先进制造领域的最新研究成果，促进多学科多领域的交叉融合，推动国际间的学术交流与合作，提升制造学科的学术水平。我们相信，有广大先进制造领域的专家、学者的积极参与和大力支持，以及编委们的共同努力，本丛书将为发展制造科学，推广先进制造技术，增强企业创新能力做出应有的贡献。

先进机器人和先进制造技术一样是多学科交叉融合的产物，在制造业中的应用范围很广，从喷漆、焊接到装配、抛光和修理，成为重要的先进制造装备。机器人操作是将机器人本体及其作业任务整合为一体的学科，已成为智能机器人和智能制造研究的焦点之一，并在机械装配、多指抓取、协调操作和工件夹持等方面取得显著进展，因此，本系列丛书也包含先进机器人的有关著作。

最后，我们衷心地感谢所有关心本丛书并为丛书出版尽力的专家们，感谢科学出版社及有关学术机构的大力支持和资助，感谢广大读者对丛书的厚爱。

熊有伦

华中科技大学

2008年4月

前　言

全陶瓷球轴承是一种能够胜任超高转速、高/低温、滑油中断、腐蚀、电磁绝缘等极端服役条件的特种轴承，在数控机床、航空航天、航海、冶金、化工和国防军事等领域具有广泛的应用前景。由于在特殊条件下所表现出的优异性能，全陶瓷球轴承成为关键领域不可或缺的核心基础部件。

全陶瓷球轴承套圈与滚动体均由工程陶瓷材料制成，目前大多采用氮化硅陶瓷或氧化锆陶瓷。与传统钢制轴承材料相比，工程陶瓷材料具有较高的硬度和良好的耐磨性，可以大幅降低滚动体与套圈间的接触疲劳，延长轴承的使用寿命。氮化硅拥有低密度特性，在高转速下滚动体离心力较小，具备高刚度、耐高/低温、耐腐蚀等性能，不导电、不导磁，在强磁环境中运行不受磁场干扰，是一类较为理想的轴承材料。近年来，全陶瓷球轴承在各领域得到广泛青睐。

本书共 9 章。第 1 章为绪论。第 2～5 章主要讨论工程陶瓷材料的加工工艺：以氮化硅陶瓷的精密磨削加工为研究对象，以磨削过程中陶瓷力学模型、破碎理论、损伤机理为理论基础，首先基于有限元与二维离散元模拟方法分析磨削因素对磨削力、表面形貌、裂纹生成/扩展、陶瓷损伤等方面的影响，并通过大量的试验结果验证仿真模型与算法的正确性；之后以大量的模拟及试验数据为依托，采用粒子群优化(PSO)算法改进反向传播(BP)神经网络进行磨削工艺参数优化，找出氮化硅陶瓷最优磨削工艺参数范围，实现该种材料的高效精密磨削；最后将研究成果应用于氮化硅全陶瓷球轴承精密加工过程。第 6～9 章主要分析全陶瓷球轴承的噪声特性：以应用于数控机床电主轴的全陶瓷球轴承为研究对象，建立全陶瓷球轴承动力学模型和声辐射模型，揭示出全陶瓷球轴承辐射噪声机理；研究全陶瓷球轴承声场分布特性及辐射噪声影响因素，发现全陶瓷球轴承声场具有指向性；探究不同服役条件下全陶瓷球轴承声辐射变化规律，获取全陶瓷球轴承辐射噪声与转速、润滑、载荷以及环境温度的关系；对比分析不同类型轴承电主轴的辐射噪声特性，利用全陶瓷球轴承电主轴进行磨削试验，对磨削过程中全陶瓷球轴承的辐射噪声进行测试分析，进一步提升其转速，改善其声学性能，提高声环境质量，实现数控机床高转速、高精度、低噪声加工。

本书相关内容得到了国防科技创新特区项目(20-163-00-TS-006-002-11)、国家自然科学基金项目(52105196、51975388)、辽宁省自然科学基金项目(2019-ZD-0666、2020-BS-159)、河北省自然科学基金项目青年科学基金项目(E2021208004)、河北省高等学校科学技术研究项目青年基金项目(QN2021061)等的支持。

限于作者水平，书中难免存在疏漏及不足之处，恳请读者批评指正。

目　录

第1章　绪　　论

1.1　全陶瓷球轴承简介

1.1.1　全陶瓷球轴承与工程陶瓷

1. 全陶瓷球轴承概念

全陶瓷球轴承是一种轴承套圈与滚动体均由工程陶瓷材料制成的特种轴承，由于工程陶瓷材料的特殊性能，全陶瓷球轴承与传统钢制轴承相比具有优良的性能。全陶瓷球轴承具有刚度大、热稳定性好、耐磨损、耐腐蚀以及运转精度高、寿命长等优点。

2. 工程陶瓷材料特性

陶瓷材料是由金属及非金属元素的无机化合物构成的多晶固体材料，同金属材料、高分子材料一起称为三大固体材料。与传统陶瓷材料相比，工程陶瓷材料是以人工合成的高纯度化合物为原料，经过烧结和成形加工而成。由于工程陶瓷材料具有高强度、高硬度、高耐磨性、耐高温、耐腐蚀、低密度、低膨胀系数等优越性能，已经用来制造轴承、密封环、燃气轮机燃烧器、涡轮叶片、航天器喷嘴等，在各个装备制造领域得到越来越多的应用[1]。

工程陶瓷的种类繁多，根据它的特性和用途可分为功能陶瓷和结构陶瓷两大类[2]。其中，功能陶瓷又分为：用于电子材料的功能陶瓷，包括导电陶瓷、光电陶瓷、电介质陶瓷等；用于磁性材料的功能陶瓷，包括软磁铁氧体、硬磁铁氧体和磁记录材料等；用于光学材料的功能陶瓷，包括耐热透明材料、透明陶瓷、红外光学材料等。结构陶瓷包括高温和高强度陶瓷、超硬工模具陶瓷及化工陶瓷等，具有优良的力学性能(高强度、高硬度、耐磨损)、热性能(抗热、抗蠕变)和化学性能(抗氧化、抗腐蚀)。氧化物和非氧化物结构陶瓷是广泛应用的工程陶瓷，这类陶瓷包括氧化物陶瓷、氮化物陶瓷和硼化物陶瓷。氮化硅陶瓷就是一种氮化物陶瓷。

工程陶瓷材料有氮化硅(Si_3N_4)、氧化铝(Al_2O_3)、碳化硅(SiC)和氧化锆(ZrO_2)等。经比较可知，氮化硅陶瓷材料的综合性能优于其他陶瓷材料，是目前制备陶瓷球常用的陶瓷材料。氮化硅陶瓷材料的失效形式与轴承钢类似，是以具有先兆的剥落方式出现的，而氧化锆、氧化铝均以突然碎裂的失效方式出现，不满足陶瓷轴承平稳运行的要求[3]。表 1.1 列出了四种典型工程陶瓷的特性[4]。

表 1.1 典型工程陶瓷的特性

性能参数	Si_3N_4	Al_2O_3	ZrO_2	SiC
密度/(g/cm^3)	3.20～3.30	3.95	6.0	3.10
弹性模量/GPa	310	390	205	420
抗压模量/MPa	>3500	2000～2700	2000	2000～2500
抗弯模量/MPa	600～1000	300～500	950～1200	⩾450
显微硬度/GPa	14～18	18～20	10～13	20～24
韧性/($MPa \cdot m^{1/2}$)	5～8	3～5	8～12	2～4
热膨胀系数/($10^{-6}K^{-1}$)	3.2	8.5	10.5	4.5
热导率/($W/(m \cdot K)$)	35	30	2～3	150
比热容/($J/(kg \cdot K)$)	800	880	400	700
滚动接触疲劳失效形式	剥落	碎裂	剥落/碎裂	碎裂

1.1.2 氮化硅陶瓷材料

1. 氮化硅陶瓷材料概述

工程陶瓷作为陶瓷材料中的重要组成部分，已经引起了世界范围内诸多科研机构的高度重视，并对其进行了深入研究，取得了大量研究成果及突破性进展。氮化硅在工程陶瓷材料中具有重要特性，很多研究学者对其优异的物理及化学性能产生了研究兴趣。举例来说，20 世纪 70 年代前后英、法等发达国家的众多高校及科研院所就已经开始了对氮化硅陶瓷的先行研究，他们首先对氮化硅陶瓷的结构、性能进行了分析，接着对其加工方式进行了探索，最后研究了其应用方向。在 70 年代之后，世界范围内兴起了对氮化硅陶瓷的研究和分析热潮[5,6]。到 90 年代，氮化硅陶瓷已经由试验研究阶段走向了应用领域并且成功地实现了产业化。从 90 年代至今，人们对氮化硅陶瓷进行了比较全面、细致、深入的分析和研究，发现这种材料能够广泛地应用在一些高科技领域，成为某些领域非常重要的替代材料。我国从 1970 年左右开始对氮化硅陶瓷及其相关技术进行研究，在初始阶段主要对氮化硅陶瓷的性能、结构及其市场应用技术进行研究，在此之后，又对其加工与制备技术进行了研究[7-15]。

氮化硅作为现阶段一种非常重要的工程陶瓷，具有许多优点，如抗热、抗振、强度高、不易磨损、绝缘性能好、化学性稳定等[16]。氮化硅陶瓷材料在高温下仍具有良好的物理性能，该优异性能是目前众多学者专家研究的热点。如今，氮化硅陶瓷正在逐渐被广泛应用，应用领域包括机械工程及汽车领域中需要耐高温的外壳、化工行业所使用的耐腐蚀部件、半导体行业内的坩埚，以及代替金属材料的切削刀具、轴承及核反应堆中涉及的各种辅助部件(如隔离件等)，此外，因其优良的介电性能，而被研究用于高超声速飞行器上的一种新型材料[17, 18]。目前，制备氮化硅的主要方法有气压烧结法、热压烧结法、反应烧结法和无压烧结法等。经比较，相对于无压烧结法，热压烧结法所需成本高，气压烧结法在进行烧结时温度较为适中；从实际应用来看，反应烧结法制得的样品强度较低，不够致密[19]。

2. 氮化硅陶瓷材料结构与特性

物质结构是指物质材料的化学键与结晶结构。工程材料有分子键、金属键、共价键、离子键等四类键合的形式。当材料键合的形式差别很大时，其基本性质也会随之产生很大的区别。氮化硅的晶体化学键组成中，既包含共价键，也包含离子键，其中共价键占 70%，离子键约占 30%。陶瓷晶体材料中共价键和离子键所占比例的不同，会对材料的性能产生直接的影响。因氮化硅主要以共价键形式存在，故在温度变化过程中较为稳定，具有低的热膨胀性和高的热传导性。另外，共价键和离子键属于结合强度高、方向性强的两类结合键，故在这样的晶体结构中发生位错运动的概率很小[20-22]。这就决定了以氮化硅为代表的陶瓷材料和金属材料的性能完全不一样，最主要的区别是脆性大。

一般材料在静拉伸试验中，都会经历弹性变形、塑性变形及断裂等三个阶段。氮化硅材料在静弯曲(或常温静拉伸)负载作用下，塑性变形不会产生，即在陶瓷材料的变形过程中，塑性变形阶段会消失，变形过程只有弹性变形和脆性断裂。在工程材料中，能够反映材料性能的一个重要参数为弹性模量，它所表示的物理意义为材料在产生单位变形时所需要的外力。从宏观的角度来看，它反映的是材料的刚度；从微观的角度来看，它反映的是材料原子之间化学键结合能力的大小。氮化硅等陶瓷材料和金属材料具有不同的弹性模量，主要体现在以下三个方面[23-25]：

(1) 氮化硅陶瓷的离子键和共价键更强固，故其比金属类材料的弹性模量大很多倍。

(2) 氮化硅陶瓷材料在压缩变形时产生的模量一般会比拉伸变形时产生的模量大。

(3) 氮化硅陶瓷的模量是通过结合键和分配比例，以及组成该材料的相所属的类别及气孔率来确定的。

在氮化硅等陶瓷材料的晶体结构中，一般发生范性变形的两种方式为滑移和孪生。其中滑移是一种较为普遍存在的塑性变形方式，其定义为在外部所给切应力作用之下，晶体中的某一部分相对于另一部分沿着一个固定的晶面及晶向的移动。晶体的结构及其位向在发生移动时是始终保持不变的，即它不会沿着处于该晶体中的任意一个晶面及任意一方向移动，一般情况下原子排列最为紧密的那个晶面就是其滑移面。同理，原子密排的那个方向就是其滑移的方向。由位错理论可知，滑移并不是一种发生在晶体任意两个部分间相对刚性的移动，它由晶体间位错的移动来完成。

氮化硅陶瓷为多晶状态，一般来说多晶体较单晶体更不易发生滑移，因为其不规则的多晶体结构使其在常温下不易发生塑性变形。此外，氮化硅等陶瓷材料都是大点阵常数、结构复杂且含有多种元素的多元化合物。由位错能量公式可知，陶瓷晶体形成新的位错，较金属材料形成位错所需的能量更大，所以在氮化硅等工程陶瓷材料中很难发生位错现象。多晶体类陶瓷在受到外部应力作用时是比较容易发生塞积现象的，这是由于当陶瓷受外力时位错不能够轻易地穿过晶界。塞积现象同时也导致应力不易向邻近的晶粒传播，产生应力集中，故氮化硅等陶瓷材料具有塑性差、脆性大的特点。

1994 年，Popper 通过总结从 20 世纪 70 年代至 1992 年公开发表过的关于氮化硅陶瓷材料的文献，发表了一篇针对氮化硅陶瓷应用的论文，这篇论文囊括了世界上众多学者对氮化硅陶瓷材料的测量评估和有关其主要性能的理论性研究成果[26]。此后，Krstic 等根据这篇文献对氮化硅陶瓷材料的物理性能进行了总结并做了对照表，详见表 1.2[27]。氮化硅陶瓷比其他陶瓷材料有十分明显的优势，其能够表现出良好的耐高温性和只有熔融金属才具备的化学惰性。这种材料为高硬度的材料，所以耐磨性高并且比其他陶瓷材料的断裂韧性更高[28, 29]。

表 1.2 氮化硅陶瓷材料综合性能

性能参数	材料			
	气压烧结氮化硅	热压烧结氮化硅	无压烧结氮化硅	反应烧结氮化硅
密度/(g/cm³)	3.1～3.2	3.07～3.37	2.8～3.4	2.0～2.8
热导率/(W/(m · K))	24.5	29.3	15.5	2.6～20
比热容/(J/(kg · K))	711.756	711.756	711.756	—
弯曲强度/MPa	360～1350(20℃) 900(1400℃)	450～1200(20℃) 600(1400℃)	275～1000(20℃) 800(1400℃)	300(1400℃) 400(1400℃)
压缩强度/MPa	3500	4500	4000	—
线膨胀系数/(10^{-6}℃$^{-1}$)	3.2(20～1000℃)	3～3.9(20～1000℃)	3.5(20～1000℃)	2.5～3.1(20～1000℃)
弹性模量/GPa	300～320(20℃) 150～220(1400℃)	250～320(20℃) 175～250(1400℃)	195～315(20℃) —	100～220(20℃) 120～200(1400℃)
断裂韧性/(MPa · $m^{1/2}$)	6～7.5	2.8～12	3.0～10	3.6

1.1.3　全陶瓷球轴承特性

轴承作为现代机械工业中极其重要的零部件，在复杂多变的工业环境中起到支撑旋转轴、减少摩擦磨损、降低热传递的重要作用。随着工程陶瓷制备、制造新技术的发展，以各类工程陶瓷为制造材料的精密全陶瓷球轴承开始大放异彩。精密全陶瓷球轴承因其密度低、抗磨损、耐高温、耐腐蚀、不导电、不导磁等诸多优点，广泛应用于真空、高污染、高温、高速、腐蚀等特殊极端工况，在航空航天、船舶制造、能源开发、高速高档机床等诸多领域得到越来越多的应用和发展。

陶瓷轴承不同于传统金属轴承的一点主要是材料的不同，同时陶瓷材料由于具有高硬度及高脆性等特点，制造加工比较困难，因此要想实现陶瓷轴承的批量化生产，必须解决陶瓷材料的加工技术。这就需要国内研究人员对其进行深入的研究，并且能够将实验室做出的研究数据转化为产品。国内的高端陶瓷轴承 90%依赖于进口，这对国内陶瓷轴承制造企业造成了极大的冲击，但也使轴承行业清醒地认识到国内陶瓷轴承的巨大市场，要增强自身的竞争力，提高陶瓷轴承的制造技术水平。

全陶瓷球轴承与钢制球轴承组成组件一样，均由内外圈、球和保持架组成，图 1.1 所示为全陶瓷角接触球轴承的结构示意图。对于钢制高速角接触球轴承，一般它们的保持架由外圈引导；而对于全陶瓷角接触球轴承，由于陶瓷材料刚度大、热膨胀系数小、摩擦系数低，当存在球径误差时，高速运转过程中会产生小球径陶瓷球与内圈不接触的情况，导致较少的陶瓷球与内圈接触，使与内圈接触

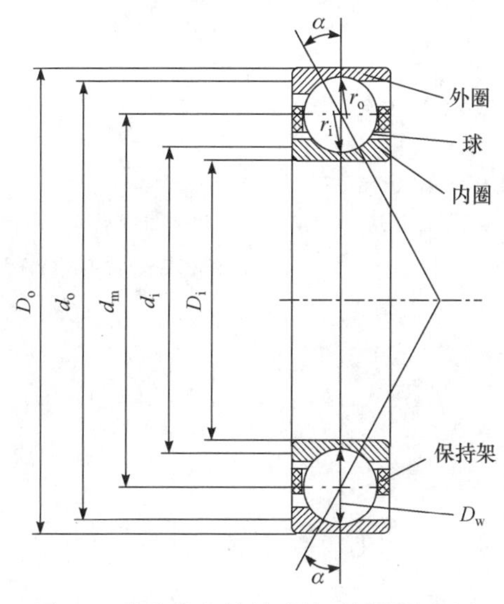

图 1.1　全陶瓷角接触球轴承结构示意图

的陶瓷球受力增大，因此为了充分润滑、减小摩擦，将全陶瓷角接触球轴承设计为保持架由内圈引导，以使内圈滚道能够形成良好的润滑油膜。同时在保持架的引导面形成了油膜，在非承载区由于油膜的摩擦作用，内圈给保持架以拖动力，从而增加了保持架对陶瓷球的附加驱动力矩，进而可以起到防止打滑的效果。

在图 1.1 中，D_i 与 D_o 分别为轴承内、外圈直径，d_i 与 d_o 分别为轴承内、外圈滚道直径，d_m 为轴承节圆直径，D_w 为球的直径，α 为接触角，r_i、r_o 分别为内、外圈沟道曲率半径。陶瓷材料刚度较大，变形量相对较小，一般可以认为是点接触。

基于钢轴承的接触分析，设球为接触体 I，内外圈为接触体 II，并令凸面为正值，凹面为负值，可计算全陶瓷角接触球轴承各组件的主曲率 ρ 分别如下。

球的曲率：

$$\rho_{I1} = \rho_{I2} = \frac{2}{D_w} \tag{1.1}$$

内圈的曲率：

$$\begin{aligned} \rho_{II1} &= \frac{2}{D_w}\left(\frac{\gamma_b}{1-\gamma_b}\right) \\ \rho_{II2} &= -\frac{1}{k_i D_w} \end{aligned} \tag{1.2}$$

外圈的曲率：

$$\begin{aligned} \rho_{II1} &= -\frac{2}{D_w}\left(\frac{\gamma_b}{1+\gamma_b}\right) \\ \rho_{II2} &= -\frac{1}{k_o D_w} \end{aligned} \tag{1.3}$$

式中，$\gamma_b = D_w \cos\alpha'/d_m$，为无量纲几何参量，$\alpha'$ 为轴承受载荷作用时的接触角，$d_m = (D_i + D_o)/2$；$k_i = r_i/D_w$、$k_o = r_o/D_w$ 分别为轴承内、外圈沟道曲率半径系数。

全陶瓷角接触球轴承的主曲率 $\sum\rho$ 和主曲率函数 $F(\rho)$ 分别如下。

球与内圈：

$$\sum\rho_i = \frac{1}{D_w}\left(4 - \frac{1}{k_i} + \frac{2\gamma_b}{1-\gamma_b}\right) \tag{1.4}$$

$$F(\rho_i) = \frac{\dfrac{1}{k_i} + \dfrac{2\gamma_b}{1-\gamma_b}}{4 - \dfrac{1}{k_i} + \dfrac{2\gamma_b}{1-\gamma_b}} \tag{1.5}$$

球与外圈：

$$\sum \rho_{\mathrm{o}} = \frac{1}{D_{\mathrm{w}}}\left(4 - \frac{1}{k_{\mathrm{o}}} - \frac{2\gamma_{\mathrm{b}}}{1+\gamma_{\mathrm{b}}}\right) \tag{1.6}$$

$$F(\rho_{\mathrm{o}}) = \frac{\dfrac{1}{k_{\mathrm{o}}} - \dfrac{2\gamma_{\mathrm{b}}}{1+\gamma_{\mathrm{b}}}}{4 - \dfrac{1}{k_{\mathrm{o}}} - \dfrac{2\gamma_{\mathrm{b}}}{1+\gamma_{\mathrm{b}}}} \tag{1.7}$$

由此可以看到，全陶瓷角接触球轴承的接触分析与钢轴承一样，只是在实际中，全陶瓷角接触球轴承的沟道曲率半径系数相对较大。

此外，全陶瓷角接触球轴承极限转速较高，摩擦力矩比较小，可以承受更高的载荷，并且具有耐高温、抗磨损、耐腐蚀等优良特点，但是与钢轴承相比，由于陶瓷材料的特性，将产生较大的辐射噪声。

全陶瓷球轴承在运行过程中，陶瓷球的受力最为复杂，其与内外圈和保持架发生接触，产生摩擦与撞击作用。此外，在润滑油的作用下，陶瓷球也受到液动力的作用，使陶瓷球产生更为复杂的运动状态。

1.2 全陶瓷球轴承制造及应用

1.2.1 氮化硅陶瓷材料的加工技术

1. 氮化硅陶瓷材料的加工方法

虽然气压烧结、热压烧结技术的改进大大提高了氮化硅毛坯件的精度，但工程陶瓷零件对其形状和尺寸精度以及加工表面的完整性要求更高，尤其是应用在配合使用的机械结构中，仍需要对陶瓷零件进行进一步的加工。氮化硅陶瓷脆性很大，力学上表现为抗拉伸应力很小而抗剪切应力很大[30-32]。此外，与金属相比，氮化硅材料的弹性模量非常大，用传统的磨削加工金属的方法加工该种陶瓷完全行不通。随着加工技术的不断发展，越来越多新技术被用来加工氮化硅陶瓷[33-36]。表 1.3 给出了几种主要的氮化硅等工程陶瓷加工方法[37, 38]。

表 1.3 氮化硅等工程陶瓷材料主要加工方法

加工方法分类	具体加工方法
机械加工	磨削加工、研磨抛光加工、车削加工、钻削加工、砂带加工、珩磨加工
电学加工	电火花加工、电子束加工、离子束加工、等离子束加工

续表

加工方法分类	具体加工方法
复合加工	光刻加工、ELID磨削、超声波磨削、超声波研磨、超声波电火花加工
化学加工	腐蚀加工、化学研磨加工
光学加工	激光加工

注：ELID指电解在线修整。

2. 氮化硅陶瓷的磨削特点

磨削加工方式是氮化硅等工程陶瓷材料最常见的加工方式，相对于表1.3中介绍的其他主要加工方法，其工艺简单、加工效率高、加工尺寸精度高、表面粗糙度低、表面及内部裂纹少，通过该种加工方式可获得相对较高的可靠性工程陶瓷部件。在工程陶瓷磨削特性研究方面，目前主要涉及的有磨削力、磨削比能、磨削温度、磨削表面形貌、表面粗糙度、裂纹及微裂纹、比磨削刚度和磨削比等方面[39-44]。

材料的基本性能决定了其自身的磨削特点。氮化硅陶瓷为典型的难加工材料，具有硬脆性、高耐磨性、高抗压强度等特性。目前，氮化硅陶瓷材料的磨削过程具备下述主要特点：

(1) 磨削力比很大。因氮化硅陶瓷的硬度很高，具有优良的耐磨性与较大的抵抗力，即磨粒不易压入工件表面，故磨削时产生的切向力与法向力的比值(力比)F_n/F_t很大，为10～40，远远大于金属材料的磨削力比(1.6～2.5)。

(2) 磨削比小，加工成本较高，砂轮磨耗磨损量大。在相同加工条件下，磨削陶瓷材料的磨削比是磨削普通玻璃的三十几分之一。磨削比小，必然会使超硬磨料磨具产生严重的磨耗磨损，而目前市场上超硬磨料磨具价格普遍较为昂贵，这促使氮化硅陶瓷材料零件的生产成本都很高，一般会占陶瓷零件生产总成本的65%～90%。所以，减少砂轮的磨耗，同时降低氮化硅陶瓷的生产成本，是能够实现氮化硅陶瓷广泛应用的最基本前提。

(3) 氮化硅陶瓷材料的生产率低。氮化硅陶瓷材料的韧性较为不足，同时氮化硅陶瓷磨削时产生的抗力很大而且对损伤和裂纹非常敏感，使得氮化硅陶瓷材料的磨削加工层厚度受到了特定条件的制约，加之氮化硅陶瓷具有优异的耐磨性，从而导致其磨削加工性能很差，生产效率较低，而且比磨除率为2～3mm^3/(mm · s)。

(4) 氮化硅陶瓷材料磨削后的表面质量难以控制。氮化硅陶瓷的韧性较差，与其他硬脆材料一样，而且对表面状态十分敏感，因此氮化硅陶瓷零件所具有的力学性能基本取决于加工后表面的状态。在磨削加工过程中，工件与磨粒之间通过非常复杂的摩擦、变形甚至断裂并会伴随力/热的作用来去除加工层的材料。氮化硅陶瓷材料的磨削过程与磨削表面质量和塑性金属材料与普通脆性材料的不同，它具有特殊的规律。但由于现阶段人们对氮化硅陶瓷的磨削规律并不是十分了解，而且对氮化硅的磨削表面质量也难以准确地控制，严重制约了氮化硅陶瓷材料零件的市场应用。

(5) 磨削表层易出现裂纹。氮化硅材料的脆硬性，决定了磨削加工的过程中氮化硅材料的去除方式为脆性断裂，并且在磨削后的表面产生了较多的加工损伤，主要的损伤形式为裂纹、相变区域、微破碎和残余应力，其中对材料性能影响较大的为表层残余应力和裂纹。其主要形式包含表面破碎层，以及亚表面产生的显微裂纹及裂纹层下的残余应力层，该残余应力层由塑性变形导致，这些残余应力和裂纹都会对氮化硅零件的各种性能产生严重的制约。

因此，在降低氮化硅陶瓷材料加工成本、保障加工效率的前提下，降低其表面粗糙度、减少加工裂纹、降低砂轮与陶瓷之间的相互作用力、提高表面加工质量是氮化硅等工程陶瓷加工过程中的重点研究问题。

3. 磨削氮化硅陶瓷时的工艺参数

在实际磨削陶瓷套圈过程中，根据工程陶瓷材料的性能特点，作者团队设计了一系列磨削工程陶瓷的专用夹具[45-49]。在磨床上磨削陶瓷材料时所涉及的磨削用量有砂轮线速度 v_s、工件进给速度 v_w、磨削深度 a_p、轴/径向进给量和轴/径向进给速度，工件加工后表面粗糙度、裂纹扩展程度、表面质量及磨削效率都会受这些磨削用量的影响[50-56]。

1) 砂轮线速度 v_s

在内、外圆磨削和平面磨削等任意一类磨削加工过程中，主运动为砂轮的高速回转运动，砂轮线速度为砂轮的圆周速度，其中砂轮线速度用 v_s 来表示，单位为 m/s。在磨削加工过程中，砂轮线速度需要依据加工效率、砂轮结合剂的强度、采用的磨削方式、磨床条件、工件表面所要求的粗糙度和磨削的材料等多种因素来选定。加工氮化硅陶瓷选用合适的砂轮速度为 30～100m/s。

2) 工件进给速度 v_w

在平面磨削加工过程中，工件在直线上往复运动的速度即工件进给速度。而在对外圆与内圆磨削的加工时，工件进给速度为圆周进给速度，单位为 mm/min。在氮化硅陶瓷磨削加工过程中，工件进给速度取 1000～3000mm/min 即可，当使用细粒度的砂轮进行精磨或对内圆进行磨削时，可以适当地提高工件进给速度。

3) 磨削深度 a_p

砂轮在每次加工时切入工件中的深度，即磨削深度，单位为 mm。在实际加工过程中，所取的磨削深度应根据磨具的粒度、加工时的效率、砂轮结合剂的类型、选取的磨削方式等多种因素来选取。通常，磨料的粒度越大，所选的磨削深度就越大；外圆磨削时选用的磨削深度要大于内圆磨削时选用的磨削深度；平面磨削时的磨削深度不小于外圆磨削时的磨削深度；当砂轮结合剂强度较高时，磨削深度可以适当地加大。通常情况下，磨削氮化硅陶瓷所选取的磨削深度为0.001～0.01mm。

4) 径向进给速度和径向进给量

在一般磨削加工中，当选取的磨削方式为内、外圆磨削时，推荐的径向进给速度为 0.05～1mm/min，而当内、外圆磨削加工氮化硅陶瓷时，因其材料硬脆性特点，径向进给速度应控制在 0.005～0.05mm/min，同时工件转速应为 200r/min 左右。在选择磨削参数时不仅要符合上述所提的原则，而且还应结合实际情况。

4. 氮化硅陶瓷球的研磨过程

陶瓷球毛坯的制备工艺影响陶瓷球后续的研磨加工效率及最终的成品质量。氮化硅陶瓷球毛坯的制备需要先制备氮化硅粉末，然后将氮化硅粉末经过一定的工艺制成球体。氮化硅粉末流动性、表面活性差，因此不能通过一些简单的方法来进行成型加工，它需要经过严格的工艺流程才能制备出来。目前，氮化硅陶瓷球的制备流程已经基本成熟，其制备流程如图 1.2 所示。

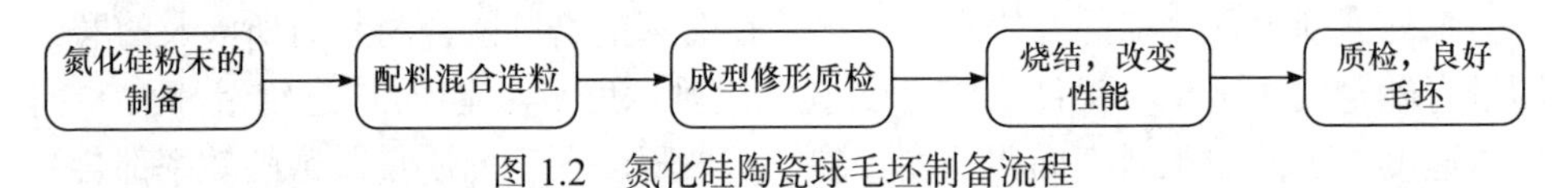

图 1.2 氮化硅陶瓷球毛坯制备流程

烧结后的氮化硅陶瓷球毛坯仍不能达到轴承用陶瓷球的使用要求，需要采用研磨方法进行后续的机械加工，通过研磨和抛光加工工艺过程获得成品陶瓷球。陶瓷球毛坯的研磨一般要经过初研、精研、超精研和抛光等工艺流程[56, 57]。

初研阶段，研磨剂中磨料粒度较大，磨料通过对陶瓷球表面进行切削、挤压和剥离等作用，实现对陶瓷球表面材料的去除[58]，从而改善陶瓷球毛坯的球形精度和尺寸精度。初研阶段主要在保证研磨加工质量的前提下，尽可能地提高研磨加工效率，通常会去除陶瓷球毛坯 95%的加工余量。

精研阶段，采用较小的磨料粒度，进一步改善粗研后陶瓷球表面的加工缺陷，提高陶瓷球毛坯的表面质量和精度，使精研后陶瓷球的尺寸精度、球形精度和表面缺陷更接近成品球的技术要求。

超精研阶段，采用比精研阶段更小的磨料粒度，该阶段磨料的去除能力较弱，其目的是使陶瓷球表面质量和表面精度进一步提高，进而达到成品球的技术要求。

研磨阶段一般采用的研磨磨料有金刚石、碳化硼和碳化硅等，研磨盘盘体材料一般采用铸铁，硬度为 140～220HB。

抛光阶段是陶瓷球研磨加工过程的最后一个阶段。抛光阶段主要用来降低陶瓷球表面粗糙度，减少陶瓷球表面微细裂纹、划擦和凹坑等缺陷，进而提高陶瓷球轴承的服役性能。

抛光阶段和研磨阶段的加工方法类似，都是在研磨盘上采用磨粒对陶瓷球进行加工，区别在于抛光阶段所采用的磨粒粒度更细，通常为1μm以下，且采用的研磨盘盘体材料硬度更低。抛光阶段，除磨粒的研磨去除机械作用，还包括材料之间的化学作用。抛光过程中，所施加的研磨压力不能使陶瓷球产生裂纹。

抛光阶段陶瓷球的表面加工质量受机械及化学共同切削作用的影响，其亚表面微小裂纹及弹塑性变形是由产生切屑时的一部分机械能所产生的。因此，研磨抛光阶段需要采用能够提高表面质量和减小加工变质层的研磨工艺条件。

5. 氮化硅陶瓷球的加工方式

目前，对陶瓷球的研磨加工主要采用游离磨料进行研磨抛光，其主要优点是可以实现高精度的加工，但也存在缺点：研磨盘转速不能太高、成本较高、研磨效率低和加工精度稳定性不高等。根据研磨方式的不同，氮化硅陶瓷球的加工方式大致可以分为三类：一是传统V形槽研磨方式及其演化出的双V形槽、类双V形槽和偏心V形槽研磨方式；二是自转角主动控制研磨方式及其演化出的锥形盘研磨、双自转研磨、变曲率沟槽研磨方式；三是磁流体研磨方式及其演化出的非磁流体研磨方式。

1) 传统V形槽研磨方式

该研磨方式主要用于钢球的研磨加工，但也是现阶段研磨加工氮化硅陶瓷球的主要方法。该研磨方式下，陶瓷球表面的材料主要通过上下研磨盘、球坯和磨料三者的相互作用去除。研磨盘一般采用铸铁材料，其硬度小于氮化硅陶瓷。在该研磨方式下，陶瓷球表面的材料去除主要分为两类：一是磨粒刻划去除。研磨过程中，一部分磨粒由于受到上研磨盘压力的作用会被压入研磨盘表面，其露出的尖端会对陶瓷球表面进行微切削作用。二是滚轧去除。研磨过程中，没有被压入研磨盘表面的磨粒在陶瓷球与上下研磨盘之间滚动，对陶瓷球表面产生滚轧效果，使陶瓷球表面产生微裂纹，微裂纹扩展形成碎片而被去除。

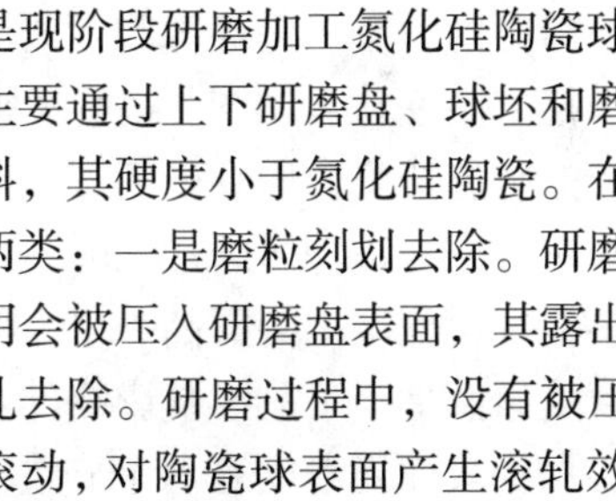

该研磨方式的结构如图1.3所示，上下研磨盘同轴，下研磨盘上开有多道同心V形槽，研磨时上研磨盘固定，下研磨盘保持匀速转动，球坯在下研磨盘的V形槽内运动。在该研磨方式下，自转角θ变化非常小，其只与球坯和下研磨盘的直径有关，与下研磨盘的转速无关[59,60]。因此，球坯表面轨迹不能均匀地全覆盖，只能形成

图1.3 传统V形槽研磨方式结构示意图

三条同心圆环，限制了球坯精度的提高，无法实现陶瓷球表面均匀磨削。为解决该研磨方式下研磨轨迹不能均匀分布的问题，Itoigawa 等对传统 V 形槽研磨机进行了改进，即在研磨盘周围设计了一游动沟槽，可以使球坯的自转轴产生随机的变化[61]。

2) 双 V 形槽研磨方式

该研磨方式结构如图 1.4 所示，上下研磨盘表面均开有 V 形槽，研磨时，球坯存在球形误差，致使研磨盘与球无法保持稳定的接触状态，但能够使得球坯的自转角随着球形误差的变化而发生变化，比传统 V 形槽研磨方式更加适合于加工高精度的球体。但该研磨装置要求更高的刚度和安装精度，其上下研磨盘的沟槽必须保证很高的同轴度，其装配误差和沟形误差必须能够保证有效控制。此外，研磨盘转动时产生的振动对球形误差的改善会产生负面影响，且通过对该研磨方式的研究发现，其研磨轨迹也为一组固定的同心圆环。

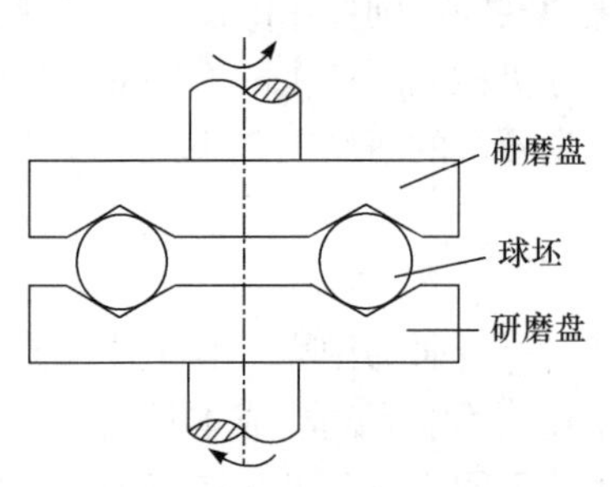

图 1.4　双 V 形槽研磨方式结构示意图

3) 偏心 V 形槽研磨方式

偏心 V 形槽研磨法(图 1.5)是在传统 V 形槽的基础上，将上下研磨盘的回转轴线错开一定的距离。该研磨方法的原理为：当上下研磨盘轴线间有偏移距离时，在研磨过程中，毛坯球与上研磨盘的接触点将会时刻发生变化，即向上研磨盘的半径方向变化。如图 1.6 所示，研究表明，当在 A 点处不发生径向滑动时，A 点处的轨迹线将会由 a 变为 a'。同理在 B 点和 C 点处也会发生相应的变化，因此，采用该方式进行研磨加工时，球坯上的研磨轨迹会不断地发生变化，将会使得球坯精度得到很大的提高[62, 63]。针对该研磨方式，Kang 等研究了自转角及自转角速度受研磨加工工艺参数影响的程度，同时通过研究还表明了球坯的表面质量与偏心盘的表面光滑度有着十分重要的联系[64-66]。此后，Lee 等对该研磨方式继续进

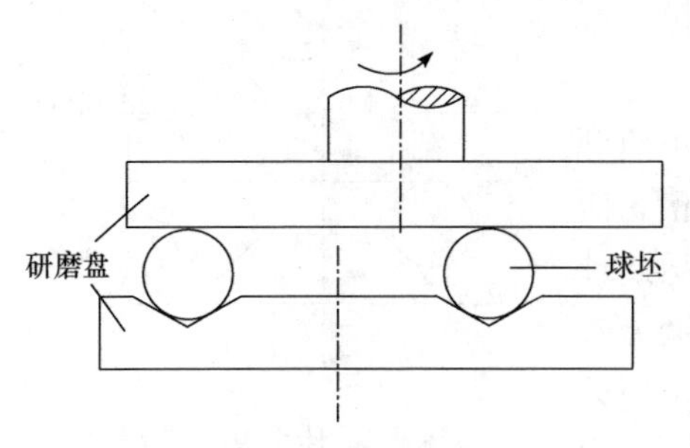

图 1.5　偏心 V 形槽研磨结构示意图

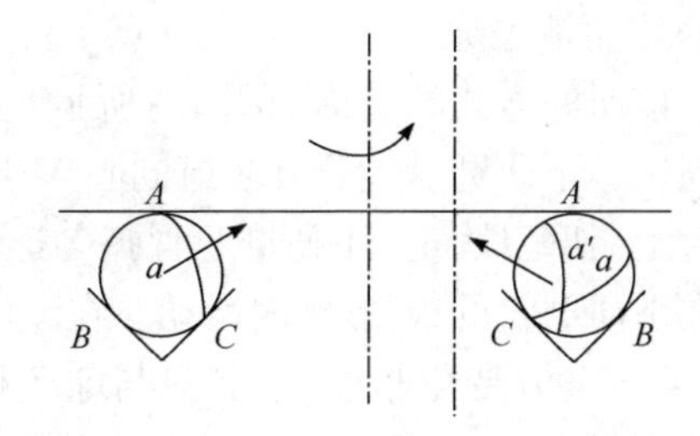

图 1.6　偏心 V 形槽研磨轨迹示意图

行了研究，通过研究可得随着偏心距的不断增大，毛坯球表面被磨削的区域也会随着增大，当偏心距增大到球径大小时，球坯的磨削区域达到最大[67]。任成祖教授团队研究表明，研磨过程中会受到周期性的系统力的变化，因此毛坯球的直径变动量会较大[68]。浙江工业大学的袁巨龙教授团队提出了通过调整上下研磨盘的转速来使得研磨时产生的轨迹发散开来，进而提高研磨的均匀性[69]。

4) 自转角主动控制研磨方式

自转角主动控制研磨方式是由日本金泽大学黑部利次等提出的，其结构示意图[70, 71]如图 1.7 所示。该结构将传统 V 形槽研磨法中的下研磨盘沿着 V 形槽分割成两个部分，在研磨加工中可以通过分别控制研磨盘 A、B 和 C 的转速来调节自转角的变化。在这种研磨方式下，球坯的自转角可取[−90°, 90°]范围内的任意一个值，研磨轨迹可以均布于毛坯球的表面，球坯表面将会得到较好的研磨，这将会极大地提高研磨加工后球坯的加工精度。但该种研磨方式的不足之处为研磨装置中的驱动和传动装置较多，机构较为复杂，不适宜在实际的生产加工中使用。

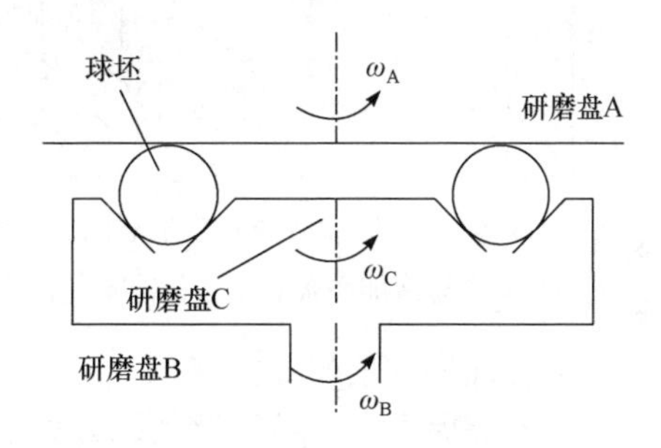

图 1.7　自转角主动控制研磨结构示意图(ω_A 为研磨盘 A 转速，ω_C 为研磨盘 C 转速，ω_B 为研磨盘 B 转速)

5) 锥形盘研磨方式

研究表明，当自转角 θ 处于 45°～70°时，锥形盘研磨方式下的研磨精度、加工效率及其加工后球坯的球形误差可以达到理想的程度。据此，沈阳建筑大学吴玉厚教授、张珂教授及李颂华教授等提出了锥形盘研磨方式，其结构示意图如图 1.8 所示，并对该研磨方式进行了深入的研究[72-76]。研究结果表明，锥形盘研磨方式也可以较好地提高研磨精度和加工效率，但同时也表明了该研磨方式对球形误差不能很好地进行修复，因为该研磨方式类似于传统 V 形槽，其自转角也为一固定值，只与研磨盘的直径有关，故在加工时要通过自转角的缓慢变化来对球坯表面进行均匀磨削。

6) 双自转研磨方式

日本金泽大学黑部利次等提出的同轴三盘研磨方式具有很好的加工效率和加工精度，但是该研磨装置的机构比较复杂，需要采用三个动力源来对三块研磨盘分别进行驱动，且对加工和装配的精度要求也较高。针对自转角主动控制研磨方法的缺点，浙江工业大学袁巨龙等在此基础上提出了双自转研磨方式[77-81]，其结构示意图如图 1.9 所示，该研磨方式中上研磨盘不需要转动，只需通过调节两个下研磨盘的相对转速就能够使球坯表面研磨轨迹分布比较均匀，以实现对陶瓷球表面材料的均匀磨削。此外，该研磨方式对装配的要求精度相对较低，结构简单，适合于小批量生产高精度的陶瓷球。

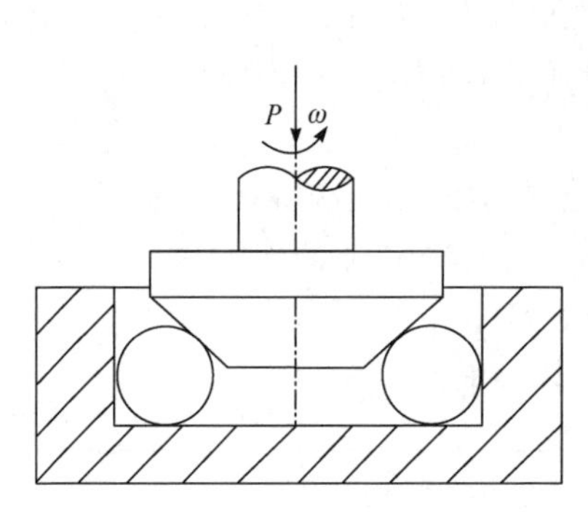

图 1.8　锥形盘研磨机构示意图
(P 为上研磨盘施加载荷，ω为上研磨盘转速)

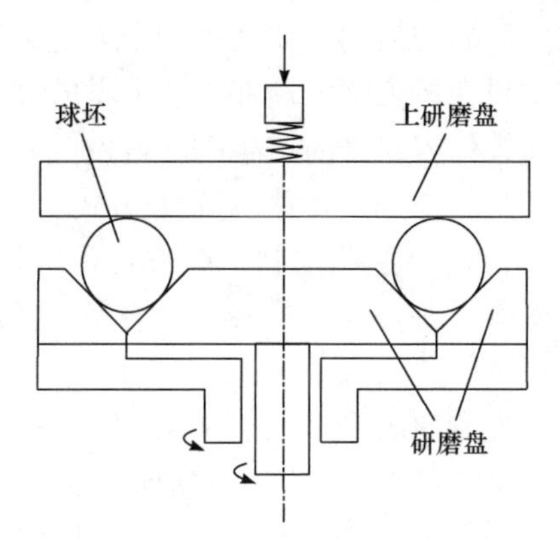

图 1.9　双自转研磨结构示意图

7) 变曲率沟槽研磨方式

Feng 等提出了一种能够使陶瓷球在沟槽内做变曲率运动的加工方式[82]。该方式基于阿基米德螺线设计，使陶瓷球在沟槽上的曲率半径保持连续变化，从而使得陶瓷球的自转运动特性和公转运动特性不断地发生改变。该方式下球体加工路径得到控制，增加了球体外翻的运动，能比较精确地控制研磨的速度和压力；试验加工 4h，粗糙度从最初的 86nm 下降到 26nm，单球表面的粗糙度在不同位置上的偏差从最初的 38nm 减小到 11nm。

8) 磁流体研磨方式

20 世纪 80 年代，Tani 等提出了磁流体研磨加工方式[83]，其结构原理如图 1.10 所示，此后经过 Umehara 等的不断研究和改进，使得磁流体研磨加工方式具有了很高的加工效率和加工精度[84,85]。该加工方法的原理为取研磨剂为固体研磨颗粒与磁性流体的混合液，研磨加工时，磁流体在磁场的作用下会对浮盘产生一向上的推力，进而实现对陶瓷球的磨削。2014 年，Malpotra 等在此基础上又研发了针对大直径和大批量生产的磁流体研磨加工设备[86]。

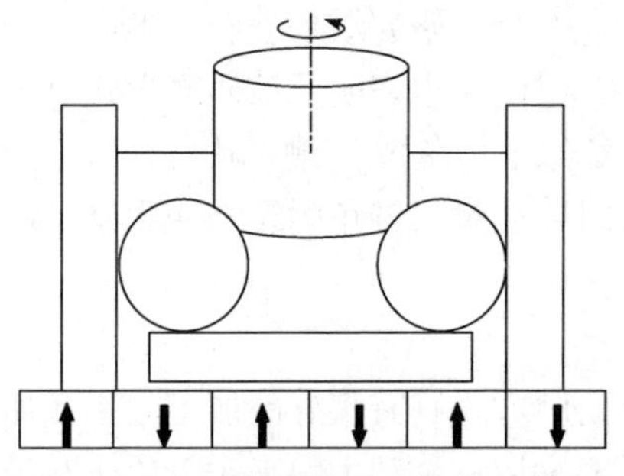

图 1.10　磁流体研磨方式结构示意图

为了进一步提高研磨加工效率，Zhang 等提出了将该研磨方式中上下研磨盘的轴线偏移一定距离的设想，并将研磨盘替换为金刚石砂轮[87, 88]。研究表明，这种改进方式能够很好地提高研磨效率，降低球形误差。

9) 非磁流体研磨方式

针对磁流体加工中成本较高、磁流体消耗较快、研磨盘及浮板磨损严重的缺点，Childs 等提出了非磁流体研磨方式[89-91]，该加工方式的原理为：用金刚石砂轮代替研磨盘，采用弹簧作为浮板的支撑力，同时，采用水和甘油的混合物来代替磁流体。试验表明，非磁流体加工方式的加工效率基本等同于磁流体加工方式，但非磁流体加工方式可以保持稳定的陶瓷材料去除率。

1.2.2　全陶瓷球轴承的应用

陶瓷电主轴是将陶瓷材料应用于电主轴运行部件中，其包括陶瓷轴承电主轴与全陶瓷电主轴。利用陶瓷材料的低密度、高刚度、高硬度、抗腐蚀、耐高温、耐磨损等特性可提升电主轴运转速度、运转精度、可靠性与寿命。在 20 世纪 80 年代，高速主轴的 $D_{\mathrm{m}} \cdot n$(表示速度极限，即主轴轴承的直径乘以转速)值仅能达到 0.5×10^6，随着高速轴承技术和主轴工艺的不断发展，当主轴系统采用了角接触陶瓷球轴承后，其 $D_{\mathrm{m}} \cdot n$ 值迅速提升到了 2×10^6，若使用环下油气润滑则可达到 2.5×10^6，当采用喷射润滑时可实现 3×10^6 的主轴 $D_{\mathrm{m}} \cdot n$ 值[92-94]。日本 NSK 公司开发的应用于高速主轴的角接触球轴承采用环下喷射油气润滑技术，已经实现了主轴 $D_{\mathrm{m}} \cdot n$ 值高于 3.5×10^6 的技术。

随着汽车、国防、航空航天等行业的高速发展以及各种新材料的应用[95]，人们对数控机床加工的高速化要求越来越高。在制造领域，加工精度要求越来越高，数控机床向高转速方向发展。工程陶瓷材料的主要性能优于轴承钢，全陶瓷球轴承运转性能也较钢轴承优越，且全陶瓷球轴承的转速可以达到钢轴承无法实现的高转速，甚至实现超高速，已逐步应用于数控机床高速电主轴中。此外，全陶瓷球轴承也多应用于医学领域[96, 97]。

1.3　全陶瓷球轴承用氮化硅磨削技术研究现状及发展趋势

目前，氮化硅陶瓷难加工主要体现在其高硬度、难切入及大脆性等易损伤特点上，致使工件表面加工质量难以控制，而且在加工时极易产生裂纹，导致零件强度下降。同时，砂轮的磨损消耗大，加工效率普遍偏低，成本较高。特别是加工高精度、曲面形状和多种复杂的工程陶瓷零件时更是困难，以上这些难加工特性在一定程度上阻碍了以氮化硅为代表的陶瓷材料的加工与发展。因此，迫切需要针对氮化硅等工程陶瓷的精密与超精密加工技术提出一套新的理念[98-107]。面对氮化硅等工程陶瓷加工现状与发展趋势，许多学者都在大力开展对陶瓷材料的一系列磨削机理和高效低成本磨削等相关技术的研究。

1.3.1　氮化硅陶瓷磨削技术国内外研究现状

1. 国外研究现状

20 世纪 60～70 年代开始，以美国 Malkin 为代表的学者对氮化硅陶瓷加工工艺和磨削加工开展了系统的研究和报道[108]。80 年代初期，日本学者 Yamaguchi 等系统阐述了以碳化硅为首的工程陶瓷的磨削基本规律、磨削加工性的影响因素及磨削过程中金刚石砂轮的性能等[109]。1987 年，日本知名学者 Inasaki 在国际生产工程会议上全面地论述了硬脆性材料的磨削机理[110]。迄今为止，国内外学者通过大量的理论和试验研究，阐述了加工工程陶瓷过程中表面粗糙度、磨削力、裂纹损伤、比磨削能、磨削热、砂轮磨损特性等因素的变化规律，在一定程度上取得了很大的进展，与此同时加工出了多种复杂几何形状的高质量产品[111, 112]。

Azarhoushang 等为了克服目前氮化硅陶瓷磨削过程中的技术约束，研制了一种新型激光辅助磨削工艺；利用超短脉冲激光辐射烧蚀、控制热损伤和提高陶瓷材料去除率，大幅度减少正常磨削过程造成的陶瓷表面缺陷及内部裂纹，有助于改善材料表面粗糙度[113]。Kumar 等发现磨削过程中产生的热量会诱发表层损伤、拉伸残余应力等，损害工件质量；通过不同参数(砂轮转速、磨削深度和工件进给速度)组合，对氮化硅进行纳米级的研磨，结果表明其磨削力、表面光洁度和表面损伤方面均有明显的改善[114]。Nishioka 等采用大晶粒尺寸(800，1200)的金刚石砂轮，研究了不同磨削条件下氮化硅陶瓷的镜面磨削机理；发现在高磨削力和大理论切割距离的磨削条件下，以硅和氧为主要组成的表面层具有良好的镜面光洁度；从上述结果判断，良好的镜面光洁度是磨粒与工件接触区磨削热所产生的塑性的结果[115]。Kuzin 分析了金刚石刀具磨削过程中加工参数对氮化硅陶瓷零件强度和表面质量的影响；利用表面层的显露规律和缺陷形成，建立了氮化硅陶瓷零件表面层的形成模型，该模型将使氮化硅陶瓷零件制品成功率提高 10%～25%[116]。Reveron 等试验研究了表面缺陷在磨削过程中对氮化硅的影响，通过一系列的磨削试验，发现了氮化硅陶瓷的组成、金刚石砂轮的特性和磨削机制对磨削力、试样最终强度和磨削后表面结构缺陷程度的影响[117]。Stojadinovic 等对微切削进行了试验研究，旨在帮助优化氮化硅陶瓷的磨削过程；通过对磨削力、临界磨削深度和特定磨削能的测定，确定了晶粒磨削速度和深度的函数；在磨削深度不同的情况下，采用了单颗金刚石锥状晶粒进行微切割处理，在一定范围内从脆性压裂中分离韧性流的临界晶粒穿透深度[118]。Nishioka 等用特定的磨削能和强度衰减评价晶粒切割刃对氮化硅陶瓷磨削表面质量的影响；发现具有均匀控制晶粒切割刃分布的砂轮通过减小最大晶粒深度的平均值，降低了工件表面的强度退化和断裂应力分布[119]。Sciammarella 等在金刚石磨削氮化硅陶瓷过程中进行了断裂分析，建立了新型断裂力学模型，该模型预测了与试验结果一致的缺陷[120]。Naito 等用不同的金刚石砂轮对不同氮化硅陶瓷表面进行了磨削，并对其磨削力和磨削强度进行了评价，主要结果概述如下：①在小深度磨削的条件下，随着工件材料硬度的提高，特定的磨削力增加；②随着砂轮粒度的增加，磨削强度下降；③在最大磨削深度的平均值区域，裂纹扩展长度随着磨削强度增大而减小[121]。Mochida等研究了金属结合剂砂轮超高速磨削氮化硅陶瓷低损伤磨削工艺的可行性；在超高速磨削过程中，利用金属结合金刚石砂轮均匀控制晶粒切割刃的分布，并进行了磨削力、裂纹扩展和材料强度的评价；采用上述金刚石砂轮，减少了磨削过程中氮化硅的表面损伤[122]。

2. 国内研究现状

近些年来，国内学者也对氮化硅陶瓷磨削机理与加工技术进行了大量研究，并取得了一定进展。通过对研究者的内容进行分析发现，这些研究者大多基于氮化硅陶瓷难加工特性，针对其加工机理、工艺参数选择、加工工艺等环节，开展高效、低成本、高精度的磨削加工技术研究。

万林林等基于单颗磨粒磨削路径规划和未变形切割厚度建立了加工表面残留高度与加工参数之间的关系模型并进行了试验验证，结果发现残留高度与磨削力呈正相关关系，当材料去除方式为以脆性裂纹扩展控制的断裂破碎时，加工表面残留高度现象相对明显[123]。刘伟等为深入探讨了磨削材料去除机理，以氮化硅陶瓷的单颗金刚石磨粒磨削为研究对象，进行旋转变切深的连续划痕正交磨削试验，分析了砂轮线速度、工件进给速度、磨削深度等磨削参数对切向磨削力、法向磨削力及工件划痕形貌的影响规律[124]。王少雷等研究了磨削参数对工件表面加工质量的影响，发现了磨削深度参数与加工表面形貌之间的关系，并利用一种非接触式白光干涉仪对工件表面形貌进行了测量和分析，发现随着磨削深度的增大，表面粗糙度无明显变化，而表面波纹度受到显著影响[125]。李声超等用金刚石砂轮磨削氮化硅陶瓷材料时发现后者容易产生表面破碎损伤；采用表面破碎率衡量陶瓷表面磨削损伤程度，通过仿真软件对磨削后的表面形貌进行了分析及计算，发现表面破碎率随砂轮粒度的增大而减小，随磨削深度的增大而增大，随砂轮线速度和砂轮进给速率的增大而保持稳定[126]。龙飘等利用电解在线修整(ELID)技术原理，采用砂轮法向跟踪法在数控坐标磨床上实现了氮化硅陶瓷球面的ELID磨削加工，总结出ELID磨削过程最优组合策略[127]。张彦斌等将分形几何理论应用于工程陶瓷磨削表面表征中，对各向同性和各向异性的三维分形模型进行了研究，同时考虑到磨削加工表面具有纹理，故用各向异性的仿真表面与实测表面进行对比，验证了该理论的有效性[128]。田欣利等对砂轮磨损情况、已加工表面和断面显微形貌等方面开展了研究，发现氮化硅陶瓷的已加工表面显微形貌存在塑性去除痕迹；断面形貌除20～50μm的变质层厚度存在裂纹缺陷，基体部分未发现宏观裂纹；金刚石小砂轮的主磨削区、过渡磨削区和修磨区存在摩擦磨损、磨粒破碎和结合剂破碎情况[129]。林明星等为解决高精度氮化硅陶瓷球批量研磨加工的问题，将超精研技术应用到氮化硅陶瓷球的加工试验中；开展了研磨过程的分析，建立了不同研磨阶段陶瓷球球度、表面质量及材料去除率与所选不同大小粒度磨料之间的关系，并提出了对比分析的方法，在通过专业设备检测的基础上对成品球球度、表面粗糙度和振动值进行了评价[130]。白鹤鹏等使用聚晶金刚石(PCD)刀具对氮化硅陶瓷内孔进行切削试验，研究了氮化硅陶瓷材料的去除机理及刀具前角、切削速度、背吃刀量和进给量对切削力的影响，发现刀具前角对切削力的影响不明显；随切削速度、背吃刀量和进给量的增加，切削力均增大，且背向力大于进给力和主切削力[131]。曹连静等采用往复式金刚石线锯对氮化硅进行了切割工艺试验研究，分析了线锯切割速度、进给速度和张紧压力对氮化硅表面粗糙度的影响；对切割线方向的表面粗糙度变化趋势进行了观察，发现磨粒磨削深度随线速度的增大而减小，随进给速度和张紧压力的增大而增大[132]。

1.3.2 氮化硅陶瓷磨削技术发展趋势

综述相关文献，国内外学者对氮化硅硬脆材料磨削机理、磨削力、裂纹扩展及加工损伤等方面进行了大量研究，并取得了一定的成果。但是理论研究尚未成熟，尤其体现在实际磨削过程中氮化硅陶瓷磨削力的计算与预测不够准确，裂纹扩展与磨削损伤的理论分析及仿真手段还不够完善，针对影响氮化硅陶瓷表面磨削质量影响因素的分析不够深入，基于分析模型与试验数据所提出的磨削质量控制方法研究较少，理论研究成果对实际加工指导意义不明显等方面。多数文献分析了磨削速度、磨削深度等磨削参数对磨削力及表面质量的影响特性，但并没给出实际磨削力的有效仿真计算方法，或者说对磨削力的仿真计算结果与试验测量结果差别较大，同时没有指出起到实际磨削去除作用的金刚石磨粒磨削力与金刚石砂轮磨削力的对应关系。在磨削表层损伤研究中对裂纹生成及扩展模型、陶瓷加工裂纹的检测、磨削用量对残余应力分布影响及其对裂纹扩展的作用规律等方面还有待进一步研究；对于氮化硅陶瓷加工过程中表层裂纹产生的临界磨削条件及扩展规律还没有完全掌握；针对氮化硅陶瓷表面粗糙度与断裂应力的理论分析以及加工参数对两种目标函数的影响规律有很多报道和计算方法，但大部分理论模型没有通过试验验证，甚至通过数学模型计算出的结果与实际加工结果不符，计算方法与数学模型对实际生产加工指导作用不明显。

采用金刚石砂轮磨削是实现氮化硅等陶瓷材料加工的有效手段。氮化硅等工程陶瓷零件必须具有一定的形状和尺寸精度才能使其优良的物理机械性能得到应用，伴随着工程陶瓷产业的迅速发展，人们对氮化硅等陶瓷材料表面加工质量的要求更加苛刻，加工成本高和磨削表面加工损伤的难以预测和控制成为其得以广泛应用的主要限制因素。如何准确、快速地检测与评价磨削表面加工质量并采用有效的措施控制磨削过程中的表面加工损伤，在保证较高的表面质量的前提下提高加工效率是现代陶瓷制造业急需解决的关键问题。伴随着氮化硅等工程陶瓷在机械、化工、电子、航空航天、国防、生物工程等领域的广泛应用，评估其磨削加工表面质量，建立一套实际可行的检测与评价体系，对于提高工程陶瓷加工精度和控制加工损伤是非常有价值的。

高效、经济的氮化硅等硬脆性陶瓷材料的磨削方法，可以优化陶瓷磨削过程，诸如提高生产率、降低加工成本和降低加工损伤；并将其在全陶瓷球轴承精密加工中实现应用，以解决高精度轴承加工难度大、加工效率低等生产技术难题，使我国摆脱高精密陶瓷轴承依赖国外进口的被动局面，对提高氮化硅等硬脆材料加工水平、推动轴承应用行业发展与成果转化具有重大促进作用。

1.4　全陶瓷球轴承振动与噪声研究现状及发展趋势

1.4.1　全陶瓷球轴承振动与噪声研究现状

1. 全陶瓷球轴承研究现状

陶瓷球轴承分为全陶瓷球轴承(套圈和球均为工程陶瓷材料)与混合陶瓷球轴承(仅球为工程陶瓷材料)。欧美发达国家关于混合陶瓷轴承技术研究较早，德国的 FAG 公司最早于 20 世纪 70 年代中期就开始混合陶瓷球轴承技术的开发，到了 80 年代，随着对混合陶瓷球轴承的研究日益深入，研究领域也日益拓宽。这一时期，美国的 Morrison 等提出了一项用以预测混合陶瓷球轴承服役寿命的理论，这一理论研究中得到的混合陶瓷球轴承使用寿命的预测方法依然是以混合陶瓷球轴承所承受的载荷作为变量来创建的指数函数，当可靠度达到 95%时，混合陶瓷球轴承寿命预测公式中的寿命指数为 3.16～5.42，最大似然估计值为 4.29，要大于钢球轴承载荷寿命指数[133]。1986 年，日本学者藤原孝志将氮化硅陶瓷球轴承和钢球轴承的额定载荷进行了对比，通过对混合陶瓷球轴承的额定动、静载荷进行计算，分析得出了混合陶瓷球轴承在实际应用中的抗疲劳强度要优于钢球轴承的结论，并经试验验证了混合陶瓷球轴承具有更长的寿命优势，而且陶瓷材料的耐热程度优于钢材，不容易发生膨胀变形，在轴承被破坏之前，不产生塑性变形，其破坏形式为直接产生疲劳剥落。此外，相较于钢球轴承，混合陶瓷球轴承还具有一定的自润滑性能，可在没有润滑的条件下正常运转[134, 135]。1997 年，Shoda 等对全钢轴承与混合陶瓷球轴承在有无润滑工况下的热性能进行了研究[136]。1988 年，Aramaki 等继续研究了全钢球轴承和混合陶瓷球轴承的性能，根据对比试验结果，指出了混合陶瓷球轴承在工作过程中的发热量仅为钢球轴承的 80%，并且在高速运转过程中不会产生过大的离心力和陀螺力矩[137]。到了 1990 年以后，研究人员将研究工作的重点放在了陶瓷球轴承所用的材料性能上，并且对氮化硅陶瓷的材料性能进行了更深层的拓展研究，给陶瓷球轴承的未来生产设计及理论研究奠定了基础。1993 年，Weck 等利用新型油气润滑系统对陶瓷轴承进行润滑，并应用到高速加工机床中对其性能进行测试，使主轴系统 $D_m \cdot n$ 值达到了 1.8×10^6 以上 [138]。1996 年，Chiu 等对混合陶瓷球轴承进行了高速、重载以及不同润滑条件下的疲劳试验，研究结果表明，混合陶瓷球轴承的 $D_m \cdot n$ 值能够达到 2.5×10^6，而且当陶瓷球所受应力达到 2.6MPa 时，连续运转 2000h 后仍然具有良好的工作状态，并且与钢球轴承相比，不论润滑环境如何都具有较低的温升[139]。2016 年，河南科技大学靳国栋等研究了全陶瓷球轴承内圈与钢轴配合的影响因素，通过理论分析与试验测试，得出了氮化硅陶瓷内圈材料及温升是影响内圈与钢轴配合过盈量的主要因素，而转速越高，影响也越大[140]。2017 年，沈阳建筑大学吴玉厚团队将其已研发出的全陶瓷球轴承与陶瓷主轴在第二届中国国际轴承技术与服务展览会等多个展会上进行了展出，其已做了大量关于全陶瓷球轴承的理论分析与测试试验[141]，并在后续的研究中，将全陶瓷球轴承应用在 MK2710 磨床主轴上，替换了原有的磨削主轴，获得了良好的磨削效果。

2. 轴承动态特性研究现状

目前，国内外学者对轴承进行了多方面的研究，例如，对轴承动态特性分析[142-149]、滑移行为讨论[150-153]、轴承使用寿命预测[154-156]以及对含有局部缺陷轴承振动特性进行研究[157-160]。轴承的动态性能受很多因素的影响，如润滑剂、润滑方式、油膜压力[161-164]、轴承刚度[165, 166]、轴承摩擦力矩[167, 168]、轴承接触角[169]以及保持架的材料、保持架变形和兜孔形状[170]。此外，轴承在运行过程中的热性能也不容忽视，而且很多学者对其热特性进行了分析[171-173]。当施加在轴承上的预紧力以及轴承间隙、压力分布和轴承结构发生变化时，轴承将表现出不同的动态特性[174-179]。滚道表面粗糙度和波纹度、球的表面波纹度和球数对精密轴承的影响是至关重要的[180-183]。轴承外圈的变形以及轴承座的变形将改变外圈与轴承座之间的配合间隙，从而影响轴承的负荷分布[184]。轴承的这些特性在一定程度上都将影响其辐射噪声特性。

轴承辐射噪声主要源于各组件之间在运行过程中的相互碰撞与摩擦，属于振动声学范畴，因此对轴承辐射噪声的计算主要通过建立轴承动力学模型进行求解。对于轴承动力学的研究，Jones 依据其提出的套圈滚道控制理论，进行滚动轴承拟静力学分析[185]，但其研究并未考虑润滑剂的作用，其后 Harris 结合弹流润滑理论建立了高速球轴承拟静力学分析模型，进一步推进了球轴承静力学研究的进展[186]。由于轴承静力学分析存在涉及自由度较少、计算精度较低、不能反映球轴承的真实运动状态等问题，很快学术界提出了拟动力学分析的模型和方法以应对静力学研究方法的不足，并逐渐被完善[187-190]。近几年来，对轴承动态性能的研究较多，提出了多种方法分析轴承的动态特性。目前，滚动轴承的动力学分析模型主要有五种：集总参数模型、拟静力学分析模型、拟动力学分析模型、动力学分析模型和有限元模型[191]。

早在1964年，Bollinger等将轴承模拟为简单的径向弹簧和阻尼器，并对其动力特性进行了分析[192]。Gupta研究了高速球轴承保持架不平衡量和磨损的关系，发现外圈引导的保持架有相对较小的磨损量[193]。Zverv等建立了球轴承主轴单元的弹性变形模型，分析了高速运行以及切削载荷作用下，轴承不同预紧力对电主轴动态特性的影响[194]，分析结果为不同工况下电主轴轴承预紧力的合理选择提供了理论参考。Karacay等利用计算机程序研究一对角接触球轴承支承刚性磨削主轴动态特性，研究结果表明，即使是无缺陷轴承，在其频谱中也具有明显的球通过滚道的特征频率及其谐波[195]。Jedrzejewski等提出了一种基于活动套筒和主轴端部位移的角接触球轴承系统分析模型，讨论了离心力、陀螺力矩、接触变形和接触角对轴向力的影响，试验结果表明该模型可用于主轴端部位移的补偿[196]。Gunduz等研究了角接触球轴承在预紧力作用下的振动响应，研究表明，轴承预紧力对主轴-轴承系统的振动特性有着显著的影响[197]。Harsha等分析了表面波纹度和球的个数对转子-轴承系统稳定性的影响，表明这两种因素对球轴承的动态特性都有重要的影响[182]。Tomovic等讨论了滚动轴承径向游隙大小和滚动体个数对刚性转子振动的影响[198]。Jacobs等通过试验发现润滑油膜的形成可以提高轴承的刚度和阻尼[199]。Cakmak等提出了具有柔性和刚性轴两种假设的球轴承多体系统模型，并利用试验数据对理论模型进行了验证[200]。Than等使用比有限元法更少的计算量来确定温度对主轴轴承系统预紧力和轴承刚度的非线性影响[172]。Halminen等介绍了主动磁悬浮轴承系统中无保持架和带保持架两种改进的支承轴承模型，研究了力对轴承保持架和球的影响，并找到了它们的最佳性能[146]。Stolarski等利用快速响应数据采集系统对三个几何形状不同的轴承进行动态响应试验，表明声悬浮效应轴承的几何参数对其动态影响的重要性[201, 202]。Rho等研究了流体动力滑动轴承的理论声学特性研究，对含有不平衡量的转子-轴承系统非线性分析中得到的压力波动进行了频率分析，结果表明，润滑油膜的声频谱是包含轴旋转频率和超谐波的纯音谱[203]，但是这项研究没有分析速度变化的影响。Bouaziz等利用Reynolds方程计算轴颈轴承间隙内流动的压力波动，研究了轴承衬垫的弹性变形对油润滑滑动轴承声学性能的影响，数值仿真结果表明，轴承的声压级显著受到轴承衬垫弹性、润滑剂黏度和施加载荷的影响[204]。然而，他们只讨论了滑动轴承噪声幅值在不同速度下的分布和变化，没有进一步研究噪声的频率成分。

国内，东南大学蒋书运等对机床主轴-轴承系统进行了大量研究，建立了角接触球轴承的动力学模型，讨论了角接触球轴承预紧力、温升等特性[205-208]。西安交通大学闫柯等研究了保持架参数对超高速球轴承散热性能的影响[209]。张学宁等对转子-轴承系统的动态响应和稳定性进行了一系列的研究，建立了基于考虑预紧力和接触角变化的五自由度非线性动力学模型，研究发现，轴承载荷的变化使轴承接触角发生明显变化，导致主共振区向低速区移动[169]；此外，他们基于离散状态传递矩阵法建立了一个综合的动力学模型，进一步讨论了轴承波纹度、转子偏心度、轴承预紧力和不平衡力等对旋转系统在不稳定区域的影响[210, 211]。王虹等提出了一种考虑预紧条件、表面波纹度、赫兹接触和弹性流体动力润滑的改进非线性动力学模型，利用该模型分析了角接触球轴承载荷分布，并通过动力学试验对模型进行了验证[145]。唐云冰等提出了滚动轴承等效刚度的计算方法，对陶瓷轴承的等效刚度进行测试，理论分析和试验取得了比较一致的结果[212]。邓四二等根据能量守恒定律，建立了角接触球轴承摩擦力矩的理论计算公式，结合理论分析和试验验证，研究了结构参数和工况对轴承摩擦力矩的影响[213]；此外，他们考虑非线性油膜力对保持架等各组件动态特性的影响，建立了角接触球轴承非线性动力学模型并对轴承系统各组件动力学特性进行了细致研究，为辐射噪声的计算奠定了基础[170]。陈小安等建立了考虑内圈径向挠度的角接触球轴承动刚度分析模型，获得了更加准确的计算结果[214]。韩勤锴等提出了预测角接触球轴承以及滚子轴承打滑性能的非线性动力学模型，并发现径向载荷的加入显著地增加了角接触球轴承的滑移量，但对于滚子轴承，最大滑动速度随径向载荷的增加而减小[150, 151]。

从以上分析可知，尽管对轴承动力学性能进行了很多研究，但对于全陶瓷球轴承动态特性的研究很少有报道，仅有少量学者研究了混合陶瓷球轴承的性能[141, 215-222]。

3. 全陶瓷球轴承辐射噪声研究现状

在基于动力学模型的辐射噪声求解过程中，主要求解方法可分为解析法与数值法两种。解析法主要基于高斯函数与亥姆霍兹方程，具有计算简单、变参方便等优点，但计算精度较低；而数值法基于有限元、边界元理论，计算精度高，但计算量大，计算效率低，在变参分析时较为不便。随着计算机数值计算能力的迅速发展，数值法计算逐渐成为主流。Stolarski 等以轴承相关研究为对象建立了声辐射模型，并在不同转速、不同负载条件下对滚动轴承的振动与噪声响应进行了仿真计算，得到了轴承辐射噪声的大致变化趋势[202, 223-225]。何磊等结合有限元法和边界元法，计算了深沟球轴承的结构噪声[226]。张琦涛等建立了一种对内圈轴心轨迹以及每个滚动体中心运动轨迹计算的轴承数学模型，结合声学理论，将轴承内圈看成圆柱声源，将滚动体看成球声源，建立了能够对深沟球轴承内圈和滚动体振动噪声进行定量计算的模型，研究了转速和径向载荷对固定点上噪声大小的影响[227]。康献民等讨论了保持架接触面误差引起的滚针振动及噪声，以及在进出承载区时滚针的冲击及噪声[228]。刘明辉研究了滚子轴承的振动噪声特性，并采用灰色分析理论探索了轴承噪声与外圈径向振动的关系[229, 230]。姚世卫等从产生机理角度对水润滑橡胶轴承噪声进行了研究，指出了水润滑橡胶轴承辐射噪声主要由摩擦产生的表面振动引发，并设计试验寻找噪声随相关因素变化规律，其研究手段合理且具有借鉴意义[231]。王家序等进一步针对摩擦系数、载荷和转速对水润滑轴承振动噪声的影响进行了分析[232]。涂文兵综合考虑非线性接触、变摩擦系数等非线性因素对轴承声振特性的影响，对承载区打滑状态下轴承噪声特征进行了研究[233]；该研究细致深入，指出滚动体打滑在轴承转速升高时发生频率更高，并提供了滚-滑运动同时发生时滚动体的动力学响应计算方法。Guo 等从宏观角度出发，基于声-振耦合原理建立了齿轮箱中轴承的声辐射模型，通过模拟振动噪声在齿轮箱系统中传递路径得到了轴承辐射噪声结果，该研究同样具有借鉴价值[234]。白晓天等将陶瓷轴承进一步分解为多个子声源，考虑运转过程中非线性因素的影响，对各子声源辐射特性进行计算，并通过叠加计算得到轴承辐射噪声[235]。该方法从机理角度对辐射噪声中不同频率成分进行了研究，具有较高的计算精度。

基于对上述学者研究进展的分析可以看到，线性、定常工作状态下轴承辐射噪声计算方法研究已比较完备，已经能够满足传统钢制轴承辐射噪声计算要求。与传统钢制轴承相比，全陶瓷球轴承材料具有刚度大、表面硬度高、摩擦系数小等特点，工作状态下滚动体与内外圈滚道表面不能够完全接触，油膜形态不稳定，极易打滑。随着工作转速进一步升高，润滑状态、滚动体打滑、滚动体与内外圈不完全接触等非线性因素对陶瓷轴承振动与噪声特性会产生更大影响，应用传统研究方法计算精度较差，针对包含强非线性的陶瓷轴承辐射噪声计算方法，以及基于计算结果对其声学特性进行分析还有深入研究的必要。

然而，部分学者利用滚动轴承辐射噪声进行运行状态识别与故障诊断[236, 237]，其中比较有代表性的为中国科学技术大学的孔凡让教授与何清波副教授，其研究团队以滚动轴承振动噪声信号为研究目标，在故障诊断与运行状态识别领域做出了大量卓越的贡献[238-240]。其研究重点在于根据轴承近场振动与噪声信号的采集，基于时频特征对轴承运行情况与声缺陷进行识别与判定。Mohanty 等比较了不同速度下的振动与声学信号，证实了基于声信号的故障诊断效果优于基于振动信号的故障诊断效果[241]。该研究通过时频处理对声压级信号及频率曲线进行分析，从侧面证实了滚动轴承辐射噪声特性的研究价值，对基于声信号的陶瓷轴承运行状态识别具有借鉴意义。

此外，部分学者对轴承辐射噪声进行了测试与声学特性分析，主要测试指标为空间指定场点处辐射噪声声压级大小[242-248]。其中比较有代表性的为沈阳建筑大学的李颂华教授，他对陶瓷轴承-陶瓷电主轴系统的辐射噪声信号进行了采集，并对不同转速下辐射噪声变化规律进行了评述[249]。结果表明，陶瓷轴承辐射噪声随转速增加而大幅度上升。研究结果为陶瓷轴承辐射噪声声学特性分析提供了重要基础，但采集信号仅包含固定场点处声压级信息，对于有限空间中不同位置、不同角度声信号分布规律还有待进一步研究。

以上研究表明，滚动轴承运转状态下噪声变化规律已经引起了国内外学者足够的重视，但对滚动轴承辐射噪声信号中信息的提取还不够详尽。陶瓷轴承材料密度小，声阻抗较小，辐射噪声中高频噪声成分较多，且随着工况变化呈现非线性变化特征，采用传统研究方法不能准确识别声信号特征。对于陶瓷轴承声学特性研究，以及关于噪声敏感频率与声场指向性等细化特征的研究并不充分，在辐射噪声特性研究领域还有较大开展进一步分析的空间。

4. 全陶瓷球轴承振动与噪声特性改善策略研究现状

目前，全陶瓷球轴承高速运转状态下辐射噪声较大是一个难以解决的问题，多数研究人员采用试验方法对全陶瓷球轴承噪声削弱方法进行了探究，得到阶段性结论[250, 251]；部分学者从噪声控制角度对改善滚动轴承噪声特性的策略进行了研究，对陶瓷轴承噪声控制研究具有一定的借鉴价值[204, 252-255]。其中比较有影响力的有河南科技大学的夏新涛教授与邓四二教授，其研究团队针对滚动轴承的振动与噪声开展了一系列研究工作，提出了基于谐波控制原理对滚动轴承噪声进行控制，并在试验中获得了一定效果[256, 257]。重庆大学的张靖考虑轴承预紧力对轴承刚度的影响，建立了六挡变速器动力学模型，采用有限元仿真结合试验的研究方法，得到了轴承刚度对辐射噪声声压级的影响规律，并指出通过合理控制预紧力可抑制变速器啸叫噪声[258]。

现阶段对噪声削弱策略的研究中，多数研究人员将固定场点处辐射噪声声压级作为目标函数，通过变参分析得到其变化规律，并对影响辐射噪声的结构参数与工况参量进行了寻优[259, 260]。

综上所述，国内外学者针对滚动轴承辐射噪声计算方法已经进行了一定研究，对陶瓷轴承声学特性也进行了初步探索，以传统钢制滚动轴承为对象的研究成果可以为全陶瓷球轴承的辐射噪声计算与分析提供参考。但由于陶瓷材料的特殊性，在运转过程中动态特性受非线性因素影响明显，且对产生噪声吸收性能较差，声辐射效率较高。此外，全陶瓷球轴承运转中的温升可能导致外圈与轴承座产生间隙，辐射噪声信号中包含大量非线性成分。因此，针对全陶瓷球轴承声学特性的研究难度较大，其研究结果可能与传统钢制轴承有较大差异。

1.4.2 全陶瓷球轴承振动与噪声研究发展趋势

全陶瓷球轴承具有较高的刚度、良好的热稳定性、较强的抗腐蚀能力、优秀的耐磨损性能、较高的运转精度、长久的使用寿命等优点，得到各行各业的青睐[261-265]。近年来，全陶瓷球轴承已经在部分高精尖领域，如高端制造、航空航天、航海等领域得到了广泛应用。伴随工作转速的不断提升，全陶瓷球轴承内部元件之间的摩擦、撞击作用加剧，辐射噪声问题逐渐凸显。在高速运转条件下的辐射噪声对设备整体声品质造成很大影响，限制了设备向高速、静音方向的发展。此外，全陶瓷球轴承产生较大的辐射噪声也带来了严重的噪声污染问题。

高转速下全陶瓷球轴承所产生的较大辐射噪声远远超出了设备所要求的噪声标准，限制了其转速的提升。不仅在数控机床等高端制造领域需要实现高转速低噪声加工，而且在潜艇、战机、侦察机等军事领域更需要静音环境。因此，对全陶瓷球轴承辐射噪声特性及机理进行研究，可为进一步改善其声学性能，提升其转速，实现数控机床电主轴高转速、高精度、低噪声的加工制造提供理论依据。同时，若能从根本上解决全陶瓷球轴承辐射噪声的问题，也可为其在军事方面的应用提供重要的技术支持。

传统降噪方法如隔音、消音等，即在设备外添加隔音罩、消声器等措施，对降低噪声能够起到一定作用，但并未从根本上解决问题，因此需要从全陶瓷球轴承辐射噪声产生的根源及影响因素入手，对其声学特性进行研究，为解决辐射噪声过大问题奠定基础。

全陶瓷球轴承辐射噪声主要来源于高速运转过程中各组件之间摩擦、撞击产生的自激振动。由于陶瓷材料刚度大，表面硬度高，摩擦系数小，滚动体运转过程中与内外圈不完全接触，油膜形态不稳定，周向载荷分布不均匀，产生明显的打滑现象，因此其辐射噪声中包含大量非线性成分，并随着转速升高非线性趋势明显，削弱噪声难度极大。此外，陶瓷材料相对于传统钢材韧性较差，密度较小，对内部缺陷及表面振动极为敏感，噪声吸收衰减性能较差，声辐射效率高，辐射噪声对设备声环境产生重大影响。若无法解决，则会阻碍全陶瓷球轴承工作转速的进一步提高，难以实现高精尖行业中高转速、高精度、低噪声的要求。因此，针对全陶瓷球轴承非线性声学特性进行前瞻性计算分析，并在此基础上得到其辐射噪声削弱策略，已成为全陶瓷球轴承相关领域亟待解决的问题。

目前，针对轴承辐射噪声的研究，大都将其作为一个整体声源考虑，基于试验与有限元法进行计算，对其整体声辐射特性进行分析，并未建立球轴承的非线性声学模型。本书针对数控机床全陶瓷球轴承高速运转时产生较大的辐射噪声等问题，将从全陶瓷球轴承辐射噪声机理出发，开展全陶瓷球轴承非线性声学特性分析及影响因素研究，讨论全陶瓷球轴承全声场分布特性，探索不同服役条件下全陶瓷球轴承辐射噪声特性，获取实际磨削时全陶瓷球轴承电主轴的辐射噪声特性，可为优化全陶瓷球轴承声品质提供有力依据，进而为改善全陶瓷球轴承性能、提升数控机床电主轴转速，以及实现高转速、高精度、低噪声加工制造技术提供理论支撑。

本书的研究不仅可以得到全陶瓷球轴承辐射噪声声场分布情况，从多角度、多维度对全陶瓷球轴承辐射噪声中包含的信息进行研究，还可以对全陶瓷球轴承辐射噪声随各影响因素的变化规律进行分析，探索全陶瓷球轴承有最小辐射噪声时的优化工况条件。研究成果可为数控机床全陶瓷球轴承动力学及其声特性分析提供理论支撑和试验参考。

针对全陶瓷球轴承各方面性能的研究仍处于初步探索阶段。由于陶瓷材料的性质，正常运转下，其在高转速时也将产生较大的辐射噪声，不仅限制了全陶瓷球轴承转速的提升，而且影响了声环境。

综合国内外研究进展，对于球轴承辐射噪声的研究，均将轴承视为一个整体声源考虑，并通过有限元-边界元理论对整体辐射噪声进行计算，得到固定场点处声压级。而这种方法忽略了内部各元件产生辐射噪声传递路径的差异性，因而精度较低。全陶瓷球轴承是一种由陶瓷材料加工而成的高性能轴承，因材料本身的特性，全陶瓷球轴承在高速运转时具有较高的辐射噪声，并呈现较强的非线性特征，采用传统模型并不适用于全陶瓷球轴承辐射噪声的计算。建立适用于全陶瓷球轴承辐射噪声模型是研究全陶瓷球轴承辐射噪声特性的基础。此外，陶瓷材料热稳定性好，当温度发生变化时，轴承外圈与轴承座的接触刚度发生改变，全陶瓷球轴承外圈也会产生一定的振动。因此，传统的轴承动力学模型并不完全适用于全陶瓷球轴承，建立全陶瓷球轴承各组件的振动微分方程，需要考虑球径差与温度效应对轴承振动的影响,进而能够更准确地研究全陶瓷球轴承辐射噪声特性。噪声的分布特性关系着声环境质量,严重的噪声污染将影响操作工人的身心健康。全陶瓷球轴承声场的指向性是声场分布的重要指标，探索全陶瓷球轴承声场的敏感场点位置，降低声场敏感场点的辐射噪声，研究一种静音全陶瓷球轴承及陶瓷电主轴技术，可使其在保证机械性能的同时，实现声学性能的改进与提升。在不同服役条件下，全陶瓷球轴承产生的辐射噪声有较大差异，影响其辐射噪声的主要运转参量不仅有转速，而且有预紧力、润滑供油量以及径向载荷等，且对轴承运转性能也有较大的影响。因此，研究全陶瓷球轴承辐射噪声的影响因素，在确保其运转精度与可靠性的前提下，使其在运转中辐射噪声最小，探求特定转速下的最佳预紧力和最优供油量具有重要意义。

由于轴承辐射噪声与其振动相关，轴承发生故障及故障位置不同时，轴承噪声信号中蕴含着不同故障类型的信息，因此可以利用全陶瓷球轴承辐射噪声特性进行轴承故障诊断，开发基于振动与噪声特性的全陶瓷球轴承故障诊断系统，以突破非接触式故障诊断与状态监测新方法。

第 2 章　用于陶瓷轴承的氮化硅的磨削力与表面形貌

2.1　概　　述

金刚石砂轮磨削氮化硅等工程陶瓷过程中，主要是砂轮中的金刚石磨粒起到切削作用，金刚石磨粒的磨削性能对砂轮磨削性能有着重要的影响，已加工表面的质量与磨粒的形状、磨粒的出刃高度和几何运动轨迹密切相关。将复杂的金刚石砂轮磨削氮化硅陶瓷过程简化为磨粒的磨削，不仅能避免磨粒间的相互影响，更能深入细致地研究磨削机理。本章基于氮化硅陶瓷材料去除机理、压痕断裂力学模型和表面破碎损伤模型等理论对多颗金刚石磨粒切削氮化硅陶瓷过程进行有限元仿真分析，得到不同条件下的磨削力和工件表面形貌。通过仿真结果对氮化硅陶瓷磨削力与表面质量进行预测，同时结合金刚石砂轮磨削氮化硅陶瓷试验，分析加工过程中磨削力变化与表面形貌成型机理，并与仿真结果进行对比分析。

2.2　工程陶瓷磨削过程有限元仿真分析

采用一款在许多国家广泛应用的通用型有限元分析软件,该软件应用于机械、土木、汽车、电气、航空、材料、水利、化工、船舶、冶金等各个领域。它的计算功能和模拟性能非常强大，能对热力学、流体力学、结构力学、电磁学、固体力学、爆破等问题进行模拟，尤其是计算分析复杂的非线性问题[266-268]。

仿真分析通常分三步，分别为前处理、模拟计算和后处理。具体实施方式如下所示：

(1) 建立实体模型。

(2) 创建材料属性，指派截面，编辑接触属性。编辑接触属性是为了消除刚体位移，不能过约束。默认的接触属性设置可以满足大多数仿真模型的要求。

(3) 创建分析步。整个加载过程均在分析步下进行创建，如接触、速度、角速度、载荷等，每个分析步要提出相应的输出请求，用以合理地规划输出结果。

(4) 设置边界条件和施加载荷。模型中某部分静止或运动的定量均在边界条件中约束，若模型在计算时不收敛，则可将一个分析步拆分为若干个分析步。

(5) 设置单元类型及网格划分。对于不同的问题应选择相应的单元类型，如应力集中问题，多选择二次单元。网格划分是决定仿真模型计算精度的重要环节。仿真模型网格越密，分析精度就越高，对计算机性能的要求也越高。因此，划分网格应引起足够的重视。在载荷相对集中的地方把网格划分得较密一些，在受力较小的地方网格划分较稀疏，这是通常情况下网格划分所遵从的原则。

(6) 提交作业。若建立的模型不合理，计算时就会出错中断，则需回到前处理修正模型。

(7) 可视化模块，查看力变化曲线图、等效应力应变图、模型的变形图等。

2.3 有限元模型的建立

2.3.1 氮化硅陶瓷材料本构模型

氮化硅陶瓷是典型的硬脆性材料，当受到冲击载荷时，氮化硅陶瓷的损伤破坏及力学响应特性与弹塑性材料区别很大。硬脆性陶瓷材料在变形时高度敏感，其应力应变为非线性关系，材料的变形难以预测，因此线弹性理论无法对其进行解释。

在研究硬脆性材料动态破坏时多采用 Johnson-Holmquist ceramic(JH-2)本构模型，可以仿真硬脆性材料在变形大、应变率高以及高压下的强度、损伤劣化、应变率效应等[269, 270]。JH-2 本构模型在模拟动态加载过程时，考虑材料强度的损伤、劣化及破碎，其中包括与损伤相关的强度模型、静水压力及应变率和多项式状态方程。加载时材料最先表现为弹性变形，当接触应力达到材料的屈服极限时，材料开始出现损伤；当损伤积累到一定程度时，材料开始劣化，最终完全破碎。

JH-2 材料本构模型包括强度模型、损伤模型、状态方程，强度模型的标准化形式可由式(2.1)来描述：

$$\sigma^* = \sigma_{\mathrm{i}}^* - D(\sigma_{\mathrm{i}}^* - \sigma_{\mathrm{f}}^*) \tag{2.1}$$

式中，σ^* 是当前标准化等效应力；σ_{i}^* 是完整材料的标准化等效应力；σ_{f}^* 是断裂材料的标准化等效应力；D 是损伤变量 $(0 \leqslant D \leqslant 1)$ 。

标准化等效应力 σ^* 具有如下一般形式：

$$\sigma^* = \sigma / \sigma_{\mathrm{HEL}} \tag{2.2}$$

式中，σ 是实际等效应力；σ_{HEL} 是 Hugoniot 弹性极限(HEL)状态下的等效应力。

完整材料的标准化强度可以表示为

$$\begin{cases} \sigma_{\mathrm{i}}^* = A(P^* + T^*)^N (1 + C \ln \varepsilon^*) \\ P^* = P / P_{\mathrm{HEL}} \\ T^* = T / P_{\mathrm{HEL}} \end{cases} \tag{2.3}$$

断裂材料的标准化强度可以表示为

$$\begin{cases}\sigma_{\mathrm{f}}^{*}=B(P^{*})^{M}(1+C\ln\varepsilon^{*})\\ \sigma_{\mathrm{f}}^{*}\leqslant\sigma_{\mathrm{f\,max}}^{*}\end{cases}\tag{2.4}$$

式(2.3)和式(2.4)中，A、B、C、M、N 为待定的材料常数；P^{*} 和 T^{*} 分别是标准化静水压和最大标准化静水拉伸强度；P 和 T 是实际的静水压和最大静水拉伸强度；P_{HEL} 是 Hugoniot 弹性极限(HEL)状态下的静水压；$\sigma_{\mathrm{fmax}}^{*}$ 为最大标准化断裂强度；ε^{*}为标准化应变率，可以表示为$\varepsilon^{*}=\varepsilon/\varepsilon_0$，其中，$\varepsilon$ 是实际的等效应变率，ε_0 是参考应变率。

JH-2 模型假定损伤为一个累积过程，损伤的定义为

$$\begin{cases}D=\sum\dfrac{\Delta\varepsilon_{\mathrm{p}}}{\varepsilon_{\mathrm{p}}^{\mathrm{f}}}\\ \varepsilon_{\mathrm{p}}^{\mathrm{f}}=D_1(P^{*}+T^{*})^{D_2}\end{cases}\tag{2.5}$$

式中，$\Delta\varepsilon_{\mathrm{p}}$ 是一个时间步内材料的等效塑性应变增量；$\varepsilon_{\mathrm{p}}^{\mathrm{f}}=f(P)$ 是与静水压 P 有关的等效塑性断裂应变；D_1 和 D_2 是材料参数。当 $P^{*}=-T^{*}$ 时，材料不能承受任何塑性应变；当 P^{*}逐渐增大时，$\varepsilon_{\mathrm{p}}^{\mathrm{f}}$ 也会随着增大。参数 D_1 和 D_2 需要通过对试验结果的拟合而得到。

完整材料(D=0)的静水压状态方程可以表示为

$$P=\begin{cases}K_1\mu+K_2\mu^2+K_3\mu^3, & \mu\geqslant 0\\ K_1\mu, & \mu<0\end{cases}\tag{2.6}$$

$$\mu=\rho/\rho_0-1$$

式中，K_1、K_2、K_3 是材料常数(K_1 是体积模量)，可以通过静高压试验得到的静水压-比容关系拟合得到；ρ 是现在时刻的密度；ρ_0 是初始密度。

如果未受损伤的材料膨胀压力为零，那么膨胀后下一时刻压力增量ΔP_{n+1} 为

$$\Delta P_{n+1}=K_1\mu+\sqrt{(K_1\mu+\Delta P)^2+2\beta K_1\Delta U}\tag{2.7}$$

式中，ΔP 是材料膨胀的压力增量项；β 是内能的减少转化为静水压力势能的系数；ΔU 是内能的减少量。

氮化硅陶瓷作为典型的硬脆材料，选用 JH-2 材料本构模型，材料参数如表 2.1 所示[271]，其中 FS 是失效准则。

表 2.1　氮化硅陶瓷 JH-2 材料本构参数

参数	ρ/(kg/m³)	E/GPa	D_1	D_2	FS	K_1/GPa	K_2=K_3	β	P_{HEL}/GPa
取值	3.2×10^3	320	0.35	0.74	1.0	264	0	1.0	6.0

续表

参数	A	B	C	M	N	ε_0	T/GPa	σ^*_{fmax}/GPa	HEL/GPa
取值	0.95	0.35	0	1.0	0.67	1.0	0.7	0.8	15

2.3.2 金刚石磨粒有限元模型建立

在金刚石磨粒磨削仿真过程中，许多学者把磨粒简化成圆锥形、三棱柱，甚至是球形[272-274]，而金刚石磨粒的实际形状一般是很不规则的，并拥有多个磨削刃，如图 2.1 所示。但是从图中可以看出，在各种形状的金刚石磨粒中截角八面体是磨粒出现最多的几何形状。本章后续仿真及全书试验所用的金刚石砂轮均为法国圣戈班集团生产的树脂结合剂金刚石砂轮，砂轮粒度为 D91(75～90μm)，浓度(磨料在工作层所占的百分比)为 C75(75%)，其具体规格如表 2.2 所示。

图 2.1　金刚石磨粒扫描电镜照片

表 2.2　试验用金刚石砂轮规格与型号

砂轮磨料	孔径及粒度	结合剂型号与浓度	基体材料	砂轮形状
金刚石	127mm/D91	K+888NY/C75	铝合金	平面砂轮

由图 2.1 可得金刚石磨粒形状以截角八面体为主，其他金刚石磨粒在几何结构尺寸上也都接近正截角八面体形状。

采用 SOLID164 实体单元建立金刚石磨粒模型。金刚石的屈服强度和弹性模量远远大于氮化硅陶瓷材料，在模拟切削过程时金刚石的变形量很小，为减少动力、显示计算时间，将金刚石磨粒约束为刚体，不考虑磨损量及变形量。表 2.3[275] 为金刚石材料基本参数。磨粒的自由度均耦合在质心上，节点的运动由质心的速度、角速度转换而得。

表 2.3　金刚石材料性能参数

材料名	密度/(kg/m³)	弹性模量/GPa	泊松比	HV 硬度/(kg/mm)	抗压强度/MPa
金刚石	3.5×10^3	9.6×10^2	0.2	1.1×10^4	2.5×10^3

2.3.3　仿真边界条件及相互作用定义

金刚石磨粒在切削氮化硅陶瓷时的相互作用是典型的非线性问题，磨粒与氮化硅陶瓷开始接触、不断切入、切出氮化硅陶瓷，网格变形、失效、形成飞屑等，均需要精确的追踪。

在仿真软件中有通用接触(general contact)算法以及接触对(contact pair)算法等常用的算法，这两种算法可以解决大多数的接触问题。金刚石磨粒在切削氮化硅陶瓷时选择接触对算法。该方法必须指明相互作用的表面及各表面的主从关系情况，同时相互作用的磨粒与工件必须符合法向接触条件，即符合无穿透约束条件。表示两个物体 A 和 B 在动态过程中不得相互切入、贯穿、覆盖等，如图 2.2 所示，在面 ${}^tS^A$ 上任一点 P 与在 ${}^tS^B$ 面上任一点 Q 满足[276, 277]：

$$
{}^tg_N = g({}^tx_P^A, t) = ({}^tx_P^A - {}^tx_Q^B)\times{}^tn_Q^B \geqslant 0 \tag{2.8}
$$

式中，${}^tg_N$ 表示接触的两点间的距离；${}^tx_P^A$ 、${}^tx_Q^B$ 分别表示 P、Q 两点的坐标；${}^tn_Q^B$ 表示 $P\to Q$ 的方向矢量。

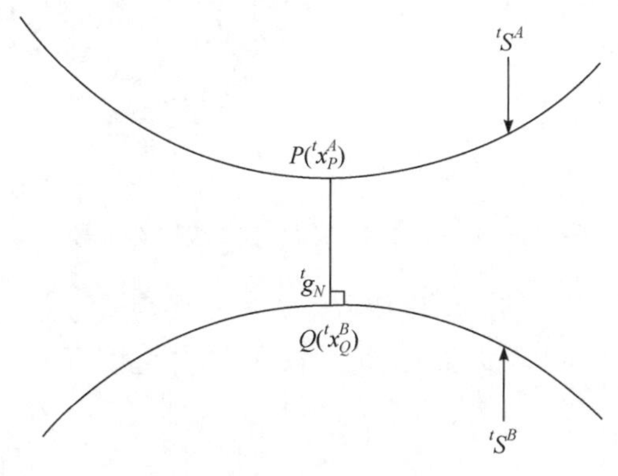

图 2.2　无穿透接触约束

在该模型中选择金刚石磨粒的侧面为接触主面，氮化硅陶瓷的上表面及左右表面为接触从面。接触主面与接触从面间的相对滑动设为有限滑移公式，模型为罚函数接触摩擦模型，摩擦系数为 0.4。

依据试验所用的金刚石砂轮粒度 D91(75/90μm)，设定仿真过程中磨粒模型为正截角八面体，边长 30μm，如图 2.3(a)所示。氮化硅陶瓷试件仿真模型为立方体，尺寸为 l_k×150μm×75μm。由于在平面磨削试验过程中金刚石砂轮中的磨粒一次磨削实际长度为砂轮与工件的接触弧长，设定 l_k 为实际磨削过程中金刚石砂轮与氮化硅试件的接触弧长。在金刚石磨粒切入陶瓷试件的切入面，其直角面处理成 30μm 的圆弧面，如图 2.3(b)所示。这种处理方法能够避免磨粒与工件刚开始接触时，接触面网格过度扭曲而导致运算错误。

金刚石磨粒在砂轮中的平均间距 S 可以通过式(2.9)求得[278]：

$$S = 137.9M^{-1.4}\left(\frac{2\pi}{V_g}\right)^{1/3} \tag{2.9}$$

式中，M 为金刚石砂轮平均粒度；V_g 为磨料在工作层的百分比。

通过前面提到的试验用金刚石砂轮粒度、浓度情况，结合式(2.9)可以求出砂轮中金刚石磨粒平均间距为 110.83μm。依据该值，设定切削仿真过程中磨粒 Z 向间距为 45μm，磨粒 X 向间距为 100μm，如图 2.3(b)所示。

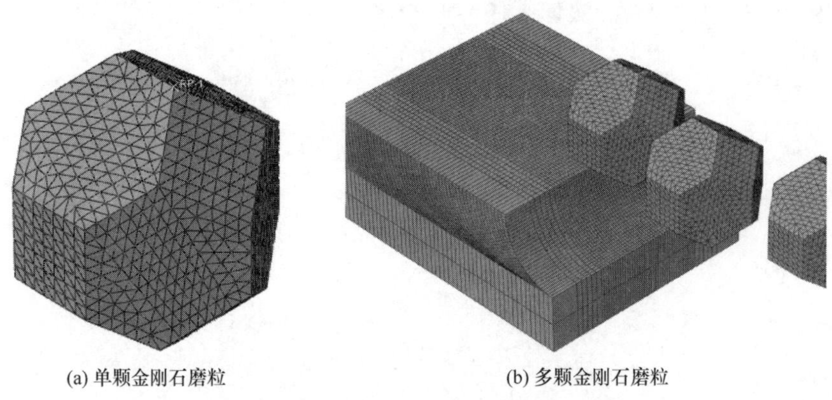

(a) 单颗金刚石磨粒　　(b) 多颗金刚石磨粒

图 2.3　金刚石磨粒与氮化硅陶瓷有限元模型

仿真过程中磨粒实际磨削深度值取最大未变形切屑深度 h_m，依据理论公式及试验实际设定参数计算出最大未变形切屑深度，并将该值定为仿真过程中磨粒的磨削深度。

2.4　有限元仿真结果分析

2.4.1　磨削力仿真结果分析

在金刚石磨粒磨削氮化硅陶瓷过程中，磨削力是一个重要的物理量，它影响着磨削效率、已加工表面的质量和磨粒磨损。磨削中的磨削力主要由两部分组成，即切向磨削力与法向磨削力。本节通过对不同条件下的磨削力进行研究，分析磨削速度和磨削深度对金刚石磨粒磨削氮化硅陶瓷时磨削力的影响。

图 2.4 为金刚石磨粒磨削氮化硅陶瓷有限元模型，利用其对磨削力的历程输出与分析功能模块，得出磨削仿真过程中磨削力随时间变化的趋势，如图 2.5 所示。

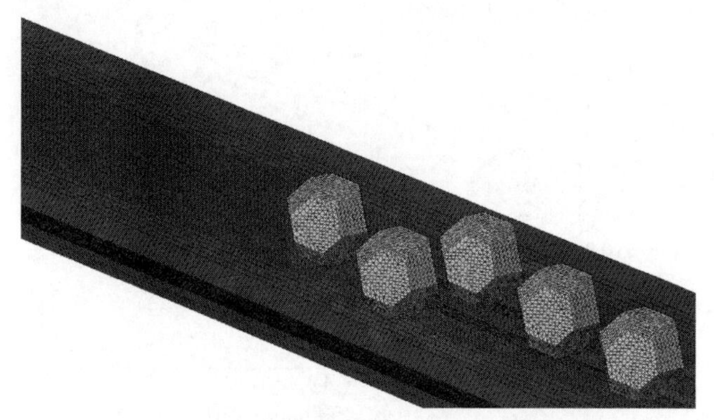

图 2.4　金刚石磨粒磨削氮化硅陶瓷有限元模型

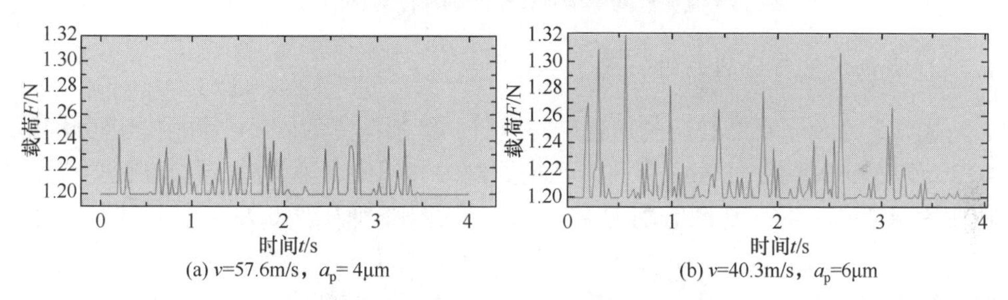

(a) v=57.6m/s，a_p= 4μm　　(b) v=40.3m/s，a_p=6μm

图 2.5　磨削过程中磨削力的变化趋势

利用仿真软件对有限元仿真分析过程的数据进行处理，并对金刚石磨粒磨削氮化硅陶瓷过程中的平均切向磨削力和平均法向磨削力进行分析研究，得出金刚石磨削速度和磨削深度对磨削力的影响。

1. 磨削深度与磨削力的关系

图 2.6 为金刚石磨粒切削氮化硅陶瓷时，磨削速度为 57.6m/s，磨削深度分别为 2μm、4μm 和 6μm 的条件下法向磨削力和切向磨削力的变化情况。当磨削深度为 2μm 时，法向磨削力为 1.22N，切向磨削力为 0.25N；当磨削深度为 4μm 时，法向磨削力为 1.83N，切向磨削力为 0.39N；当磨削深度为 6μm 时，法向磨削力为 2.49N，切向磨削力为 0.55N。对比数据可以得出，金刚石磨削氮化硅陶瓷过程

中法向磨削力要大于切向磨削力，且法向磨削力值为切向磨削力值的 4.6 倍左右。当磨削深度逐渐变大时，法向磨削力和切向磨削力同时增加，其中法向磨削力增加幅度较大。出现这种现象是因为当磨削深度很小时，氮化硅陶瓷发生显微塑性变形，磨削力很小。当磨削深度增加时，磨刃切入深度变大，磨削去除量变大，去除阻力增加，导致磨削力相应增加。

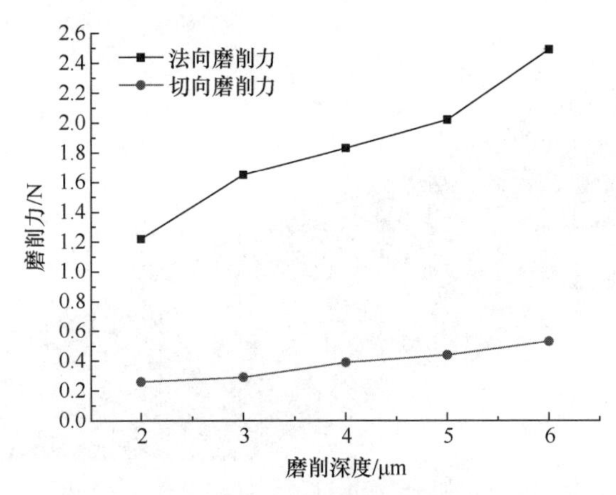

图 2.6　氮化硅陶瓷仿真模型磨削深度对磨削力的影响

2. 磨削速度与磨削力的关系

图 2.7 为金刚石磨粒切削氮化硅陶瓷时，磨削深度为 4μm，磨削速度分别为 40.3m/s、57.6m/s 和 74.9m/s 条件下法向磨削力和切向磨削力的变化情况。当磨削速度为 40.3m/s 时，法向磨削力为 3.44N，切向磨削力为 0.72N；当磨削速度为 57.6m/s 时，法向磨削力为 1.83N，切向磨削力为 0.39N；当磨削速度为 74.9m/s 时，法向磨削力为 0.83N，切向磨削力为 0.19N。与磨削深度变化趋势基本一致，

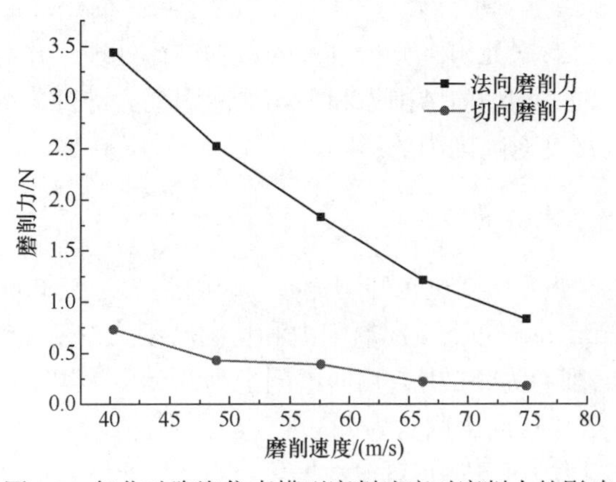

图 2.7　氮化硅陶瓷仿真模型磨削速度对磨削力的影响

在不同磨削速度条件下金刚石磨削氮化硅陶瓷过程中法向磨削力也要大于切向磨削力，且法向磨削力值为切向磨削力值的 4.6 倍左右。当磨削速度逐渐变大时，法向磨削力和切向磨削力减小，其中法向磨削力减小幅度较大。出现这种现象是因为当金刚石磨粒磨削工件表面时，磨削速度越高在单位时间内磨过试件表面的磨粒越多，后续磨粒的切割作用会促进裂纹扩展及磨屑脱落破碎过程，使得每颗磨粒的平均作用力降低，即磨削力减小。

对比图 2.6 和图 2.7 可以看出，金刚石磨粒磨削氮化硅陶瓷过程中，法向磨削力远大于切向磨削力，因此实际磨削力的大小是由法向磨削力决定的。通过计算可得图中法向磨削力的变化率较大，切向磨削力的变化率较小，这说明在改变磨削速度的过程中，法向磨削力所受到的影响较大。

2.4.2　表面形貌仿真结果分析

磨粒与工件之间的作用直接影响磨粒磨削力的大小，并进一步决定了材料磨削表面形貌、磨粒磨损及工件表面质量。本节通过以磨削深度、磨削速度为影响因素的仿真分析，研究不同磨削参数对工件表面形貌及表面质量的影响。为了便于观察仿真结果，对仿真后的氮化硅陶瓷工件在 X 方向进行长度截取，并观测。

1. 磨削深度与表面形貌的关系

图 2.8 为在金刚石磨粒磨削速度为 57.6m/s，磨削深度分别为 2μm、4μm 和 6μm 条件下磨粒切削氮化硅陶瓷的表面形貌。随着磨削深度的增大，工件表面上形成的沟槽的宽度逐渐增大，这一现象与磨粒的形状密切相关；同时，切槽都沿磨削方向向两侧有一定程度的扩展。图 2.8(a)、(b)、(c)对比分析可以看出，磨削深度的增大，导致氮化硅陶瓷表面质量由开始的沟槽底面较为平整光滑、沟槽两侧较为规则均匀(a_p=2μm)，逐渐变得沟槽底面粗糙不平、沟槽两侧参差不齐(a_p=6μm)。出现这种现象是因为随着磨削深度的增加，金刚石磨粒对氮化硅陶瓷的磨削力增大，材料去除方式由塑形去除和粉末化去除，向脆性断裂转变，工件

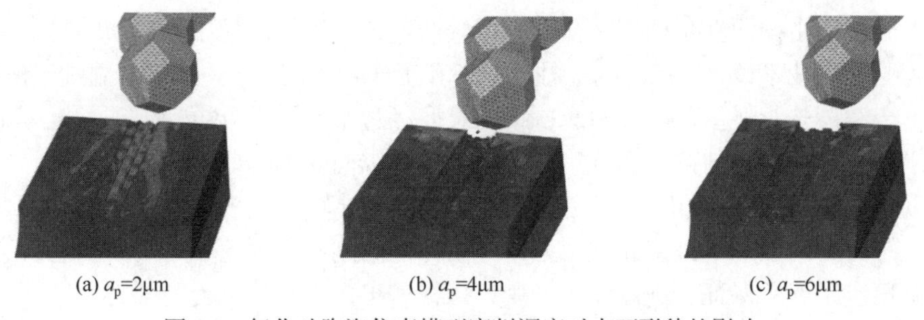

(a) a_p=2μm　(b) a_p=4μm　(c) a_p=6μm

图 2.8　氮化硅陶瓷仿真模型磨削深度对表面形貌的影响

磨削表面越来越粗糙，表面质量逐渐下降。由此可见，磨削深度是影响工件表面形貌的一个重要因素。

2. 磨削速度与表面形貌的关系

图 2.9 为在金刚石磨粒磨削深度为 4μm，磨削速度分别为 40.3m/s、57.6m/s 和 74.9m/s 的条件下磨粒切削氮化硅陶瓷的表面形貌。通过对比可以明显看出，当磨削速度为 40.3m/s 时，工件表面质量较差，沟槽底面的凸起和凹坑增多，沟槽两侧表面断碎明显，较为杂乱。而当磨削速度增加至 74.9m/s 时，工件磨削表面相对较为平坦，沟槽底面较为平整光滑，沟槽两侧也较为规则整齐。这是因为多颗磨粒进行连续磨削的过程中，磨削速度越高，在单位时间内磨过试件表面的磨粒越多，后续磨粒会对前磨粒磨削产生的划痕进行快速与密集的修整，从而使得被加工工件表面沟槽更加光滑，表面加工质量更加良好。因此，磨削速度也是影响工件表面形貌的重要磨削参数之一。

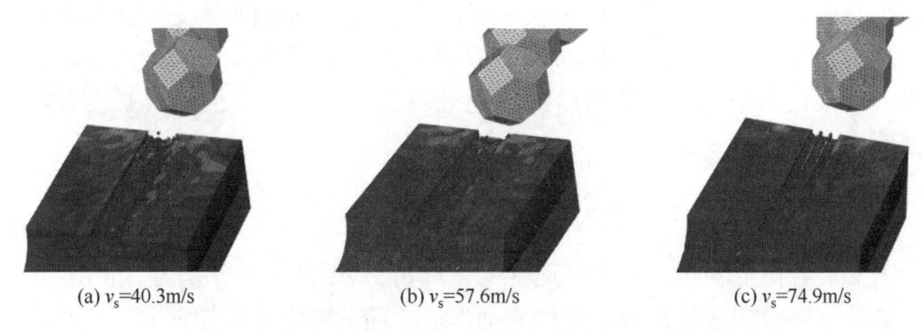

(a) v_s=40.3m/s　(b) v_s=57.6m/s　(c) v_s=74.9m/s

图 2.9　氮化硅陶瓷仿真模型磨削速度对表面形貌的影响

2.5　磨削力的试验研究

2.5.1　试验装置与检测设备

本试验的磨削试验设备如图 2.10 所示，该设备是 BLOHM Orbit 36 CNC 精密平面磨床，由德国柯尔柏斯来福临公司生产制造。该机床使用了最新的符合人机工程原理的技术设计。床身与立柱、拖板和工作台牢固结合。床身、立柱、拖板、工作台和砂轮头架由灰铸件制成，结构尺寸经过了有限元分析，保证了机床足够的刚性，具有极好的抗弯和抗扭特性。工作台纵向(X 轴)和横向(Z 轴)运动，进给运动通过砂轮架(Y 轴)运动来完成，立柱上装有导轨。拖板结构设计具有以下优点：短运动路径和直接传递作用力，可以保证高刚性；砂轮相对磨头的垂直导轨具有恒定距离，保证了刚性保持不变；拖板和工作台直接承受磨削力。

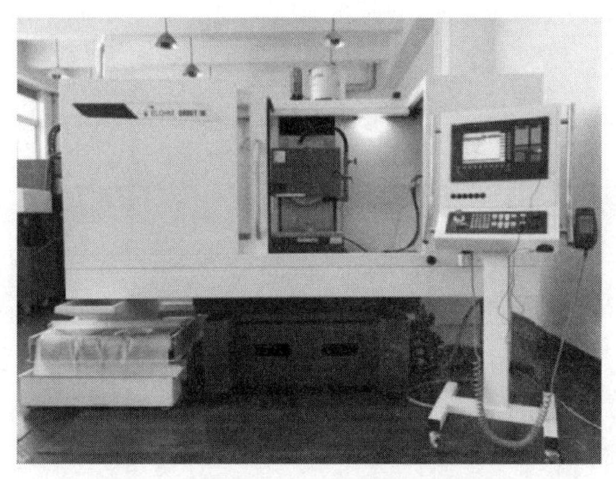

图 2.10　Orbit 36 CNC 精密平面磨床

磨削力的测量采用瑞士 Kistler9257B 三向平面测力仪，如图 2.11 所示。该仪器由测力平台、信号处理器和信号放大器三部分组成，可以对磨削过程中多个方向的力进行实时测量。使用 PCI6115 型采集卡进行磨削力信号采样，四个具有独立的模数(A/D)转换器的模拟输入通道，多通道可以实现同步采样，本试验采用的采样频率为 4000Hz。所得测力信号均先经模数转换后送入计算机，再应用仿真软件等数据处理软件进行分析与处理。为了准确测量磨削力，避免振动、移动等因素引起的数据偏移，磨削力的最终值为磨削力实际测量值与同工况下空磨削时磨削力的测量值之差。

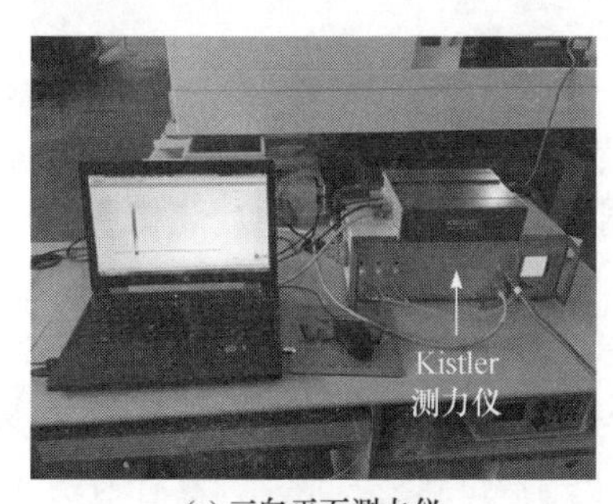

(a) 三向平面测力仪

(b) 磨削过程

图 2.11　Kistler9257B 三向平面测力仪及磨削过程

2.5.2　磨削力试验测量结果与分析

试验探究磨削参数对磨削力的影响，参数主要包括金刚石砂轮线速度、磨削深度和工件进给速度。利用三向平面测力仪测量不同参数组合下金刚石砂轮磨削氮化硅陶瓷过程中磨削力的大小，得出磨削力变化趋势如图 2.12 所示。

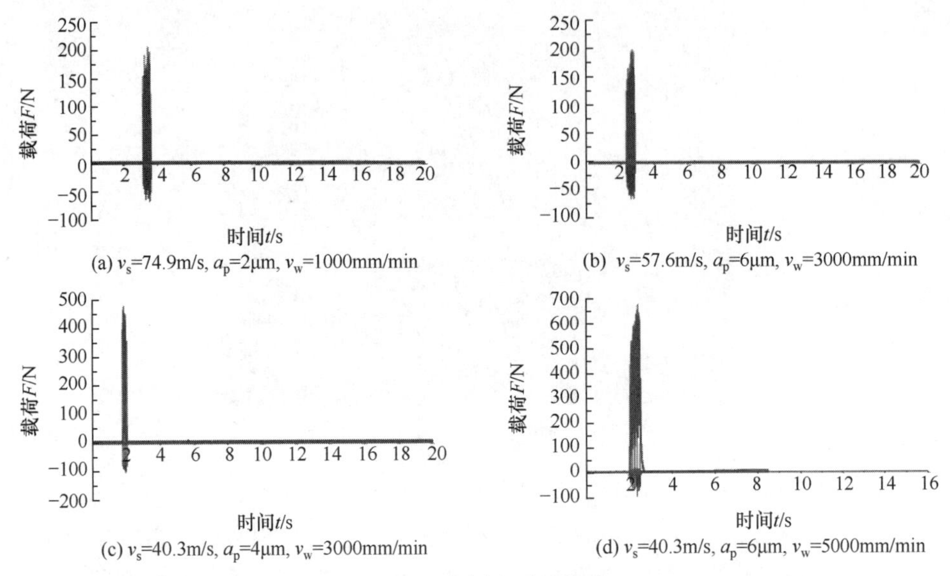

图 2.12　磨削力测量结果

三向平面测力仪无法直接输出磨削力的大小，因此基于仿真软件对所获得的试验数据进行处理，得出磨削过程中的实际磨削力，试验要研究各个参数对磨削力的影响程度，所以基于磨削参数建立金刚石砂轮磨削氮化硅陶瓷过程中法向磨削力和切向磨削力的变化曲线。

1. *砂轮磨削深度对磨削力的影响*

图 2.13 为金刚石砂轮磨削氮化硅陶瓷时，砂轮线速度为 57.6m/s，磨削深度分别为 2μm、4μm 和 6μm 条件下法向磨削力和切向磨削力的变化情况。当磨削深度为 2μm 时，法向磨削力为 220.91N，切向磨削力为 47.01N；当磨削深度为 4μm 时，法向磨削力为 312.82N，切向磨削力为 68.81N；当磨削深度为 6μm 时，法向磨削力为 447.96N，切向磨削力为 103.31N。对比数据可以得出，金刚石砂轮磨削氮化硅陶瓷过程中法向磨削力要大于切向磨削力，且法向磨削力值为切向磨削力值的 4.6 倍左右。当磨削深度逐渐变大时，法向磨削力和切向磨削力同时增加。出现这种现象是因为，当以较小的磨削深度加工时，氮化硅陶瓷实现延性域磨削过程，法向磨削力和切向磨削力均很小；增大磨削深度，使得参与磨削的有效磨粒数增多，同时接触弧长增大(图 2.5)，磨削力呈增长趋势。

2. *砂轮线速度对磨削力的影响*

图 2.14 为金刚石砂轮磨削氮化硅陶瓷时，磨削深度为 4μm，砂轮线速度分别为 40.3m/s、57.6m/s 和 74.9m/s 条件下法向磨削力和切向磨削力的变化情况。当

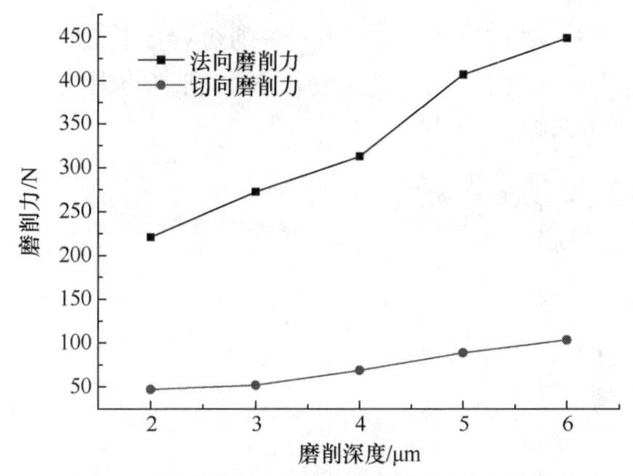

图 2.13　磨削深度对氮化硅陶瓷磨削力的影响

砂轮线速度为 40.3m/s 时，法向磨削力为 599.88N，切向磨削力为 131.91N；当砂轮线速度为 57.6m/s 时，法向磨削力为 312.82N，切向磨削力为 68.81N；当砂轮线速度为 74.9m/s 时，法向磨削力为 142.11N，切向磨削力为 31.91N。砂轮线速度变化过程中法向磨削力也要大于切向磨削力，且法向磨削力值为切向磨削力值的 4.6 倍左右。当砂轮线速度逐渐变大时，法向切削力和切向磨削力减小。出现这种现象是因为随着砂轮线速度的增大，磨粒的实际切削厚度减小，降低了每个磨粒的切削力；另外，磨削速度变大，磨削温度升高，提高了氮化硅陶瓷材料的切削韧性，增加了其塑性变形。

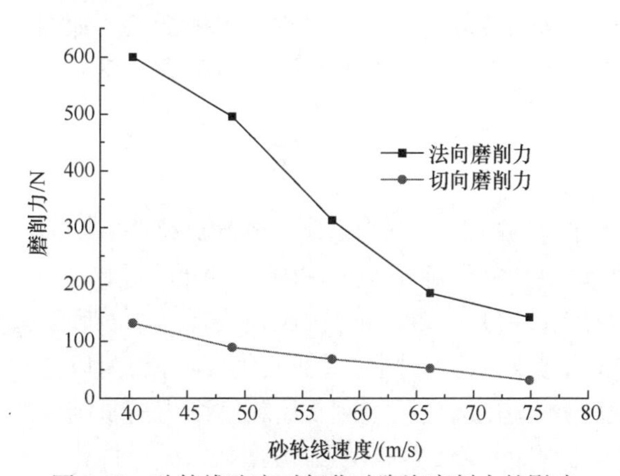

图 2.14　砂轮线速度对氮化硅陶瓷磨削力的影响

3. 工件进给速度对磨削力的影响

工程陶瓷磨削中工件进给速度对氮化硅陶瓷磨削力的影响趋势如图 2.15 所示。由图可以看出，切向磨削力和法向磨削力随着工件进给速度增加均有一定的增加，但变化较小。当工件进给速度较小时，材料以塑性去除为主，随着工件进给速度继续增加，磨粒实际磨削深度增大，磨削过程由塑性去除转变为脆性去除，因此磨削力只有小幅度增长。工件进给速度对磨削力的影响相对较小，不及砂轮线速度和磨削深度的影响。

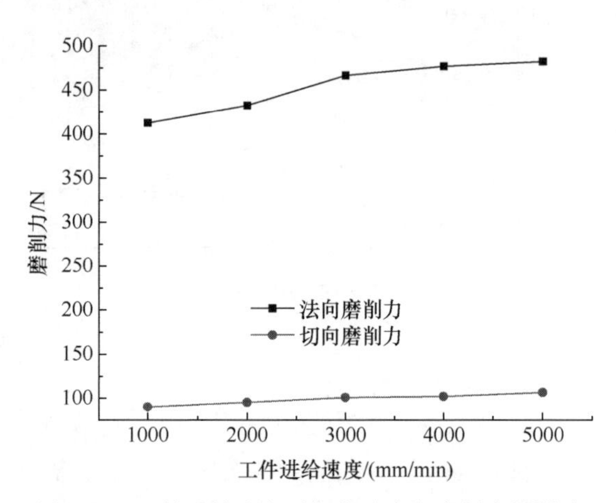

图 2.15　工件进给速度对氮化硅陶瓷磨削力的影响

2.5.3　试验和仿真结果对比分析

在金刚石磨粒磨削氮化硅陶瓷仿真计算中，设定 1 组金刚石磨粒平均间距为 110.83μm 在 X 方向对陶瓷工件进行连续磨削的过程，陶瓷工件在 X 方向的长度 l_k 为实际磨削过程中金刚石砂轮与氮化硅试件的接触弧长，如图 2.3(b)所示。磨削加工过程中，金刚石砂轮磨削力与金刚石磨粒磨削力关系如下：

$$F_{\mathrm{a}} = F_{\mathrm{w}} \frac{S}{L_{\mathrm{c}}} \tag{2.10}$$

式中，F_{a} 为金刚石磨粒磨削力；F_{w} 为金刚石砂轮磨削力；L_{c} 为砂轮与工件磨削接触面沿砂轮轴向长度；S 为金刚石砂轮中磨粒平均间距。

试验用金刚石砂轮厚度为 20mm，因此在实际金刚石砂轮磨削过程中，应约有 20mm/110.83μm 组金刚石磨粒同时磨削氮化硅陶瓷。所以试验测得的金刚石砂轮磨削氮化硅陶瓷时的磨削力约为金刚石磨粒磨削力仿真结果的 180.46 倍。

依据该计算方法对金刚石磨粒磨削力仿真结果进行优化与整理，并与试验中金刚石砂轮磨削力进行对比，如图 2.16 和图 2.17 所示。

将试验数据和仿真数据进行分析对比，不难发现法向磨削力和切向磨削力均随着砂轮线速度增加而减小；当增加磨削深度时，法向磨削力和切向磨削力均增大，仿真结果与试验结果基本一致，所以本节建立的金刚石磨粒磨削氮化硅陶瓷有限元模型及相应的计算方法是可行的，并可以用来预测不同磨削参数下磨削力

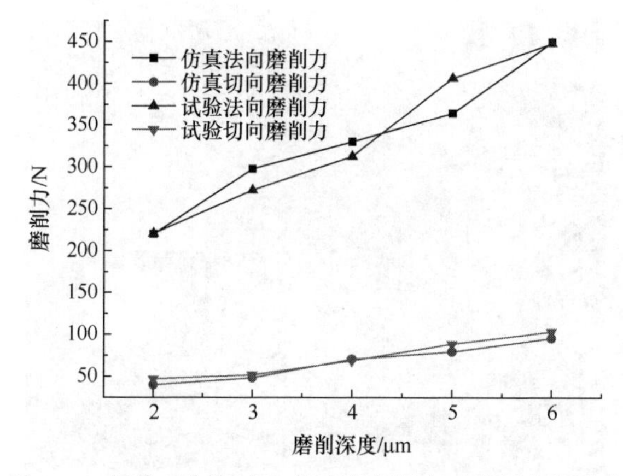

图 2.16 氮化硅陶瓷试验/仿真磨削深度对磨削力的影响

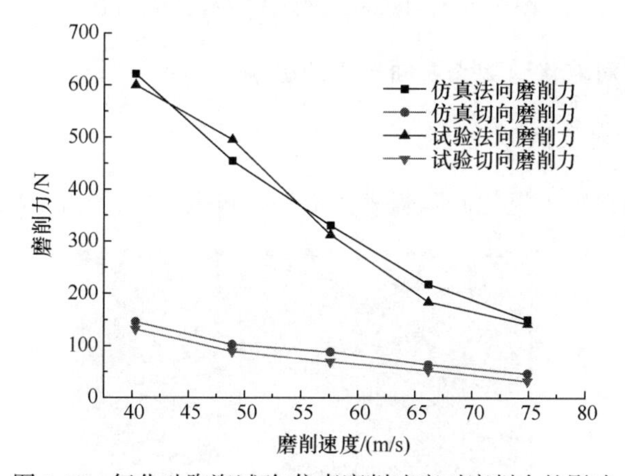

图 2.17 氮化硅陶瓷试验/仿真磨削速度对磨削力的影响

的变化情况。因此，基于模型得到的磨粒磨削力大小，同时结合实际磨削工况，即可估算磨削力的大小。

2.6 表面形貌的试验研究与分析

2.6.1 试验检测设备

利用超声振动清洗机对工件进行清洗，洗净后在其表面进行喷金，应用日立 S-4800 冷场发射扫描电子显微镜(简称扫描电镜)进行表面形貌的测量，如图 2.18 所示。该扫描电镜放大倍数为 20～800000 倍，加速电压为 0.5～30kV，二次电子分辨率在 15kV 时为 1.0nm，在 1kV 时为 1.4nm。配有 X 射线能谱仪，可在表面形貌观测的同时进行样品成分分析。

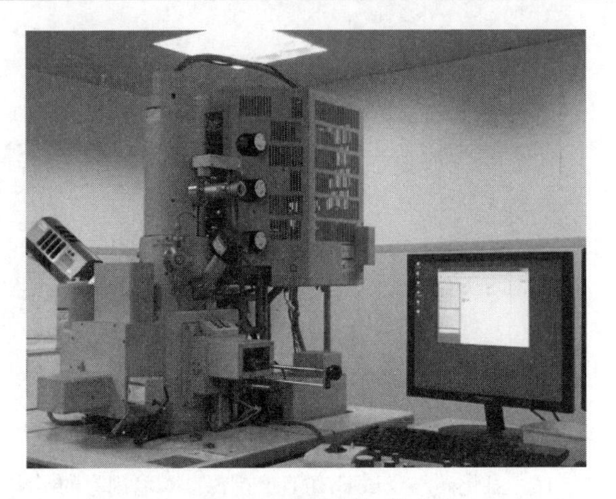

图 2.18　S-4800 冷场发射扫描电镜(SEM)

2.6.2　磨削参数对氮化硅陶瓷表面形貌的影响

1. 磨削深度对表面形貌的影响

在不同磨削深度下氮化硅陶瓷表面形貌扫描电镜照片如图 2.19 所示。由图可

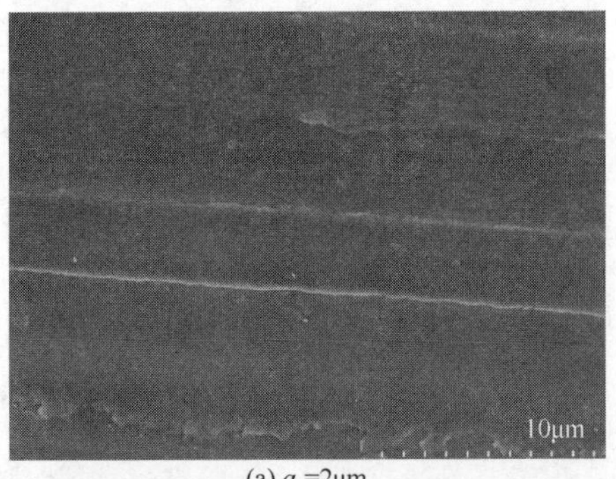

(a) a_p=2μm

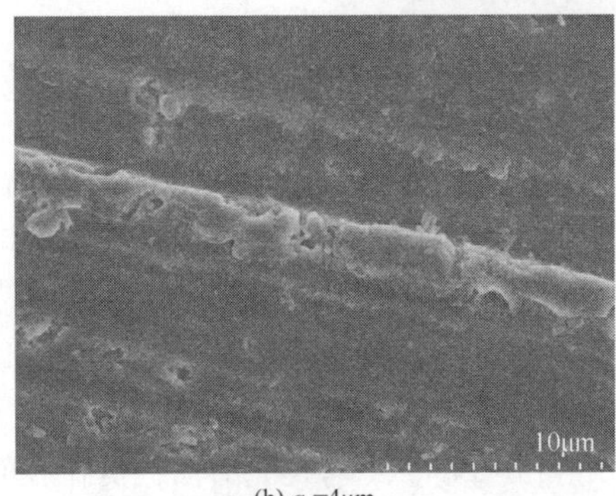

(b) a_p=4μm

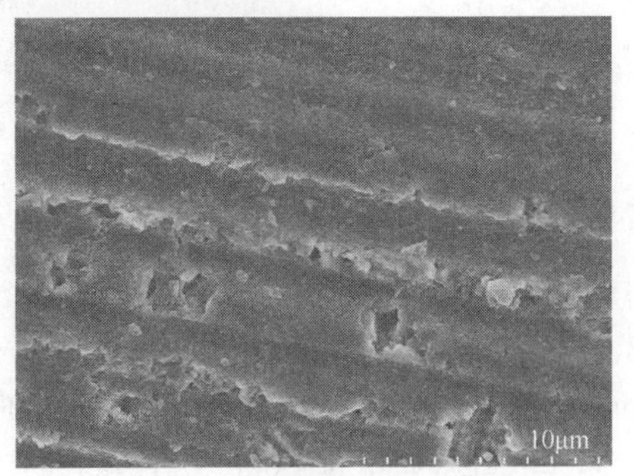

(c) a_p=6μm

图 2.19　磨削深度对氮化硅陶瓷磨削表面形貌的影响(v_s=57.6m/s, v_w=3000mm/min)

知，当磨削深度较小时，在图 2.19(a)中能看到表面几乎没有粉末状磨屑，磨削表面有较浅的沟槽和轻微隆起，光滑区域面积较大，表面质量总体良好。随着磨削深度的增大，在图 2.19(b)中沟槽更加明显，在沟槽边缘存在脆性断裂的痕迹，表面质量相对恶化。当磨削深度增大到 6μm 时，如图 2.19(c)所示，磨削表面因脆性断裂而剥离的磨屑增多，沟槽底部粗糙，凹凸不平，沟槽两侧缺口增多，脆性断裂引起的凹坑现象明显，破碎程度严重，磨削表面质量进一步恶化。这是因为，随着磨削深度的增加，金刚石磨粒去除量变大，磨削抗力变大，材料去除方式向脆性断裂转变，表面质量逐渐下降。

2. 金刚石砂轮线速度对表面形貌的影响

图 2.20 是氮化硅陶瓷在不同砂轮线速度下表面形貌扫描电镜图。由图 2.20 可知，在陶瓷磨削表面存在脆性断裂区域、塑性沟槽和光滑区域，因此在该条件下氮化硅陶瓷既有脆性断裂去除，也有塑性去除。对比三幅图片可以得出，当砂轮线速度最小时，陶瓷脆性断裂较多，磨削表面因脆性断裂产生的凹坑也较多；随着砂轮线速度的增加，表面塑性沟槽和光滑区域逐渐增多，在其他条件不变的情

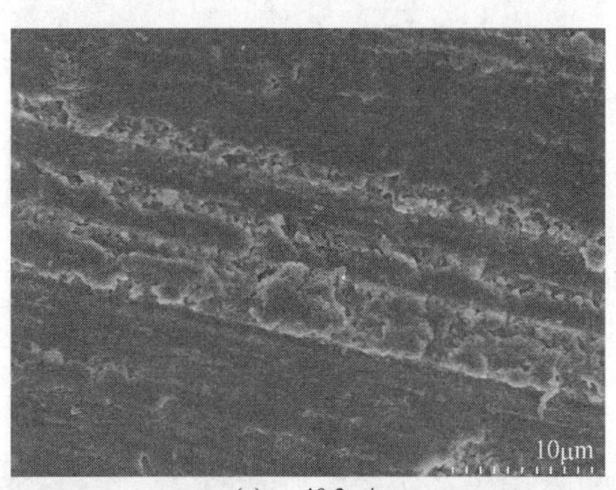

(a) v_s=40.3m/s

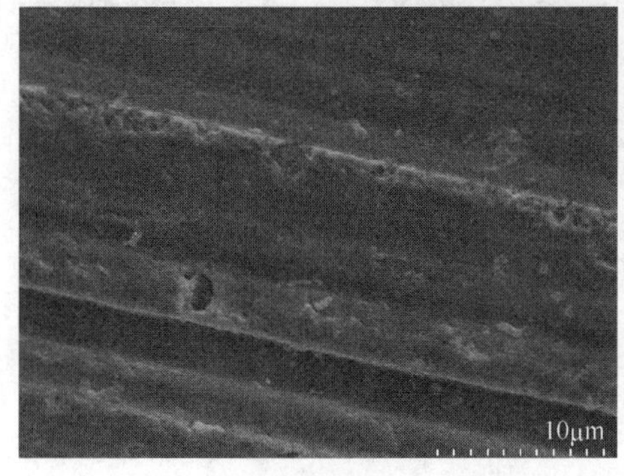

(b) v_s=57.6m/s

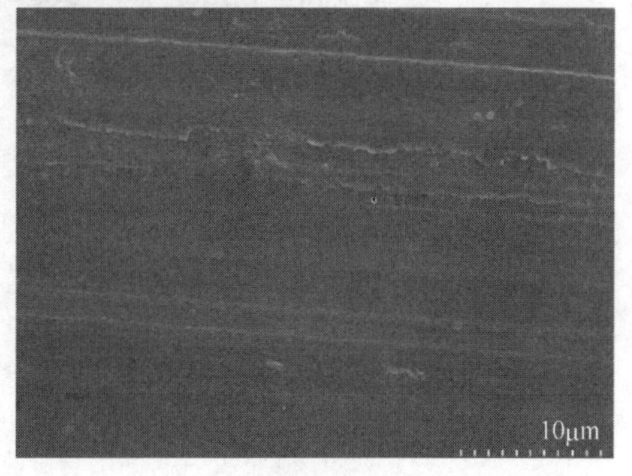

(c) v_s=74.9m/s

图 2.20　砂轮线速度对氮化硅陶瓷磨削表面形貌的影响(v_w=3000mm/min，a_p=4μm)

况下，砂轮线速度增加，氮化硅陶瓷材料的去除方式逐渐以塑性去除为主，表面变得更加光滑平整，塑性沟槽随着砂轮线速度的增加而增多。这是因为随着砂轮线速度增加，单颗金刚石磨粒最大切削厚度减小，氮化硅材料以塑性去除方式为主。另外，磨削速度增加会使磨削弧区的温度升高，在一定程度上可能会软化氮化硅陶瓷工件表面，使得陶瓷表面更多地以塑性方式去除。

3. 工件进给速度对表面形貌的影响

图 2.21 是氮化硅陶瓷在不同工件进给速度下表面形貌扫描电镜图。由图 2.21(a)可知，当工件进给速度为 1000mm/min 时，陶瓷材料表面质量较好。当工件进给速度增大时，氮化硅陶瓷表面塑性沟槽逐渐减少，脆性断裂逐渐增多，因脆性断裂产生的凹坑增多，表面质量越来越差。当工件进给速度为 5000mm/min 时，氮化硅陶瓷几乎完全是脆性去除，变化效果非常明显，表面质量很差。产生这种现象是因为随着进给速度的增加，金刚石磨粒最大切削厚度增大，氮化硅陶瓷更多地以脆性断裂的方式去除，所以表面质量变差。

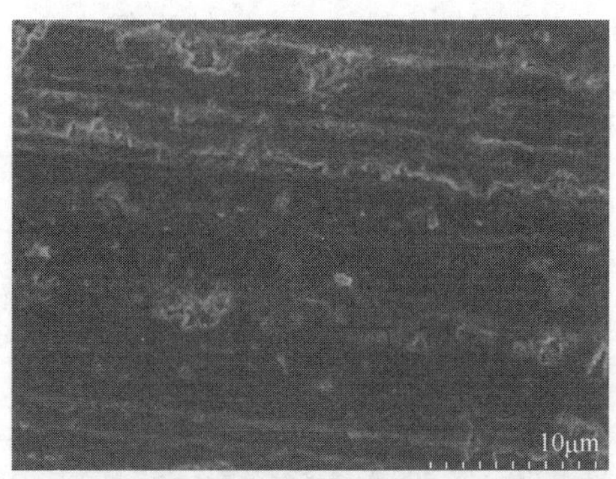

(a) v_w=1000mm/min

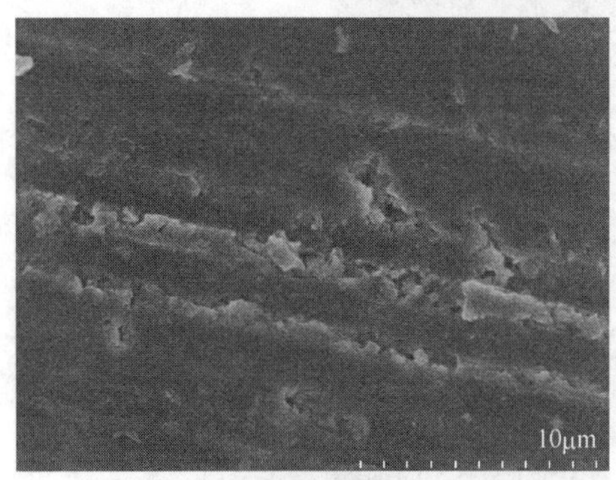

(b) v_w=3000mm/min

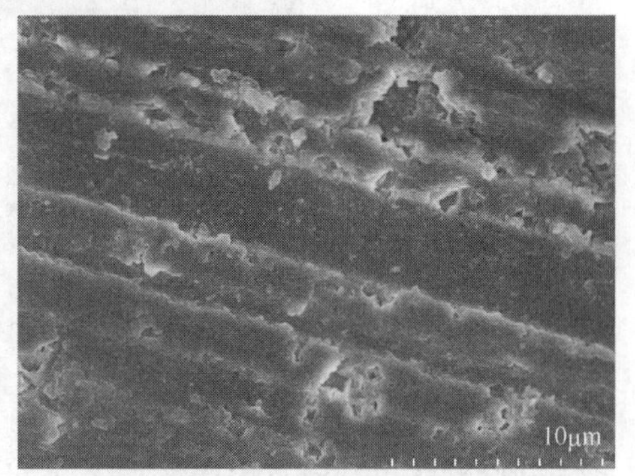

(c) v_w=5000mm/min

图 2.21 工件进给速度对氮化硅陶瓷磨削表面形貌的影响(v_s=57.6m/s, a_p=4μm)

通过对工程陶瓷磨削表面扫描电镜图的观测，针对磨削参数对磨削表面质量的影响得出了与仿真结果一致的结论。磨削参数在一定范围内，工程陶瓷平面磨削中，随着砂轮线速度的增加，氮化硅陶瓷表面质量逐渐提高；随着磨削深度的增加，氮化硅陶瓷表面质量逐渐降低；随着工件进给速度的增加，氮化硅陶瓷表面质量逐渐降低。因此，工程陶瓷实际磨削加工中，可以尽量提高砂轮线速度，降低磨削深度和工件进给速度，以提高工件加工表面质量。

2.7　本章小结

本章首先建立了多颗金刚石磨粒切削氮化硅陶瓷有限元仿真模型，基于该模型分析了金刚石磨粒在磨削速度、磨削深度变化的条件下，磨削力及工件表面形貌的相应情况。然后利用平面磨床进行了金刚石砂轮磨削氮化硅陶瓷试验，通过检测设备对磨削力和工件表面形貌进行观测，并将试验结果与有限元仿真结果进行了对比分析。

第 3 章　用于陶瓷轴承的氮化硅的裂纹扩展与表层损伤

3.1　概　　述

由于氮化硅等工程陶瓷材料的硬脆特性，磨削加工是其主要加工方法。但由于磨削抗力大，被磨陶瓷零件会出现表层损伤，主要体现形式为表层裂纹。磨削加工损伤使加工后的陶瓷零件不能满足应用要求，特别是表层裂纹大大降低零件的强度，同时残余应力对裂纹的产生及扩展具有重要影响。所以对氮化硅等工程陶瓷因加工产生的裂纹损伤与残余应力进行研究是一项重要工作。本章利用金刚石砂轮磨削氮化硅陶瓷片试验对磨削力进行测量，并对表面裂纹生成与扩展进行研究。基于第 2 章磨粒磨削力计算方法，通过 UDEC(universal distinct element code)二维离散元软件模拟出氮化硅陶瓷在单颗磨粒法向载荷作用下裂纹产生与扩展情况，同时揭示磨削参数对裂纹扩展的作用规律，并与试验结果进行对比。另外，试验研究磨削参数对氮化硅陶瓷断裂应力的影响规律，测量磨削后氮化硅陶瓷试件内部的残余应力，明确残余应力对氮化硅陶瓷裂纹扩展及断裂应力的影响规律。

3.2　磨削加工裂纹的形成

金刚石砂轮磨削氮化硅陶瓷过程中会产生微观裂纹，例如，在氮化硅陶瓷磨削过程中，金刚石磨粒对工件材料的切削作用及磨削接触区温度的变化会使材料内部或表面产生不同类型的裂纹。

3.2.1　磨粒压痕效应裂纹

金刚石磨粒很小，砂轮与工件接触弧长也很小，砂轮与工件在磨削时的微观相互作用与尖锐形压头对工件的压痕作用相似。当金刚石磨粒与氮化硅陶瓷材料接触时，对金刚石磨粒施加一定的载荷 P，位于金刚石磨粒正下方的氮化硅陶瓷材料会出现非弹性流动区，这个非弹性流动区称为塑性或韧性变形区。增大载荷 P 和金刚石磨粒压入氮化硅陶瓷材料深度，塑性或韧性变形区随之增大。当载荷 P 增大到临界载荷 P^*时，塑性或韧性变形区正下方会出现微裂纹，随着载荷 P 的不断增大，裂纹不断扩展，最终在材料内部形成垂直于工件表面的径向裂纹。金刚石磨粒划过氮化硅陶瓷工件后，载荷卸载。在材料塑性变形及残余应力的作用下，会产生平行于工件表面的横向裂纹，横向裂纹扩展至材料表面使微量的工件材料脱离基体，形成磨屑，径向裂纹遗留在工件内部，并将大大降低工件表面加工质量[279-283]。

根据金刚石磨粒受力分析及压痕断裂力学模型推出和材料临界载荷相对应的临界磨粒切削厚度 a_{gc}[284, 285]：

$$a_{gc}=\left(\frac{\lambda_0}{\xi_c}\right)^{1/2}\frac{1}{\tan\phi}\left(\frac{K_{Ic}}{H}\right)^2 \tag{3.1}$$

式中，λ_0 为材料压痕试验确定的系数；ξ_c 为与磨粒几何有关的系数；2ϕ 为磨粒切削部位的 2θ 角；K_{Ic}、H 分别为材料的断裂韧性和显微硬度。

一定的磨削工艺条件(磨削用量、砂轮特性) 也确定了磨粒在磨削弧上和磨削表面上的最大切削厚度 a_{gm} 和 a_{gh}。由磨削几何关系和磨粒磨削的最大切削厚度 a_{gmax} 得出：

$$a_{gm}=2a_f\sqrt{\frac{a_p}{a_s}}=2\frac{v_w}{v_s N_{ef}}\sqrt{\frac{a_p}{d_s}} \tag{3.2}$$

$$a_{gh}=a_f^2\sqrt{\frac{a_p}{a_s}}\frac{K}{d_s}=\left(\frac{v_w}{v_s N_{ef}}\right)^2\frac{K}{d_s} \tag{3.3}$$

式中，a_f 为磨粒沿磨削方向的切削长度；a_s 为砂轮宽度；v_w 为砂轮径向进给速度；v_s 为砂轮线速度；d_s 为砂轮直径；K 为系数；N_{ef} 为单位磨削弧上的有效磨刃数。显然，在磨削表面的形成过程中，当 $a_{gh}>a_{gc}$ 时，显微塑变区只占磨削表面的一部分，另一部分为断裂面。当 $a_{gh}<a_{gc}$ 时，尤其是当 $a_{gm}<a_{gc}$ 时，磨削表面全部由显微塑变形成，很少有径向裂纹产生。

分析式(3.1)～式(3.3)可知：①陶瓷材料的 K_{Ic}/H 值越大，临界切削厚度 a_{gc} 越大，允许越大的 a_{gh}，越不易形成压痕效应裂纹；②由于 $\tan\phi$ 是随 ϕ 变化很大的增函数，磨粒越细、越尖锐，允许的 a_{gh} 也越大；③改善工艺参数，如减小 v_w/v_s 值，增加砂轮的有效磨刃数 N_{ef}，都将使 a_{gh} 和 a_{gm} 减小，容易满足 $a_{gh}<a_{gc}$ 的条件，避免径向裂纹的产生。

3.2.2　不连续显微塑变裂纹

当 $a_{gh}<a_{gc}$ 时，主要磨削形式为显微塑变，显微塑变一般并不能随着磨痕的延伸和磨粒的运动连续扩展。氮化硅等工程陶瓷为多晶体材料，其分子间通过共价键、离子键进行连接，其晶粒具有较大的防错位、抗畸变能力，同时晶粒相互间

缺少必需的滑移系使变形困难，导致陶瓷材料的微硬度较大，同时显微塑变抗力高，这将阻碍显微塑变区的扩展。与此同时，氮化硅陶瓷晶体间的紧密程度较小，显微塑变中断由非晶玻璃相和其他材料缺陷造成，导致在显微塑变区出现裂纹。磨削表面上此类裂纹的尺寸较大。但由于显微塑变层较浅，裂纹向次表面的延长较浅。

3.2.3 磨削热裂纹

氮化硅陶瓷的传热能力很差。磨削区的显微塑变和摩擦会在磨削表面引起很高的磨削温度。例如，在常用磨削用量下，氮化硅的磨削温度可达 1000℃以上。由于该种陶瓷的热膨胀系数较大，磨削表面材料急剧受热时将产生较大的热膨胀，但受到表层下基体的约束，产生热塑性变形，由此在表面产生的热压应力为 σ_{ST}，且有[286, 287]

$$\sigma_{ST} = \frac{E\alpha\Delta T}{1-\mu} \tag{3.4}$$

残余拉应力为 σ_{XT}，且 $\sigma_{XT} \propto \sigma_{ST}$，主要由表面热区域温度降低产生表面不可恢复的塑性变形引起，当 σ_{XT} 等于断裂强度 σ_f 时，微裂纹就会出现在磨削表面。因此，σ_{ST}、σ_{XT} 与 σ_f 之间的相对大小决定了热裂纹的形成，热裂纹的产生由陶瓷材料的机械与物理性能决定。材料的泊松比 μ 越大、热膨胀系数 α 越高、断裂强度 σ_f 越低、磨削温度 ΔT 越高，越容易发生热裂纹，因此在磨削过程中氮化硅陶瓷易产生裂纹。

3.3 氮化硅陶瓷裂纹扩展的试验研究

3.3.1 加工设备与材料

本试验的磨削装置为 BLOHM Orbit 36 CNC 精密平面磨床，如第 2 章图 2.10 所示。试验用磨具即金刚石砂轮参数及性能见第 2 章表 2.2 和表 2.3。试验用氮化硅陶瓷参数及性能见表 1.2 和表 2.1。为了更好地观察并测量磨削后氮化硅陶瓷内部裂纹生成与扩展情况、磨削参数对陶瓷断裂应力的影响以及裂纹与陶瓷断裂应力之间的关系，本试验将氮化硅陶瓷片作为试验对象，试件平均尺寸为 20mm×20mm×1.5mm，试件与工装如图 3.1 所示。

金刚石砂轮磨削氮化硅陶瓷片的试验过程如图 3.2 所示，并将 20mm×20mm×1.5mm 的方形试件片磨削加工成为 20mm×10mm×1.5mm 的条形试件片，以方便测量加工后氮化硅陶瓷片的断裂应力。磨削加工后的氮化硅陶瓷片内部裂纹扩展情况利用日立 S-4800 冷场发射扫描电镜进行观测，设备如第 2 章图 2.18 所示。

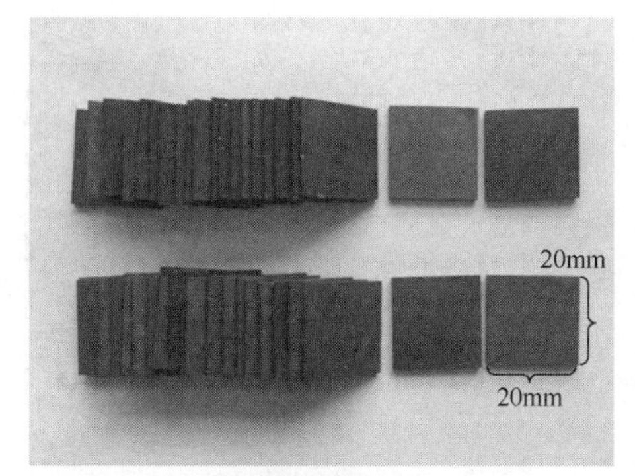

(a) 氮化硅陶瓷片

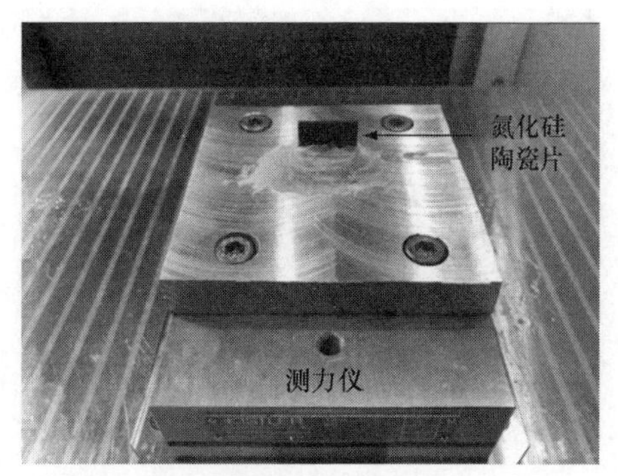

(b) 陶瓷片的装夹

图 3.1 试验材料与工装

图 3.2 陶瓷片磨削加工过程

3.3.2 裂纹形成及扩展机理的试验研究

1. 陶瓷表面裂纹生成机理试验研究

利用金刚石砂轮对氮化硅陶瓷片进行磨削，当磨削参数为金刚石砂轮线速度 v_s=57.6m/s、磨削深度 a_p=16μm、工件进给速度 v_w=3000mm/min 时，对磨削后裂纹在氮化硅陶瓷片表面生成及向内部扩展情况进行了观测，如图 3.3 所示。对比四幅图片可以看出，在该试验条件下氮化硅陶瓷表面会出现裂纹，由于陶瓷片厚度较小，裂纹在厚度方向容易从陶瓷片一侧贯穿至另一侧(图 3.3(a)中 A 侧贯穿至 B 侧)。另外，裂纹会引起陶瓷表面出现断层，断层导致裂纹两侧的陶瓷表面高度

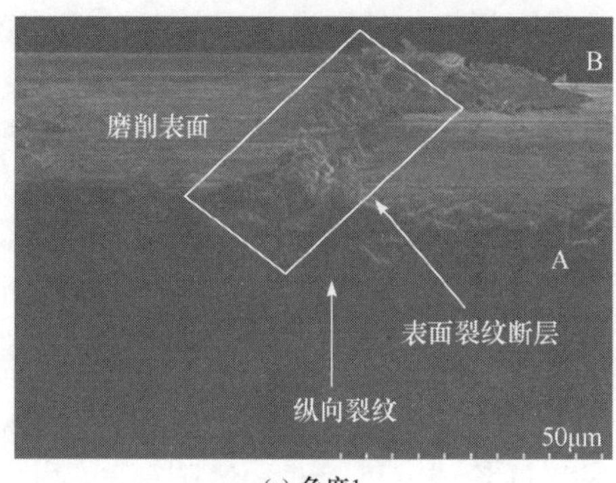

(a) 角度1

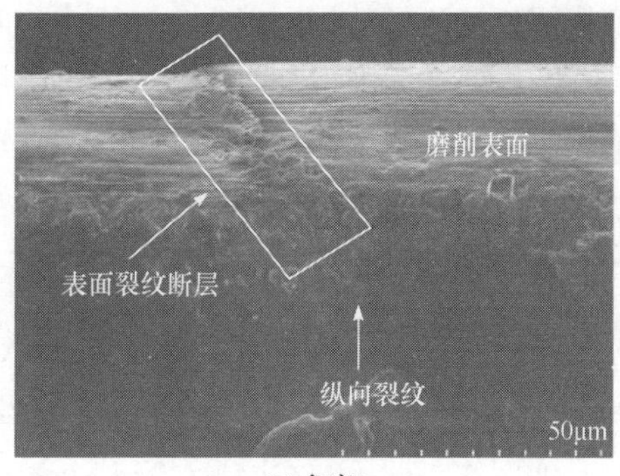

(b) 角度2

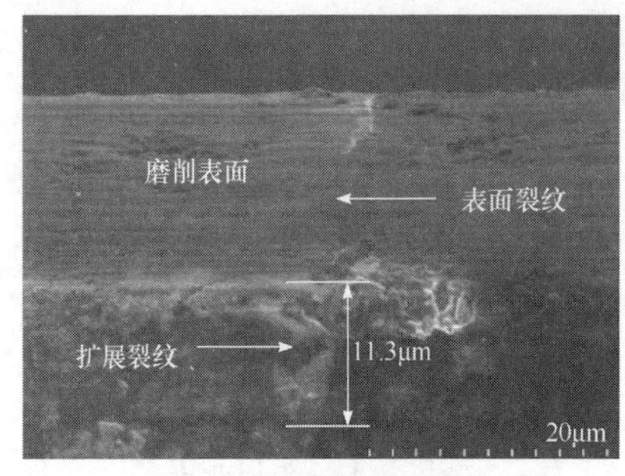

(c) 角度3

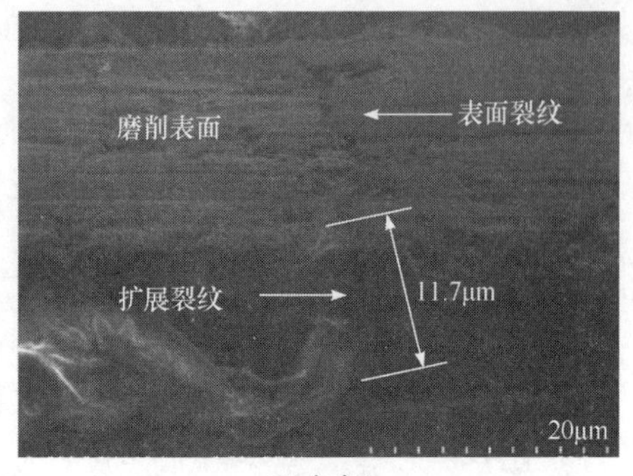

(d) 角度4

图 3.3　氮化硅陶瓷表面裂纹生成情况(v_s=57.6m/s，a_p=16μm，v_w=3000mm/min)

不一致。由于磨削过程中砂轮线速度、磨削深度、工件进给速度较大，金刚石磨粒实际切削氮化硅陶瓷的厚度较大。磨削后陶瓷表面会出现裂纹，裂纹以纵向裂纹的形式向陶瓷内部扩展，但不会引起陶瓷工件的断裂。通过扫描电镜内置标尺测量得出裂纹扩展平均深度为 11.5μm 左右。

2. 磨削参数对裂纹扩展的影响规律研究

当磨削参数为砂轮线速度 v_s=57.6m/s、磨削深度 a_p 分别为 10μm 和 20μm、工件进给速度 v_w=3000mm/min 时，裂纹在氮化硅陶瓷片表面生成及向内部扩展情况如图 3.4(a)和(b)所示；当磨削深度 a_p=16μm、砂轮线速度 v_s 分别为 40.3m/s 和 74.9m/s、工件进给速度 v_w=3000mm/min 时，裂纹在氮化硅陶瓷片表面生成及向内部扩展情况如图 3.4(c)和(d)所示。通过扫描电镜内置标尺测量得出，当砂轮线速度 v_s=57.6m/s、磨削深度 a_p=10μm 时，裂纹扩展深度约为 5.8μm；当砂轮线速度 v_s=57.6m/s、磨削深度 a_p=20μm 时，裂纹扩展深度约为 25.6μm；当砂轮线速度 v_s=40.3m/s、磨削深度 a_p=16μm 时，裂纹扩展深度约为 10.8μm；当砂轮线速度 v_s=74.9m/s、磨削深度 a_p=16μm 时，裂纹扩展深度约为 12.7μm。对比图 3.4 中的四幅图片及测量数据可以得出，在金刚石磨粒磨削氮化硅陶瓷过程中，当磨削速度不变、磨削深度增加时，裂纹扩展深度增加；当磨粒磨削深度不变、磨削速度增加时，裂纹扩展深度几乎不变。由此可以推断出，磨削深度对裂纹的扩展起到主要影响作用，磨粒切割深度越大，陶瓷裂纹向内部扩展越深。

3. 裂纹在陶瓷内部扩展机理试验研究

当磨削参数为金刚石砂轮线速度 v_s=40.3m/s、磨削深度 a_p=30μm、工件进给速度 v_w=5000mm/min 时，对磨削后裂纹在氮化硅陶瓷片内部扩展情况进行了观测，如图 3.5 所示。在该参数下进行磨削时，砂轮线速度较小、磨削深度较大、

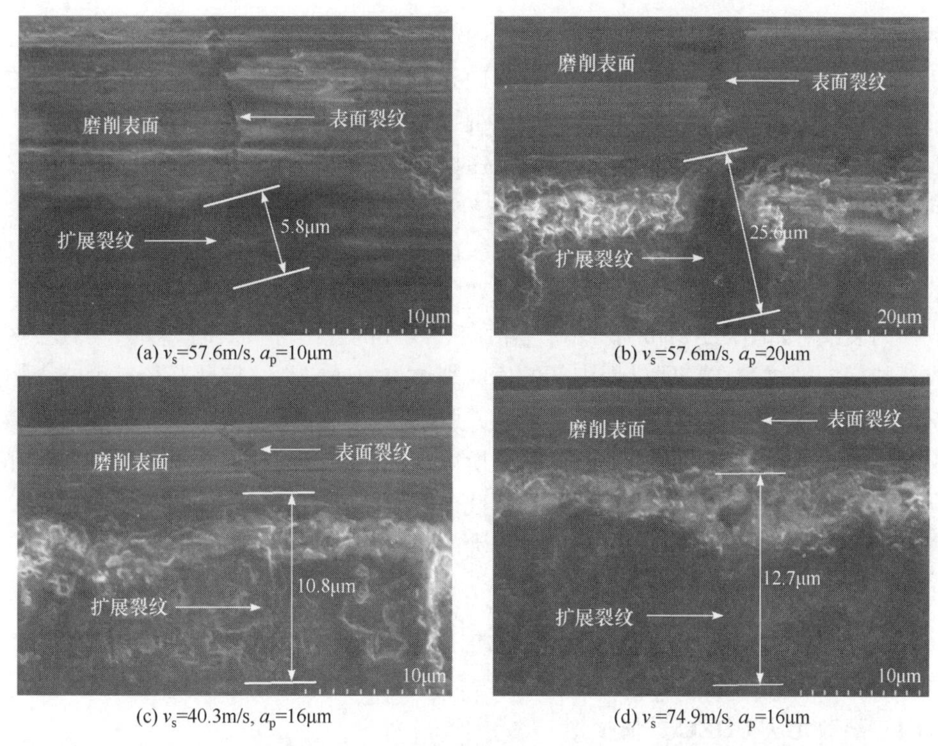

(a) v_s=57.6m/s, a_p=10μm　(b) v_s=57.6m/s, a_p=20μm

(c) v_s=40.3m/s, a_p=16μm　(d) v_s=74.9m/s, a_p=16μm

图 3.4　不同磨削参数氮化硅陶瓷裂纹扩展情况(v_w=3000mm/min)

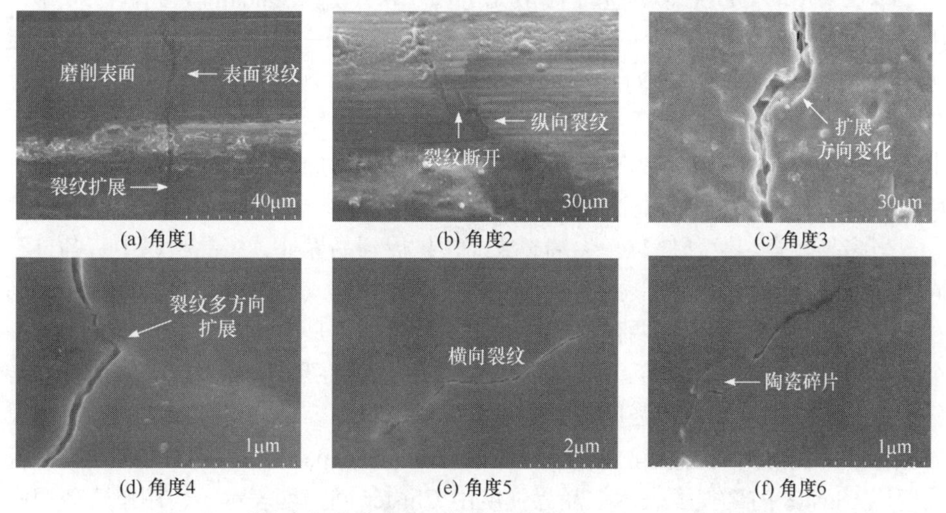

(a) 角度1　(b) 角度2　(c) 角度3

(d) 角度4　(e) 角度5　(f) 角度6

图 3.5　裂纹在氮化硅陶瓷内部扩展情况(v_s=40.3m/s，a_p=30μm)

工件进给速度较大，因此金刚石磨粒实际切削氮化硅陶瓷的厚度较大，容易引起氮化硅材料的脆性去除并产生裂纹。由图 3.5(a)可以看出，金刚石磨粒在磨削表面引起裂纹，并以纵向裂纹的形式向陶瓷内部扩展。纵向裂纹在扩展过程中会出现断开现象，即裂纹在陶瓷内部扩展过程中到某一处突然停止，并由于残余应力的影响在该处附近产生新的裂纹，新裂纹继续向原有裂纹相同或相近的方向扩展，如图 3.5(b)所示。当裂纹向陶瓷内部扩展时几乎没有方向性，十分不规律，扩展方向会出现明显变化，如图 3.5(c)所示。另外，在纵向裂纹扩展的路径上，由于残余应力的影响还会在某一点新生成微小裂纹沿着其他方向扩展，并影响原纵向裂纹的扩展方向，如图 3.5(d)所示。纵向裂纹在陶瓷内部扩展过程中还会沿横向扩展形成横向裂纹，如图 3.5(e)和(f)所示。当横向裂纹在陶瓷内部扩展时，在某一点会生成新的横向裂纹，在扩展过程中新的横向裂纹与原横向裂纹扩展路径有可能会相交，当路径交错时就会引起陶瓷片断裂并脱落。横向裂纹向陶瓷表面扩展时，会引起磨削表面材料的脆性去除、剥落，所以横向裂纹在陶瓷表面及内部扩展时都会引起材料的脆性去除及小片断裂。在残余应力的影响下，陶瓷内部横向裂纹扩展深度及裂纹面积均较大，极易形成较大的片状切屑。

3.4 基于 UDEC 的氮化硅磨削裂纹扩展仿真研究

3.4.1 离散元法 UDEC 数值模拟

本章采用的 UDEC 软件基于离散元仿真计算方法。Cundall 教授在 1974 年运用分子动力学理论得到了一个不连续数字模拟方法——离散元法(discrete element method, DEM)[288]。该方法对连续机理模型中单元个体性质进行考虑，同时不再过分地依赖于简化和规定性质的本构方程，对离散性物质的分析有较大的优越性。由于多晶体陶瓷材料本身为离散结构，刀具对其进行加工时被切削部分不连续，所以分析陶瓷加工的最理想方法为离散元法。

当多晶陶瓷裂纹延伸时，尖端裂纹通常扩展到晶界处，多晶材料中有各自不同的晶粒取向。当裂纹扩展到两条裂纹相交的晶界处或裂纹沿晶粒内部延伸到晶粒的交界处时，这就存在两种可能性：第一种可能性是裂纹穿过晶界延伸到下一个晶粒中继续扩展，称为穿晶裂纹扩展；第二种可能性是裂纹沿着晶界继续扩展，称为沿晶裂纹扩展。在高强度或小角度晶界的材料中容易发生穿晶裂纹扩展。根据氮化硅陶瓷材料的特点建立黏结颗粒模型(bounded particle model，BPM)，晶粒强度用 Cluster 内部强度表示，晶界强度用 Cluster 间强度表示。运用单边剪切模拟试验对陶瓷中晶粒强度与晶界强度的比例进行确定并且得到规律，试验发现，当晶界强度逐渐减小时，沿晶裂纹数逐渐增加，穿晶裂纹数逐渐减小，这与陶瓷材料的物理特性相符。

陶瓷材料的力学特性一般用泊松比、弹性模量、弯曲强度、拉伸强度、断裂韧性和单轴压缩强度等表示。在离散模型中，通过在微观定义粒子属性及相互接触。在建立离散元氮化硅陶瓷模型时，首先要确定晶界之间的强度与晶粒之间强度的比例，氮化硅陶瓷的断裂方式主要为穿晶断裂，断裂表面较为平整，虽然在扩展过程中裂纹受到晶粒的阻挡，但最终依然穿过了晶粒，其扩展方向近似于直线，致使材料断裂。依据氮化硅陶瓷这一特性，运用建立的宏观方法获取粒子与材料间的属性关系，通过巴西测试、断裂韧性测试、单轴压缩测试和三点弯曲测试的结果对离散元模型中的粒子属性进行校准，可以得到较为准确的氮化硅离散元模型[289]。

3.4.2　基于 UDEC 的氮化硅损伤模型

通常用 UDEC 模拟二维切削过程来研究陶瓷材料裂纹和表层的损伤。采用离散元法对金刚石砂轮/磨粒切割氮化硅陶瓷进行数值模拟时主要有块体的生成、材料的生成、边界条件的模拟、荷载或速度施加等四个步骤。其中，物理模型主要通过块体和材料的生成、边界条件的模拟来完成，运动过程的模拟主要由荷载和速度的施加来完成。

定义陶瓷块体为变形体，磨粒块体为刚体，通过 CELL 命令实现变形体/刚体间初始的分离状态，并对变形体赋予材料参数(氮化硅的材料特性取值见表 1.2 和表 2.1)，模拟成真实的金刚石磨粒切割氮化硅陶瓷物理模型，如图 3.6 所示。

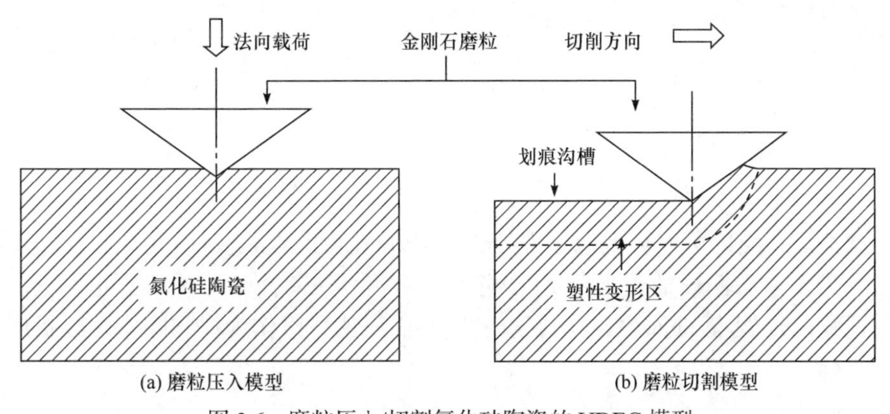

图 3.6　磨粒压入/切割氮化硅陶瓷的 UDEC 模型

在给金刚石砂轮/磨粒施加一定初始条件(磨削深度、速度、压力)时，要给氮化硅陶瓷材料赋予一定的法向刚度和切向刚度，实现金刚石块体对陶瓷块体的力学作用。根据本章试验部分所用金刚石砂轮和氮化硅陶瓷块实际大小，设定仿真过程中陶瓷块体平面尺寸为 20mm×10mm。根据试验用金刚石砂轮粒度 D91(75～90μm)，设定金刚石磨粒仿真过程中陶瓷块平面尺寸为 300μm×200μm。金刚石磨粒角度依据第 2 章建立的正截角八面体模型取值，由于模型的每一个顶角都是由

1 个正四边形平面和 2 个正六边形平面组成的，二维平面仿真磨粒角度设定为 1 个正四边形内角和 2 个正六边形内角的平均值(90°+120°+120°)/3= 110°。

模型采用 UDEC 中修正的 Mohr-Coulomb 准则，如图 3.7 所示。根据 Mohr-Coulomb 屈服准则，f^{s} 表示为

$$f^{\mathrm{s}}=\sigma_1-\sigma_3 N_\phi+2b\sqrt{N_\phi} \tag{3.5}$$

式中，σ_1 为第一主应力；σ_3 为第三主应力；b 为黏聚力；ϕ 为摩擦角；N_ϕ 为摩擦角影响系数。

$$N_\phi=\frac{1+\sin\phi}{1-\sin\phi} \tag{3.6}$$

根据张拉屈服准则，f^{t} 表示为

$$f^{\mathrm{t}}=\sigma^{\mathrm{t}}-\sigma_3 \tag{3.7}$$

式中，σ^{t} 为抗拉强度。

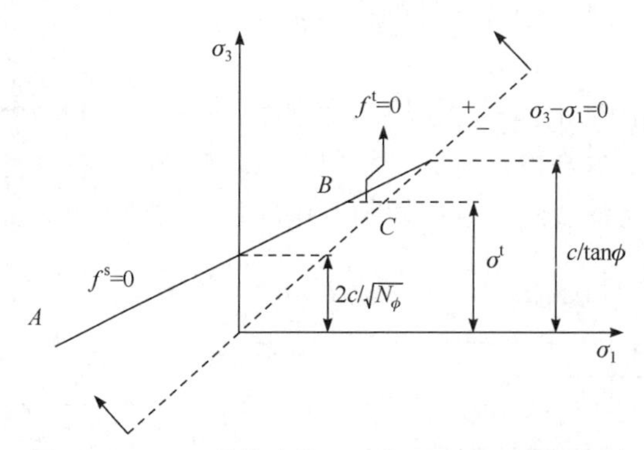

图 3.7　UDEC 软件中的 Mohr-Coulomb 破坏准则

数值模拟结果可以直观地呈现砂轮/磨粒的裂纹扩展形态，并可以方便地求解裂纹扩展至左右两侧的最大距离(简称裂纹宽度) 和陶瓷塑性破坏单元面积占陶瓷总面积的比例(简称面积比)。裂纹宽度和面积比可以作为评判陶瓷裂纹扩展情况的指标。

3.4.3　仿真结果分析

本节对单颗磨粒作用下磨削陶瓷材料的陶瓷裂纹扩展过程进行分析。通过 Kistler 平面测力仪测量金刚石砂轮线速度 v_{s}=57.6m/s、磨削深度 a_{p}=16μm、工件进给速度 v_{w}=3000mm/min 时氮化硅陶瓷片的磨削力，如图 3.8 所示。

对该磨削力进行整理分析得出，当用金刚石砂轮磨削氮化硅陶瓷片时，磨削力平均值为 150.97N。基于第 2 章金刚石砂轮与金刚石磨粒磨削力关系计算(式(2.10))，

求出金刚石磨粒法向受力为

$$F_{\mathrm{a}}=F_{\mathrm{w}}\frac{S}{L_{\mathrm{c}}}=150.97\times\frac{110.83}{1500}\approx 11.15(\mathrm{N}) \tag{3.8}$$

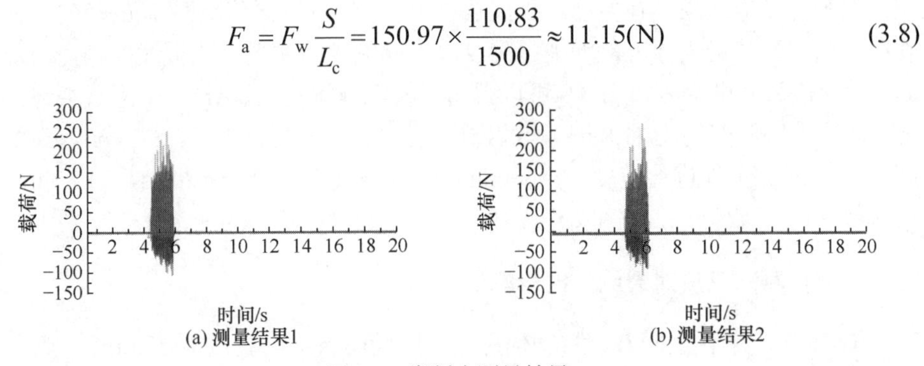

图 3.8　磨削力测量结果

通过第 2 章金刚石磨粒切割氮化硅陶瓷有限元仿真模型计算得出，单颗金刚石磨粒在 v_s=57.6m/s、a_p=16μm 参数下切割氮化硅陶瓷时，法向磨削力为 11.72N，仿真结果与式(3.8)的计算结果基本保持一致，这也证明了第 2 章提出的金刚石砂轮磨削氮化硅陶瓷磨削力计算方法的正确性。因此，图 3.9 为单颗磨粒在施加法向 11.15N 作用力下贯入氮化硅陶瓷表面过程。对比图 3.9(a)～(f)的仿真结果可以得出，氮化硅陶瓷在金刚石磨粒作用下表面会出现裂纹，并且随着磨粒贯入深度的增加，裂纹不断向陶瓷内部扩展。破坏区由拉破坏单元和剪破坏单元组成，剪破坏单元为主，拉破坏单元为辅。当磨粒停止贯入，即裂纹停止向陶瓷内部扩展时，裂纹破坏单元均为剪破坏单元。由仿真结果可以看出，裂纹的扩展/延伸方向是

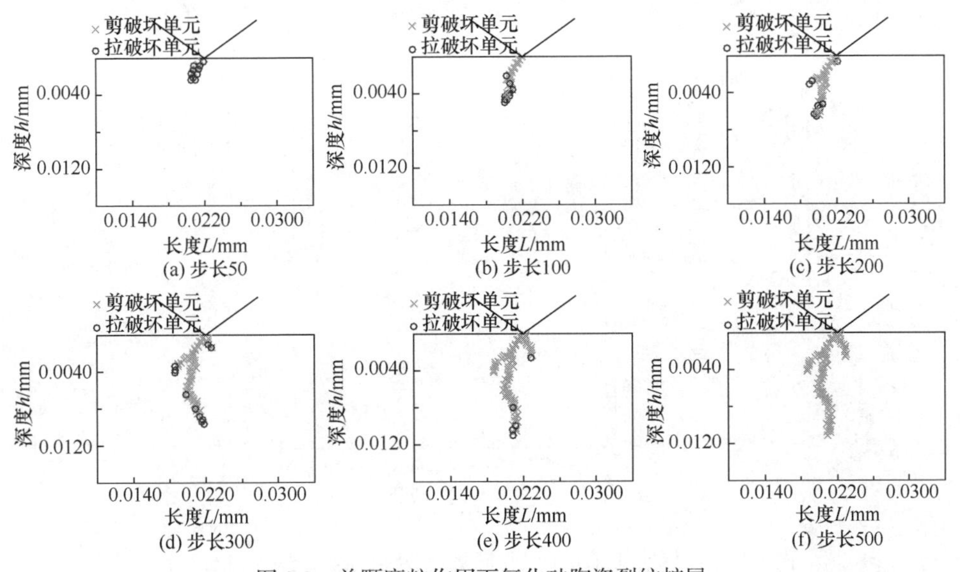

图 3.9　单颗磨粒作用下氮化硅陶瓷裂纹扩展

不规则的，但主裂纹以纵向裂纹的形式沿着陶瓷内部进行扩展，并出现一定的不连续性塑性变形现象。在主裂纹扩展路径上，其他方向会出现少量的径向、横向裂纹。随着磨粒贯入深度的增加，裂纹以纵向裂纹为主要形式继续向陶瓷内部扩展，直至陶瓷片断裂。由图 3.9 可以得出，氮化硅陶瓷在 11.15N 金刚石磨粒作用下，裂纹扩展深度约为 11.8μm，与相同磨削参数(砂轮线速度 v_s=57.6m/s、磨削深度 a_p=16μm、工件进给速度 v_w=3000mm/min)下的试验裂纹扩展结果 11.3μm 和 11.7μm 基本一致(图 3.3(c)和(d))。

3.4.4 磨粒磨削深度对裂纹扩展影响机理

图 3.10 为单颗金刚石磨粒切削氮化硅陶瓷时，磨削速度为 57.6m/s，磨削深度分别为 10μm、16μm 和 20μm 的条件下裂纹在陶瓷内部分布及扩展情况。当磨削速度为 57.6m/s、磨削深度为 10μm 时，磨削后氮化硅陶瓷裂纹情况如图 3.10(a)所示。由图可以看出，在该条件下磨削时氮化硅陶瓷表面裂纹较少，且裂纹向陶瓷内部扩展不明显，最大裂纹深度约为 5.8μm，平均深度约为 4.7μm，与相同磨削参数下的试验结果 5.8μm 裂纹扩展深度基本一致(图 3.4(a))。当磨削速度为 57.6m/s、

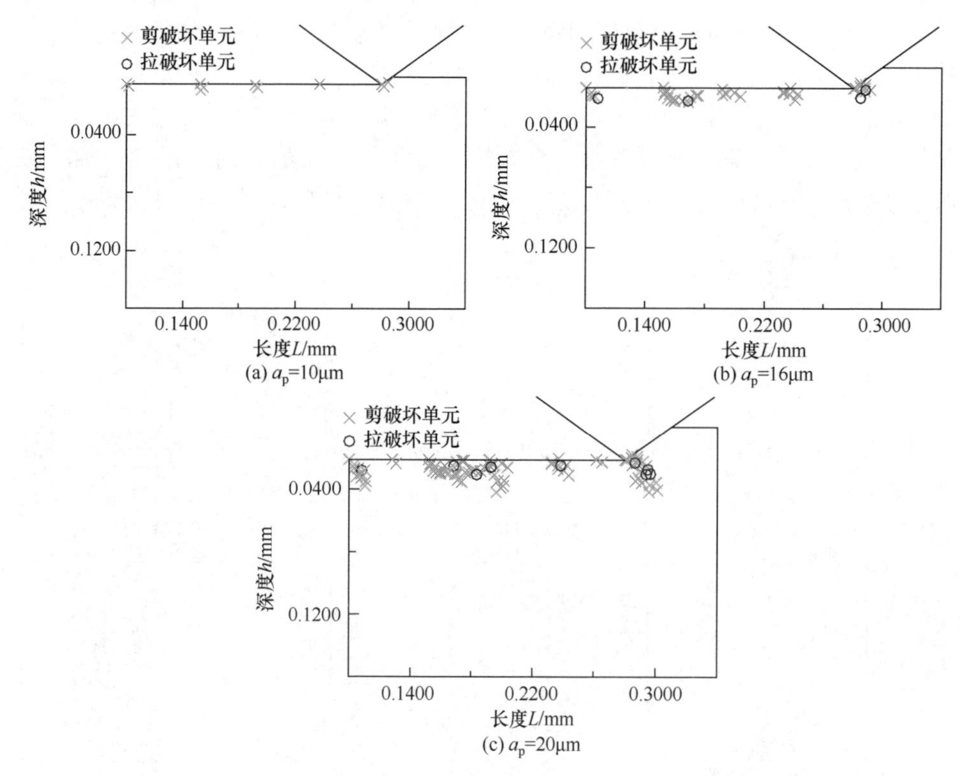

图 3.10　不同磨削深度下氮化硅陶瓷裂纹扩展情况(v_s=57.6m/s)

磨削深度为 16μm 时，磨削后氮化硅陶瓷裂纹扩展情况如图 3.10(b)所示。由图可以看出，在该条件下氮化硅陶瓷表面裂纹增多，裂纹生成及扩展过程中出现了拉破坏单元，但裂纹还是以剪切破坏单元为主要形式。纵向裂纹沿陶瓷内部扩展，最大裂纹深度约为 14.5μm，平均深度约为 11.2μm，与相同磨削参数下的试验结果 11.3μm 和 11.7μm 裂纹扩展深度基本一致(图 3.3(c)和(d))。另外，该仿真结果与氮化硅陶瓷在单颗磨粒 11.15N 法向载荷作用下的裂纹扩展深度基本一致(图 3.9)。当磨削速度为 57.6m/s、磨削深度为 20μm 时，磨削后氮化硅陶瓷裂纹扩展情况如图 3.10(c)所示。在该条件下裂纹明显增多，既有拉破坏单元，又有剪破坏单元。纵向裂纹扩展深度增加，最大裂纹深度约为 26.2μm，平均深度约为 20.4μm，与相同磨削参数下的试验结果 25.6μm 裂纹扩展深度基本一致(图 3.4(d))。同时，向陶瓷表面扩展的横向裂纹明显增多，由于磨粒磨削过后，横向方向的裂纹在完全卸载后仍继续扩展并延伸到表面，使得材料沿裂纹脱离，发生脆性破坏，这就是材料脆性去除过程，材料表面容易出现凹坑(图 2.19～图 2.21)。对比图 3.10 中三幅图片可以得出，当磨粒磨削速度不变、磨削深度增加时，陶瓷表面裂纹增多，裂纹分别以纵向裂纹和横向裂纹的形式向陶瓷内部及表面扩展。随着磨削深度的增加，纵向裂纹向陶瓷内部扩展，导致裂纹深度增加，仿真与试验结果保持一致，而横向裂纹扩展至陶瓷表面引起材料的脆性去除。

3.4.5　磨粒磨削速度对裂纹扩展影响机理

图 3.11 为单颗金刚石磨粒切削氮化硅陶瓷时，磨削深度为 16μm，磨削速度分别为 40.3m/s、57.6m/s 和 74.9m/s 的条件下裂纹在陶瓷内部分布及扩展情况。当磨削深度为 16μm、磨削速度为 40.3m/s 时，磨削后氮化硅陶瓷裂纹扩展情况如图 3.11(a)所示。由图可以看出，在该条件下磨削时氮化硅陶瓷表面裂纹相对较少，陶瓷破坏形式以剪破坏单元为主，拉破坏单元极少，裂纹最大深度为 13.3μm，平均深度为 10.5μm，与相同磨削参数下的试验结果 10.8μm 裂纹扩展深度基本一致(图 3.4(c))。当磨削深度为 16μm、磨削速度为 57.6m/s 时，磨削后氮化硅陶瓷裂纹扩展情况如图 3.11(b)所示。当磨削深度为 16μm、磨削速度为 74.9m/s 时，磨削后氮化硅陶瓷裂纹扩展情况如图 3.11(c)所示。由图可以看出，在该条件下裂纹增多，既有拉破坏单元，又有剪破坏单元，但陶瓷破坏形式还是以剪破坏单元为主。裂纹最大深度为 14.9μm，平均深度为 11.4μm，与相同磨削参数下的试验结果 12.7μm 裂纹扩展深度基本一致(图 3.4(d))。随着磨削速度的增加，裂纹主要以横向裂纹形式向陶瓷表面扩展，引起材料脱离，导致脆性去除。

对比图 3.10 和图 3.11 中的六幅图片可以得出，在金刚石磨粒磨削氮化硅陶瓷过程中，当磨削速度不变、磨削深度增加时，陶瓷磨削后的表面裂纹明显增多。裂纹同时以纵向裂纹和横向裂纹的形式向陶瓷内部及表面扩展，裂纹扩展深度随

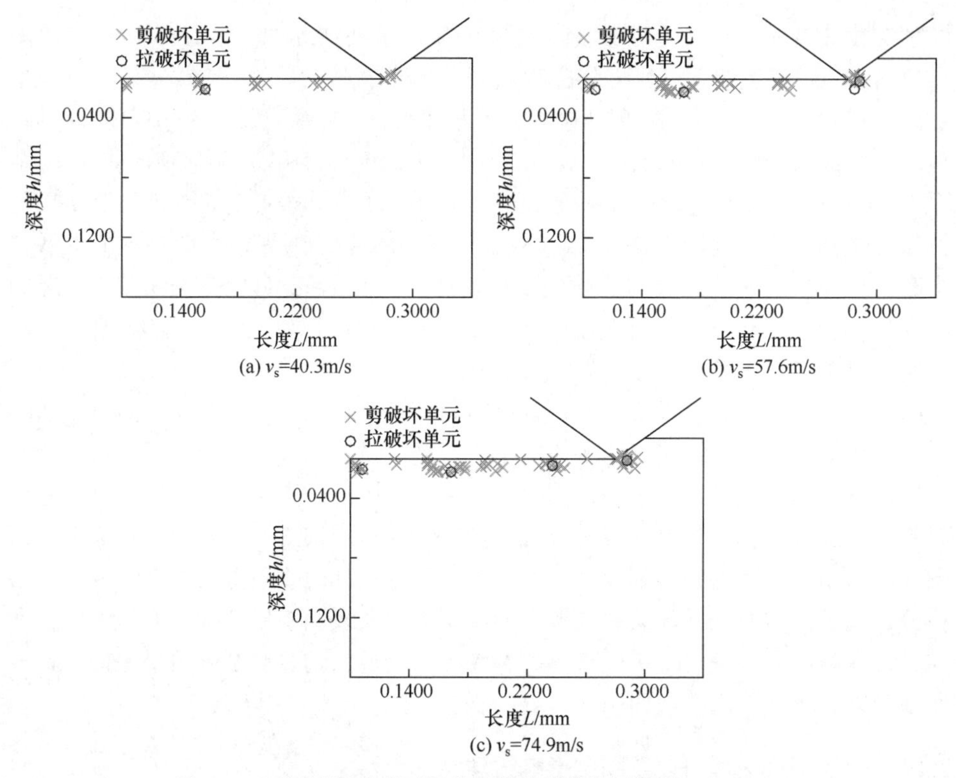

图 3.11 不同磨削速度下氮化硅陶瓷裂纹扩展情况(a_p=16μm)

着磨削深度的增加而变大。当磨粒磨削深度不变、磨削速度增加时，磨削后陶瓷表面的裂纹也相应增多，但裂纹深度几乎不变，以横向裂纹增加为主，并向陶瓷表面进行扩展引起材料的脆性断裂。通过大量研究证明，在相同磨削条件下，氮化硅陶瓷表层裂纹数量与扩展深度的仿真与试验结果基本保持一致，这说明基于 UDEC 二维离散元模拟氮化硅陶瓷裂纹扩展的方法是正确有效的。

利用该种模拟方法进行大量金刚石磨粒切割氮化硅陶瓷裂纹扩展分析，基于仿真结果可以得出当磨削深度超过 8μm 时，氮化硅陶瓷表面开始出现裂纹，随着磨削深度增加，裂纹扩展深度变大，因此该值为氮化硅陶瓷的非裂纹临界磨削深度。

3.5 磨削参数及裂纹扩展对断裂应力的影响规律

3.5.1 试验原理与设备

1. 试验原理

试验利用金刚石砂轮对装夹后的氮化硅陶瓷片在长度方向进行平面磨削，并从侧方向观察磨削后裂纹在陶瓷片表面生成及向内部的扩展情况。然后通过动态热机械分析仪对带有裂纹的陶瓷片进行破坏式测量，得出陶瓷片的磨削参数及裂纹扩展对断裂应力的影响，试验原理如图 3.12 所示。

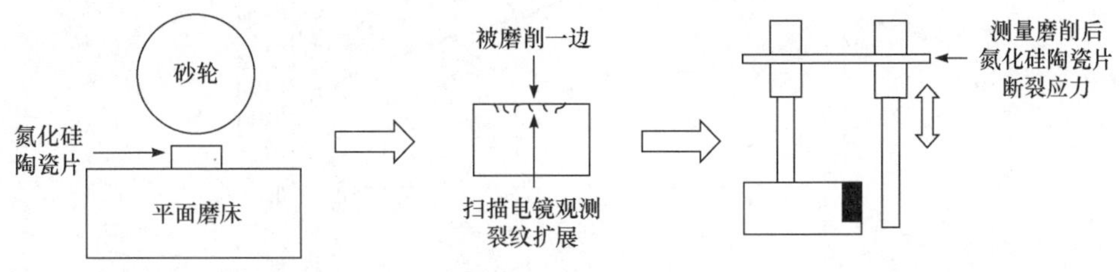

图 3.12　试验原理图

2. 断裂应力检测设备

磨削后陶瓷片的断裂应力由 DMA 8000 动态热机械分析仪进行测量，测量方式为单悬臂梁弯曲，如图 3.13 所示。动态热机械分析仪测量材料在不同频率、温度、载荷下的动态力学性能，可获得材料的动态储能模量、损耗模量、损耗角正切、断裂应力等性能参数，广泛应用于高分子材料、无机材料、金属材料及复合材料的玻璃化转变温度、二级转变测试、频率效应、固化过程、弹性体非线性特性、疲劳试验、材料老化、长期蠕变预估、负荷热变形温度、应力松弛等性能表征。

(a) 动态热机械分析仪

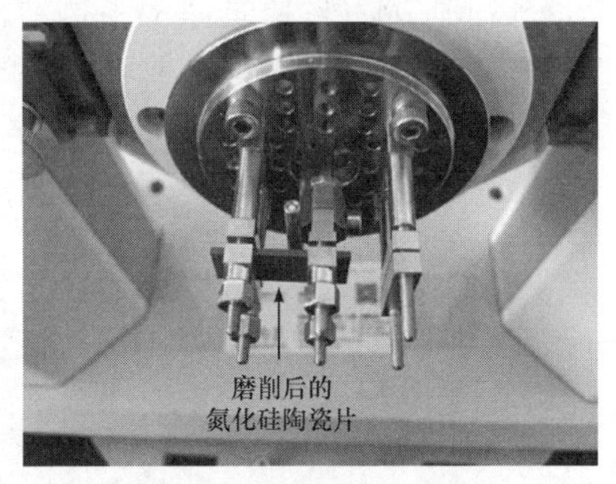

(b) 氮化硅陶瓷片断裂应力测量

图 3.13　氮化硅陶瓷片断裂应力测试

试验研究磨削参数及裂纹扩展对氮化硅陶瓷断裂应力的影响，主要包括金刚石砂轮线速度、磨削深度和工件进给速度变化条件下，裂纹扩展及其对断裂应力的影响。利用 DMA 8000 动态热机械分析仪测量不同参数组合下磨削加工后的氮化硅陶瓷片断裂应力，图 3.14 为基于该仪器测得的氮化硅陶瓷片在单悬臂梁弯曲条件下应力、应变动态变化情况。

由于仪器设备测得的材料应力、应变都是离散数据点，需要仿真软件对所获

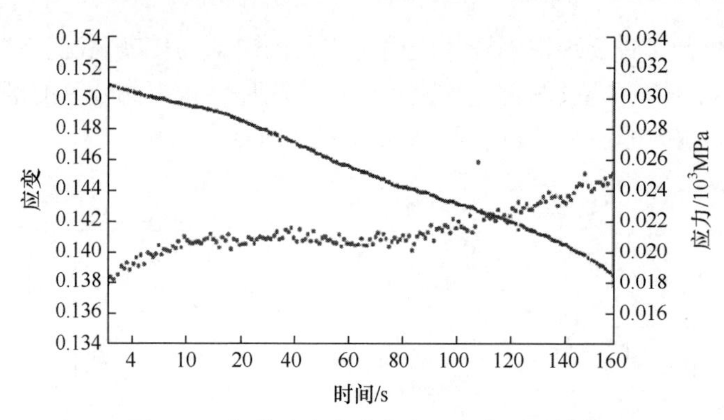

图 3.14　氮化硅陶瓷片应力、应变测量结果

得的试验数据进行分析处理，得出磨削后氮化硅陶瓷的断裂应力。随着弯曲加载的变化，陶瓷片应力、应变发生变化，当曲线应力达到最大值时，陶瓷片断裂，该应力值即陶瓷断裂应力，基于该种分析方法可以作出金刚石砂轮磨削参数对氮化硅陶瓷断裂应力影响变化曲线。

3.5.2　试验结果分析

1. 磨削深度对陶瓷断裂应力的影响

当金刚石砂轮线速度 v_s=57.6m/s、工件进给速度 v_w=3000mm/min 时，通过改变磨削深度 a_p，并测量氮化硅陶瓷片的断裂应力，得到氮化硅磨削强度特性与磨削深度之间的相互关系，如图 3.15 所示。

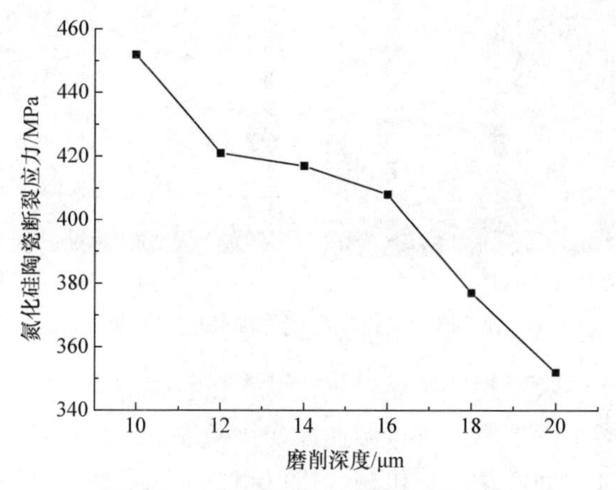

图 3.15　磨削深度与断裂应力的关系

由图 3.15 可以看出，当磨削深度 a_p 增大时，陶瓷断裂应力随之呈递减趋势。在其他磨削条件相同的情况下，改变磨削深度 a_p，法向磨削力与切向磨削力变化

显著，较大的磨削深度使砂轮工作表面磨粒切入材料表层更多，对应的单颗磨粒最大未变形切屑厚度增大，与此同时磨粒与材料接触面积增大，磨粒前刃面对弹塑性变形区域的作用力也大为增加，由此带来法向与切向磨削力上升。根据 2.5.2 节金刚石磨粒磨削力测量分析结果得知，较大的磨削深度能显著地增加单颗磨粒的切向与法向磨削力。根据磨削力导致材料去除和磨削表面微损伤的基本原理，较高的单位法向磨削力和单位切向磨削力在提高材料去除效率的同时，将严重影响氮化硅陶瓷磨削表面完整性，并降低陶瓷材料的断裂应力。另外，根据 3.4.4 节分析结果可知，磨削深度是影响裂纹在氮化硅陶瓷内部扩展的主要因素，裂纹扩展深度随着磨削深度的增加而增加，导致陶瓷抗弯曲变形能力变弱，断裂应力变小。

2. 砂轮线速度对陶瓷断裂应力的影响

当工件进给速度 v_w=3000mm/min、磨削深度 a_p=16μm 时，通过改变金刚石砂轮线速度 v_s，并测量氮化硅陶瓷片的断裂应力，得到工件磨削强度特性与砂轮线速度之间的相互关系，如图 3.16 所示。从图中可以看出，当砂轮线速度 v_s 增大时，氮化硅陶瓷的断裂应力随之呈递增趋势。

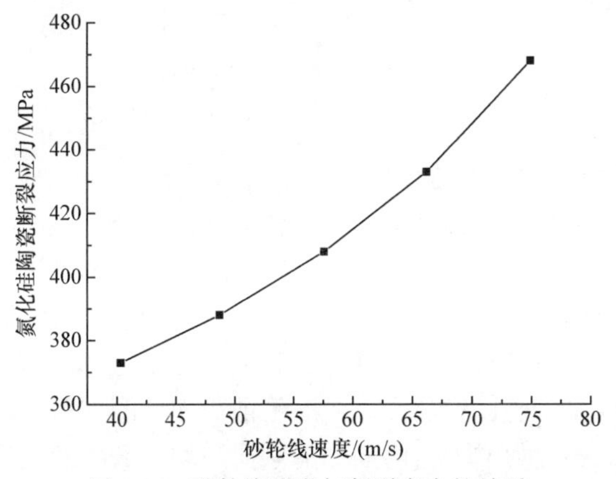

图 3.16　砂轮线速度与断裂应力的关系

出现上述现象是因为随着砂轮线速度 v_s 提高，砂轮作用在工件上的法向磨削力与切向磨削力均逐渐减小。这是由于其他磨削加工条件相同时，以较大的砂轮转速对陶瓷进行磨削，砂轮每转进给量将降低，从而使分布在砂轮工作表面的单颗金刚石磨粒的平均未变形切屑厚度减小，每颗磨粒承受较低的载荷，工件受到的单位法向和切向磨削力变小，同时砂轮与陶瓷工件间的摩擦系数随砂轮线速度增加而显著降低，未变形切削厚度降低引起磨粒前刃面对弹塑性变形区压应力减小，导致法向和切向磨削力大幅度减小，陶瓷工件断裂应力提高。另外，随着砂轮线速度提高，单颗磨粒磨削深度减小，导致裂纹扩展深度变小，陶瓷抗弯曲变形能力变强，断裂应力也会相应增加。

3. 工件进给速度对陶瓷断裂应力的影响

当金刚石砂轮线速度 v_s=57.6m/s、磨削深度 a_p=16μm 时，通过改变工件进给速度 v_w，并测量氮化硅陶瓷片的断裂应力，得到工件磨削强度特性与工件进给速度之间的相互关系，如图 3.17 所示。

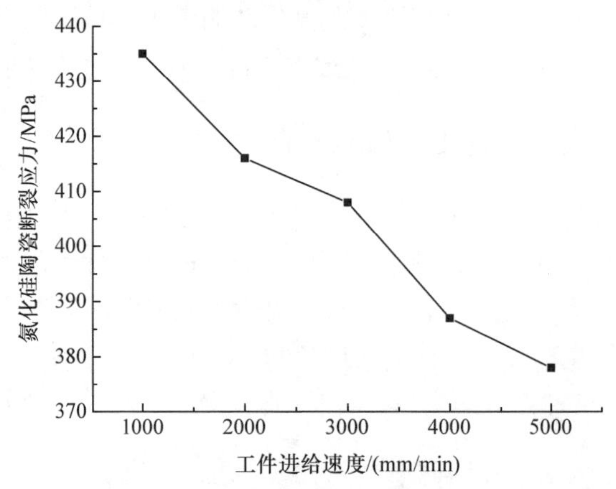

图 3.17　工件进给速度与断裂应力的关系

不难看出，随着工件进给速度 v_w 增大，氮化硅陶瓷断裂应力明显降低。这是因为砂轮线速度 v_s 和磨削深度 a_p 一定时，作用在陶瓷磨削表面的单位法向磨削力和单位切向磨削力随进给速度 v_w 增大具有上升的趋势。增加进给速度使单个磨粒受到的法向与切向作用力增大，因此当多个形状和功能相近的磨粒作用在工件表面时，磨削力表现出相似的变化规律。在实际磨削过程中，进给速度 v_w 增大使磨粒最大未变形切屑厚度迅速增加，因此磨粒前刃面和磨削刃顶端反作用在陶瓷磨削表面的挤压与摩擦应力增大，磨削力的法向与切向分力随之提高，从而削弱陶瓷材料的磨削断裂应力。另外，随着工件进给速度的提高，单颗磨粒磨削深度增加，裂纹扩展深度相应增加，导致陶瓷抗弯曲变形能力变弱，断裂应力变小。

3.6　磨削后陶瓷残余应力的试验研究

加工残余应力将直接影响氮化硅等陶瓷零件的断裂应力、弯曲强度、疲劳强度及耐腐蚀能力。氮化硅陶瓷作为硬脆性工程材料，零件的断裂应力和韧性对表面应力状态比金属敏感得多。研究发现，残余压应力与拉应力会对零件的断裂韧性以及零件裂纹的生成与扩展具有重要影响。

3.6.1　残余应力的测量与分析

1. 残余应力的测量装置

磨削加工后的氮化硅陶瓷内部残余应力由日本 Pulstec 公司的μ-x360s 便携式 X 射线残余应力分析仪进行测量，如图 3.18 所示。便携式 X 射线残余应力分析仪是以晶体衍射基础，即布拉格方程和力学弹性理论中的基本定律即胡克定律为依据，根据材料或制品晶面间距的变化来测定残余应力的。便携式 X 射线残余应力分析仪可以在实验室内或在户外现场对不同样品、构件实现快速、精确的残余应力测试，得到残余应力、半峰宽结果，定性分析晶粒大小和织构/取向信息。

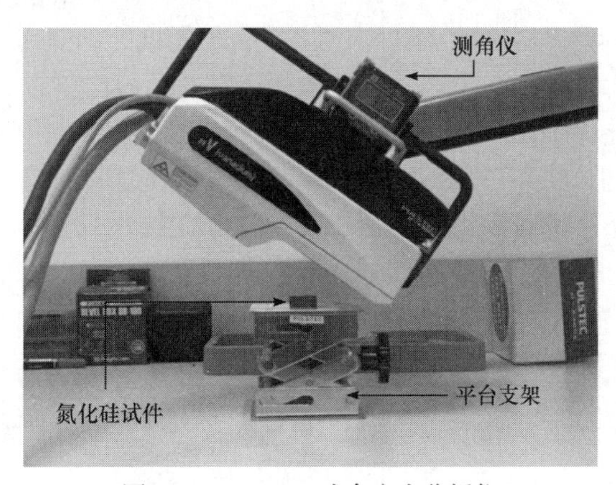

图 3.18　μ-x360s 残余应力分析仪

2. 数据分析

便携式 X 射线残余应力分析仪使用全二维面探测器技术，从 X 射线管中发射出 X 射线，沿红色激光线路所走光路(X 射线不可见，用红色激光辅助定位，红色激光所照射到的地方就是 X 射线所测量的地方)照射到样品表面，如图 3.19(a)所示。由于大部分材料都是多晶结构材料，X 射线照射到样品表面发生德拜衍射，在空间形成衍射锥，由全二维面探测器接收到 500 个点的衍射信息形成德拜环，系统自带的软件分析 500 个点的衍射信息，将德拜环的变形代入胡克定律从而计算出残余应力，如图 3.19(b)所示。

μ-x360s 残余应力分析仪在测试被加工试件残余应力的过程中，与传统的通过测量应力引起的衍射角偏移，从而算出应力大小的方法不同。该方法基于 cosα 法，单角度一次入射后，利用二维探测器获得完整的德拜环。通过比较没有应力时的德拜环和有应力状态下的变形德拜环的差别来计算应力下晶面间距的变

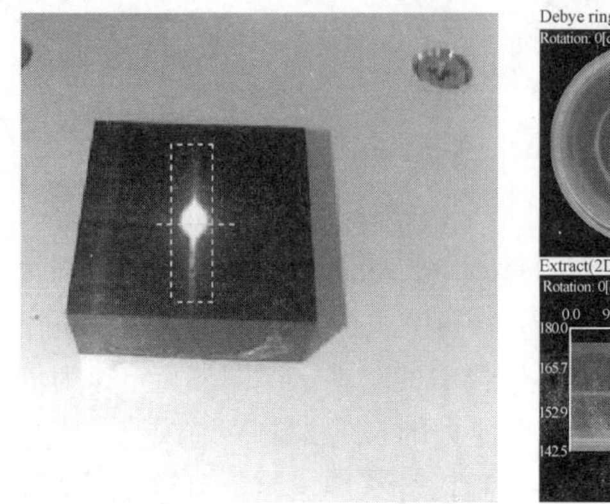

(a) 基于X射线残余应力的测量

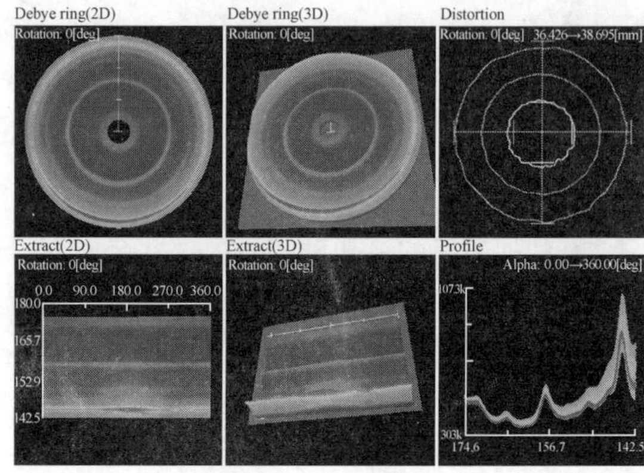

(b) 衍射德拜环

图 3.19　氮化硅陶瓷残余应力的测量

化以及对应的应力。施加应力后，分析单次入射前后德拜环的变化，以及主应力与剪切应力的变化，如图 3.20(a)所示。同时，X 射线在试件内部衍射过程中，接收器通过对射线的分析还可获得射线半峰宽度与半峰强度，如图 3.20(b)所示。基于以上数据与分析，即可获得试件全部残余应力信息。

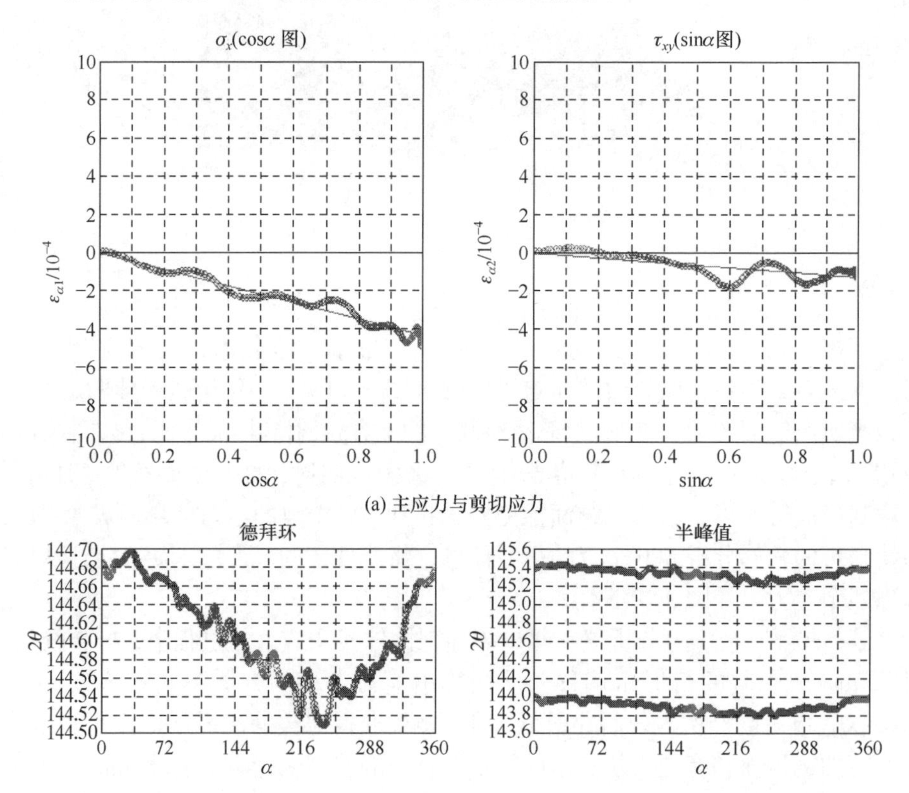

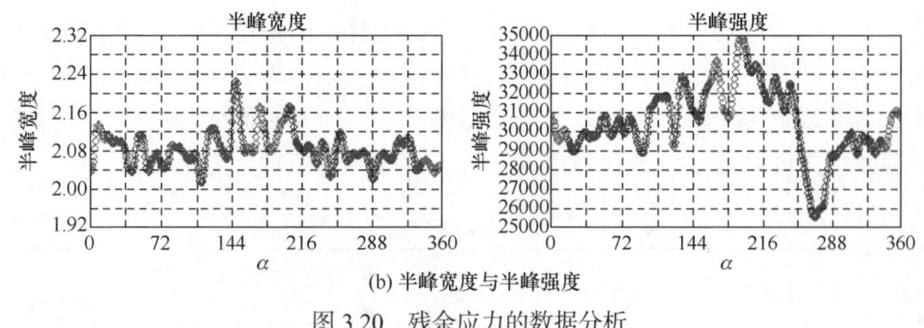

(b) 半峰宽度与半峰强度

图 3.20　残余应力的数据分析

3.6.2　磨削对残余应力的影响及其分布规律研究

1. 磨削参数对氮化硅陶瓷残余应力的影响

由于氮化硅材料的韧性较小、硬度较大，磨削过程中主要表现为脆性剥落及脆性剥落较多与塑性流动较少的去除类型。由于陶瓷材料塑性/脆性去除方式不同，引起的陶瓷残余应力状态存在较大差别。氮化硅陶瓷试件未磨削表面的原始应力 σ 与材料的制作工艺有关。通过 μ-x360s 残余应力分析仪对试验用氮化硅陶瓷试件表层原始残余应力进行测量，得出的表层平均初始残余应力如表 3.1 所示。氮化硅陶瓷原始残余应力具有较大的不确定性，由于其导热性能差、热膨胀系数小，氮化硅表面及内部残余应力主要表现为压应力，但平行和垂直于磨削方向有不同的应力值。试件表层原始残余应力状态对磨粒切除过程是有影响的，如表面为原始压应力，使磨削区脆性裂纹的扩展得以抑制，增加了显微塑性变形的比例，由此直接影响磨削残余应力的测试结果。本书后续关于氮化硅磨削残余应力的测量与分析，均是在考虑了表 3.1 原始残余应力的基础上计算或测量出的相对残余应力值。

表 3.1　氮化硅陶瓷试件表层平均原始残余应力

原始残余应力	σ_{0x}	σ_{0y}
氮化硅	–147MPa	–84MPa

金刚石砂轮磨削氮化硅陶瓷过程中，测量磨削表面及磨削表面以下深度 30μm 处磨削参数对残余应力的影响结果如表 3.2 所示。当其他参数保持不变、磨削速度 v_s 从 40.3m/s 提高到 74.9m/s 时，氮化硅陶瓷表面平行于磨削方向和垂直于磨削方向的残余应力 σ_x 和 σ_y 均逐渐增加；当磨削深度 a_p 从 10μm 增加到 20μm 时，σ_x 和 σ_y 均逐渐减小；当工件进给速度 v_w 从 1000mm/min 增加到 3000mm/min 时，σ_x 和 σ_y 均逐渐减小。对比磨削参数引起的氮化硅陶瓷表面残余应力变化情况可

以得出，磨削深度对表面残余应力影响最大，工件进给速度对表面残余应力变化影响最小。同时可以确定，氮化硅表面残余应力主要体现为压应力状态。另外，氮化硅表面以下深度 30μm 处残余应力值的变化规律与表面变化规律基本保持一致，但在该深度处残余应力可表现为压应力和拉应力两种应力状态。

表 3.2　磨削用量对残余应力的影响

试验次数	砂轮线速度/(m/s)	磨削深度/μm	工件进给速度/(mm/min)	磨削表面残余应力/MPa		磨削残余应力(−30μm)/MPa	
				σ_x	σ_y	$\Delta\sigma_x$	$\Delta\sigma_y$
1	40.3	10	1000	−362	−287	127	96
2	40.3	16	3000	−301	−203	102	81
3	40.3	20	5000	−188	−101	68	42
4	57.6	10	3000	−407	−315	−156	−102
5	57.6	16	5000	−312	−229	92	55
6	57.6	20	1000	−215	−142	77	39
7	74.9	10	5000	−446	−348	−175	−131
8	74.9	16	1000	−377	−294	−139	−101
9	74.9	20	3000	−265	−198	112	86

分析出现上述现象的主要原因是，金刚石砂轮在高速磨削加工氮化硅陶瓷过程中，金刚石磨粒的切削去除挤压作用相对明显，在磨削温度作用下以塑性挤压为主的去除方式会引起氮化硅陶瓷表面出现残余压应力。另外，由于氮化硅陶瓷材料的脆性较大，表面如果出现残余拉应力，会立即以裂纹生成及扩展的方式将残余拉应力释放。当砂轮线速度增加时，较高的磨削速度会引起氮化硅陶瓷磨削温度显著升高，因而对以热弹性塑性变形残余应力为主的磨削残余应力产生很大的影响，残余应力会随着热塑性变形而逐渐增大。而当磨削深度和工件进给速度增加时，产生了较大颗粒的剥落，形成较为粗糙的表面，塑性变形残留在表面上的比例大大缩小，热应力的作用因此而减弱，磨削残余应力相应变小。同时，磨削深度及工件进给速度的增加导致裂纹扩展深度增加，裂纹的扩展会引起陶瓷内部残余应力的释放，这也是残余应力逐渐变小的原因。

随着测量深度的增加，裂纹扩展作用变弱，挤压效应产生的残余压应力作用增强值下降，原有的残余压应力在释放过程中会转变为拉应力状态。另外，磨削会导致被加工试件温度升高，出现热应力，在热应力作用下也会使磨削残余应力出现状态转变现象。随着测量深度的增加，表面以下残余应力值逐渐减小，较小的残余压应力在转变过程中会相应变成较小的残余拉应力，而在表面以下裂纹扩展作用不明显，因此数值较小的残余拉应力不会以裂纹扩展的方式释放，而是留存在氮化硅陶瓷内部。

图 3.21 为金刚石砂轮磨削氮化硅陶瓷时，不同磨削参数对氮化硅陶瓷表面残余应力的影响情况。当砂轮线速度增加时，在其他条件不变的情况下，陶瓷表面残余应力逐渐增加；当磨削深度或工件进给速度增加时，在其他条件不变的情况下，陶瓷表面残余应力逐渐减小。出现这种变化趋势的主要原因是，当砂轮线速度减小、磨削深度增加、工件进给速度增加时氮化硅陶瓷以脆性方式去除为主，表面产生脆性去除凹坑的同时还容易引起裂纹及微裂纹的产生及扩展。当裂纹向陶瓷内部扩展时，会引起陶瓷表面及内部残余应力的释放，所以残余应力相应减小。对比砂轮线速度、磨削深度和工件进给速度引起表面残余应力变化的数据得出，三种磨削参数变化条件下，磨削深度对表面残余应力的影响最大，工件进给速度对表面残余应力的影响最小。

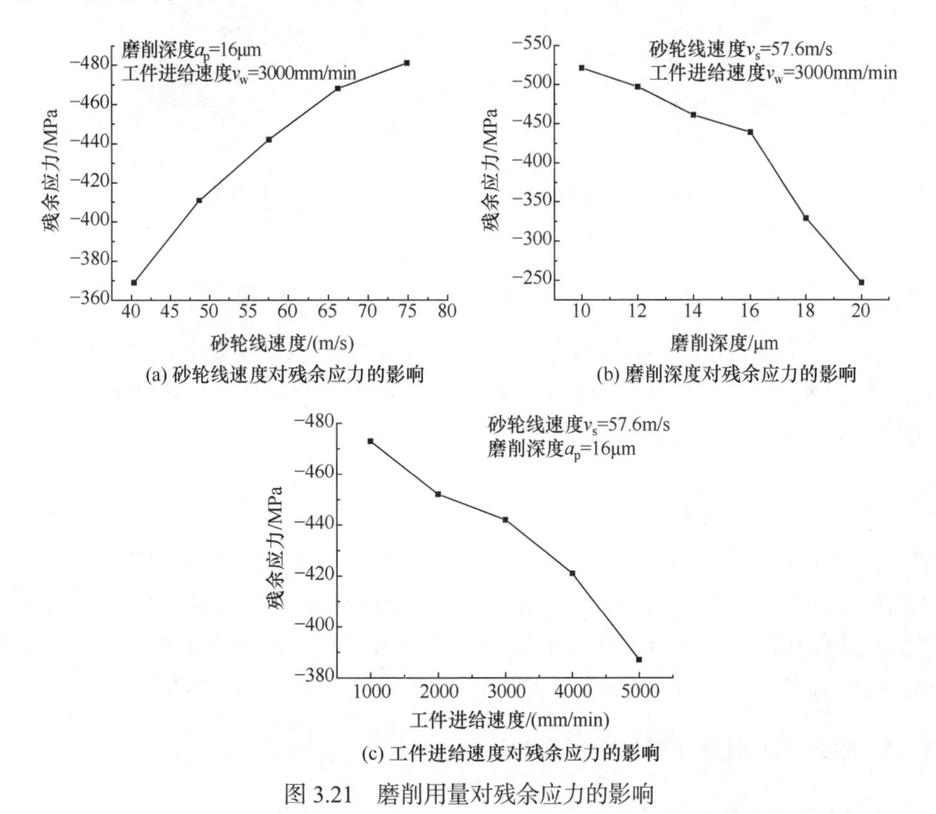

(a) 砂轮线速度对残余应力的影响　(b) 磨削深度对残余应力的影响

(c) 工件进给速度对残余应力的影响

图 3.21　磨削用量对残余应力的影响

2. 氮化硅陶瓷残余应力的分布规律

为了研究磨削后氮化硅陶瓷内部残余应力分布规律，以砂轮线速度 v_s=57.6m/s、磨削深度 a_p=16μm、工件进给速度 v_w=3000mm/min 为例，对氮化硅陶瓷试件进行磨削试验，并测量磨削后陶瓷内部残余应力分布情况，如图 3.22 所示。沿磨削方向和垂直于磨削方向的残余应力峰值都是压缩应力，但在表面下 25～30μm 时压缩应力开始转变为拉伸应力。残余拉应力主要分布于磨削表面以下 25～40μm，其余深度范围均为压应力。平行于磨削方向的残余压应力峰值为 –418MPa，垂直于磨削方向的残余压应力峰值为–352MPa；平行于磨削方向的残余拉应力峰值为 119MPa，垂直于磨削方向的残余拉应力峰值为 71MPa。对比两条曲线数据可以得出，平行于磨削方向的应力变化范围及峰值要大于垂直于磨削方向的应力。

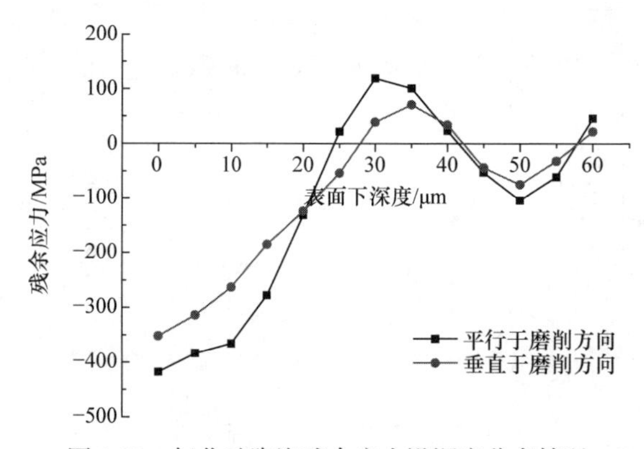

图 3.22　氮化硅陶瓷残余应力沿深度分布情况

分析以上现象的主要原因是，随着测量深度的增加，残余应力值由磨削表面起逐渐减弱，裂纹扩展作用变弱，挤压效应产生的残余压应力作用增强值下降，原有的残余压应力在释放过程中会转变为拉应力状态。另外，磨削高温产生的热应力会使磨削残余应力出现状态转变现象。在相同磨削参数及相同测量深度下，平行于磨削方向的残余应力值要大于垂直于磨削方向的残余应力值，这是因为磨削过程中在工件进给的作用下会引起陶瓷材料在磨削方向的挤压效应，导致平行于磨削方向的残余压应力要更大。而在应力状态转变时，较大的压应力会相应转换为较大的拉应力。另外，随着测量深度的增加，两个方向的残余应力值逐渐变小，最终在某一深度处磨削加工引起的残余应力会消除。

3.6.3　残余应力对氮化硅损伤的影响

1. 残余应力对陶瓷裂纹的影响

磨削表面残余应力对断裂应力的影响途径主要是表面微裂纹/裂纹。表面残余应力特别是残余应力的大小、方向、深度等对裂纹的性能，如开口、闭合、形态及其扩展起到了相当重要的作用。

通过金刚石砂轮磨削氮化硅陶瓷片，测量磨削后陶瓷残余应力及裂纹在陶瓷内部扩展情况，绘制曲线如图 3.23 所示。由曲线整体变化趋势可以看出，当残余压应力或拉应力大时，裂纹扩展深度相应较小，如前所述，这是因为当裂纹向陶瓷内部扩展时会引起陶瓷表面及内部残余应力的释放，所以残余应力相应减小。当拉应力在 0～100MPa 变化时，裂纹扩展深度范围为 13～18.5μm；当压应力在 0～−100MPa 变化时，裂纹扩展深度范围为 15.3～18.5μm，这说明拉应力对裂纹扩展影响较大。

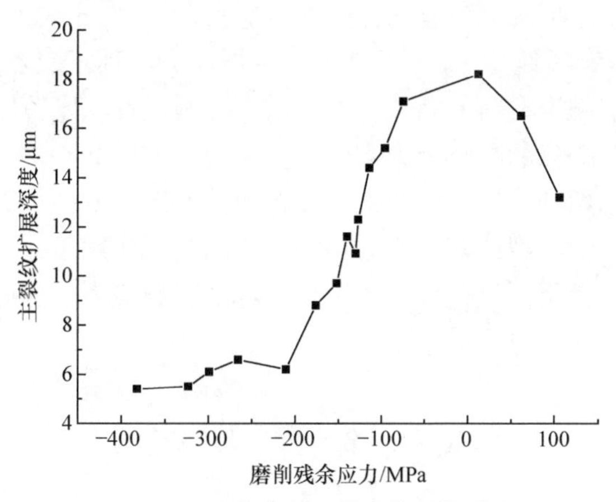

图 3.23 残余应力对裂纹扩展的影响

2. 表面残余应力与断裂应力的关系

为了研究氮化硅陶瓷表层残余应力对断裂应力的影响，改变砂轮线速度 v_s、磨削深度 a_p 和工件进给速度 v_w 对氮化硅陶瓷片进行大量磨削试验，并测量磨削后陶瓷表面残余应力及相应的断裂应力，如图 3.24 所示。由图可知，当磨削表面

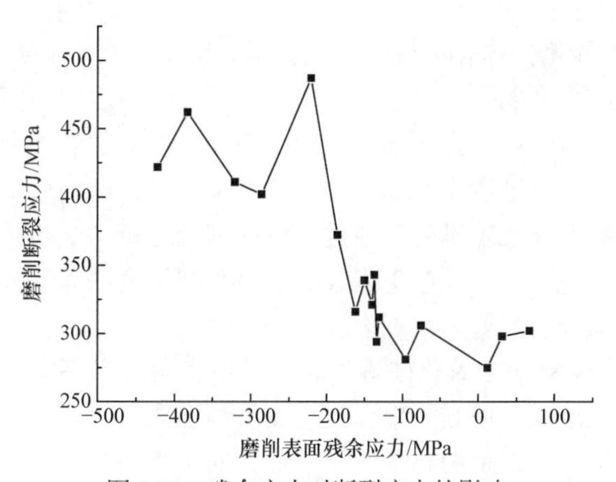

图 3.24 残余应力对断裂应力的影响

残余应力增大时，氮化硅陶瓷工件的断裂应力大致保持递增趋势。当采用倾角 $\cos\alpha$ 法测定氮化硅陶瓷残余应力时，由于所用材料衍射晶面对衍射谱线的位移量小，得到的衍射点及拟合形成的德拜环不明显，导致测量结果出现一定误差而使曲线中个别残余应力值出现跳点。当残留在工件内部的残余应力为拉应力时，磨削微裂纹末端在残余拉应力作用下引起显著的应力集中效应，使表层裂纹易于扩展到临界尺寸，从而在承受外加弯曲载荷后发生脆断失效的概率增大，削弱了陶瓷材料的磨削断裂应力。反之，残余压应力能减少磨削裂纹的产生和抑制裂纹扩展，并在一定程度上提高氮化硅陶瓷的断裂应力。

另外，根据压痕断裂力学理论可知，残余压应力不利于陶瓷内部裂纹的扩展，同时在挤压作用下陶瓷材料的断裂应力会增大，因此在一定范围内随着残余压应力的增大，氮化硅陶瓷的断裂应力会变大。而磨削结束卸除法向载荷后，磨粒对工件表层的挤压和切削作用将继续残留在弹塑性变形区域内，以残余拉应力的形式存在，在拉伸载荷与裂纹前沿应力集中效应的共同作用下，材料极易沿裂纹源发生脆断破坏，从而降低氮化硅陶瓷工件的磨削断裂应力。因此，在拉应力状态下，氮化硅陶瓷的断裂应力较小。

3.7 本章小结

本章利用金刚石砂轮磨削氮化硅陶瓷片进行了裂纹扩展试验研究，并基于UDEC 二维离散元法模拟出了氮化硅陶瓷在磨粒作用下裂纹产生与扩展的情况。将研究结果与试验结果进行了对比，分析了磨削参数对裂纹扩展的影响。另外，进行了氮化硅陶瓷断裂应力试验，分析了磨削参数对断裂应力的影响。最后，通过氮化硅陶瓷残余应力的测量，分析了残余应力对裂纹扩展及断裂应力的影响规律。主要结论如下：

(1) 金刚石砂轮磨削氮化硅陶瓷片试验结果证明了 UDEC 二维离散元法对裂纹扩展模拟及扩展深度的预测是正确可信的。研究结果表明，当磨削速度不变、磨削深度增加时，裂纹向陶瓷内部扩展深度增加，横向裂纹扩展至陶瓷表面引起材料的脆性去除；当磨削速度增加、磨削深度不变时，磨削后陶瓷表面的裂纹也相应增多，但裂纹深度几乎不变。通过大量的理论分析与试验研究，确定了在一定范围内氮化硅陶瓷磨削表面产生裂纹的临界磨削深度约为 8μm，当磨削深度大于该值时氮化硅陶瓷表面容易出现裂纹。

(2) 当金刚石磨粒切割氮化硅陶瓷时，陶瓷表面及内部裂纹破坏区由拉破坏单元和剪破坏单元组成，剪破坏单元为主要破坏形式。氮化硅主裂纹以纵向裂纹的形式沿着内部扩展，在扩展路径中，其他方向会出现少量的径向、横向裂纹。

在裂纹以纵向的形式向陶瓷内部扩展时，会出现裂纹断开现象，或是在某一点新生成微小裂纹并沿着其他方向扩展。横向裂纹在陶瓷内部扩展过程中，新的横向裂纹与原横向裂纹扩展路径有可能会相交，当路径交错时就会引起陶瓷片断裂并脱落。

(3) 随着砂轮线速度提高、磨削深度减小、工件进给速度降低，氮化硅陶瓷断裂应力与残余应力均逐渐变大。磨削表面残余应力主要为压应力，表面以下残余应力值逐渐减小，并可以转化为拉应力；平行于磨削方向的残余应力变化范围及峰值要大于垂直于磨削方向的应力。残余应力对陶瓷裂纹生成、扩展及断裂应力有重要影响，当残余应力减小时，裂纹扩展深度增加，磨削导致的断裂应力降低。

第 4 章　用于陶瓷轴承的氮化硅的磨削表面质量建模与优化

4.1　概　　述

氮化硅陶瓷磨削加工过程中引起的磨削力、裂纹损伤、残余应力等对陶瓷表面粗糙度、断裂应力具有重要影响，这两个因素不仅决定了陶瓷表面质量，更直接影响到陶瓷零件产品的使用性能。因此，对磨削加工后的氮化硅陶瓷表面粗糙度及断裂应力的研究与优化十分必要。本章结合氮化硅陶瓷加工过程中的大量仿真与试验数据，分析表面粗糙度、断裂应力与砂轮线速度、磨削深度、工件进给速度之间的关系，提出模型假设。基于单因素仿真与试验值和粒子群优化(particle swart optimization，PSO)算法改进 BP 神经网络，利用最小二乘法建立氮化硅磨削表面粗糙度、断裂应力关于各工艺参数的模型，并基于 PSO 算法对多元化模型进行优化求解，最后通过正交试验验证模型的精度，为第 5 章氮化硅陶瓷产品加工参数选择与加工质量预测提供计算基础。

4.2　磨削表面质量及其评价指标

4.2.1　表面质量与零件的使用性能

如图 4.1 所示，加工表面质量对氮化硅陶瓷零件的使用性能(如耐磨性、耐疲劳性、工作精度、抗冲击性等)具有重要的影响。

4.2.2　磨削表面质量评价指标

磨削表面质量的评定指标有两方面[290](图 4.2)：

(1) 表面微观几何形状特征方面，包括表面粗糙度、表面波纹度、纹理方向、表面瑕疵等。

(2) 表层物理力学特征方面，包括表层强度、表层残余应力、表层金相组织变化等。

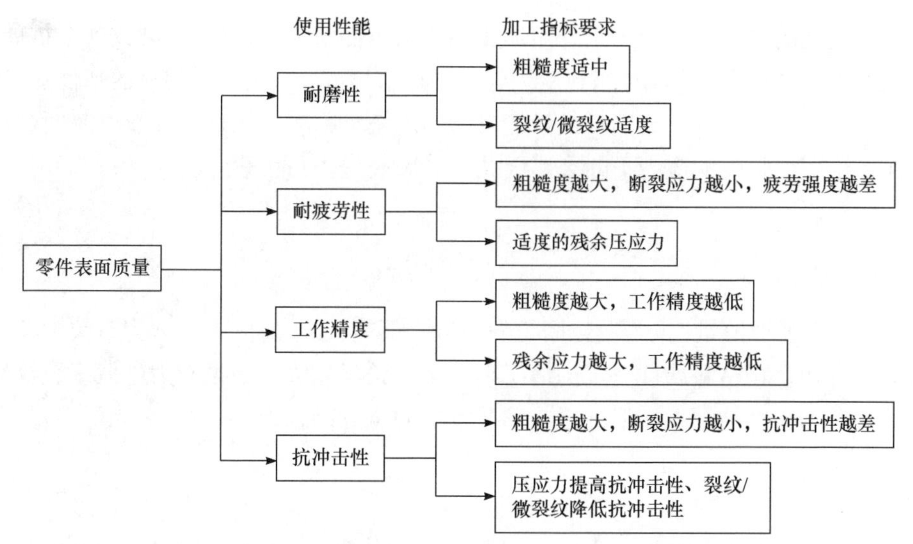

图 4.1　加工表面质量对氮化硅陶瓷零件使用性能的影响

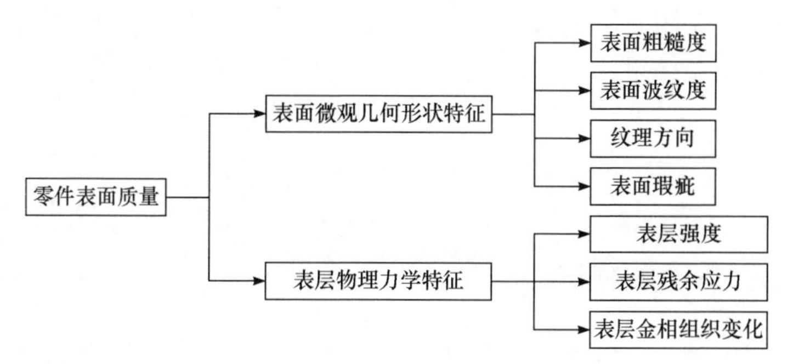

图 4.2　加工表面质量评价指标

在磨削加工中，表面形成过程非常复杂，通常用以下四项指标来衡量表面质量的好坏，即表面粗糙度、表层强度(加工断裂应力及硬化层深度)、表层金相组织变化、表层残余应力(大小及性质)。

4.2.3　磨削表面质量的影响因素

1. 磨削加工表面粗糙度的影响因素

在磨削用量方面，砂轮速度 v_s 增大，磨削表面粗糙度减小；工件进给速度 v_w 增大，磨削表面粗糙度增大；磨削深度 a_p 增大，磨削表面粗糙度增大；轴向进给量 f_a 增加，磨削表面粗糙度增大。

2. 磨削工件断裂应力的影响因素

在磨削加工中，影响陶瓷断裂应力的主要因素是裂纹。硬脆性材料内储存的弹性应变能的降低量大于等于开裂形成两个新表面所需的表面能，裂纹就会扩展，反之裂纹不会扩展。当脆性材料应力超过屈服强度时，不会出现明显的塑性变形，裂纹扩展通过塑性区不会消耗大量能量，当陶瓷材料存在微观尺寸裂纹时便会导致在低于理论强度的应力下断裂。因此，其断裂应力可以表示为

$$\sigma_{\mathrm{c}}=\sqrt{\frac{2E\gamma}{(1-\mu^{2})\pi c}} \tag{4.1}$$

式中，E 为弹性模量；γ 为单位面积的断裂表面能；μ 为泊松比；c 为裂纹半长。由该式可知，在材料属性一定的情况下，裂纹长度越大，断裂应力越低，裂纹尖端只能产生很小的塑性变形。这与第 3 章中的试验结果保持一致。

3. 磨削表面残余应力的影响因素

在磨削加工中，由于砂轮参数、工件材料性能、磨削用量等会导致机械应力、热应力、表层金相组织发生相变，进而引起表层残余应力，实际应力状态是上述各因素影响的综合结果。

4.3 算法简介

4.3.1 BP 神经网络算法原理

反向传播(back propagation，BP)神经网络是一种按照误差逆向反馈的多层次神经网络，具体结构包括输入层、隐含层、输出层，相邻两层之间可以完全互相传递，同一层所有节点之间彼此独立互不干涉。其特有的结构决定了该神经网络具有优异的泛化逼近性能，由 Kolmogorov 定理可知，该神经网络可以在任意精度上拟合任意一个非线性函数。得益于 BP 神经网络强大的逼近能力，该神经网络广泛应用于图像模式识别、数值分析模拟、复杂函数拟合等诸多领域。

BP 神经网络的工作模式由两部分构成。最小均方误差学习法则是 BP 神经网络学习算法的理论基础。输入信号由输入层输入，经过多层次的隐含层，由输出层输出，输出的信号与预期信号进行比对，若达不到预期精度要求，则进入第二部分。输出层输出的误差信号向前反馈，层层递进，同时不断调整神经网络包含的权值和阈值，直到满足预期的精度要求。以单个隐含层的 BP 神经网络为例，其数学推导如图 4.3 所示[291]。

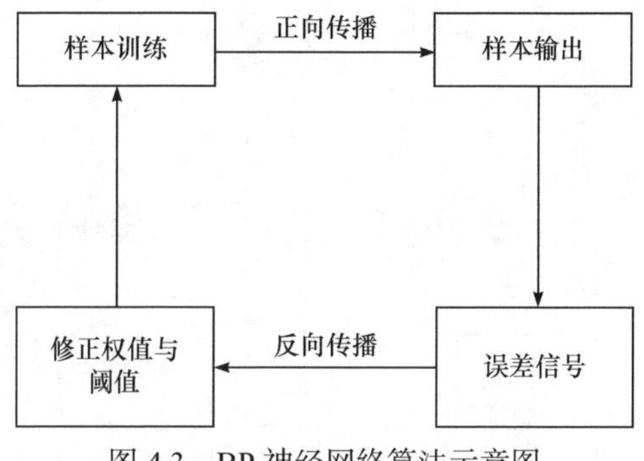

图 4.3　BP 神经网络算法示意图

4.3.2　PSO 算法原理

PSO 算法是通过模拟动物集群行为而建立的一种算法模型，该算法是采用迭代的方法来寻求最优解的。在算法中，先初始化出一群随机产生的粒子，种群数为 M_0，随后在给定的搜索空间 J_0 中不断地对自身进行迭代从而获得粒子最优的位置与速度，当迭代达到设定的最大循环数或最小适应度阈值时，算法终止运算。

$$\begin{cases} v_{ij}(t+1) = \omega v_{ij}(t) + c_1 r_1 (p_{ij} - x_{ij}(t)) + c_2 r_2 (g_{ij} - x_{ij}(t)) \\ x_{ij}(t+1) = x_{ij}(t) + v_{ij}(t+1) \end{cases} \tag{4.2}$$

式中，c_1、c_2 为学习因子；ω 为惯性权重；r_1、r_2 为 $U(0,1)$分布的随机数；p_{ij} 为迭代个体最优；g_{ij} 为迭代全局最优；x_{ij} 为第 i 个粒子在第 j 维的位置，$i=1,2,\cdots,M_0$，$j=1,2,\cdots,J_0$；v_{ij} 为与 x_{ij} 相对应的飞行速度；t 为迭代次数。

4.3.3　PSO 算法改进 BP 神经网络

BP 神经网络算法较容易收敛到一个局部最小值，为保证其最终收敛到全局最小值，通常采用 PSO 算法来优化 BP 神经网络算法中的阈值和权值。BP 神经网络可以分为输入层、隐含层和输出层等三层结构，其结构如图 4.4 所示。输入层为 p，节点数为 5；隐含层采用 tansig 型函数作为传递函数(f_1)，节点数为 11；输出层采用 purelin 型函数作为传递函数(f_2)，节点数为 1。该 BP 神经网络信号传递方向按从输入到输出的方向进行。

对于一个多层向前型的神经网络，可用多种优化算法进行改进，而 PSO 算法针对 BP 神经网络是最好的改进算法之一。此算法是将网络中 78 个待优化的权值构成一个基础向量来代表目标粒子群中的元素，此待优化权值也包括阈值；随

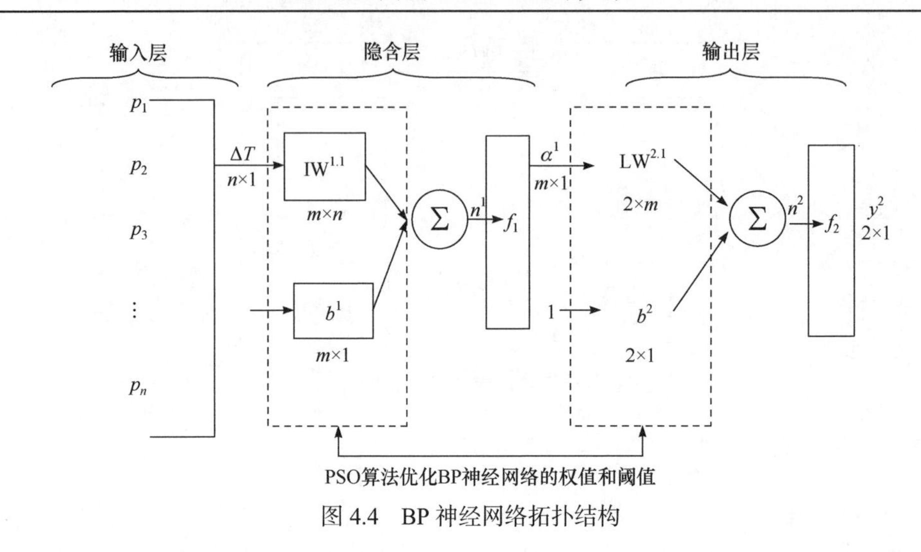

图 4.4　BP 神经网络拓扑结构

后结合目标粒子种群的大小，将上述随机产生既定数目的粒子组成一个期望种群，其中神经网络的每组不同权值由不同的个体所代表。

通过在粒子群中把每个个体映射为网络中的一组权值的方法来构建一个新的神经网络，并对每个与之相匹配的神经网络输出样本进行训练，用此方法来对个体极值和种群极值进行初始化。而网络权值优化计算量大，需要进行多次迭代，但还需保证训练后的神经网络拥有较好的泛化能力，所以在此过程中将目标空间分成两部分来满足需求，分别为训练样本与测试样本。在优化计算过程中每次训练都需进行与之对应的样本集分类步骤，来确保反复迭代训练下所用的训练集不同。

计算中需要对粒子群的全部个体进行评价来找到最优个体，以确定粒子的种群极值和个体极值是否需要进行更新，所以引入新的函数来对上述问题进行判断，此函数为适应度函数，是通过计算训练集中产生误差的平方和来进行定义的；然后根据所设定的粒子飞行度来产生新个体，当适应度函数的数值小于 10^{-6} 时，算法迭代终止。

为了使算法的全局收敛性有所提升，将惯性权重因子加到 PSO 算法的进化方程中。粒子原有的速度保留的程度可以通过惯性权重进行表示。当将原始惯性权重设定为 0.9、同时将最终惯性权重设定为 0.1 时，在迭代初期算法有比较高的全局搜索能力，同时在迭代后期算法可以更精确地对局部进行分析开发。

PSO 算法改进 BP 神经网络算法流程如图 4.5 所示。

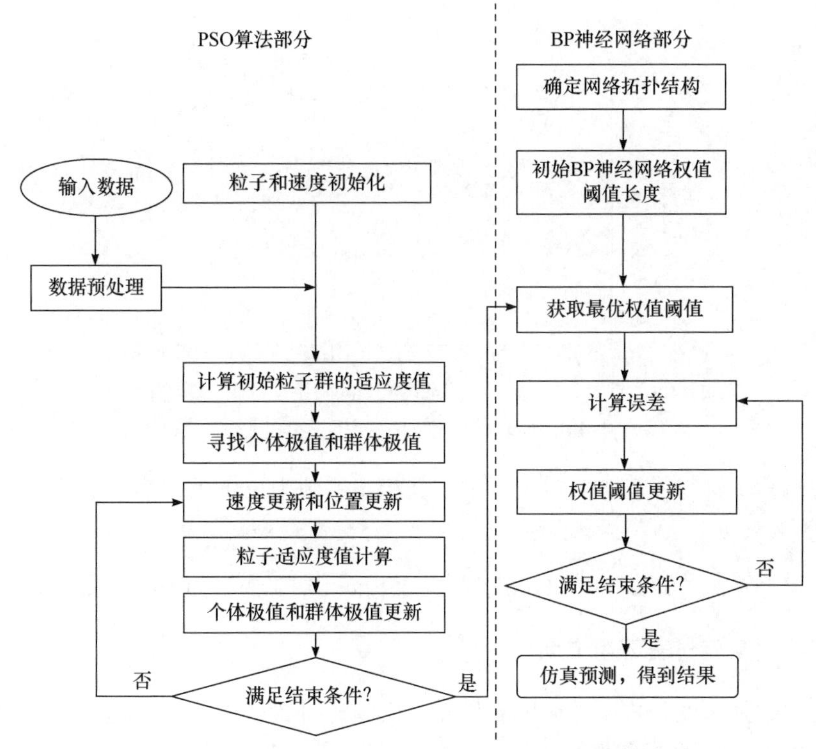

图 4.5　PSO 算法改进 BP 神经网络算法流程图

4.4　基于 PSO-BP 的氮化硅表面粗糙度单因素数值拟合

4.4.1　砂轮线速度与表面粗糙度

金刚石砂轮磨削氮化硅陶瓷的表面粗糙度试验结果如图 4.6 所示。当磨削深度 a_p=4μm、工件进给速度 v_w=3000mm/min、砂轮线速度 v_s 从 29.5m/s 增加到 39.9m/s 时，表面粗糙度从 0.58μm 下降到 0.31μm；当 v_s 从 39.9m/s 增加到 49m/s 时，表面粗糙度从 0.31μm 上升到 0.392μm；当 v_s 从 49m/s 增加到 59.4m/s 时，表面粗糙度从 0.392μm 下降到 0.18μm；当 v_s 从 59.4m/s 增加到 67.2m/s 时，表面粗糙度从 0.18μm 重新增加到 0.31μm；当 v_s 从 67.2m/s 增加到 74.9m/s 时，表面粗糙度从 0.31μm 下降到 0.12μm。

据此可以提出表面粗糙度关于砂轮线速度的一元模型，该模型以截断的正弦函数为基础，由于数值的增值具有较大差距，在正弦函数前乘上二次项 $bv_s^2+cv_s+d$ 加以修正，一元模型为 $R_s=a(bv_s^2+cv_s+d)\sin(gv_s+h)+k$，通过最小

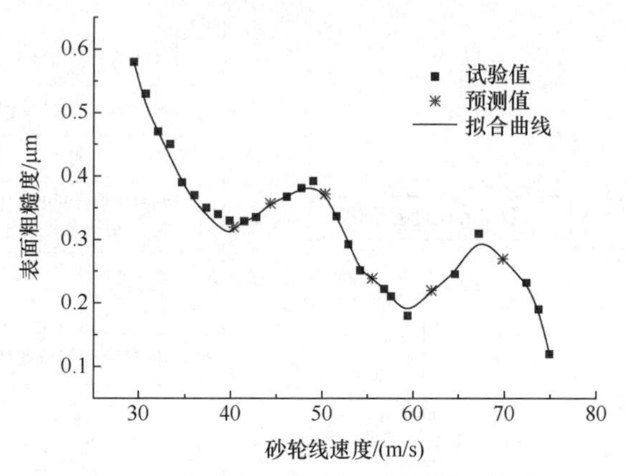

图 4.6　砂轮线速度对表面粗糙度的影响

二乘法拟合，解得模型如式(4.3)所示。其相关系数为 0.9692，表明模型具有较高的精度。

$$R_{\mathrm{a}} = 1.26(-0.0027v_{\mathrm{s}}^2 + 0.0626v_{\mathrm{s}} - 1.256)\sin(0.1222v_{\mathrm{s}} - 0.168) + 0.5125 \tag{4.3}$$

4.4.2　磨削深度与表面粗糙度

不同磨削深度条件下，金刚石砂轮磨削氮化硅陶瓷的表面粗糙度试验结果如图 4.7 所示。当砂轮线速度 v_{s}=57.6m/s、工件进给速度 v_{w}=3000mm/min 时，随着磨削深度增加，表面粗糙度也增加。当磨削深度从 1μm 增加到 20μm 时，表面粗糙度从 0.04μm 上升到 0.42μm，且上升趋势先急后缓。据此可以提出表面粗糙度关于磨削深度的一元模型，该模型以自然常数(欧拉数)e 为底的指数函数为基础。通过最小二乘法拟合，解得模型如式(4.4)所示，其相关系数为 0.9798，表明模型具有较高的精度。

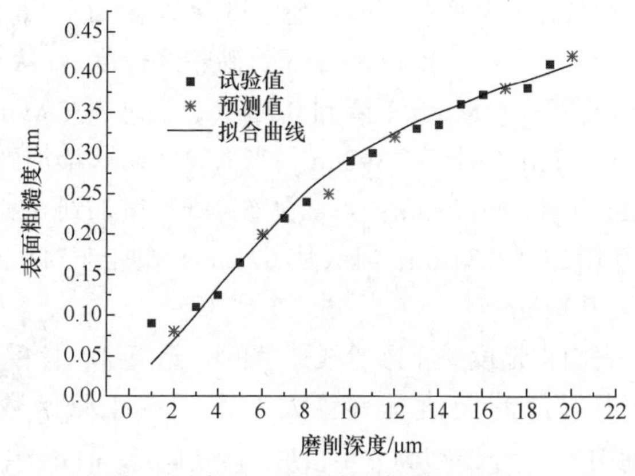

图 4.7　磨削深度对表面粗糙度的影响

$$R_a = -0.396e^{-0.1502a_p} + 0.434 \tag{4.4}$$

4.4.3　工件进给速度与表面粗糙度

不同工件进给速度条件下，金刚石砂轮磨削氮化硅陶瓷的表面粗糙度试验结果如图 4.8 所示。当砂轮线速度 v_s=57.6m/s、磨削深度 a_p=4μm 时，随着工件进给速度的增大，表面粗糙度总体是一个先减小后增大再减小的过程。当工件进给速度从 250mm/min 增加到 2000mm/min 时，表面粗糙度从 0.38μm 快速下降到 0.11μm；当工件进给速度从 2000mm/min 增加到 4000mm/min 时，表面粗糙度从 0.11μm 增加到 0.27μm；当工件进给速度从 4000mm/min 增加到 5000mm/min 时，表面粗糙度从 0.27μm 小幅下降到 0.17μm。据此可以提出表面粗糙度关于进给速度的一元模型，该模型以截断的正弦函数为基础，由于数值的幅值有下降趋势，在正弦函数前乘上幂函数项加以修正。通过最小二乘拟合，解得模型如式(4.5)所示，其相关系数为 0.9769，表明模型具有较高的精度。

$$R_a = 0.156v_w^{-0.213}\sin(0.121v_w + 0.982) + 0.2252 \tag{4.5}$$

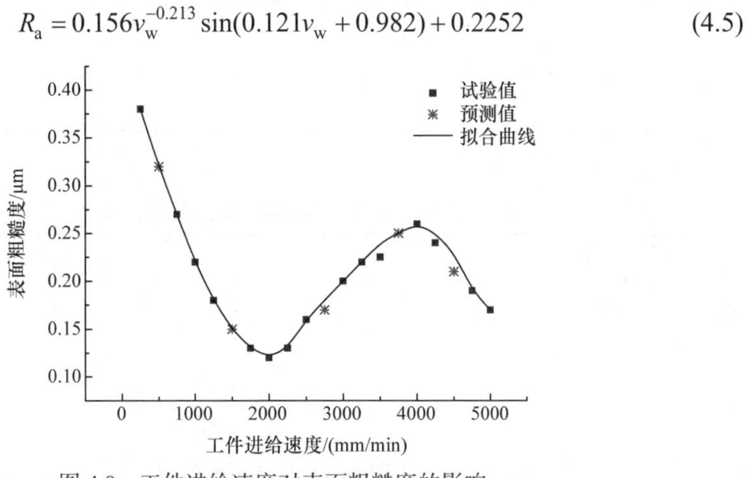

图 4.8　工件进给速度对表面粗糙度的影响

4.5　基于 PSO 算法的表面粗糙度多元模型优化与检验

4.5.1　模型的假设与求解

1. 模型假设

基于单因素数值拟合结果，即式(4.3)～式(4.5)，整合得到氮化硅陶瓷表面粗糙度关于磨削工艺参数的多元模型如下：

$$R_a(v_s, a_p, v_w) = n_1 v_w^{n_2} (n_3 v_s^2 + n_4 v_s + n_5) \sin(n_6 v_s v_w + n_7) + e^{n_8 a_p + n_9} + n_{10} \tag{4.6}$$

式中，n_1～n_{10} 为常数，其具体数值由氮化硅陶瓷和金刚石砂轮的材料属性共同决定。

2. 模型求解

为求解多元复合模型，即式(4.6)，本节设计了如表 4.1 所示的正交试验(A 代表 v_s(m/s)，B 代表 a_p(μm)，C 代表 v_w(mm))，结果如表 4.2 所示。

表 4.1 正交试验因素水平表(表面粗糙度试验)

水平	因素		
	A	B	C
1	29.5	2	500
2	40.3	4	1000
3	49	6	2000
4	57.6	10	3000
5	67.2	14	4000
6	74.9	20	5000

表 4.2 正交试验结果(表面粗糙度试验)

组号	1	2	3	4	5	6	7	8	9
R_a/μm	0.248	0.274	0.125	0.305	0.216	0.301	0.303	0.121	0.461
组号	10	11	12	13	14	15	16	17	18
R_a/μm	0.322	0.354	0.182	0.276	0.246	0.057	0.218	0.191	0.272

基于正交试验结果，利用 PSO 算法对多元模型进行优化求解。求解过程中以多元模型计算值与试验值的方差最小作为粒子适应度准则，如下所示：

$$\text{Fit} = \min\left\{\sum_{t=1}^{n}(A - A_t)^2\right\} \tag{4.7}$$

式中，A 为多元模型计算值；A_t 为正交试验值。

使用 PSO 算法对多元模型进行优化求解，最终求解得到金刚石砂轮磨削氮化硅陶瓷表面粗糙度的多元模型为

$$\begin{aligned} R_a(v_s, a_p, v_w) = {} & 1.96 v_w^{-0.042}(0.0023 v_s^2 + 0.362 v_s + 12.25)\sin(2.545 v_s v_w + 11.73) \\ & + e^{-0.4621 a_p + 1.065} + 0.208 \end{aligned} \tag{4.8}$$

4.5.2　多元模型验证

将多元模型计算值与试验值对比，如图 4.9 所示。利用三组正交试验(第 1～3 组)对所求解模型进行检验，相对误差结果如表 4.3 所示。模型与试验值在定量分析上存在一定误差，但在定性分析上模型较好地反映了表面粗糙度的变化趋势。因此，式(4.8)所表达的模型具有一定的可信度。

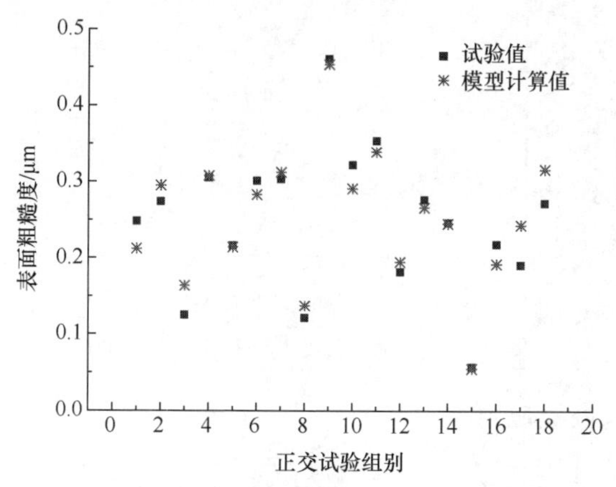

图 4.9　多元模型计算值与正交试验值对比

表 4.3　验证试验相对误差(表面粗糙度试验)

试验序号	1	2	3
表面粗糙度相对误差/%	6.79	8.98	5.83

4.6　基于 PSO-BP 的氮化硅磨削表面强度数值拟合

4.6.1　砂轮线速度与断裂应力

当磨削深度 a_p=4μm、工件进给速度 v_w=3000mm/min 时，金刚石砂轮以不同的线速度 v_s 磨削氮化硅陶瓷，测得断裂应力结果如图 4.10 所示。随着砂轮线速度的增大，磨削后氮化硅陶瓷断裂应力是一个先减小后增大的过程。当砂轮线速度从 29.5m/s 增大到 40.3m/s 时，陶瓷断裂应力从 427MPa 下降到 375MPa；当砂轮线速度从 40.3m/s 增大到 74.9m/s 时，陶瓷断裂应力从 375MPa 增大到 468MPa；而当砂轮线速度大于 57.6m/s 时，断裂应力上升趋势开始增加。据此可以提出断裂应力关于砂轮线速度的一元模型，该模型以截断的正弦函数为基础，由于数值的幅值具有不对称性，在正弦函数前乘上一次项 v_s 加以修正，一元模型为 $\sigma_c = av_s\sin(bv_s + c) + d$，通过最小二乘法拟合，解得模型如式(4.9)所示。其相关系数为

0.9521，表明模型具有较高的精度。

$$\sigma_c = -76.885 v_s \sin(16.62 v_s - 27.24) + 416.53 \tag{4.9}$$

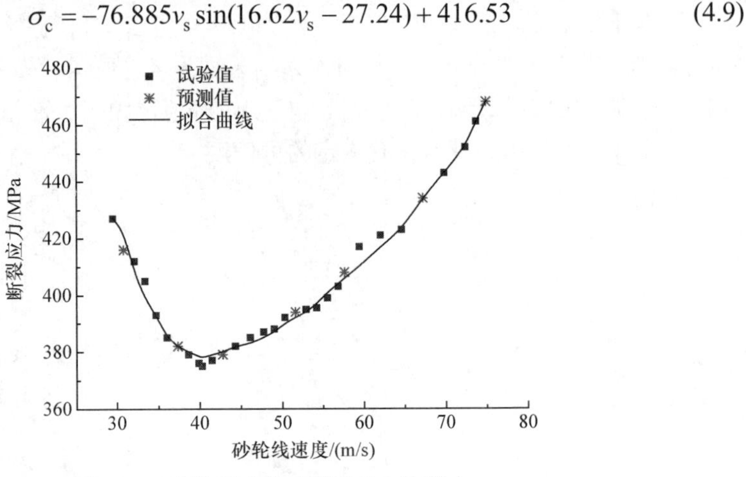

图 4.10　砂轮线速度对断裂应力的影响

4.6.2　磨削深度与断裂应力

当砂轮线速度 v_s=57.6m/s、工件进给速度 v_w=3000mm/min 时，金刚石砂轮以不同的磨削深度 a_p 磨削氮化硅陶瓷，并测得断裂应力结果如图 4.11 所示。随着磨削深度增加，断裂应力相对减小。当磨削深度从 1μm 增加到 20μm 时，断裂应力从 494MPa 降低到 156MPa，且下降趋势先急后缓。据此可以提出断裂应力关于磨削深度的一元模型，该模型以自然常数 e 为底的指数函数为基础。通过最小二乘法拟合，解得模型如式(4.10)所示，其相关系数为 0.9233，表明模型具有较高的精度。

$$\sigma_c = -96.756 e^{0.0774 a_p} + 603.126 \tag{4.10}$$

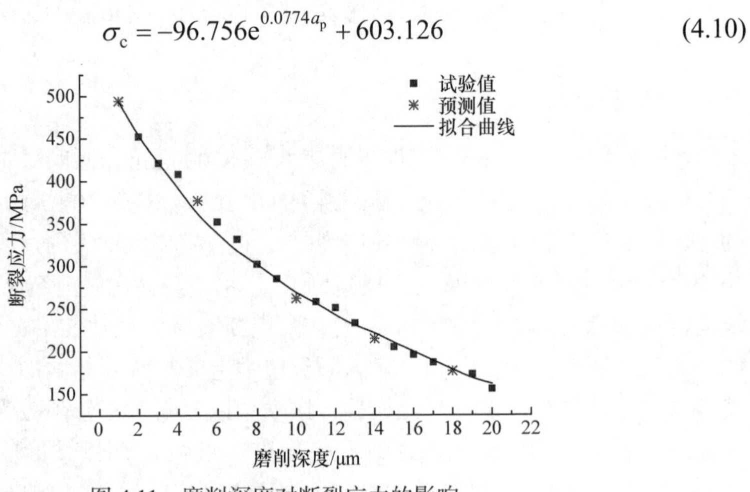

图 4.11　磨削深度对断裂应力的影响

4.6.3　工件进给速度与断裂应力

当砂轮线速度 v_s=57.6m/s、磨削深度 a_p=4μm 时，氮化硅陶瓷以不同的进给速度 v_w 被磨削加工，并测得断裂应力结果如图 4.12 所示。随着工件进给速度 v_w 的增大，断裂应力总体呈减小趋势。当进给速度从 250mm/min 增大到 2000mm/min 时，氮化硅断裂应力从 452MPa 减小到 409MPa；当进给速度从 2000mm/min 增大到 3750mm/min 时，断裂应力从 409MPa 小幅上升到 420MPa；当进给速度从 3750mm/min 增大到 5000mm/min 时，断裂应力从 420MPa 减小到 375MPa。据此可以提出断裂应力关于工件进给速度的一元模型，该模型以二次函数为基础，由于数值具有不对称性，在正弦函数前乘上以自然常数 e 为底的指数函数加以修正，通过最小二乘法拟合，解得模型如式(4.11)所示，其相关系数为 0.9622，表明模型具有较高的精度。

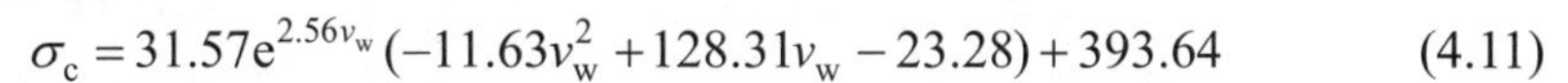

$$\sigma_c = 31.57e^{2.56v_w}(-11.63v_w^2 + 128.31v_w - 23.28) + 393.64 \tag{4.11}$$

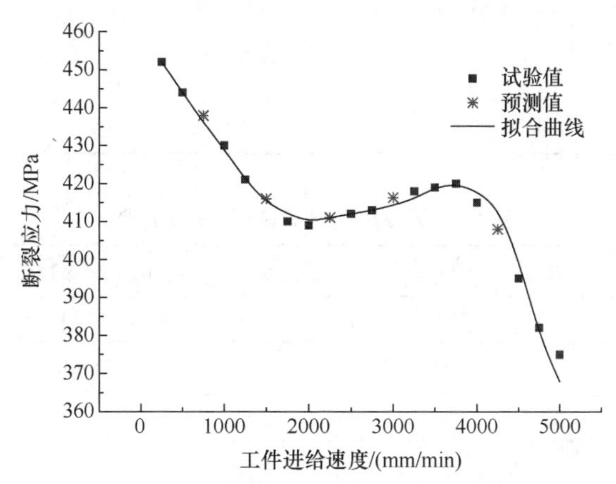

图 4.12　工件进给速度对断裂应力的影响

4.7　基于 PSO 算法的断裂应力多元模型优化与检验

4.7.1　模型的假设与求解

1. 模型假设

基于单因素数值拟合结果，即式(4.9)～式(4.11)，提出氮化硅陶瓷断裂应力关于磨削工艺参数的多元模型如下：

$$\sigma_c(v_s, a_p, v_w) = m_1 v_s \sin(m_2 v_s + m_3)\cdot(m_4 v_w^2 + m_5 v_w + m_6) + m_7 e^{m_8 a_p + m_9 v_w} + m_{10} \tag{4.12}$$

式中，$m_1 \sim m_{10}$ 为常数，其具体数值由氮化硅陶瓷和金刚石砂轮的材料属性共同决定。

2. 模型求解

为求解多元复合模型即式(4.12)的最优解，本节在单因素试验的基础上设计了正交试验，如表 4.4 所示(A 代表 v_s(m/s)，B 代表 a_p(μm)，C 代表 v_w(mm))，结果如表 4.5 所示。

表 4.4　正交试验因素水平表(断裂应力试验)

水平	因素		
	A	B	C
1	29.5	2	500
2	40.3	4	1000
3	49	6	2000
4	57.6	10	3000
5	67.2	14	4000
6	74.9	20	5000

表 4.5　正交试验结果(断裂应力试验)

组号	1	2	3	4	5	6	7	8	9
σ_c/MPa	458	316	427	341	372	369	404	218	412
组号	10	11	12	13	14	15	16	17	18
σ_c/MPa	198	283	374	446	302	266	430	411	385

基于正交试验结果，利用 PSO 算法对多元模型进行优化求解。求解过程中以多元模型计算值与试验值的方差最小作为粒子适应度准则，如式(4.13)所示：

$$\text{Fit} = \min\left\{\sum_{t=1}^{n}(A - A_t)^2\right\} \tag{4.13}$$

式中，A 为多元模型计算值；A_t 为正交试验值。

使用 PSO 算法对多元模型进行优化求解，最终求解得到磨削后氮化硅陶瓷断裂应力的多元模型为

$$\begin{aligned}\sigma_c(v_s, a_p, v_w) = & -14.52 v_s \sin(2.08 v_s - 72.19) \cdot (-35.66 v_w^2 + 9.83 v_w - 56.75) \\ & + 2.16 e^{0.172 a_p + 1.35 v_w} + 305.44\end{aligned} \tag{4.14}$$

4.7.2 多元模型验证

多元模型计算值与正交试验值对比如图 4.13 所示。设计三个验证试验对多元模型进行检验，计算得到试验值与验证模型的相对误差在 5%以内，结果表明模型具有较高的精度，如表 4.6 所示。

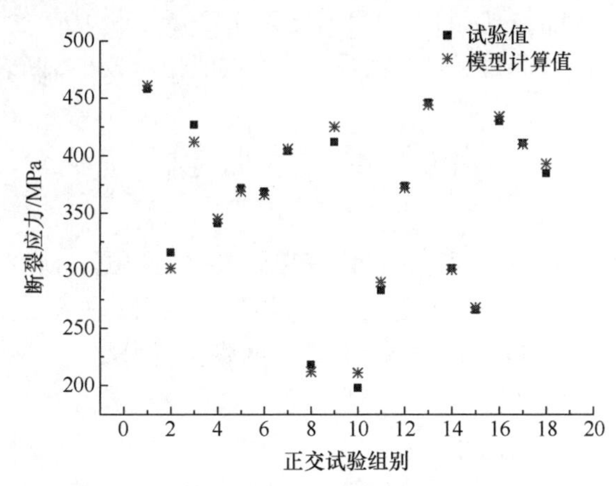

图 4.13 多元模型计算值与正交试验值对比

表 4.6 验证试验相对误差(断裂应力试验)

试验序号	1	2	3
断裂应力相对误差/%	2.56	4.01	1.62

4.8 基于 PSO 算法的双目标优化

在实际生产加工过程中，工艺参数对表面质量的影响是复杂的，需在尽可能降低表面粗糙度的同时，尽可能提高断裂应力。基于表面粗糙度和断裂应力的多元模型，结合实际加工条件，建立双目标优化模型如下：

$$\begin{cases} H_1 = \min\left\{R_{\mathrm{a}}(v_{\mathrm{s}}, a_{\mathrm{p}}, v_{\mathrm{w}})\right\} \\ H_2 = \max\left\{\sigma_{\mathrm{c}}(v_{\mathrm{s}}, a_{\mathrm{p}}, v_{\mathrm{w}})\right\} \\ v_{\mathrm{s}} = 29.5 \sim 74.9\mathrm{m/s} \\ a_{\mathrm{p}} = 1 \sim 20\mu\mathrm{m} \\ v_{\mathrm{w}} = 250 \sim 5000\mathrm{mm/min} \end{cases} \tag{4.15}$$

通过 PSO 算法对双目标优化模型进行求解。为了使表面粗糙度和断裂应力对优化结果的影响权重接近一致，在 σ_c 项前乘以常系数 0.001，得到算法的适应度函数：

$$\mathrm{Fit}' = R_a + 0.001\sigma_c \tag{4.16}$$

以适应度函数最优解为目标，寻找最优磨削工艺参数为 v_s=74.9m/s，a_p=2μm，v_w=1188.6mm/min，此时对应的表面粗糙度为 0.13μm，断裂应力为 434.5MPa，该组数值为优化后的最合理目标值，表面粗糙度数值相对较小，断裂应力相对较大。

4.9 本章小结

本章基于金刚石砂轮磨削氮化硅陶瓷单因素试验数据，研究了表面粗糙度与断裂应力和砂轮线速度、磨削深度、工件进给速度之间的关系，提出了模型假设。基于单因素试验值和 PSO 算法改进 BP 神经网络，利用最小二乘法拟合，建立了氮化硅表面粗糙度和断裂应力关于磨削工艺参数的多元模型，并通过正交试验验证了模型的精度。主要结论如下：

(1) 基于大量试验数据和理论计算，分别建立了氮化硅陶瓷表面粗糙度关于砂轮线速度、磨削深度和工件进给速度的一元模型，计算了模型的相关系数，并检验了模型的可信度。提出了磨削表面粗糙度对三种磨削参数的多元复合模型假设，利用 PSO 算法对相关系数进行求解，确定了多元模型结构。通过模型计算值与试验结果对比得出，氮化硅陶瓷表面粗糙度多元模型计算误差为 5.83%～8.98%。

(2) 基于大量试验数据和理论计算，分别建立了氮化硅陶瓷断裂应力关于砂轮线速度、磨削深度和工件进给速度的一元模型，计算了模型的相关系数，并检验了模型的可信度。提出了加工后的断裂应力对三种磨削参数的多元复合模型假设，利用 PSO 算法对相关系数进行求解，确定了多元模型结构。通过模型计算值与试验结果对比得出，断裂应力多元模型计算误差为 1.62%～4.01%。

(3) 基于所建立的氮化硅陶瓷表面粗糙度和断裂应力多元模型，结合磨削实际加工工艺参数范围，建立了双目标优化模型，以适应度函数最优解为目标确定了最优磨削工艺参数为 v_s=74.9m/s，a_p=2μm，v_w=1188.6mm/min，此时加工后的氮化硅陶瓷表面粗糙度值相对较小，断裂应力相对较大。

第 5 章　氮化硅全陶瓷球轴承精密加工与检测

5.1　概　　述

本章以 H7009C 氮化硅陶瓷轴承外圈为例，总结轴承套圈从毛坯到成品的加工工艺，分析前文优化得出的最优磨削工艺参数在轴承外圈端面精磨、内圆精磨、沟道精磨加工过程中的应用。同时，以 P4 级(超精密级)精度 H7009C 轴承表面质量标准为加工目标，分析双目标函数模型在磨削参数优化选取上的应用，通过产品实际加工后的表面质量对模型进行验证，并对圆磨加工卡具进行改进。另外，分析沟道超精工艺中各加工参数对粗糙度、圆度的影响规律，对陶瓷滚珠精磨原理及装置进行介绍。最后，对装配好的氮化硅全陶瓷球轴承进行检测与分析。

5.2　氮化硅陶瓷轴承外圈精密加工工艺及分析

轴承套圈包括轴承外圈和轴承内圈，本章研究对象 H7009C 全陶瓷角接触球轴承属于高速、高载荷系列角接触球轴承，公差标准 P4 级。该系列轴承的特点为：轴承外圈一侧有挡肩，另一侧为斜边；轴承内圈两侧均有挡肩，属于深沟球轴承套圈。在 H7009C 轴承内外圈加工工序中，其他工序相同的情况下，轴承外圈要多出一道斜边磨削加工工序，因此本章着重对 H7009C 轴承外圈加工工艺进行研究与分析。

加工陶瓷轴承套圈的工序烦琐且复杂(图 5.1)，主要工作表面(如沟道平面)成型加工难度较大，沟形精度影响轴承精度从而影响其整体寿命。陶瓷轴承套圈的加工制造，需要对传统的轴承加工工艺进行升级改进，以传统工艺为基础采用智能创新的高端制造技术实现陶瓷轴承套圈高精度、高效率和低成本加工。为了提高轴承套圈精度，轴承的主要工作面(如沟道表面)需要进行三道工序的加工，即粗磨加工、精磨加工和超精磨加工，非主要工作面(如套圈斜边)采用两道磨削加工工序，即粗磨加工和精磨加工，加工过程中使用表面交替法、多重循环法、互为基准法等加工方法提升加工质量。

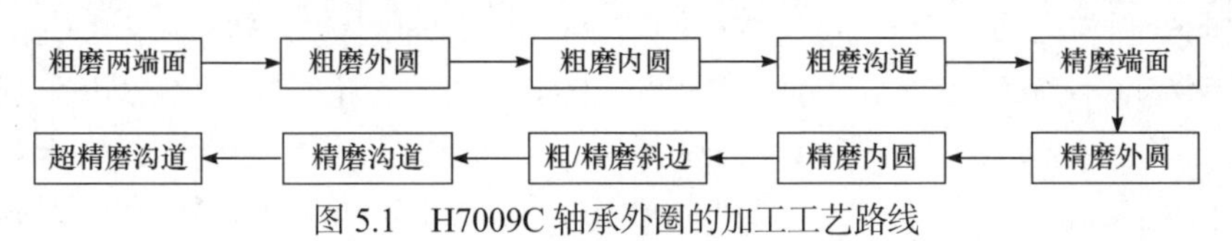

图 5.1　H7009C 轴承外圈的加工工艺路线

H7009C 轴承外圈磨削加工后的图片如图 5.2 所示。图 5.2(a)为气压烧结出的 H7009C 轴承外圈毛坯。轴承外圈端面、外圆、内圆经过粗磨加工后如图 5.2(b)所示。在粗磨的基础上，对外圈进行端面、外圆、内圆和沟道精磨加工后如图 5.2(c)所示。在精磨加工的基础上，对外圈斜边进行磨削加工并对沟道进行超精加工，得到需要的成品如图 5.2(d)所示。陶瓷轴承套圈粗磨主要是材料余量的去除及作为定位、精磨的准备条件，而精磨和超精加工工序才是决定轴承产品精度的关键。因此，本书后续主要以 H7009C 轴承精磨为例，分析前面章节最优磨削参数及粗糙度与断裂应力目标模型在陶瓷轴承外圈加工中的应用。另外，轴承套圈外圆磨削加工与内圆磨削加工均属于圆磨，磨削机理及成型工艺基本一致，产品都是通过 MK2710 内外圆复合磨床进行加工。

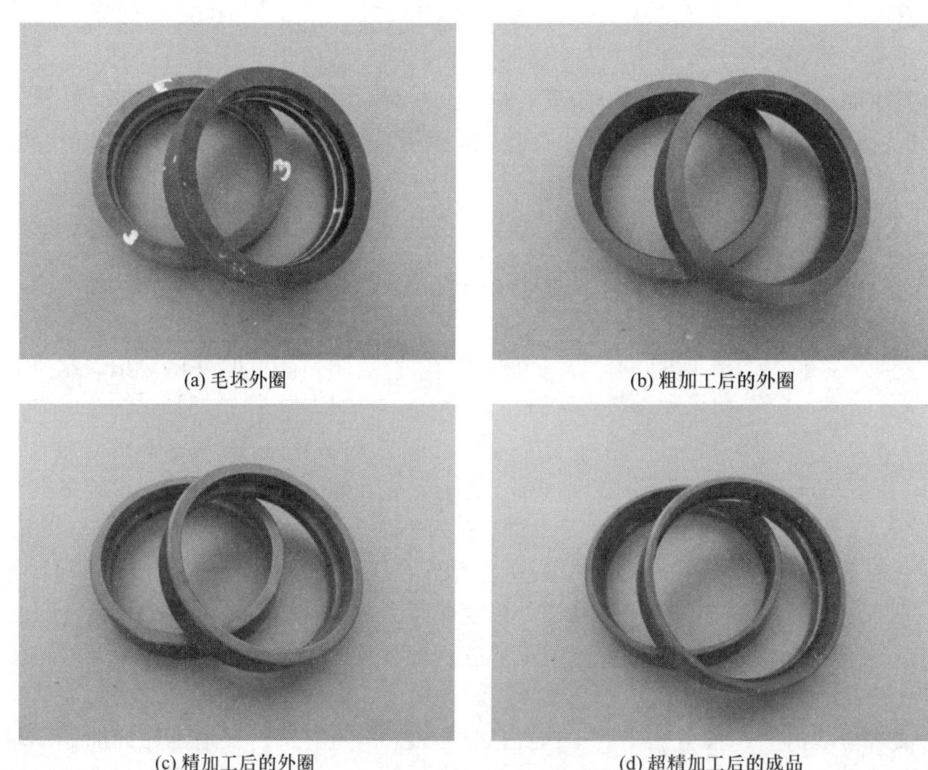

(a) 毛坯外圈　(b) 粗加工后的外圈

(c) 精加工后的外圈　(d) 超精加工后的成品

图 5.2　H7009C 轴承外圈磨削加工

轴承公差精度与表面质量标准如表 5.1 所示[292]。由表 5.1 可知，H7009C 轴承外圈外圆与内圆表面粗糙度值应小于 0.25μm，端面粗糙度值应小于 0.4μm。以表面粗糙度不高于 0.25μm 为加工标准，基于金刚石砂轮磨削氮化硅陶瓷表面粗糙度的多元模型(式(4.8))进行计算分析得出，在金刚石砂轮线速度 $v_s \geqslant 70$m/s、磨削深度 $a_p \leqslant 5$μm、工件进给速度 1000mm/min$\leqslant v_w \leqslant$2500mm/min 条件下，磨削加工氮化硅陶瓷工件后的表面粗糙度值均能达到 R_a≤0.25μm。为了便于通过产品实际加工效果对模型计算值进行验证，在理论计算值范围内除选取 4.8 节计算得出的最优磨削工艺参数，另选取两组磨削加工参数进行陶瓷套圈加工，测量加工后的表面质量，并与式(4.8)和式(4.14)计算得出的理论数据进行对比分析。选取合格表面粗糙度加工参数范围内的两组极值磨削参数组合(代号：P_1、P_2)，同时基于式(4.8)和式(4.14)计算得出磨削加工后对应表面粗糙度与断裂应力，结果如表 5.2 所示。

表 5.1　轴承配合表面和端面的表面粗糙度值(最大值)　(单位：μm)

表面名称	轴承公差等级	轴承内孔公称直径				
		≤30mm	30～80mm	80～500mm	500～1600mm	1600～2500mm
内圈内圆表面	0	0.8	0.8	1	1.25	1.6
	6、6X	0.63	0.63	1	1.25	—
	5	0.5	0.5	0.8	1	—
	4	0.25	0.25	0.5	—	—
	2	0.16	0.2	0.4	—	—
外圈外圆表面	0	0.63	0.63	1	1.25	1.6
	6、6X	0.32	0.32	0.63	1	—
	5	0.32	0.32	0.63	0.8	—
	4	0.25	0.25	0.5	—	—
	2	0.16	0.2	0.4	—	—
套圈端面	0	0.8	0.8	1	1.25	1.6
	6、6X	0.63	0.63	1	1	—
	5	0.5	0.5	0.8	0.8	—
	4	0.4	0.4	0.63	—	—
	2	0.32	0.32	0.4	—	—

表 5.2　基于多元模型计算得出的工艺参数及加工质量

代号	磨削参数			表面粗糙度 R_a	断裂应力 σ_c
	v_s	a_p	v_w		
P_1	70m/s	5μm	2500mm/min	0.242μm	328.5MPa
P_2	74.9m/s	1μm	1000mm/min	0.112μm	401.1MPa

5.3　氮化硅陶瓷轴承外圈端面精密磨削

5.3.1　加工设备及卡具

以优化分析得出的最优磨削工艺参数，即砂轮线速度 v_s=74.9m/s、磨削深度

a_p= 2μm、工件进给速度 v_w=1188.6mm/min，以及表 5.2 中两组磨削参数分别加工氮化硅陶瓷轴承套圈端面。由于陶瓷轴承套圈端面磨削属于平面磨削，利用 BLOHM Orbit 36 CNC 精密平面成形磨床对其端面进行精密磨削加工，如图 5.3 所示。

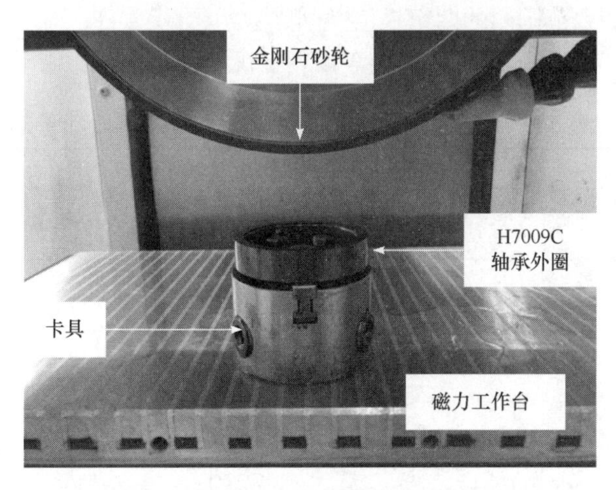

图 5.3　H7009C 轴承外圈端面精密磨削

5.3.2　端面精磨粗糙度的测量

对 H7009C 轴承外圈端面精密磨削后，利用 Taylor Hobson S3C 表面轮廓仪对磨削后的表面精度进行测量，如图 5.4 所示。为了准确测量端面精度，每组磨削参数加工后的套圈圆周方向随机选取 4 处端面进行粗糙度测量，测量结果如图 5.5 所示。对试验结果进行整理，如表 5.3 所示。

图 5.4　H7009C 轴承外圈端面粗糙度的测量

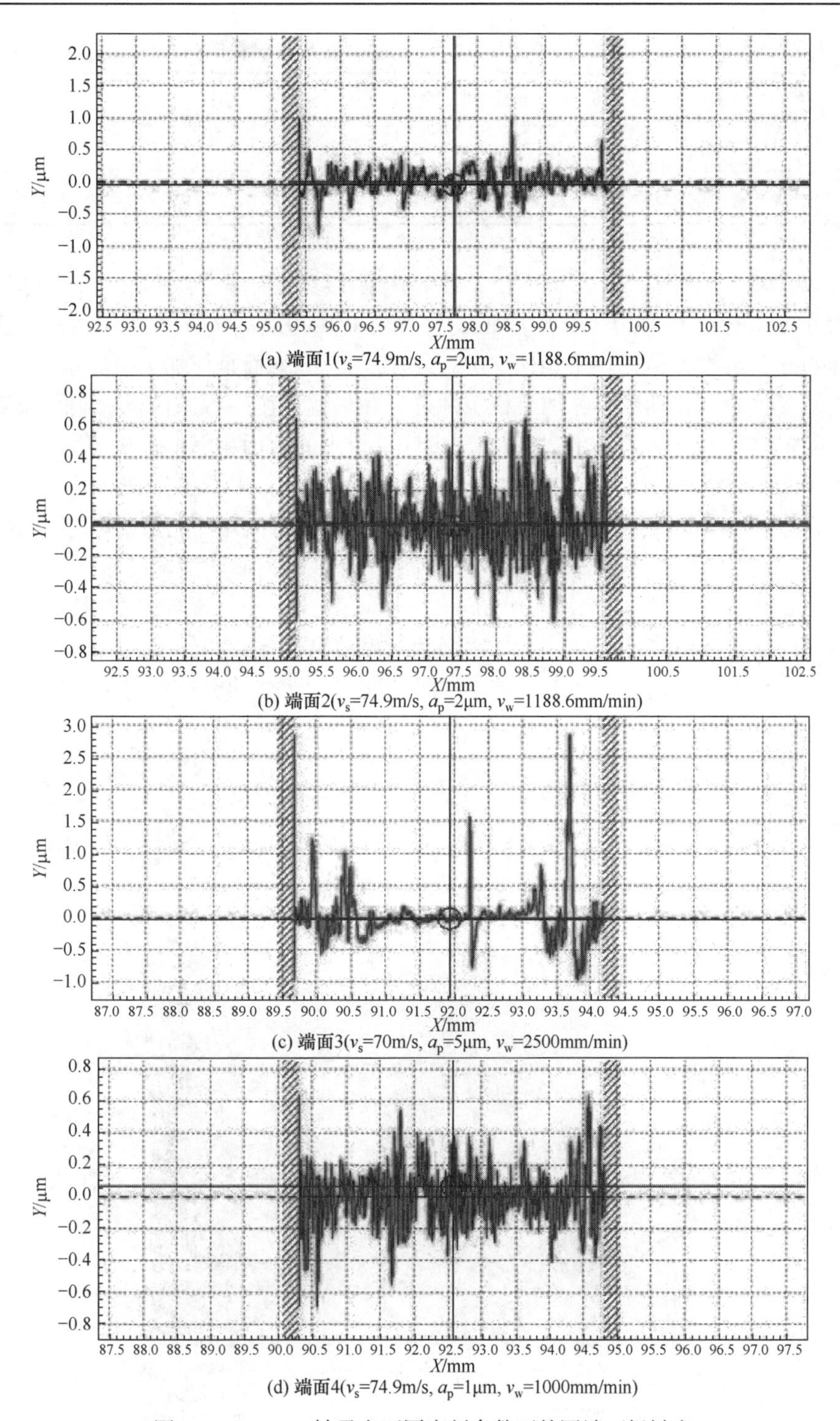

(a) 端面1(v_s=74.9m/s, a_p=2μm, v_w=1188.6mm/min)

(b) 端面2(v_s=74.9m/s, a_p=2μm, v_w=1188.6mm/min)

(c) 端面3(v_s=70m/s, a_p=5μm, v_w=2500mm/min)

(d) 端面4(v_s=74.9m/s, a_p=1μm, v_w=1000mm/min)

图 5.5　H7009C 轴承在不同磨削参数下外圈端面粗糙度

表 5.3　H7009C 轴承外圈端面粗糙度测量值

磨削参数	最优磨削参数				P_1 参数	P_2 参数
	1	2	3	4		
测量结果/μm	0.1298	0.1306	0.1295	0.1217	0.2100	0.1111

通过图 5.5 和表 5.3 可以看出，在最优磨削参数条件下套圈端面粗糙度最大值为 0.1306μm，最小值为 0.1217μm，平均值 0.1279μm，粗糙度变化最大差值为 0.0089μm，最大差值占比平均值 7.0%。这说明套圈端面整体加工精度水平一致，平均精度较高，波动较小，加工稳定性好。在最优磨削参数条件下，实际加工出的表面粗糙度平均值与采用式(4.15)分析计算得出的表面粗糙度理论值 0.13μm 相比较，误差约为 6.4%，结果基本一致。同时对比表 5.2 和表 5.3 中 P_1、P_2 磨削参数下计算得出的表面粗糙度值和实际加工测得的表面粗糙度值，误差分别约为 13.2%和 0.9%，也基本保持一致。可以得出，在金刚石砂轮线速度 $v_s \geqslant 70$m/s、磨削深度 $a_p \leqslant 5$μm、工件进给速度 1000mm/min$\leqslant v_w \leqslant$2500mm/min 选取磨削加工参数，可以使得加工后的氮化硅陶瓷工件表面粗糙度值达到 $R_a \leqslant 0.25$μm，满足 P4 级精度 H7009C 氮化硅陶瓷轴承加工要求，同时证明了所建立的双目标优化模型具有可信度。

5.3.3　端面精磨表面形貌的测量

由于日立 S-4800 扫描电镜对测量试件尺寸有严格要求，本节利用 VHX-5000 超景深三维显微系统对磨削后的外圈端面质量进行观测，如图 5.6 所示。

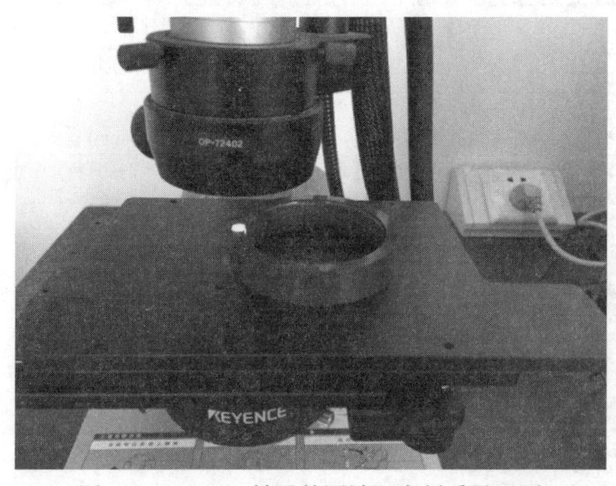

图 5.6　H7009C 轴承外圈端面磨削质量观测

超景深三维显微镜是由体式显微镜、金相显微镜、工具测量显微镜和偏光显微镜结合为一体的数码显微镜，可实时动态采集图像，物理像素不小于 211 万，最高像素 5400 万；一体化便携式设计，具有多点测量功能，可进行景深合成三维图像拼接，可从各角度自由观测表面形状；20 倍景深工作距离不小于 34mm，5000 倍景深不小于 4.4mm；载物台 360°旋转，支架可 0～90°任意角度倾斜。确定位置后，最快 1s 即可获取全幅对焦图像。当观测其他位置时，只需移动载物台，即可保持全幅对焦的状态进行观测。提供全新的观测形式，无须经过焦点调整或深度合成的步骤，即可对想观测的地方进行全幅对焦观测，可实现最大为纵 20000×横 20000 像素的图像拼接。

超景深三维显微镜拍摄的表面形貌有助于直观地对比和分析工艺参数对磨削表面质量的影响和作用规律。图 5.7 为超景深三维显微镜下 H7009C 轴承外圈端面不同选取点下磨削表面微观形貌，为了更好地对比研究，统一采用 1000 倍的镜头拍摄。

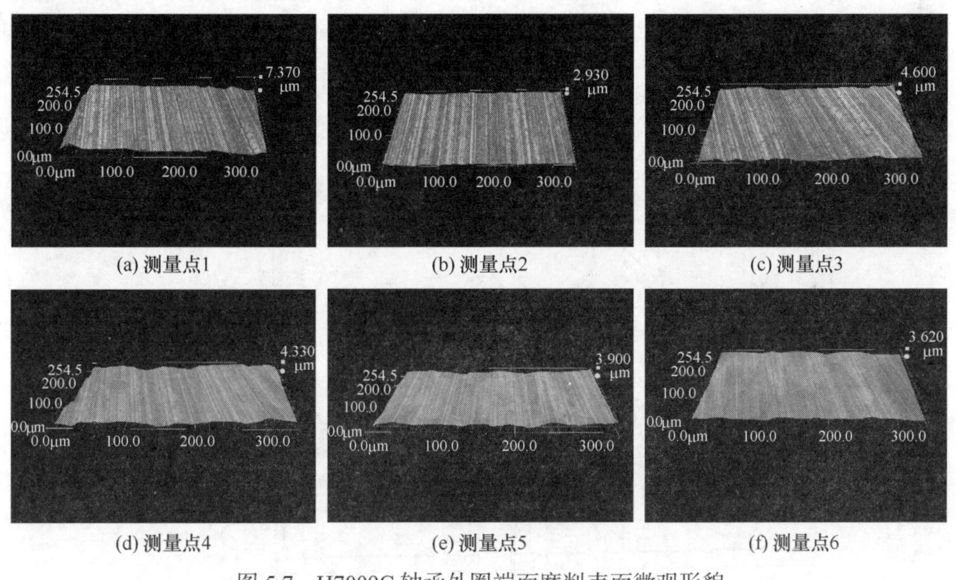

(a) 测量点1　(b) 测量点2　(c) 测量点3

(d) 测量点4　(e) 测量点5　(f) 测量点6

图 5.7　H7009C 轴承外圈端面磨削表面微观形貌

对比氮化硅陶瓷套圈端面精密磨削后的 6 个测量点如图 5.7 所示，加工表面质量较好，大部分被磨削区域十分光滑，磨粒磨削划痕很浅，根据检测仪器分析计算的表面破碎率和表面波峰、波谷间的综合数据评价：在最优磨削工艺参数组合下，氮化硅陶瓷表面破碎率为 3.623%，微观形貌截图最大波峰、波谷高度差值为 3.71μm。数据分析证明，在该种磨削参数组合下，磨削表面质量好，所选磨削用量比较合理。

5.4　氮化硅陶瓷轴承外圈内圆精密磨削

5.4.1　加工设备及磨具

产品内圆精密磨削用主要设备为精密磨床，采用金刚石砂轮对氮化硅外圈内圆表面进行精磨加工，并使用圆度仪和轮廓度仪测量加工后的圆度和表面质量，同时利用三项旋转测力仪测量加工过程中的磨削力大小。

产品加工设备采用 MK2710 数控内外圆复合磨床。机床数控系统为西门子操作系统，加工精度高，机床配备的大功率高速主轴系统具有高抗振性、高动态精度、高阻尼和热稳定性等优点，机床沟道磨削径向进给运动由 X 轴完成，往复运动由 Z 轴完成，X、Z 轴均由伺服电机通过挠性联轴节加滚珠丝杠构成，可实现无间隙、高灵敏度运动，各个轴的最高运动分辨率为 1μm，图 5.8 为磨床结构图。

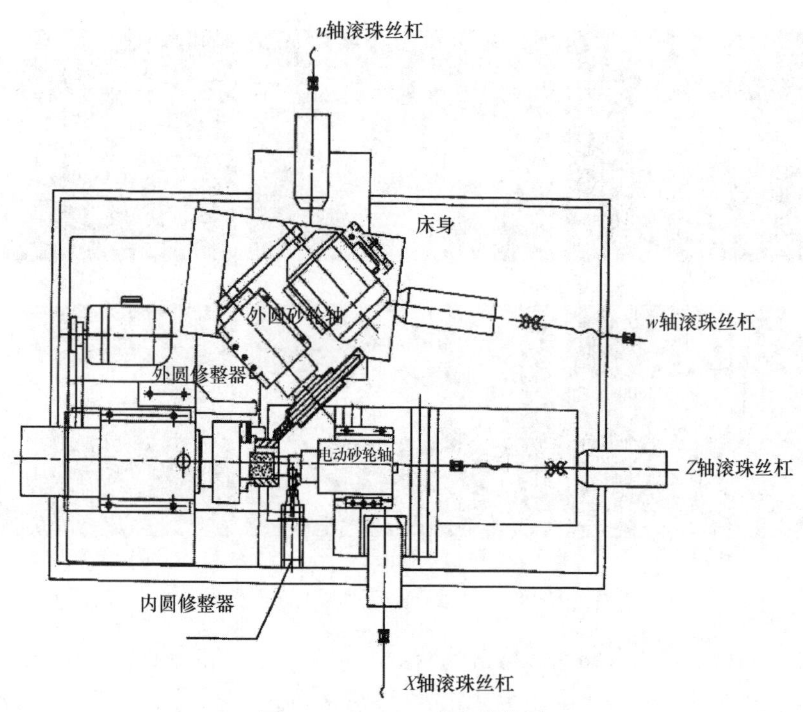

图 5.8　MK2710 磨床结构图

H7009C 轴承外圈内圆实际加工使用的砂轮为平面砂轮，如图 5.9 所示。砂轮外径为 55mm，厚度为 5mm，孔径 10mm，磨料为树脂或陶瓷结合剂用(RVD)金刚石，砂轮粒度为 230#/270#，浓度为 100%，采用树脂结合剂，砂轮基体采用铝材质，可减小砂轮高速运转产生的离心力，提高磨削效率和质量。加工过程中外圈与砂轮旋转方向相反，砂轮以逆磨的方式对内圆进行精磨加工，如图 5.10 所示。

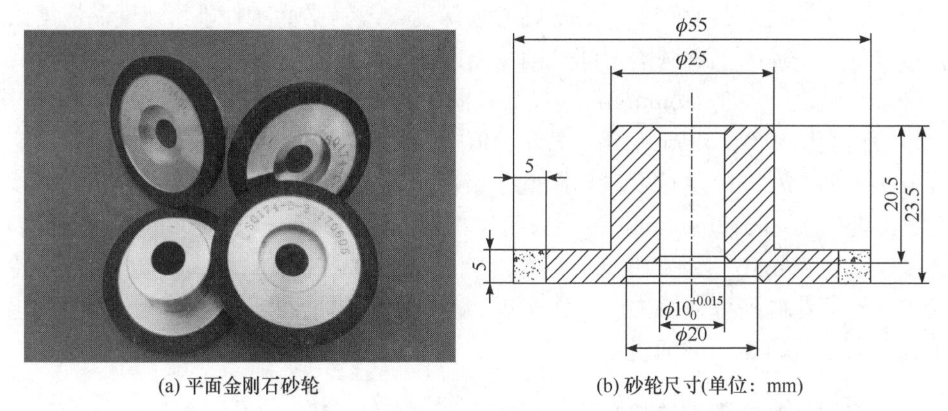

(a) 平面金刚石砂轮　　(b) 砂轮尺寸(单位：mm)

图 5.9　MK2710 用金刚石平面砂轮

图 5.10　H7009C 轴承外圆精密磨削及磨削力测量

5.4.2　最优工艺参数计算分析

基于第 4 章分析得出的最优磨削工艺参数，即砂轮线速度 v_s=74.9m/s，磨削深度 a_p=2μm，工件进给速度 v_w=1188.6mm/min，设定加工使用的内外圆复合磨床磨削参数。砂轮线速度与机床主轴转速的关系为

$$v_s = n\pi d \tag{5.1}$$

式中，n 为主轴转速；d 为砂轮直径。基于该式及砂轮几何尺寸可以计算得出当主轴转速为 26009r/min 时，砂轮线速度可以达到 74.9m/s。另外，平面磨削的砂轮切深等于机床的向下进给量，而内外圆磨削的砂轮切深等于工件转一转径向进给速度 v_f 实现的径向进给量，如式(5.2)所示：

$$a_p = \pi d_w \frac{v_f}{v_w} \tag{5.2}$$

式中，d_w为圆磨工件直径；a_p为平磨磨削深度；v_w为平磨工件进给速度。依据该式可以计算平面磨削和圆磨之间磨削深度的相互关系。将最优磨削参数 a_p=2μm、工件进给速度 v_w=1188.6mm/min、成品外圈内径 d_w=65.7mm 代入式(5.2)中计算得出进给速度 v_f=0.01152mm/min。因此，依据氮化硅陶瓷平面磨削最优工艺参数计算分析出的 MK2710 磨床套圈内圆磨削最优工艺参数为主轴转速 26009r/min，砂轮进给速度 v_f=0.012mm/min，同时设定工件转速为 200r/min，主轴轴向振荡(通磨)速度为 50mm/min。按照相同的计算方法对表 5.2 中 P_1、P_2 磨削加工参数进行转换，并对氮化硅陶瓷外圈内圆表面实现磨削加工，测量磨削过程中磨削力的变化情况及磨削后内表面磨削质量。

5.4.3 内圆精磨磨削力的测量与分析

通过优化及转换后的最优磨削参数对 H7009C 氮化硅轴承外圈内圆进行精密磨削，多次测量磨削过程中的磨削力，结果如图 5.11 所示。得出法向磨削力平均值为 161.25N、切向磨削力平均值为 62.51N。由数据可以看出，氮化硅套圈精密圆磨过程中，法向磨削力要大于切向磨削力，精密加工过程中以法向材料去除为主。另外，磨削力值较小，材料的去除阻力小，材料全部或以塑性去除为主，有利于提高磨削后陶瓷表面质量。

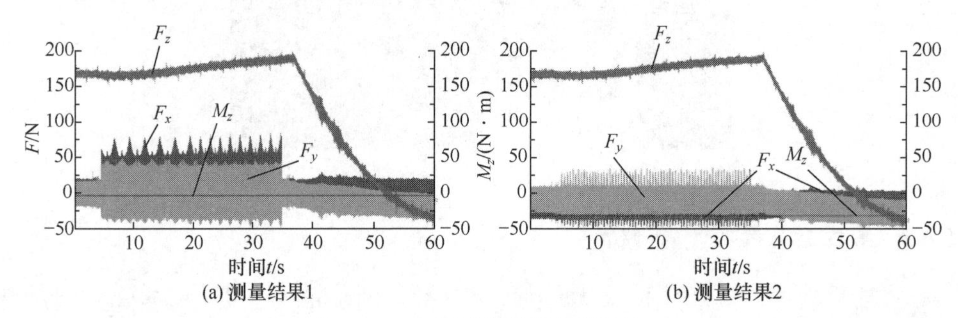

(a) 测量结果1　(b) 测量结果2

图 5.11　内圆精磨磨削力测量值

5.4.4 内圆精磨粗糙度的测量与分析

对 H7009C 氮化硅陶瓷轴承外圈内圆精密磨削后，利用轮廓仪对磨削后的表面精度进行测量。为了准确测量内圆精度，在圆周方向随机选取四处进行粗糙度测量，测量结果如图 5.12 所示。

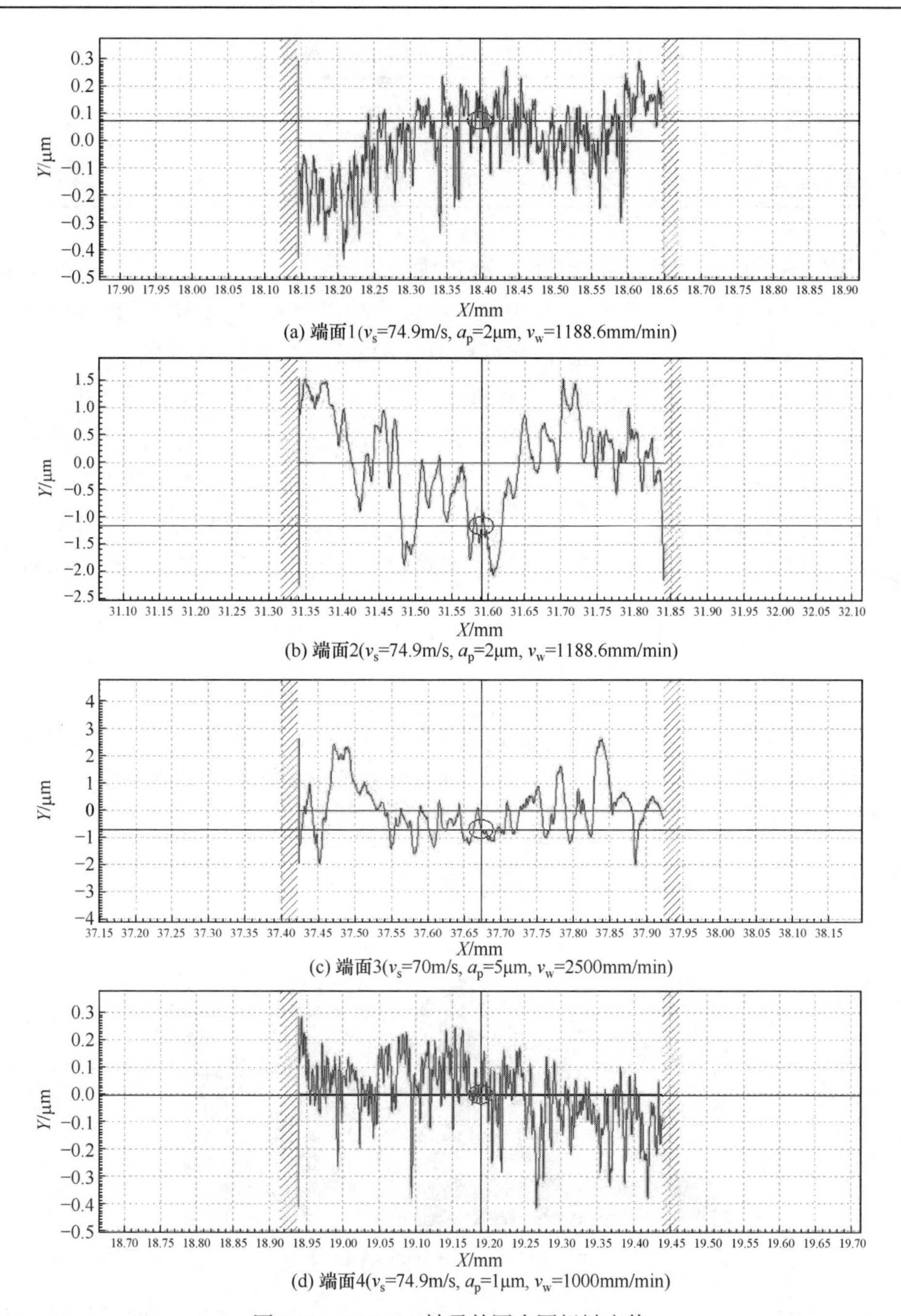

(a) 端面1(v_s=74.9m/s, a_p=2μm, v_w=1188.6mm/min)

(b) 端面2(v_s=74.9m/s, a_p=2μm, v_w=1188.6mm/min)

(c) 端面3(v_s=70m/s, a_p=5μm, v_w=2500mm/min)

(d) 端面4(v_s=74.9m/s, a_p=1μm, v_w=1000mm/min)

图 5.12　H7009C 轴承外圈内圆粗糙度值

对试验结果进行整理如表 5.4 所示。

表 5.4 H7009C 轴承外圈内圆粗糙度测量值结果

磨削参数	最优磨削参数				P_1 参数	P_2 参数
	1	2	3	4		
测量结果/μm	0.1207	0.1197	0.1253	0.1231	0.2094	0.1092

通过图 5.12 和表 5.4 可以看出，在最优磨削参数条件下，外圈内圆表面粗糙度最大值为 0.1253μm，最小值为 0.1197μm，平均值为 0.1222μm，粗糙度变化最大差值为 0.0056μm，最大差值占比平均值 4.6%。这说明外圈内圆表面整体加工精度水平一致，平均精度较高，波动极小，加工稳定性好。将实际圆磨加工的表面粗糙度平均值与最优磨削工艺参数下计算得出理论值 0.13μm 相比较，误差为 6%，相差较小。同时对比表 5.2 和表 5.4 中 P_1、P_2 磨削参数计算得出的表面粗糙度值和实际加工测得的表面粗糙度值，误差分别约为 13.5%和 2.5%，也基本保持一致。证明了磨削参数选择合理，加工精度满足要求，建立的双目标优化模型具有一定的可信度。

5.4.5 内圆精磨圆度的测量与分析

磨削后的陶瓷轴承外圈内圆圆度通过 Taylor Hobson TR385 圆柱度仪进行测量，设备及测量如图 5.13 所示。设备可进行圆弧和平面测量，测量圆度采样点数 18000 个。

图 5.13 H7009C 轴承外圈内圆圆度测量

为了准确了解圆度加工质量及加工情况，在加工产品中随机选取 4 件样品进行测试，测量结果如图 5.14 所示。

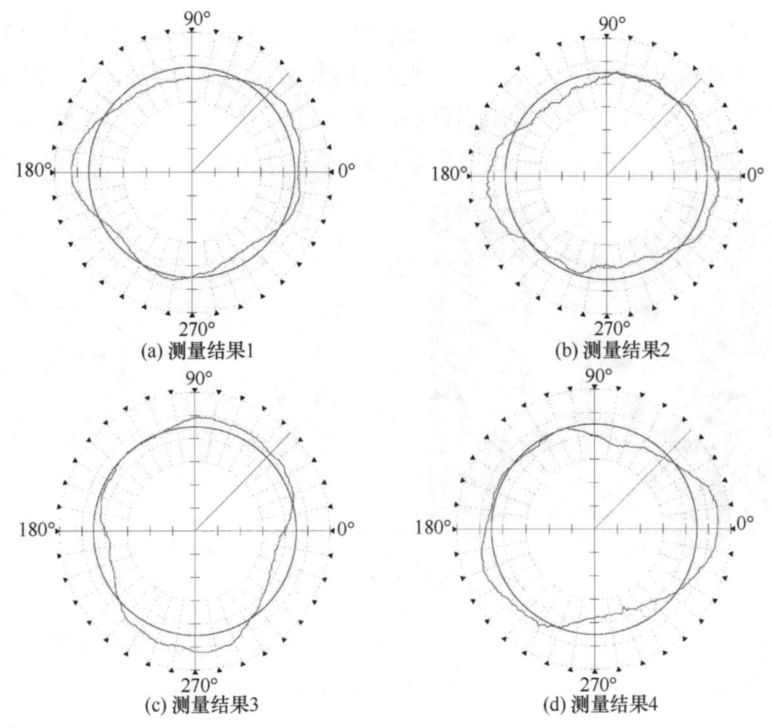

图 5.14　H7009C 轴承外圈内圆圆度测量结果

对试验结果进行整理如表 5.5 所示。

表 5.5　H7009C 轴承外圈内圆圆度测量结果

测量对象	测量结果 1	测量结果 2	测量结果 3	测量结果 4	平均测量值
外圈内圆圆度/μm	2.88	3.05	3.34	1.61	2.72

通过图 5.14 和表 5.5 可以看出，外圈内圆圆度最大值为 3.34μm，最小值为 1.61μm，圆度变化最大差值为 1.73μm。精磨加工后套圈最大圆度不超过 4μm，圆度较好，但数据变化差值较大，这说明外圈内圆整体加工精度波动较大。出现这种现象的主要原因是工装卡具精度不高，而不是加工精度问题，因此优化产品批量精度平均值，需从工装卡具着手进行深入研究与分析。

5.5　氮化硅陶瓷轴承外圈沟道精密磨削

5.5.1　金刚石磨具与卡具

H7009C 氮化硅陶瓷轴承外圈沟道采用成型磨削加工方式，使用的砂轮为圆弧砂轮，如图 5.15 所示。砂轮外径为 50mm，厚度为 7.5mm，端面圆弧半径为 3.75mm，弧度孔径 10mm，磨料为 RVD 人造金刚石，砂轮粒度为 230#/270#，浓度为 100%，采用树脂结合剂，砂轮基体采用铝材质。加工过程中外圈与砂轮旋转方向相反，砂轮以逆磨的方式对沟道进行精磨加工，如图 5.15 所示。

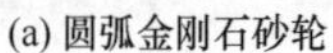
(a) 圆弧金刚石砂轮

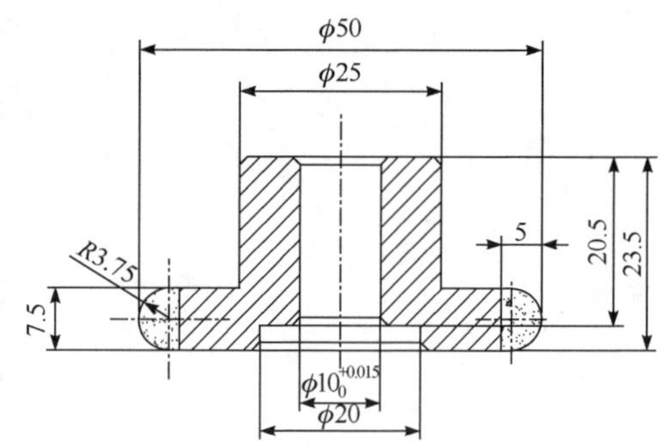

(b) 砂轮尺寸(单位：mm)

图 5.15　H7009C 轴承外圈沟道磨削用金刚石砂轮

轴承在工作过程中，套圈沟道直接与滚动体接触，因此沟道精度直接决定了轴承精度及性能，同时沟道精磨质量的高低也直接影响着后续沟道超精工艺及超精质量。5.4 节分析得出，除了磨具、加工工艺，工装卡具也是影响氮化硅陶瓷轴承套圈圆度加工质量的重要因素之一，因此在本节沟道精密磨削加工过程中对工装进行了改进。

当今大多数轴承套圈沟道的磨削加工使用无心卡具进行装夹，无心卡具对工件进行装夹时不存在夹紧力过大使工件变形的情况，同时实现了机床主轴与工件之间的柔性连接，此时主轴的轴向跳动误差不会对轴承沟道表面造成过大影响，在磨削过程中定位表面中心决定套圈转动中心，这有助于提升沟道几何精度减小形状误差。无心卡具包含滚轮式卡具、端面机械压紧式夹具和电磁式卡具。而氮化硅等工程陶瓷材料不能够被电磁吸附夹紧，无法使其固定在加工工作台上，所以氮化硅等工程陶瓷轴承套圈不能使用电磁无心卡具装夹磨削。将 MK2710 夹具改装成机械压紧式无心卡具，如图 5.16 所示。氮化硅陶瓷轴承套圈通过放置在非基准端面上的两个对称的压轮(小轴承)将其基准端面贴紧加工平台，压轮的压力由液压系统产生提供。在磨削套圈过程中应保持压轮的压力大小不变且均匀地分布在套圈上，否则将出现工件定位误差从而影响工件的精度，机械压紧式无心卡具具有较广的使用范围，可以固定金属材料及大部分非金属材料，如陶瓷、钛合金、不锈钢等，此类卡具装夹精度高并且易于安装及磨屑的清理[24, 293]。

基于第 4 章分析得出的最优磨削工艺参数砂轮线速度 v_s=74.9m/s、磨削深度 a_p=2μm、工件进给速度 v_w=1188.6mm/min，结合式(5.1)、式(5.2)及砂轮与外圈沟

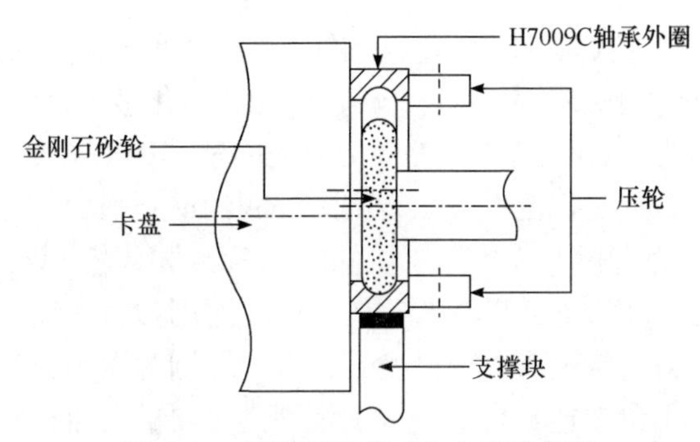

图 5.16　机械压紧式无心卡具示意图

道尺寸，计算出 H7009C 氮化硅陶瓷轴承外圈沟道精密磨削加工参数为：主轴转速 28610r/min，砂轮进给速度 v_f=0.011mm/min，工件转速为 200r/min。依据相同的计算方法对表 5.2 中 P_1、P_2 磨削加工参数进行转换，并对氮化硅陶瓷外圈沟道磨削加工，测量沟道表面质量。

5.5.2　精磨加工后沟道粗糙度的检测与分析

基于最优磨削参数及改进的无心卡具，对 H7009C 氮化硅陶瓷轴承外圈沟道进行精密磨削。利用 Taylor Hobson 轮廓度仪对加工后的沟道粗糙度进行检测，如图 5.17 所示。

(a) 沟道粗糙度的检测

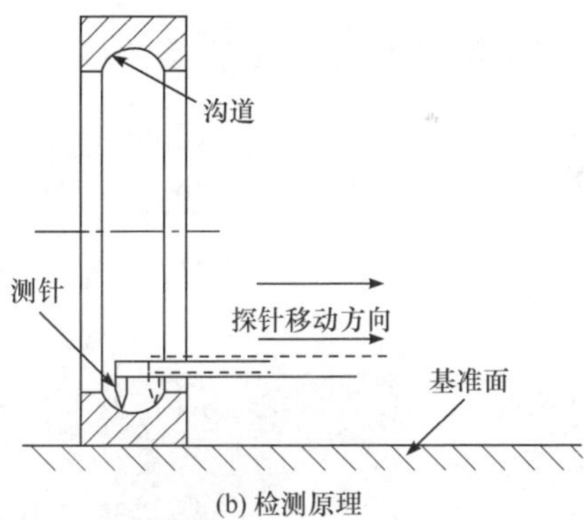

(b) 检测原理

图 5.17　H7009C 氮化硅轴承外圈沟道粗糙度检测

为了保证测量结果的准确性，同样在圆周方向随机选取 4 处对精磨后的沟道粗糙度进行测量，对试验测量结果进行整理如表 5.6 所示。

表 5.6　H7009C 轴承外圈沟道粗糙度测量结果

磨削参数	最优磨削参数				P_1 参数	P_2 参数
	1	2	3	4		
测量结果/μm	0.1116	0.1091	0.1195	0.1138	0.2325	0.0941

通过表 5.6 的测量数据可以看出，外圈沟道表面粗糙度最大值为 0.1195μm，最小值为 0.1091μm，平均值为 0.1135μm，粗糙度变化最大差值为 0.0104μm，最大差值占比平均值为 9.2%。这说明外圈沟道表面整体加工精度水平一致，平均精度较高，波动极小，加工稳定性好。将实际外圈沟道磨削加工的表面粗糙度平均值与最优磨削工艺参数下计算得出的理论值 0.13μm 相比较，误差约为 12.7%，结果相差较小。同时对比表 5.2 和表 5.6 中 P_1、P_2 磨削参数下计算得出的表面粗糙度值和实际加工测得的沟道表面粗糙度值，误差分别为 8.5%和 7.4%，也基本保持一致。证明了磨削参数选择合理，加工精度满足要求，建立的双目标优化模型具有一定可信度。另外，对比表 5.4 和表 5.6 中的试验数据可以分析出，在相同最优磨削工艺参数下，沟道磨削质量相对更好一些，但工件卡具的变化对圆磨氮化硅陶瓷轴承套圈表面粗糙度影响不大。

通过大量分析与试验研究得出，基于第 4 章双目标优化模型(式(4.15))计算得出，在金刚石砂轮线速度 $v_s \geqslant 70$m/s、磨削深度 $a_p \leqslant 5$μm、工件进给速度 1000mm/min$\leqslant v_w \leqslant$2500mm/min 选取磨削参数，可以使加工后的 H7009C 氮化硅陶瓷轴承套圈端面、内外圆表面、沟道表面粗糙度值达到 $R_a \leqslant 0.25$μm，满足 P4 级轴承精度标准。同时，双目标优化模型计算数据与实际加工基本保持一致，通过模型可以计算得出在该参数范围内磨削加工后的氮化硅陶瓷轴承套圈断裂应力不低于 328.5MPa。

5.5.3　精磨加工后沟道圆度的检测与分析

基于最优磨削参数砂轮线速度 v_s=74.9m/s、磨削深度 a_p=2μm、工件进给速度 v_w=1188.6mm/min 及改进的无心卡具，对 H7009C 氮化硅陶瓷轴承外圈沟道进行精密磨削。利用 Taylor Hobson 圆柱度仪对加工后的沟道圆度进行检测，如图 5.18 所示。

(a) 沟道圆度的检测

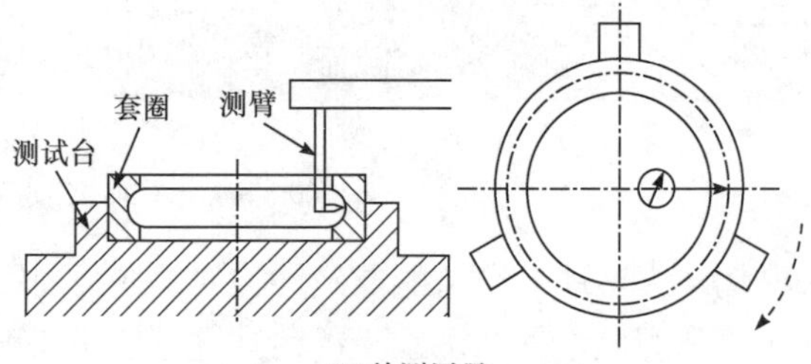

(b) 检测原理

图 5.18　H7009C 氮化硅轴承外圈沟道圆度检测

为了准确了解沟道加工后圆度质量及加工情况，在加工产品中随机选取 4 件样品进行测试，并对试验结果进行整理，如表 5.7 所示。

表 5.7　H7009C 轴承外圈沟道圆度测量结果

测量对象	测量结果 1	测量结果 2	测量结果 3	测量结果 4	平均测量值
外圈沟道圆度/μm	1.51	1.65	1.57	1.69	1.605

通过表 5.7 的测量数据可以看出，外圈沟道圆度最大值为 1.69μm，最小值为 1.51μm，圆度变化最大差值为 0.18μm，圆度平均值为 1.605μm；而外圈内圆磨削加工后圆度最大值为 3.34μm，最小值为 1.61μm，最大差值为 1.73μm，平均值为 2.72μm。两组数据对比可以得出，基于最优磨削工艺参数加工出的外圈沟道与内圆圆度相差较大，沟道磨削的圆度明显好于内圆圆度。因此得出，在相同最优磨削工艺参数下，工件卡具的变化对圆磨氮化硅陶瓷轴承套圈圆度的影响很大，无心卡具的加工效果更好。

工装卡具优化后沟道的圆度误差虽然已经有所降低，但误差值仍有待改善。图 5.19 为沟道圆度轮廓的放大图，对比图中标准圆和实际轮廓可看出，工件整体表面轮廓与标准圆相差较小，但在圆周方向多处出现上下不规则波动。一方面，陶瓷材料属于难加工材料，可切削性差，磨削过程中砂轮需要较大的法向磨削力才能去除材料，容易引起砂轮振动甚至产生颤振现象，进而影响沟道圆度；另一方面，沟道在精磨前存在原始误差，磨削工艺是一个不断消除圆度误差而同时又产生圆度误差的过程，磨削过程中原始误差在砂轮与加工面接触过程中逐步复映出来，只有当工艺系统消除误差的能力大于产生误差的能力时，才能得到更优的精密磨削效果。

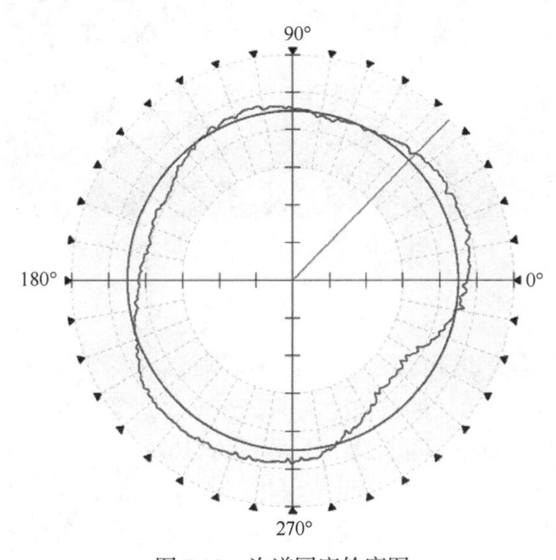

图 5.19　沟道圆度轮廓图

5.6 氮化硅陶瓷轴承外圈沟道超精加工

5.6.1 超精加工设备

陶瓷轴承内外圈沟道在精磨工序之后，其沟道表面不容易达到所要求的表面粗糙度和沟形精度，这时需要通过超精研对沟道表面进行改善使其达到要求。陶瓷轴承套圈沟道最后一道加工工艺为超精加工,其可高效地降低沟道表面粗糙度，改善沟形精度[294-296]，从而提高滚动体与沟道表面的配合程度，最终降低轴承振动，提升轴承使用寿命。

试验使用的主要设备为沟道超精机，采用金刚石油石对 H7009C 氮化硅轴承外圈沟道进行超精加工，利用 Taylor Hobson 轮廓度仪和圆柱度仪对沟道进行检测。试验采用的梯伦豪斯 BearingStar 111K 沟道超精机如图 5.20 所示，该设备可有效改善外圈沟道的粗糙度值，工件转速最高可达 6000r/min，油石摆动频率最大为 1200Hz。

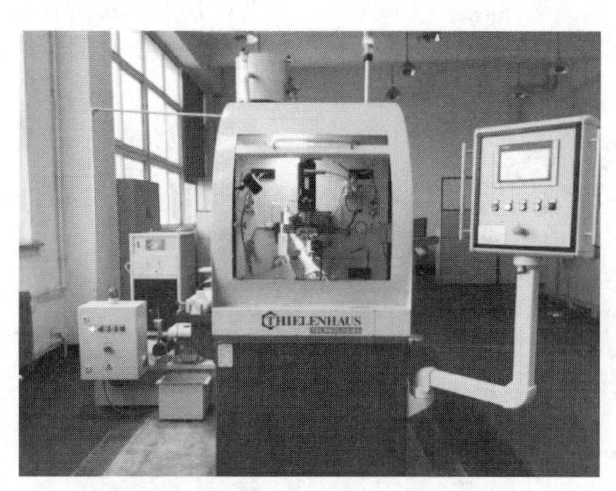

图 5.20　BearingStar 111K 沟道超精机

5.6.2 磨具及卡具

加工中采用的是美世豪磨料磨具(上海)有限公司生产的 DBN 系列金刚石油石。油石如图 5.21(a)所示，油石粒度为 W2.5，O 级硬度，油石棒总长 40mm，高度为 7mm，宽度为 7.5mm。图 5.21(b)为油石的安装图，油石在工作过程中采用比例阀控制，可以吸收工作过程变化的油石压力波动，油石压力大小可以通过程序设定，使不同纹路的超精表面得到有效的保证，油石架带有阻尼性，以保证油石轻触轴承沟道。

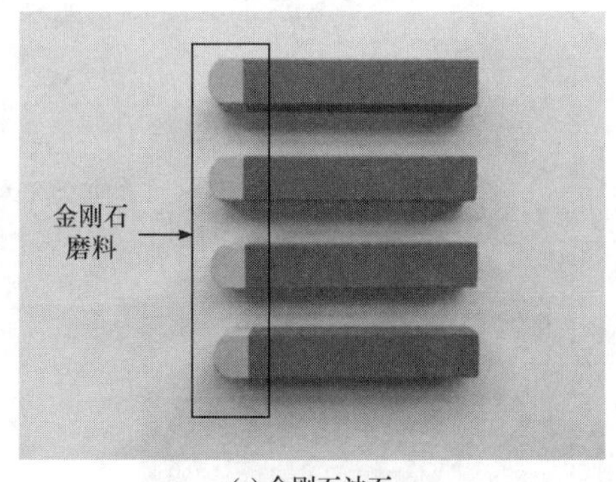

(a) 金刚石油石

(b) 油石装夹

图 5.21　金刚石油石及其安装图

本试验中陶瓷轴承外圈的夹紧结构采用滚轮压紧式无心支承,图 5.22 为 H7009C 氮化硅陶瓷轴承外圈沟道超精加工示意图。压轮压紧式夹具和电磁式夹具具有相近的定位原理和夹紧方式，压轮压紧式夹具区别于电磁式夹具的是，在对轴承套圈进行夹紧的过程中，夹紧力是通过压轮夹紧装置将套圈压靠在基准面上的，而电磁式夹具是通过电磁力将其进行夹紧的。

(a) 氮化硅外圈沟道超精加工

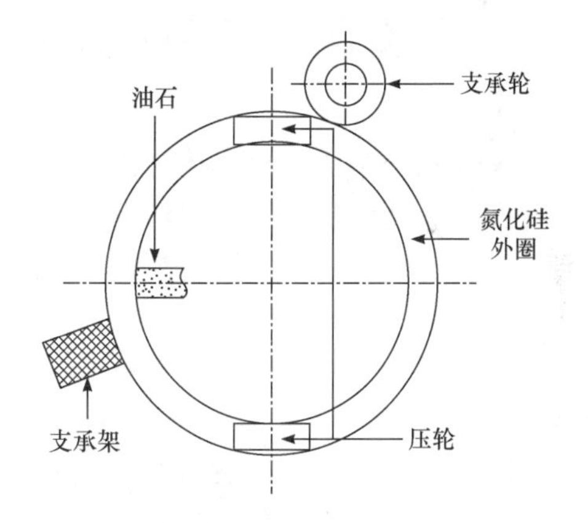

(b) 超精加工示意图

图 5.22　H7009C 氮化硅陶瓷轴承外圈超精加工

在使用压轮夹紧夹具时，偏心量是需要重点考虑的问题，偏心量是压轮中心与轴承套圈中心的偏差量，其会对超精加工质量存在影响。当偏心量设定较小时，工件高速运动使工件不能精确定位，从而导致油石对套圈沟道加工效果不佳，当工件速度过快时，可能导致工件飞出发生事故；当偏心量设定较大时，工件定位精度得到大幅提升，但同时使工件与支撑块的摩擦力增大，这会影响超精效率，同时有可能划伤工件表面。通常将偏心量设定在 0.15～0.35mm，通过经验分析，在本试验中将偏心量设置为 0.15mm，同时采用多晶金刚石 PKD 作为支撑块的材料。

5.6.3　试验方案

在 H7009C 氮化硅轴承外圈沟道超精研试验中，所涉及的主要加工参数为工件切线速度、油石压力和振荡频率，超精时间统一设为 5s，如图 5.23 所示。

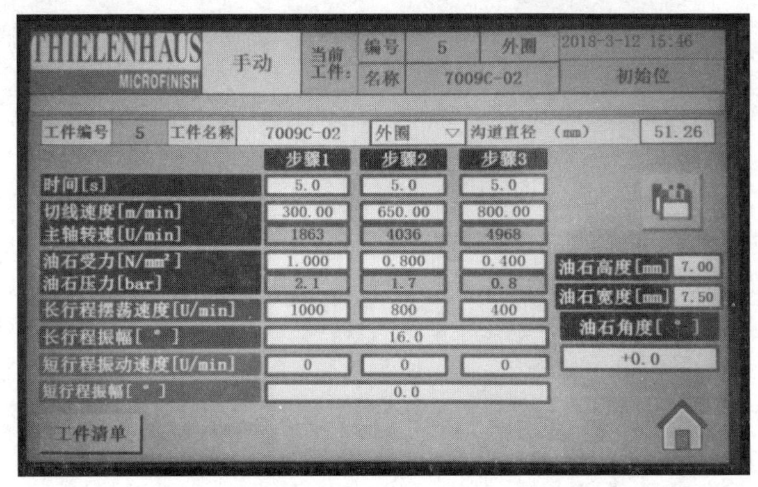

图 5.23　超精工艺参数图

为了通过最少试验次数来获得沟道最低粗糙度的超精方案，本试验在不增大沟形偏差、沟道圆度误差的基础上，采用三因素三水平正交试验对沟道进行超精研，试验分别对 3 个参数取 3 个变量，对 9 组工件沟道进行加工，如表 5.8 所示。

表 5.8　正交试验因素与水平

水平	切线速度/(m/min)	油石压力/(N/mm^2)	油石振荡频率/(次/min)
1	300	0.4	400
2	650	0.8	800
3	800	1.0	1000

5.6.4　试验结果与分析

正交试验安排与数据结果如表 5.9 所示。

表 5.9　正交试验安排与数据结果

序号	切线速度/(m/min)	油石压力/(N/mm^2)	油石振荡频率/(次/min)	粗糙度 R_a/μm	圆度 R_t/μm
1	300	0.4	400	0.0275	0.56
2	300	0.8	800	0.0233	0.53

续表

序号	切线速度/(m/min)	油石压力/(N/mm^2)	油石振荡频率/(次/min)	粗糙度 R_a/μm	圆度 R_t/μm
3	300	1.0	1000	0.0208	0.32
4	650	0.4	800	0.0309	0.59
5	650	0.8	1000	0.0287	0.47
6	650	1.0	400	0.0353	0.33
7	800	0.4	1000	0.0374	0.63
8	800	0.8	400	0.0425	0.54
9	800	1.0	800	0.0401	0.36

从表 5.9 中可以看出，沟道粗糙度 R_a 的变化范围在 0.0208～0.0425μm，沟道圆度 R_t 的变化范围在 0.32～0.63μm，为更直观地分析数据，对超精后的沟道粗糙度和圆度进行计算，得到粗糙度和圆度的回应值如表 5.10 所示。

表 5.10　粗糙度 R_a 和圆度 R_t 回应值　(单位：μm)

因素水平	切线速度		油石压力		油石振荡频率	
	粗糙度 R_a	圆度 R_t	粗糙度 R_a	圆度 R_t	粗糙度 R_a	圆度 R_t
1	0.0239	0.47	0.0319	0.593	0.0351	0.477
2	0.0316	0.463	0.0315	0.513	0.0314	0.493
3	0.04	0.51	0.0321	0.337	0.0290	0.473
极差	0.0161	0.047	0.0006	0.256	0.0061	0.02

由表 5.10 可知，极差值越大，表明该列的因素对沟道超精越重要，对粗糙度和圆度值的影响越大。粗糙度极差由大到小排列顺序为 0.0161、0.0061、0.0006，所对应的加工因素分别为切线速度、油石振荡频率、油石压力，可知工件的切线速度为影响沟道表面粗糙度的最大因素，切线速度变化所引起的粗糙度值波动大于其他因素变化所引起的粗糙度值波动，油石压力对沟道粗糙度的影响最小，其变化不会对粗糙度造成较大波动。另外还可以分析出，为了保障沟道表面质量，降低超精表面粗糙度，可以降低切线速度、提高油石振荡频率、减小油石压力。圆度极差由大到小排列顺序为 0.256、0.047、0.02，所对应的加工因素分别为油石压力、切线速度、油石振荡频率，可知油石压力为影响沟道超精圆度的最大因素，油石压力变化所引起的圆度值波动大于其他因素变化所引起的圆度值波动，油石振荡频率对沟道超精圆度的影响最小，其变化不会对圆度造成较大波动。另外还可以分析出，为了保障沟道圆度，可以提高油石压力、降低切线速度、提高油石

振荡频率。

氮化硅轴承外圈沟道经超精加工后，表面粗糙度得到有效降低，但仍具有继续改善的余地。图 5.24 为超精加工前后沟道表面粗糙度对比图，可以看出，超精加工前的沟道表面非常不平整，出现许多单方向尖峰状的跳动偏差，超精加工前的磨削工艺会影响沟道表面粗糙度，由于陶瓷材料硬度大且不易变形，磨削过程中砂轮需要施加很大的径向力才能达到去除材料的目的，砂轮颗粒会切入表面下方。当砂轮离开工件后，加工表面仍然保持磨削过程中的状态，从而呈现图中所示形貌特征。对比超精加工后的粗糙度图可以发现，沟道表面已经得到了很好的改善，加工表面平整光滑无波动，然而单方向跳动偏差未被消除，这是由于油石磨粒较小，无法切入工件表面深层下方，使得粗糙度难以持续降低；另外，沟道在磨削工序中不合理的加工工艺也会影响粗糙度，沟道经过粗磨后，微观表面凹凸不平，表面粗糙度值较大，若在随后的精磨过程中加工工艺不合理，则沟道表面质量无法得到有效改善，后续的超精加工效果也不会理想。因此，陶瓷材料质

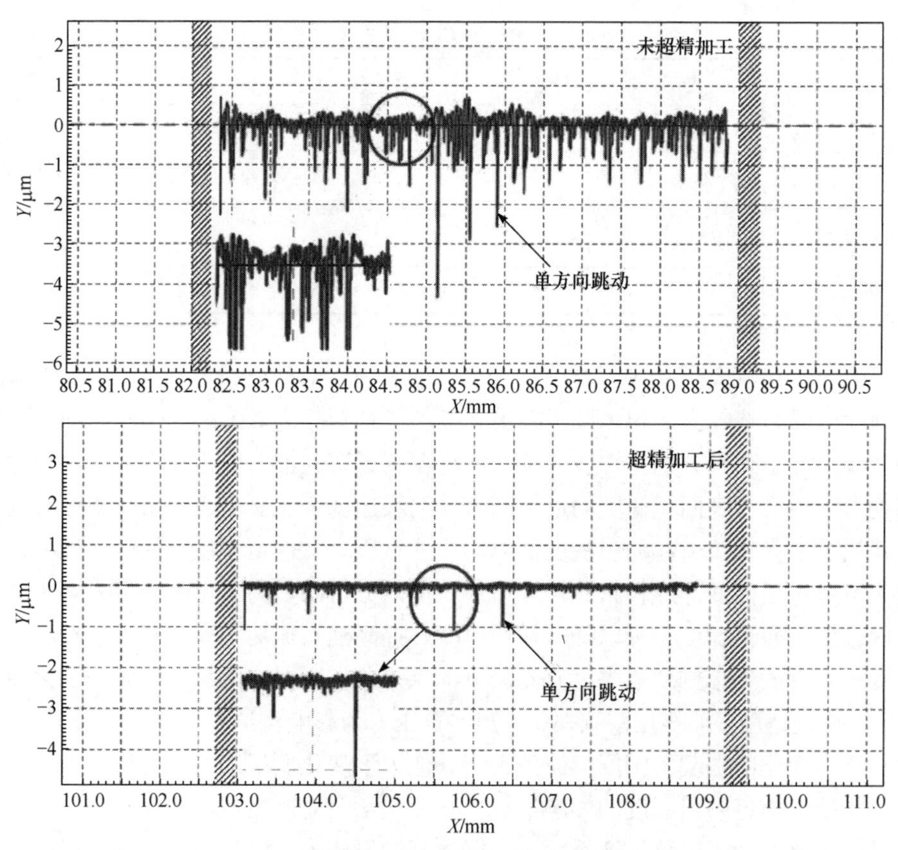

图 5.24　超精加工前后沟道表面粗糙度对比图

量与磨削工序对沟道的超精加工质量有着较大影响，控制好这两点可进一步提高沟道超精加工效果。

由图 5.25 可以观察到，超精加工前沟道轮廓表面凹凸不平，圆度较大，沟道经过超精加工后，表面质量得到提升，圆度值降低，然而超精加工后沟道的圆度轮廓与超精加工之前相似，都呈现出轻微椭圆状，这是由超精研属于微量加工的性质所决定的，超精研所去除的材料不足以大幅度改变工件的宏观形状误差，同时，考虑到沟道在超精加工过程中以外径作为定位基准，由于误差复映规律的存在，外径的圆度偏差会传递到沟道上，更不利于降低圆度误差。因此，陶瓷轴承外圈的超精研工序可以改善但不能大幅度降低沟道圆度，超精圆度会受外圈外径精度的影响，沟道最终圆度偏差取决于超精前沟道圆度。

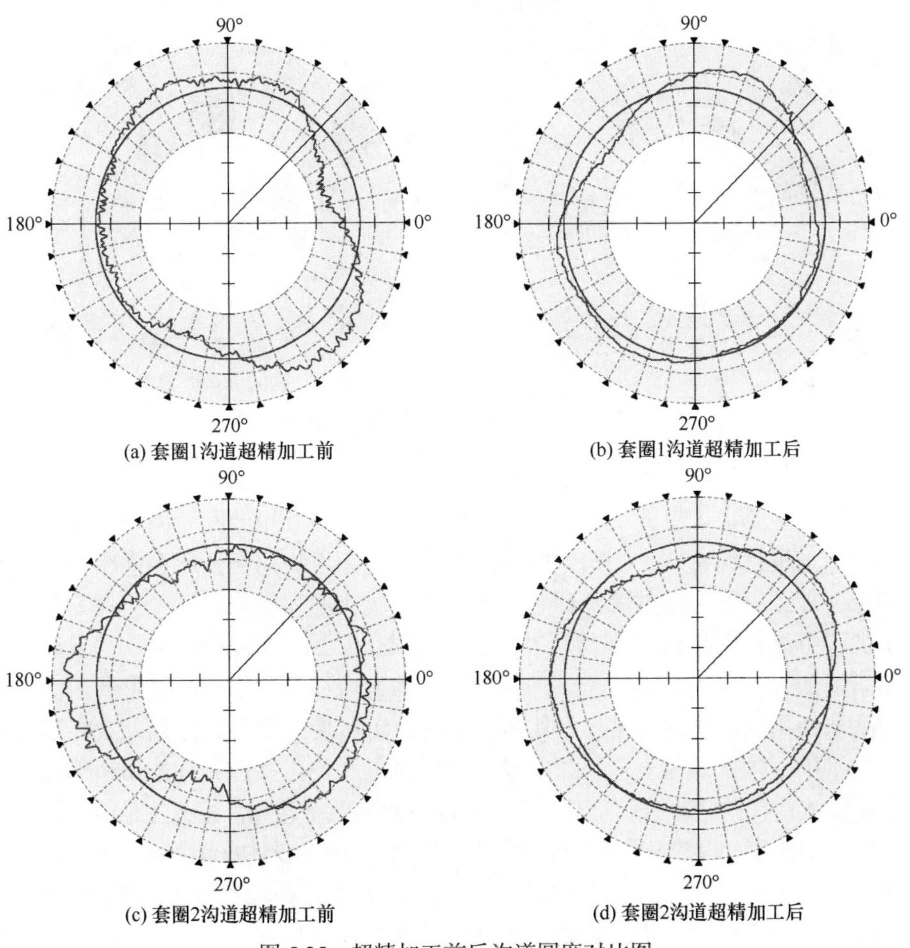

图 5.25　超精加工前后沟道圆度对比图

5.7 氮化硅陶瓷球研磨机理

5.7.1 陶瓷球研磨成球的过程

1. 陶瓷球研磨装置简介

陶瓷球轴承所用的陶瓷滚珠加工工艺按照先后顺序一般分为四步：粗磨、半粗磨、半精研、精研。通过该加工步骤可将毛坯球体加工成高精度陶瓷轴承用滚珠，如图 5.26 所示。由于篇幅限制，这里对氮化硅陶瓷球的精研加工设备及工艺进行简单介绍。

(a) 毛坯球

(b) 成品球

图 5.26 氮化硅陶瓷球毛坯及成品

陶瓷球的精研过程中主要是在粗磨加工完成后的基础上进行的，与粗磨以材料去除量为主要加工目的不同的是，精研过程主要是利用金刚石微粉对半成品球的表面质量进行精密加工。精研的切削去除量少，以提高陶瓷球表面粗糙度和球度为主要加工目的，通过陶瓷球与研磨盘的相对作用完成去除过程。目前陶瓷球精研加工方法主要包括 V 形槽研磨法、圆沟槽研磨法、磁悬浮研磨法、自旋回转控制研磨法等。这里介绍的是一种新型陶瓷球研磨加工方法——锥形研磨法。锥形研磨法使用的研磨盘为锥形，其加工原理及实际装置如图 5.27 所示。在该种研磨法加工中，陶瓷球与上、下研磨盘之间实现的是三点接触，在锥形研磨法加工中，陶瓷球具有良好的运动状态，研磨精度和研磨效率较高。该方法是吴玉厚教授所带领的团队于 2008 年获得授权的一项技术发明专利(ZL200410088856.5)，其实际加工如图 5.28 所示。在实际精研过程中，要在陶瓷滚珠之间放置金属隔球，利用金属的弹性变形特性防止陶瓷球在精研转动过程中相互碰撞，导致陶瓷表面损伤，但需要注意的是，金属隔球球径要稍小于被加工的陶瓷球球径。

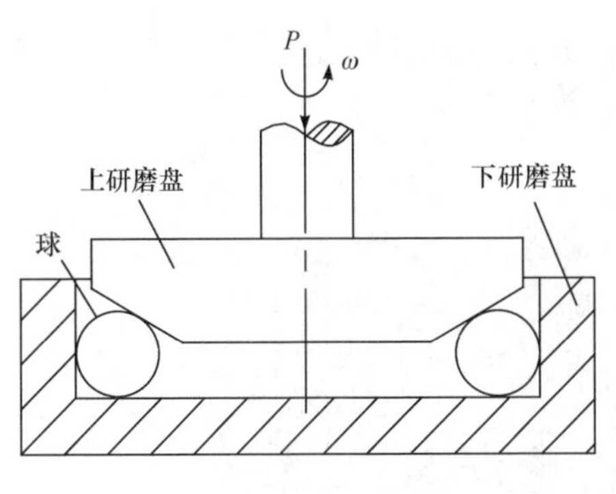

(a) 研磨加工示意图

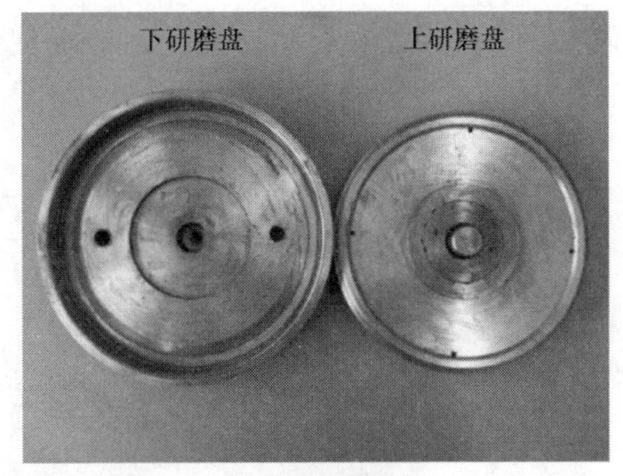

(b) 陶瓷球研磨盘

图 5.27　锥形研磨法研磨原理及装置

图 5.28　基于锥形研磨法的氮化硅陶瓷滚珠精研

通过该种方法加工出的氮化硅陶瓷球精度等级可达到 G3 级，其检测结果如表 5.11 所示。

表 5.11　氮化硅陶瓷球精研检测结果　(单位：μm)

材料	表面粗糙度 R_a	球形误差 $\Delta\delta$	球直径变动量 V_{DWS}	同盘度 V_{DWL}	波纹度 ψ
氮化硅	0.01	0.08	0.07	0.09	0.009

2. 陶瓷球的圆度误差

陶瓷球在研磨过程中,表面的轮廓形状会不断地向理想球形逐渐逼近和收拢。如图 5.29(a)所示，*A* 为陶瓷球表面形状轮廓的最大内接圆，研磨过程中陶瓷球表面突出的部分优先被去除，使得外表面轮廓逐渐接近于内接圆，提高了陶瓷球的球度；如图 5.29(b)所示，假设表面轮廓中其中一个凸点为 *B* 点，但经过研磨后 *B* 点处的凸点被去除，且 *B* 点比内接圆 *A* 低，这时陶瓷球表面轮廓的内接圆由 *A* 变

为 C，其余位置变为新的凸点，如图 5.29(c)所示。陶瓷球在这样反复多次的研磨过程中，平均直径逐渐减小，同时球度也逐渐提高。

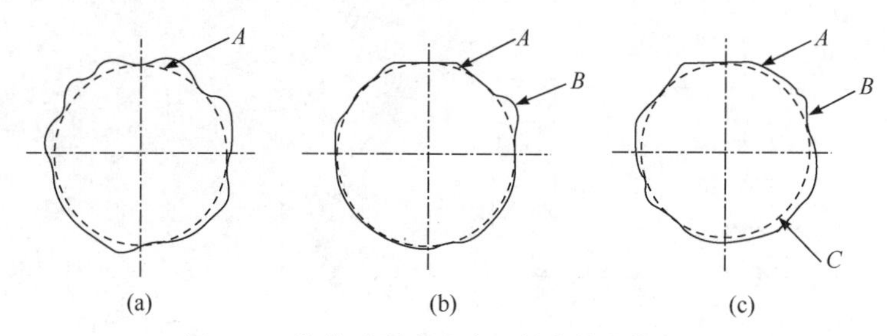

图 5.29 陶瓷球研磨中表面轮廓的变化过程

图 5.30 为陶瓷球其中一个二维切面的圆度误差与研磨时间的变化曲线，由图可知，研磨过程中，随着研磨时间的增加，陶瓷球的圆度误差产生一个逐渐减小的趋势，最后稳定在一个较小的周期跳动范围内，其跳动峰值为 a。随后对多个二维切面进行观察，如图 5.31 所示，单个陶瓷球多个切面的圆度误差逐渐稳定至一个微小的周期性跳动区域内，它们的圆度误差在该区域内重叠，其跳动区域的

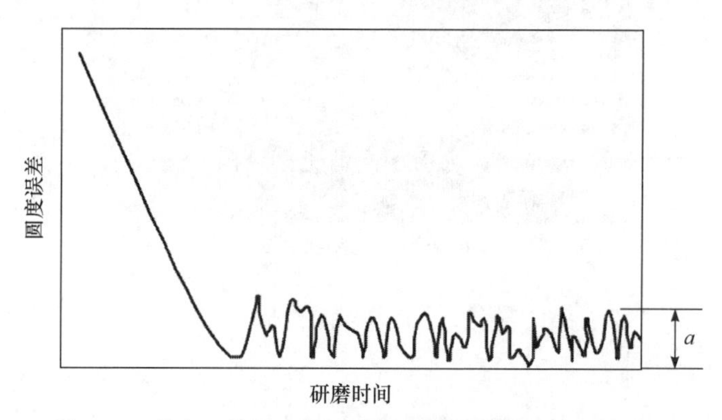

图 5.30 单个二维切面的圆度误差随研磨时间的变化曲线

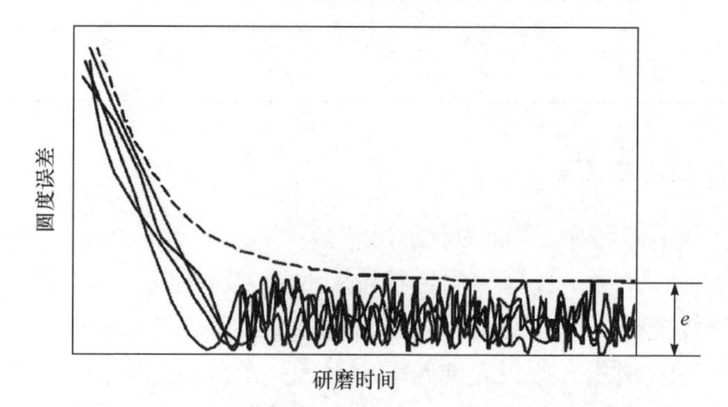

图 5.31 多个二维切面的圆度误差随研磨时间的变化曲线

峰值为 e，即 e 为该球的球度误差。陶瓷球在研磨过程中，其表面的研磨轨迹越均匀，e 和 a 的值越接近，表明陶瓷球表面在各个切面内均会被同等概率地研磨；反之，当陶瓷球表面研磨轨迹无法达到均匀覆盖，即 e 与 a 之间的差值越大时，陶瓷球球度误差无法满足理想要求。

上述分析表明，研磨轨迹能否均匀地分布于陶瓷球表面是决定球度误差能否减小的重要因素之一。而且，球度误差还会受到陶瓷球表面材料去除方式的影响，因此为降低陶瓷球的球形误差、提高精度，需要在陶瓷球表面比较突出的点上实现材料的去除。如图 5.32 所示，实线为陶瓷球的实际轮廓截面，虚线为其最小内接圆，理想情况下，材料去除与最小内接圆的偏离距离成正比，即实际球面上离最小球面最远的点比最近的去除量要多，这样就可以很快达到所要求的球度。由 Archard 的研究可知[297]，研磨过程中，当研磨参数保持不变时，陶瓷球表面材料受到的压力越大，去除量也越大。因此，理想状态下，陶瓷球表面材料的去除量只与研磨压力有关，即为提高陶瓷球的球形精度，可通过改变研磨压力来实现对陶瓷球表面不同方位上的材料去除。

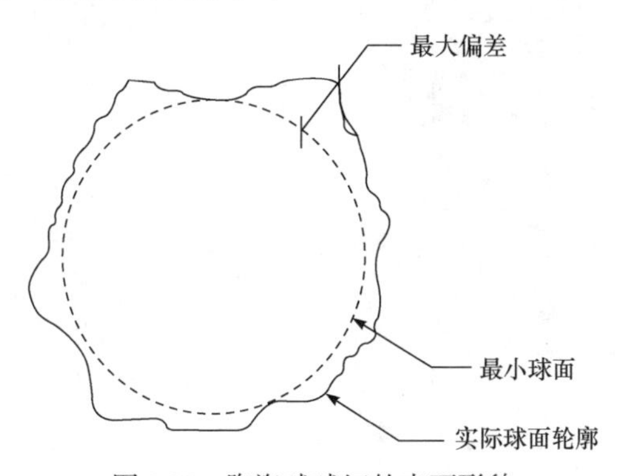

图 5.32　陶瓷球球坯的表面形貌

3. 陶瓷球在研磨盘接触点的相对转动

研磨过程中，陶瓷球在 V 形槽中的受力情况比较复杂。陶瓷球除了受上下研磨盘的作用，还要受研磨液的影响，同时 V 形槽内的陶瓷球也会出现相互碰撞的现象；此外，研磨过程中还存在着发热与散热的现象。因此，要建立完整的陶瓷球研磨受力模型，需要对陶瓷球的受力模型进行一定的简化：

(1) 采用陶瓷球为等直径的理想球体；

(2) 上下研磨盘比较厚重，且氮化硅陶瓷球的刚度较大，所以可以忽略陶瓷球和研磨盘的运动变形，可将其视为刚体；

(3) 陶瓷球在 V 形槽内做纯滚动运动，忽略滑动运动；

(4) 陶瓷球之间不会发生碰撞、挤压作用；

(5) 上下研磨盘与陶瓷球之间为三个有限面的接触，但接触面都比较小，所以可以将上下研磨盘和陶瓷球之间的接触简化为三点接触；

(6) 忽略研磨液对陶瓷球的作用。

陶瓷球的研磨运动可以分为绕研磨盘中心角速度为 Ω_{b} 的公转运动和绕自身旋转轴角速度为 ω_{b} 的自转运动。如图 5.33 所示，一般情况下，自转角速度 ω_{b} 与公切面和公法线不存在平行或垂直的关系，因此自转角速度 ω_{b} 在 A、B、C 三个接触点处均存在着滚动和转动两种相对运动，两种相对运动的角速度分别为

$$\begin{cases}\omega_{A\mathrm{n}}=\omega_{\mathrm{b}}\sin\theta, \quad \omega_{A\mathrm{t}}=\omega_{\mathrm{b}}\cos\theta \\ \omega_{B\mathrm{n}}=\omega_{\mathrm{b}}\cos(\alpha-\theta), \quad \omega_{B\mathrm{t}}=\omega_{\mathrm{b}}\sin(\alpha-\theta) \\ \omega_{C\mathrm{n}}=\omega_{\mathrm{b}}\cos(\beta+\theta), \quad \omega_{C\mathrm{t}}=\omega_{\mathrm{b}}\sin(\beta+\theta)\end{cases} \tag{5.3}$$

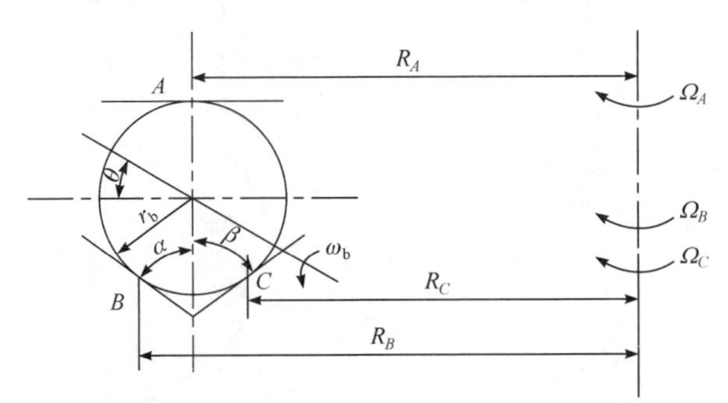

图 5.33　三接触点相对运动

陶瓷球的研磨是在上述两种运动的共同作用下完成的，其中滚动运动主要起碾压作用，转动运动主要起磨削作用。从式(5.3)中可以看出，影响滚动和转动角速度大小的几何因素有自转角 θ、夹角 α 和 β，其中自转角 θ 对两种角速度均起作用。

5.7.2　陶瓷球研磨中运动规律分析

1. 研磨运动方程的确立

图 5.34 为 V 形槽运动方式下单颗陶瓷球运动分析图。假设陶瓷球与研磨盘的三个接触点分别为 A、B 和 C，其对应的公转半径分别为 R_A、R_B 和 R_C。半径为 r_{b} 的陶瓷球在 V 形槽内以角速度 Ω_{b} 公转，同时以角速度 ω_{b} 自转，自转角速度 ω_{b} 的矢量方向角由自转角 θ 表示，用于表征陶瓷球自转轴与公转轴的方位。V 形槽沟道的形状由 V 形槽槽型角 α 和 β 确定，一般情况下 $\alpha=\beta$。根据运动学定理可得，陶瓷球在三接触点处的运动平衡方程为[79]

$$\begin{cases} R_A\Omega_A = R_A\Omega_b - \omega_b r_b \cos\theta \\ R_B\Omega_B = R_A\Omega_b + \omega_b r_b \sin(\alpha+\theta) \\ R_C\Omega_C = R_A\Omega_b + \omega_b r_b \sin(\beta-\theta) \end{cases} \tag{5.4}$$

通过仿真软件对式(5.4)求解，可以得到三个研磨参数为

$$\begin{cases} \tan\theta = \dfrac{1+\sin\alpha}{\cos\alpha}\cdot\dfrac{R_B-R_C}{R_B+R_C} \\ \Omega_b = \dfrac{(R_B+R_C)\Omega_C}{2R_A(1+\sin\theta)} \\ \omega_b = \dfrac{(R_B+R_C)\Omega_C}{2r_b(1+\sin\alpha)\cos\theta} \end{cases} \tag{5.5}$$

式中，$R_B = R_A + r_b\cos\alpha$；$R_C = R_A - r_b\cos\beta$。

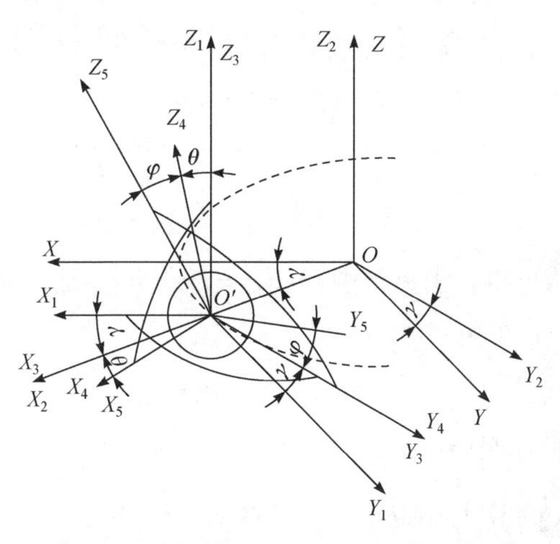

图 5.34　陶瓷球在运动中的笛卡儿坐标系

式(5.5)给出了陶瓷球在 V 形槽中无打滑运动的运动方程，由式(5.5)可知，陶瓷球的自转角 θ 与研磨盘的直径、V 形槽夹角、陶瓷球直径大小和 B、C 两点处的转速有关，当陶瓷球在 V 形槽中的位置及研磨盘的转速确定时，自转角 θ、自转角速度 ω_b 和公转角速度 Ω_b 有唯一解，且自转角速度 ω_b 和公转角速度 Ω_b 均与研磨盘转速成正比。由于自转角的大小与研磨盘的转速无关，研磨过程中研磨转速的改变对自转角 θ 的大小没有影响。

2. 研磨轨迹线的理论分析

为进一步研究 V 形槽研磨方式下陶瓷球的研磨状态，下面对研磨过程中陶瓷球表面的研磨轨迹进行分析。基于单颗陶瓷球几何运动分析，并结合研磨实际情

况，对陶瓷球在研磨盘中的运动建立如图 5.34 所示的六个笛卡儿坐标系[298]。

在图 5.34 所示的六个坐标系中，坐标系 $O\text{-}XYZ$ 为定坐标系，其 Z 轴为研磨盘的公转轴线；坐标系 $O\text{-}X_2Y_2Z_2$ 为陶瓷球的公转坐标系，是由定坐标系 $O\text{-}XYZ$ 绕公转轴 Y 旋转 γ 角获得的；将定坐标系 $O\text{-}XYZ$ 与陶瓷球公转坐标系 $O\text{-}X_2Y_2Z_2$ 平移至陶瓷球球心 O' 处可得 $O'\text{-}X_1Y_1Z_1$ 和 $O'\text{-}X_3Y_3Z_3$ 两个坐标系；以 Z_3 轴为旋转轴将坐标系 $O'\text{-}X_3Y_3Z_3$ 转动 θ 角可得坐标系 $O'\text{-}X_4Y_4Z_4$，此时可得陶瓷球在研磨过程中的自转轴为 X_4；若陶瓷球的自转角度为 φ，则可得新的坐标系 $O'\text{-}X_5Y_5Z_5$。

采用离散采样的方法，对陶瓷球接触面上连续的轨迹点进行提取，结合式(5.5)每隔 Δt 时间分别对三个接触点坐标进行计算，将计算的所有坐标点绘制到陶瓷球面上即可得研磨轨迹分布状态。起始时刻三个接触点 A、B 和 C 的空间坐标可表示为

$$\begin{cases} P_A = [0 \quad r_{\mathrm{b}} \quad 0]^{\mathrm{T}} \\ P_B = [-r_{\mathrm{b}}\cos\alpha \quad -r_{\mathrm{b}}\sin\alpha \quad 0]^{\mathrm{T}} \\ P_C = [r_{\mathrm{b}}\cos\beta \quad -r_{\mathrm{b}}\sin\beta \quad 0]^{\mathrm{T}} \end{cases} \tag{5.6}$$

令

$$P_0 = [P_A \quad P_B \quad P_C]$$

根据坐标变换法可得，坐标系中一点 $P_0 = [x_0 \quad y_0 \quad z_0]^{\mathrm{T}}$ 绕旋转轴旋转 φ 角后的坐标 $P = [x \quad y \quad z]^{\mathrm{T}}$ 可由式(5.7)求得：

$$P = \mathrm{Rot}(g,\varphi)P_0 \tag{5.7}$$

式中，$\mathrm{Rot}(g,\varphi)$ 为坐标变换矩阵，具体如式(5.8)所示：

$$\mathrm{Rot}(g,\varphi) = \begin{bmatrix} g_x g_x \mathrm{vers}\varphi + \cos\varphi & g_y g_x \mathrm{vers}\varphi - g_z\sin\varphi & g_z g_x \mathrm{vers}\varphi + g_y\sin\varphi \\ g_x g_y \mathrm{vers}\varphi + f_z\sin\varphi & g_y g_y \mathrm{vers}\varphi + \cos\varphi & g_z g_y \mathrm{vers}\varphi - g_x\sin\varphi \\ g_x g_z \mathrm{vers}\varphi - f_y\sin\varphi & g_y g_x \mathrm{vers}\varphi + g_z\sin\varphi & g_z g_z \mathrm{vers}\varphi + \cos\varphi \end{bmatrix} \tag{5.8}$$

其中，$g = \left[g_x \quad g_y \quad g_z\right]$，$g_x = \cos\theta$，$g_y = \sin\theta$，$g_z = 0$，$f_y = \sin\theta$，$f_z = 0$，$\mathrm{vers}\varphi = 1 - \cos\varphi$。

以 P_i 表示第 i 个采样时刻的接触点坐标，则

$$P_i = \mathrm{Rot}(g_i,\varphi_i)P_{i-1}, \quad i=1, 2,\cdots \tag{5.9}$$

式中，φ_i 为第 i 个采样时刻接触点球坯绕自转轴转过的角度，计算公式如下：

$$\varphi_i = \frac{\omega_{\mathrm{b}(i)} + \omega_{\mathrm{b}(i+1)}}{2} \cdot \Delta t \tag{5.10}$$

式中，$\omega_{\mathrm{b}(i)}$ 与 $\omega_{\mathrm{b}(i+1)}$ 分别为陶瓷球在 i 和 i+1 时刻的自转角速度。

3. 陶瓷球研磨轨迹线仿真分析

根据上述运动规律分析，可采用仿真软件对陶瓷球研磨表面轨迹进行仿真，具体仿真步骤如下：

(1) 设置机构参数 α 、R_B 、R_C 、R_A ；

(2) 按照式(5.4)计算陶瓷球的三个运动参数 θ 、Ω_{b} 、ω_{b} ；

(3) 根据式(5.5)～式(5.10)计算研磨过程中陶瓷球表面的轨迹点；

(4) 根据求出的轨迹点，对研磨轨迹图进行绘制。

研磨轨迹仿真计算的流程如图 5.35 所示。

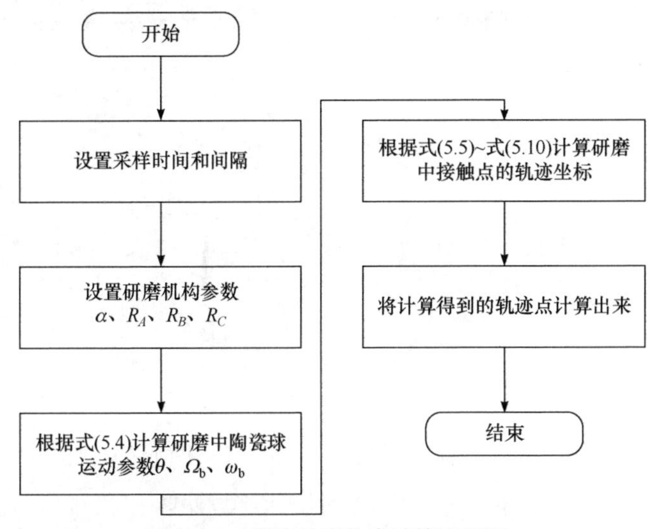

图 5.35　研磨轨迹仿真计算流程图

按照上述流程进行研磨轨迹线的仿真计算，表 5.12 给出了仿真计算几何参数。仿真 1 中陶瓷球在下研磨盘中的自转角 θ 不发生变化，只做纯滚动运动。仿真 2 条件下，下研磨盘中的陶瓷球在拨球器的作用下，每研磨一周后自转角 θ 就会发生变化。

表 5.12　陶瓷球面研磨轨迹仿真计算条件

参数	仿真 1	仿真 2
研磨盘半径 R_A	521.4mm	
陶瓷球坯直径 r_{b}	9.512mm	

续表

参数	仿真 1	仿真 2
V 形槽夹角 α、β	45°	
自转角 θ	不变	变化
仿真时间 t	10s	
时间间隔 Δt	0.1s	

由研磨过程中陶瓷球的运动规律可知，陶瓷球表面研磨轨迹的分布主要取决于自转角 θ，与其他研磨参数无关，且 V 形槽研磨方式下，自转角 θ 的值仅取决于研磨盘的几何参数，无论研磨盘转速、研磨压力及研磨液浓度(质量分数，下同)如何变化，自转角 θ 保持不变。由于 $r_{\mathrm{b}} \ll R_A$，由式(5.4)可得，自转角 $\theta \approx 0°$。因此，陶瓷球只能做自转轴不变的研磨运动。采用仿真软件进行仿真可得，陶瓷球与研磨盘的三个接触点在陶瓷球表面形成了三条圆环，是三条以自转轴为中心轴的同心圆环，如图 5.36 所示。

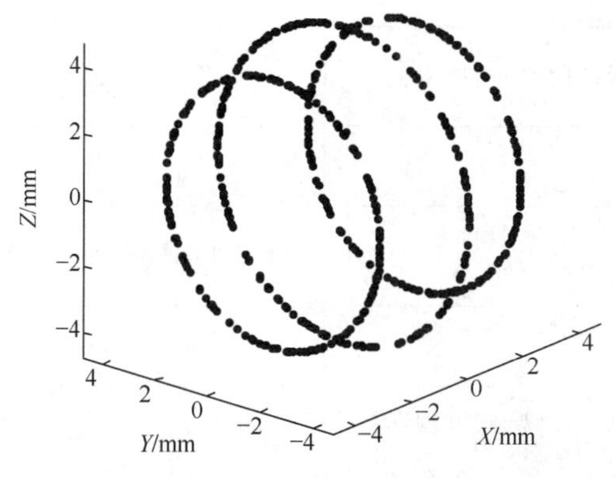

图 5.36　常规条件下研磨轨迹分布

现阶段，立式研磨机均加装了拨球器，实际研磨过程中，板口处的拨球器会很大程度地改变氮化硅陶瓷球坯的自转角 θ，理论上讲，自转角 θ 可以在[−90°, 90°]取值，表明具有拨球器的 V 形槽研磨方式可以使陶瓷球面获得均匀的研磨轨迹。利用仿真软件可以得到陶瓷球表面研磨轨迹，如图 5.37 所示。

在实际研磨过程中，下研磨盘中 B 点和 C 点处的自转角 θ 会有细微的差别，现将这一因素引入仿真条件中进行仿真计算，可得陶瓷球表面研磨轨迹如图 5.38 所示。

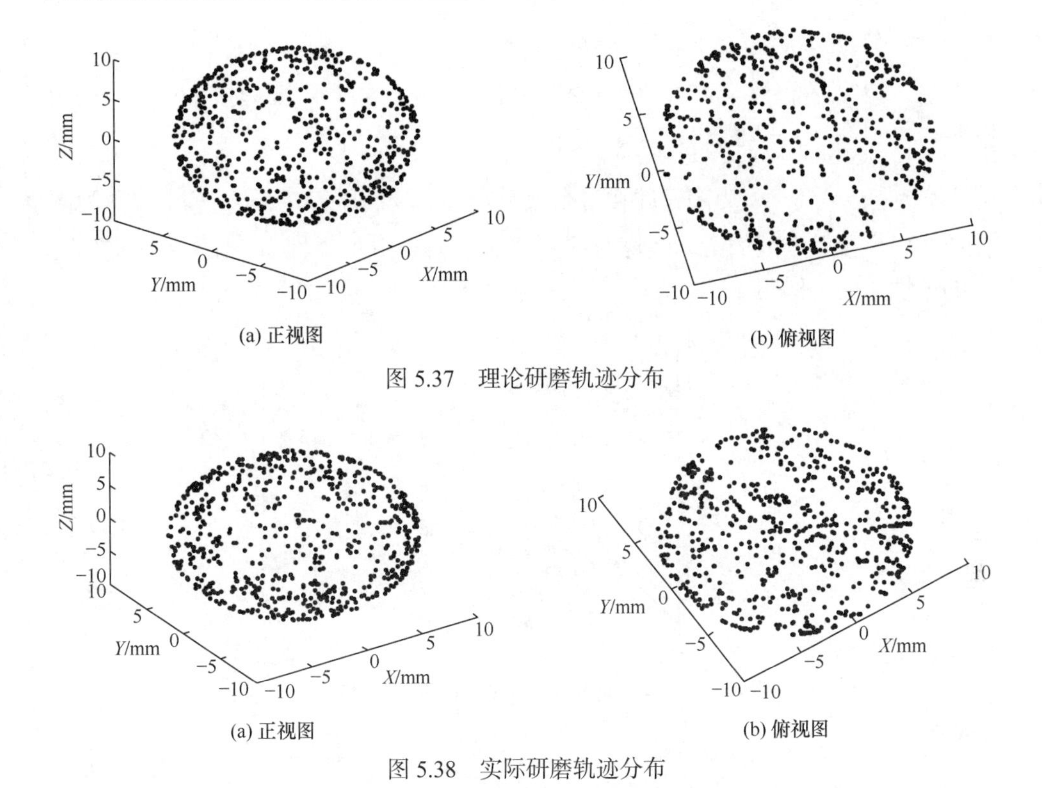

图 5.37 理论研磨轨迹分布

图 5.38 实际研磨轨迹分布

通过对图 5.37 和图 5.38 的观察分析可得，具有拨球器的 V 形槽研磨方式，在实际研磨过程中受球坯的随机运动及缓慢滑动、磨粒分布不均匀和 V 形槽几何误差等多种因素的影响，也可以获得较为均匀的表面研磨轨迹。

5.7.3 陶瓷球研磨的动力学分析

1. 垂直于沟槽面的动力学分析

忽略研磨过程中陶瓷球之间的相互作用及磨粒对陶瓷球的影响，取 V 形槽中的一个陶瓷球进行无打滑运动的动力学分析，分别对其垂直于 V 形槽面和沿 V 形槽面的两个方向进行分析。

如图 5.39 所示，陶瓷球在 V 形槽中不发生绕 Y 轴方向的打滑运动，需满足的动力学方程为[298]

$$\sum F_z = 0 ,\ \sum F_x = 0 ,\ \sum M_y(F) = 0 \tag{5.11}$$

即

$$\begin{cases} N_A - N_B \sin 45° - N_C \sin 45° + F_{B1} \cos 45° - F_{C1} \cos 45° + G = 0 \\ N_B \sin 45° - N_C \sin 45° + R^* - F_{A1} + F_{B1} \cos 45° - F_{C1} \cos 45° = 0 \\ (F_{A1} + F_{B1} + F_{C1}) \cdot r - M^* = 0 \end{cases} \tag{5.12}$$

式中，N_A、N_B、N_C 为陶瓷球在三个接触点处受到的压力；F_{A1}、F_{B1}、F_{C1} 为陶瓷球在三个接触点处的滑动摩擦力；R^* 为陶瓷球受到的惯性力；M^* 为陶瓷球受到的惯性力的力偶矩。

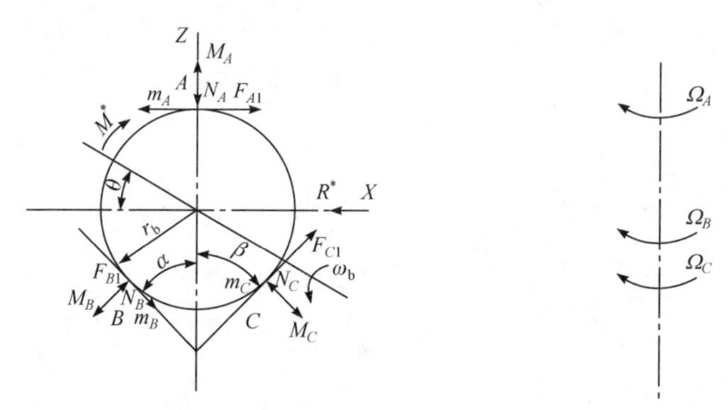

图 5.39　垂直于 V 形槽面的受力分析

设三个接触点处的临界压力为$[N_A]$、$[N_B]$、$[N_C]$，临界滑动摩擦力为$[F_{A1}]$、$[F_{B1}]$、$[F_{C1}]$，则有如下的关系式：

$$[F_{A1}] = f[N_A]，[F_{B1}] = f[N_B]，[F_{C1}] = f[N_C] \tag{5.13}$$

联立式(5.12)和式(5.13)可得

$$\begin{cases} [N_A] = \dfrac{-2+\sqrt{2}}{2}\left[\dfrac{-2R^* f}{1+f^2} - \dfrac{2G_{\text{n}}}{1+f^2} - \dfrac{\sqrt{2}M^*}{rf}\right] \\ [N_B] = \dfrac{-2+\sqrt{2}}{2}\left[\dfrac{(1+\sqrt{2}+f)R^*}{1+f^2} + \dfrac{(1+\sqrt{2}+f)R^*}{f(1+f^2)} - \dfrac{M^*}{rf}\right] \\ [N_C] = \dfrac{2-\sqrt{2}}{2}\left[\dfrac{(1+\sqrt{2}-f)R^*}{1+f^2} + \dfrac{(1+\sqrt{2}-f)R^*}{f(1+f^2)} + \dfrac{M^*}{rf}\right] \end{cases} \tag{5.14}$$

对于临界压力，每一项都包含 R^*、M^*。一般情况下，R^*、M^*/r 具有相同的数量级，滑动摩擦系数 f 比较小。所以式(5.14)可以近似表达为

$$[N_A] = \frac{(\sqrt{2}-1)M^*}{rf}，[N_B] = \frac{(2-\sqrt{2})M^*}{2rf}，[N_C] = \frac{(2-\sqrt{2})M^*}{2rf} \tag{5.15}$$

对于运动中的陶瓷球，转动惯量 J 和惯性力偶矩 M^* 分别为

$$J=\frac{2}{5}mr^2\text{，}\quad M^*=J\Omega_{\mathrm{b}}\cdot\omega_{\mathrm{b}} \tag{5.16}$$

而陶瓷球不产生滑动的条件为三个接触点处受到的实际压力均大于临界压力，需满足条件：

$$[N_A]=N_A\text{，}\quad[N_B]=N_B\text{，}\quad[N_C]=N_C \tag{5.17}$$

根据式(5.13)～式(5.15)可以得出 N_A 下限不等式为

$$N_A>\frac{2\left(\sqrt{2}-1\right)mr\Omega_{\mathrm{b}}\omega_{\mathrm{b}}\cos\theta}{5f} \tag{5.18}$$

2. 沿沟槽面的动力学分析

如图 5.40 所示，陶瓷球若在 V 形槽中不绕着 X 轴、Z 轴方向打滑，则需满足如下动力学方程：

$$\sum F_y=0\text{，}\quad\sum M_x(F)=0\text{，}\quad\sum M_z(F)=0 \tag{5.19}$$

即

$$\begin{cases}F_{A2}+F_{B2}+F_{C2}=0\\ \left(-F_{B2}\cos45^\circ+F_{C2}\cos45^\circ\right)\cdot r+m_x=0\\ \left(F_{A2}-F_{B2}\sin45^\circ+F_{C2}\sin45^\circ\right)\cdot r+m_z=0\end{cases} \tag{5.20}$$

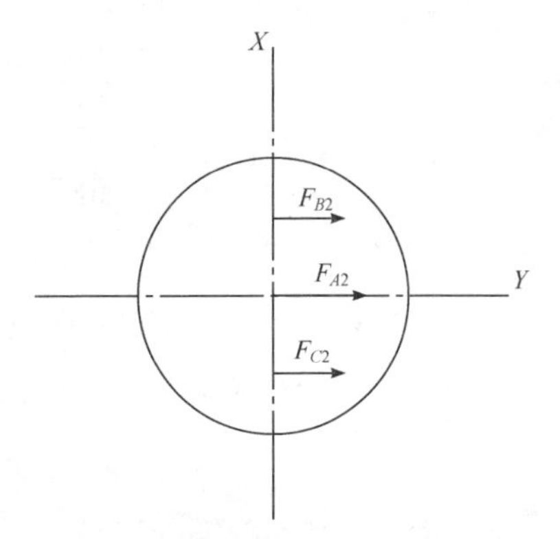

图 5.40　沿 V 形槽面的受力分析

式中，F_{A2}、F_{B2}、F_{C2} 为三个接触点处的滑动摩擦力；m_x、m_z 为自转摩擦力矩和滚动摩擦力矩分别在 X 轴和 Z 轴上的矢量和，其中，m_x、m_y 的方程式为

$$\begin{cases}m_x=-M_0+(M_1-M_2)\cos45^\circ+(m_1-m_2)\cos45^\circ\\ m_z=-(M_1+M_2)\sin45^\circ+m_0+(m_1+m_2)\sin45^\circ\end{cases} \tag{5.21}$$

M_0、M_1、M_2 为三接触点处的自转摩擦力矩；m_0、m_1、m_2 为三接触点处的滚动摩擦力矩。

在三个接触点位置处，陶瓷球表面主要承受自转摩擦力矩，滚动摩擦力矩可以忽略不计，所以可以仅仅考察自转摩擦力矩在 X、Z 轴上的力矩分量，其表达式为

$$\begin{cases} m_x = -M_0 + (M_1 - M_2)\cos 45° \\ m_z = -(M_1 + M_2)\sin 45° \end{cases} \tag{5.22}$$

联立式(5.20)～式(5.22)可得

$$\begin{cases} F_{A2} = \dfrac{(\sqrt{2}-1)(M_1+M_2)}{r} \\ F_{B2} = \dfrac{(2-\sqrt{2})}{2r}\left[-(\sqrt{2}+1)M_0 + M_1 - (\sqrt{2}+1)M_2\right] \\ F_{C2} = \dfrac{\sqrt{2}}{2r}\left[M_0 - M_1 + (\sqrt{2}-1)M_2\right] \end{cases} \tag{5.23}$$

设陶瓷球和研磨盘的弹性模量及泊松比分别为E_{c}、E_{z}和ν_{c}、ν_{z}。按弹性接触理论，三接触点处的自转摩擦力矩分别为

$$\begin{cases} M_0 = \dfrac{3\pi f}{2}\cdot N_0 \cdot \sqrt[3]{\dfrac{3rN_0}{4}\cdot\left(\dfrac{1-\nu_{\mathrm{c}}^2}{E_{\mathrm{c}}}+\dfrac{1-\nu_{\mathrm{z}}^2}{E_{\mathrm{z}}}\right)} \\ M_1 = \dfrac{3\pi f}{2}\cdot N_1 \cdot \sqrt[3]{\dfrac{3rN_1}{4}\cdot\left(\dfrac{1-\nu_{\mathrm{c}}^2}{E_{\mathrm{c}}}+\dfrac{1-\nu_{\mathrm{z}}^2}{E_{\mathrm{z}}}\right)} \\ M_2 = \dfrac{3\pi f}{2}\cdot N_2 \cdot \sqrt[3]{\dfrac{3rN_2}{4}\cdot\left(\dfrac{1-\nu_{\mathrm{c}}^2}{E_{\mathrm{c}}}+\dfrac{1-\nu_{\mathrm{z}}^2}{E_{\mathrm{z}}}\right)} \end{cases} \tag{5.24}$$

对陶瓷球在V形槽中受到的静态力进行分析，可得陶瓷球在静止时受到的研磨压力的比值与动态研磨压力的比值相等。则实际研磨过程中研磨压力关系式为

$$N_0 : N_1 : N_2 = \sqrt{2} : 1 : 1 \tag{5.25}$$

将上述式(5.24)和式(5.25)代入式(5.23)可得

$$\begin{cases} F_{A2} = \dfrac{\sqrt[3]{2}(\sqrt{2}-1)}{r}M_0 \\ F_{B2} = \dfrac{-(2-\sqrt{2})(\sqrt{2}+1+2^{1/6})}{2r}M_0 \\ F_{C2} = \dfrac{\sqrt{2}+\sqrt[3]{2}-2^{5/6}}{2r}M_0 \end{cases} \tag{5.26}$$

研磨加工过程中，陶瓷球在V形槽中需克服作用于其表面的滚动摩擦力矩和自转摩擦力矩才会随着下研磨盘进行转动。转动过程中，陶瓷球在V形槽内不发

生滑动时需满足的表达式为

$$|F_{A2}| < N_0 f, \quad |F_{B2}| < N_1 f, \quad |F_{C2}| < N_2 f \tag{5.27}$$

比较式(5.26)中三个滑动摩擦力的大小发现，若 F_{B2} 大于另外两个滑动摩擦力，则选取 F_{B2} 代入式(5.27)可得

$$\frac{1}{f}\left\{\left[1+2^{1/6}\left(\sqrt{2}-1\right)\right]\Big/ r\cdot M_0\right\} < N_0 \tag{5.28}$$

3. 陶瓷球研磨特性分析

由式(5.24)可以得出，M_0 正比于 $N_0^{4/3}$。联立式(5.24)和式(5.28)可得，存在特定值 B 大于 N_0。同样，对式(5.27)中的其余两个不等式进行化简可得特定值 A 和 C 均大于 N_0。

因此，研磨过程中，陶瓷球在 V 形槽内的各个方向均不发生滑动需满足的条件为

$$\frac{2\left(\sqrt{2}-1\right)mr\Omega_{\mathrm{b}}\omega_{\mathrm{b}}\cos\theta}{5f} < N_0 < \min\{A,B,C\} \tag{5.29}$$

联立式(5.5)和式(5.29)可得，N_0 正比于 Ω^2，且由于特定值 A、B、C 均为常数，即可得 $\Omega < D$，故 D 为满足条件的最大研磨盘转速。

研磨过程中，当陶瓷球在 V 形槽内不发生滑动时，公转半径的变化会对研磨压力和最大研磨盘转速的取值产生一定的影响，因此为了进行详细直观的分析，绘制了具体的研磨曲线，其中公转半径为 521.4mm，陶瓷球为氮化硅陶瓷球，研磨盘材料为 HT300。

由图 5.41 可得，随着研磨压力的增加，研磨中下研磨盘最大允许转速也随之

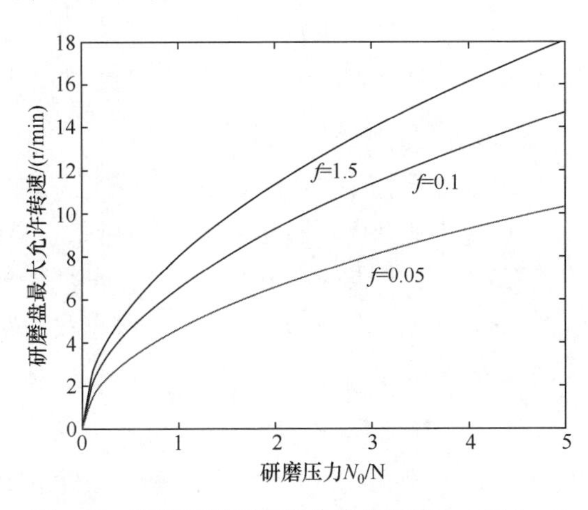

图 5.41　摩擦系数对研磨曲线的影响(r=9.512mm)

增加，摩擦系数越大，所允许的研磨盘最大允许转速越大，表明陶瓷球越不容易发生打滑现象。图 5.42 表明，陶瓷球直径的增大会使得研磨中所允许的最大研磨速度下降，表明陶瓷球直径越大，越容易发生打滑现象。通过图 5.41 和图 5.42 分析，对后续试验中试验参数的选择具有一定的理论指导意义。

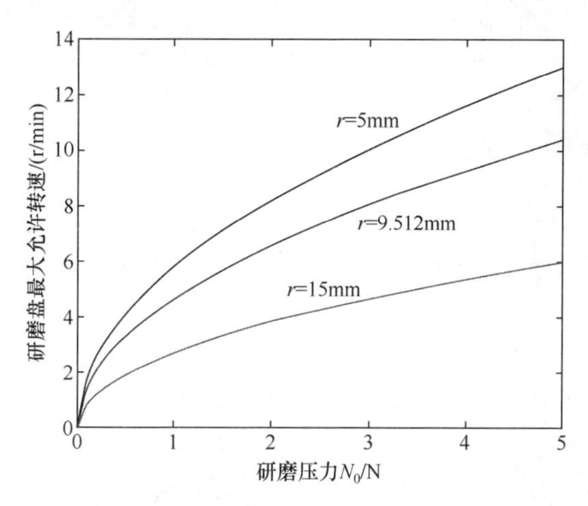

图 5.42　陶瓷球直径对研磨曲线的影响(f=0.05)

5.7.4　批量加工中陶瓷球坯的直径一致性

研磨过程中由于球坯之间尺寸不一致,各个陶瓷球所承受的研磨压力不相同，因此分析多球系统中单个陶瓷球的受力状况是十分有必要的。为分析研磨过程中球坯直径对研磨压力分布的影响，本节通过建立数学模型来分析批量加工中球坯直径的一致性。

假设一批球为 N 个，且这些球为理想球体，球坯的直径不一致。同时假设这批球坯的直径大小按等差数列排列，即 D_1、D_2、…、D_N，其中 D_1 和 D_N 分别为这批陶瓷球中直径最大和最小的球坯的球径，则这批陶瓷球的平均直径偏差为

$$\Delta D = (D_1 - D_N)/(N-1) \tag{5.30}$$

研磨过程中，陶瓷球在 V 形槽中与上下研磨盘构成了三点接触，由于球坯直径的不一致性，部分直径较小的球坯不会与上研磨盘接触，不会承受加工载荷。假设上研磨盘只产生沿 Z 轴方向的移动变化，当第 i 个球坯受载时，研磨盘在三个接触点处的变形量分别为 d_{Ai} 、d_{Bi} 和 d_{Ci} ，三个接触点处的变形量会使上研磨盘产生下移运动，其位移量 d_i 为

$$d_i = d_{Ai} + (d_{Bi} + d_{Ci})/(2\sin\alpha), \quad i = 1,2,\cdots,N \tag{5.31}$$

在研磨一批陶瓷球时，上研磨盘的最大变形量只会发生在直径最大的球坯所在位置处，则有

$$d_{\max} = d_1 = d_{A1} + \left(d_{B1} + d_{C1}\right) / \left(2\sin\alpha\right) \tag{5.32}$$

若第二颗陶瓷球也同时承受上研磨盘施加的研磨压力，则上研磨盘在第二颗陶瓷球所在位置处产生的总变形量为 $d_2 = d_1 - \Delta D$ 。同样，若第 n 颗陶瓷球也受到上研磨盘施加的压力，则上研磨盘在第 $n(n \leqslant N)$ 颗陶瓷球所处的位置处产生的总的变形量为

$$d_n = d_1 - \left(n-1\right)\Delta D \tag{5.33}$$

由赫兹接触经验公式可得，球坯在各个接触点处受到的载荷 $W_{j,i}$ 为

$$W_{j,i} = \frac{4}{3} E' r_{\mathrm{b}}^{1/2} d_{j,i}^{3/2} \tag{5.34}$$

式中，j 表示陶瓷球坯接触点；$d_{j,i}$ 为变形量；E' 为等效弹性模量，有

$$\frac{1}{E'} = \frac{1-\gamma_1^2}{E_1} + \frac{1-\gamma_2^2}{E_2} \tag{5.35}$$

γ_1 和 γ_2 分别为陶瓷球和铸铁研磨盘的泊松比。此外，由于陶瓷球质量比较小，在计算中可以忽略其质量和产生的离心力作用，则力平衡为

$$W_{C,i} = W_{B,i} = W_{A,i} / \left(2\sin\alpha\right) \tag{5.36}$$

即可得各接触点的变形为

$$\begin{cases} d_{Ai} = \left[W_{A,i} \Big/ \left(\dfrac{4}{3} E' r_{\mathrm{b}}^{1/2} \right) \right]^{2/3} \\ d_{Bi} = \left[W_{A,i} \Big/ \left(2\sin\alpha \cdot \dfrac{4}{3} E' r_{\mathrm{b}}^{1/2} \right) \right]^{2/3} \\ d_{Ci} = \left[W_{A,i} \Big/ \left(2\sin\alpha \cdot \dfrac{4}{3} E' r_{\mathrm{b}}^{1/2} \right) \right]^{2/3} \end{cases} \tag{5.37}$$

一批球中共有 N 颗陶瓷球承受载荷 W，则有

$$\sum_{i=1}^{N} W_{A,i} = \frac{4}{3} E' r_{\mathrm{b}}^{1/2} d_{A,i}^{3/2} = W \tag{5.38}$$

假设给定的陶瓷球坯的总数量为 N=10，球直径为 9.512mm，总的加工载荷为 W=50N，代入上述公式可得在不同的直径差 ΔD 下，承受上研磨盘所施加压力的陶瓷球数量及受力大小。表 5.13 给出了 W=50N 时，不同球径差条件下，承受压力的球坯数量。由表可知，随着球坯直径差的减小，承受载荷的陶瓷球数量逐渐增加。此时 10 颗陶瓷球同时承受研磨压力，且每颗陶瓷球承受的压力均相等。表 5.14 为当 W=25N 时，不同球径差条件下，承受研磨压力的球坯数量分布。

表 5.13 不同球径差条件下承受压力的球坯数量(W=50N)

球径差/μm	0.982	0.479	0.350	0.241	0.158	0.107	0.096	0.072	0.055	0
球坯数量	1	2	3	4	5	6	7	8	9	10

表 5.14 不同球径差条件下承受压力的球坯数量(W=25N)

球径差/μm	0.823	0.354	0.268	0.124	0.096	0.062	0.043	0.038	0.027	0
球坯数量	1	2	3	4	5	6	7	8	9	10

由上述计算可得，研磨过程中直径较大的球受到的研磨压力较大，而直径较小的球受到的研磨压力较小或几乎不受研磨压力。当陶瓷球受到的研磨压力较大时，表面材料去除率较大，球坯的直径差会逐渐减小，随着直径差逐渐减小为零，研磨压力在各个陶瓷球上的分布逐渐均匀，球坯直径也开始趋于一致。

为保证研磨中的球坯一致性要求，理想的研磨加工情况为直径较大的陶瓷球单独承受研磨压力，当直径较大的陶瓷球表面材料去除后，其直径与小球直径一致时，大球和小球才同时承受研磨压力。通过比较表 5.13 和表 5.14 可得，当研磨压力较小时，达到相同受载球坯数量所需的球径差更小。因此，较小的研磨压力具有较好的“尺寸选择性”，当研磨压力较小时，研磨效率也会随之下降。所以在研磨加工中要综合考虑研磨效率和球坯直径一致性的问题，合理地选择研磨压力。在粗研阶段可以选择较大的研磨压力以提高研磨效率，精研阶段需采用较小的研磨压力，以提高陶瓷球直径的均匀性。

5.8 氮化硅陶瓷球研磨材料去除形式及表面缺陷

5.8.1 材料去除形式仿真

1. 磨粒有限元模型

目前，磨粒的仿真研究中通常采用的磨粒形状有球形、圆锥形和多棱锥形，如图 5.43 所示。采用球形形状是为了模拟研磨加工中磨粒较大的负前角特性；圆锥形状是为了模拟尖锐压头的形状；多棱锥形在形状上比较接近于实际磨粒形状。通过对金刚石磨粒的实际观察可得(图 5.44)，金刚石磨粒的形状接近于比较规则的截角八面体，该截角八面体由六个正方形和八个正六边形组成。故先在三维软件中建立如图 5.45 所示的截角八面体[271]，然后导入仿真软件中进行仿真研究，该截角八面体磨粒的中心为 O，边长均为 a。对于 W10 金刚石磨粒，其尺寸范围为 5～10μm，取其最大值 10μm 为基本粒径，经计算可得，边长 a 为 3.2μm。

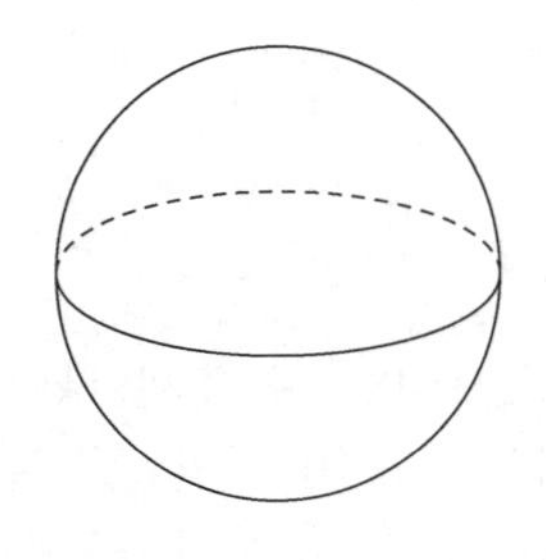
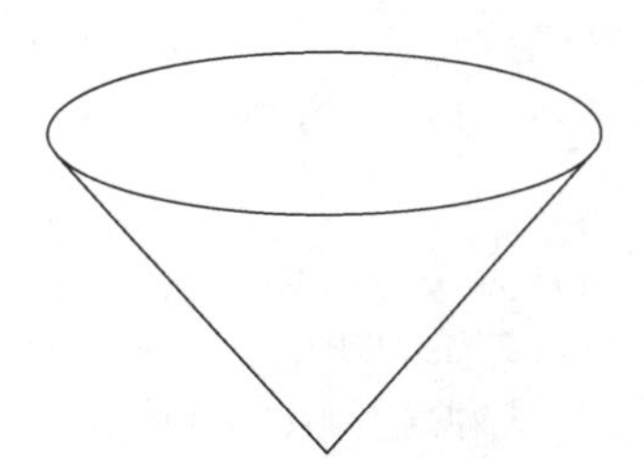
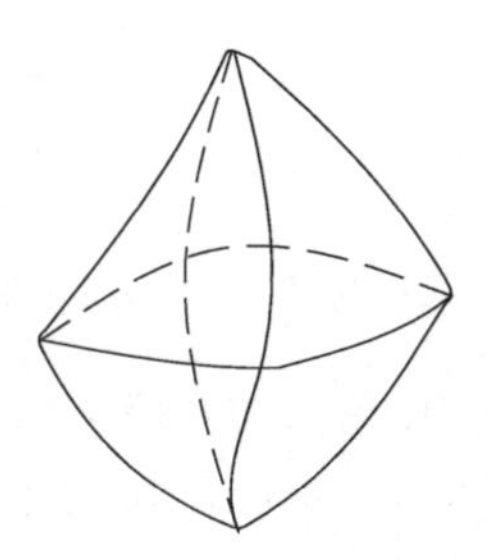

图 5.43　磨粒仿真常用形状

图 5.44　实际金刚石磨粒

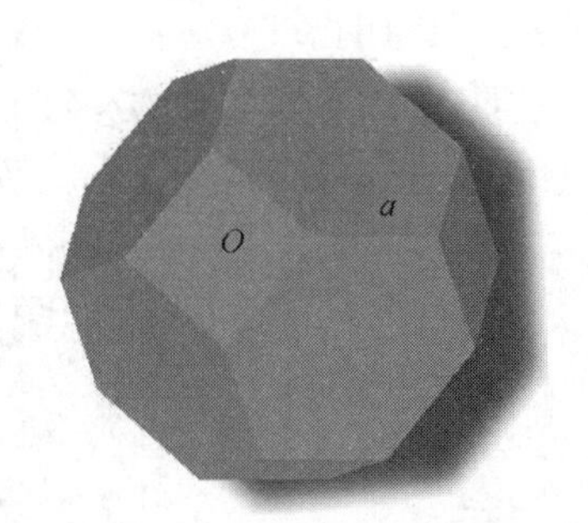

图 5.45　截角八面体颗粒

相对于氮化硅陶瓷，金刚石材料具有较大的屈服强度和弹性模量，其材料属性如表 5.15 所示，且金刚石磨粒在磨削过程中几乎不会发生变形。因此，为提高仿真效率，减少仿真工作量，可以将金刚石磨粒视为刚体。

表 5.15　金刚石磨粒基本属性

材料	密度/(kg/m^3)	弹性模量/GPa	泊松比 ν
金刚石	3.5×10^3	9.6×10^2	0.2

2. 工件有限元模型

当采用单颗金刚石磨粒模拟游离磨料对氮化硅陶瓷球表面的材料去除形式时，需综合考虑氮化硅陶瓷材料在研磨过程中出现的非线性行为，即其在研磨中与磨粒的接触面积、接触分离时间不定以及陶瓷材料破碎时应力会急剧变化。

研磨加工过程中，游离金刚石磨粒对氮化硅陶瓷球表面材料的去除是一种局部材料去除方式，根据圣维南原理可知，在研磨加工过程中，应力和应变只集中在被加工材料的局部区域内，在离载荷作用的较远区域，应力和应变几乎等于零。

同时根据局部近似原则，可以将局部的氮化硅陶瓷球面近似为平面。氮化硅陶瓷模型为长方体，其仿真尺寸为 $27\mu m \times 18\mu m \times 9\mu m$ 。

3. 仿真模型网格的划分

氮化硅陶瓷球表面的单元类型为线性三维应力单元 C3D10M，对其网格划分采用八节点线性六面体单元、沙漏控制(C3D8R)和减缩积分，采用平均应变来控制单元运动裂纹的属性，其他单元控制属性采用默认设置，陶瓷球表面网格尺寸为 0.004mm，同时为减小计算量，只对其表面接触部分网格进行细化，氮化硅陶瓷模型壁面有 30000 个有限元单元。金刚石磨粒的单元类型为标准线性三维应力单元，其网格划分同样采用 C3D8R，其中，C 表示实体单元，3D 表示三维，8 表示单元所具有的节点数目，R 为减缩积分，采用减缩积分可以提高仿真效率，减少计算时间，提高单元刚度。截角八面体金刚石磨粒表面的网格尺寸为 0.004mm，磨粒模型壁面有 6180 个单元。网格划分后的模型如图 5.46 所示。

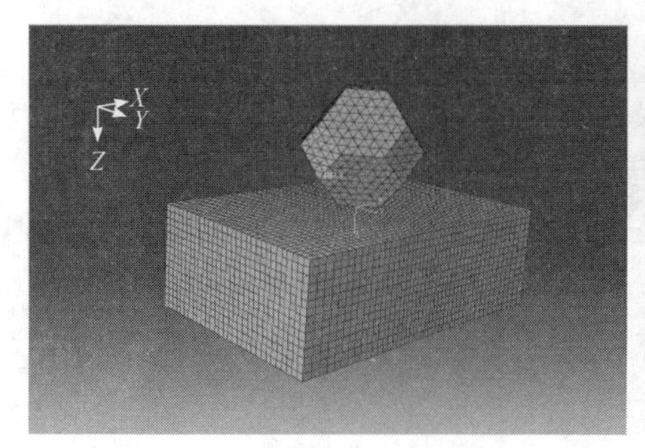

(a) 三体磨损有限元模型

(b) 两体磨损有限元模型

图 5.46　材料去除方式仿真模型网格划分示意图

4. 定义相互作用

根据工程陶瓷材料本身的力学性能及其物理结构，仿真模型采用应力应变屈服准则来仿真氮化硅陶瓷材料的塑性本构关系。金刚石磨粒研磨氮化硅陶瓷球表面的过程中，截角八面体金刚石磨粒与氮化硅陶瓷球表面为非线性接触，采用通用接触对模型进行设定。仿真模型中采用接触对算法，模拟仿真过程中截角八面体金刚石磨粒与氮化硅陶瓷球表面的相互作用。其中接触面之间最低点 P、Q 之间距离满足：

$$g_N = g\left(x_P^A - x_Q^B\right) g n_Q^B \geqslant 0 \tag{5.39}$$

式中，g_N 为接触面最低点之间的距离；x_P^A 为 P 点的坐标；x_Q^B 为 Q 点的坐标；n_Q^B 为 P 到 Q 点的方向矢量。

5. 三体磨损模型载荷及边界条件设定

三体磨损模型中，金刚石磨粒在陶瓷球表面与研磨盘表面之间的区域内做滚动运动，其对陶瓷球表面有多种冲击作用方式：磨粒挤压陶瓷球表面、磨粒在滚动过程中做定切深切削运动和磨粒在滚动过程中做变切深切削运动等。有限元仿真中针对这几种冲击运动方式建立了磨粒挤压作用仿真模型、滚动磨粒定切深切削模型和滚动磨粒变切深切削模型等磨粒冲击作用模型。

磨粒挤压作用仿真模型中，假定氮化硅陶瓷球表面完全固定，其在 X 轴、Y 轴和 Z 轴方向的转速和直线运动速度均为零；对截角八面体金刚石磨粒参考点上设定压强载荷来模拟磨粒对陶瓷球表面的挤压作用，如图 5.47 所示。滚动磨粒定切深切削模型中，将磨粒中心设定为第一参考点，选定磨粒上一点为第二参考点，以第一参考点为原点建立第二坐标系，对其进行边界条件设定，使第二参考点以第一参考点为中心绕第二坐标系的 Y 轴做旋转，Y 轴方向直线速度为零，X 轴和 Z 轴方向直线速度和旋转速度均为零。氮化硅陶瓷球表面的运动方式为直线运动，方向为 X 轴正方向，设定 Y 轴和 Z 轴方向的直线速度为零，X 轴、Y 轴和 Z 轴方向的旋转速度为零，其边界条件如图 5.48 所示。滚动磨粒变切深切削模型是在滚动磨粒定切深切削模型的基础上给金刚石磨粒在 Z 轴方向加一个运动幅值，其边界条件如图 5.49 所示。

图 5.47　磨粒挤压作用仿真模型边界条件

6. 两体磨损模型载荷及边界条件设定

两体磨损模型中，金刚石磨粒受压嵌入研磨盘表面，其研磨材料去除形式类似于切削去除。对其运动形式进行分析可知，研磨过程中金刚石磨粒保持一定的磨削深度与氮化硅陶瓷球表面做相向运动。在有限元仿真中，假定氮化硅陶瓷球表面完全固定，其在 X、Y 和 Z 轴方向的直线运动速度和转速均为零；截角八面体金刚石磨粒只在 X 轴方向施加负方向的运动速度，其他转速和运动速度均为零。

其边界条件如图 5.50 所示。

图 5.48　滚动磨粒定切深切削模型边界条件

图 5.49　滚动磨粒变切深切削模型边界条件

图 5.50　两体磨损边界条件设定

7. 仿真模型分析

图 5.51 为速度载荷为 0.02m/s 时，磨粒挤压作用时的结果剖视图。图 5.51 (a)为金刚石磨料与工件刚发生接触时，工件表面的应力分布图，从图 5.51(a)可以看

到，工件上的等效应力由接触区域向 Z 轴方向(径向)和 Y 轴方向(横向)扩散分布，并且等效应力由接触区域向四周依次减小。随着载荷的不断增加，Z 轴方向的等效应力逐渐增大(图 5.51(a)～(d))。通过分析可知，当金刚石游离磨粒开始加载时，在接触区域的正下方产生了一个弧形等效应力聚集区，该区域为氮化硅陶瓷工件的塑性变形区，工件在该区域产生的变形不可恢复。

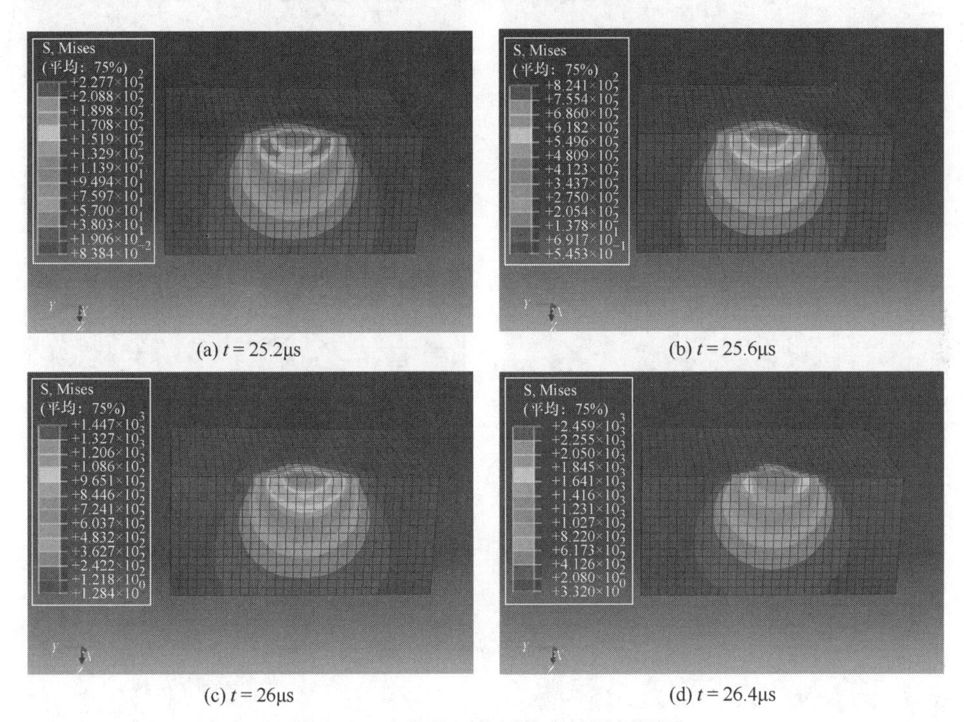

(a) $t = 25.2\mu s$　　(b) $t = 25.6\mu s$

(c) $t = 26\mu s$　　(d) $t = 26.4\mu s$

图 5.51　磨粒挤压作用仿真结果剖视图

放大进一步观察磨粒挤压作用，其结果剖视图如图 5.52 所示。通过图 5.52 可以观察到，当金刚石磨粒接触工件并继续沿 Z 轴正方向移动时，工件表面开始产生裂纹，且裂纹随着磨粒的不断运动而逐渐向工件外侧扩展，当裂纹扩展到一定程度后，工件表面产生破碎，即引起工件表面材料的去除。通过分析表明，工件表面破碎是由磨粒下方连续裂纹分支形成交汇所引起的。

图 5.53 为滚动磨粒定切深切削仿真结果剖视图(a_p=1.3μm)。由图可以观察到，冲击过程中，一方面，磨粒会对其前方的工件产生微切削作用引起表面材料的破碎去除，另一方面，磨粒在滚动的过程中，由于截角八面体磨粒不规则的外形，磨粒会对其接触区域产生挤压作用，引起该区域工件材料破碎并被去除。

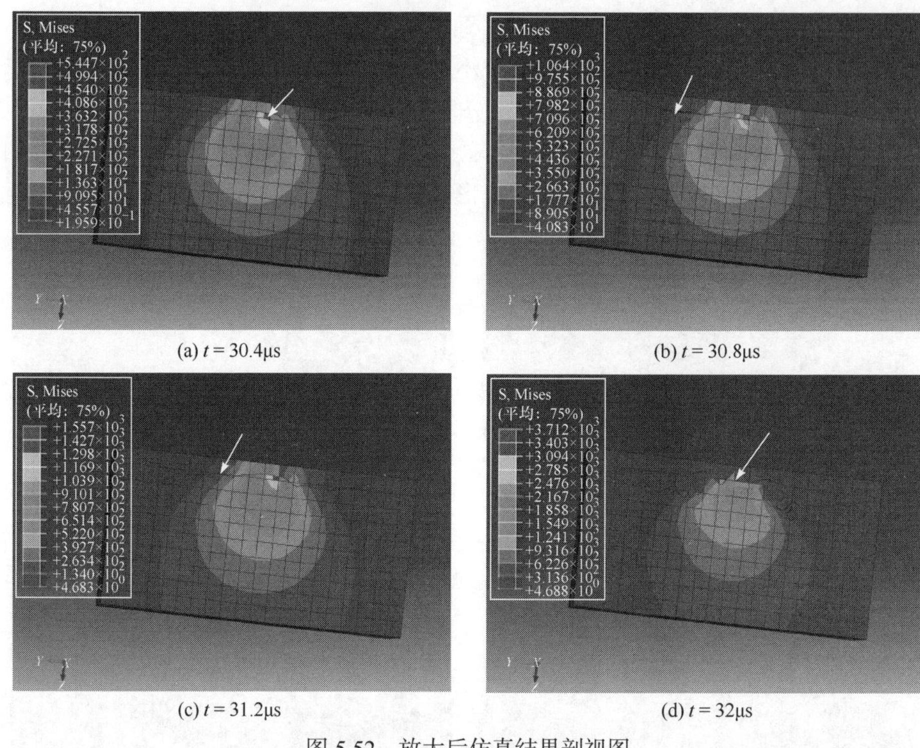

(a) $t = 30.4\mu s$　　(b) $t = 30.8\mu s$

(c) $t = 31.2\mu s$　　(d) $t = 32\mu s$

图 5.52　放大后仿真结果剖视图

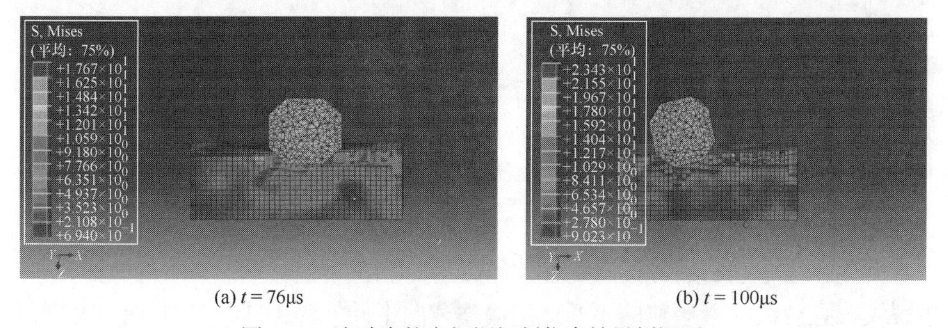

(a) $t = 76\mu s$　　(b) $t = 100\mu s$

图 5.53　滚动磨粒定切深切削仿真结果剖视图

图 5.54 为滚动磨粒变切深切削模型仿真结果剖视图(a_p=1.3μm)。该仿真模型下，磨粒在沿 X 轴负方向滚动的同时沿 Z 轴方向先下降后上升。从图中可以看到，在冲击作用的第一阶段，磨粒一方面会对其前方和侧面的工件挤压引起表面材料的破碎去除；另一方面，磨粒会对其前下侧的工件产生向下的挤压作用，引起工件前下侧材料破碎去除形成凹坑。第二阶段，磨粒在继续对前方和侧面工件挤压作用的同时会对其前上方的工件产生向上的挤压作用，引起磨粒前上方工件材料大面积的破碎去除。

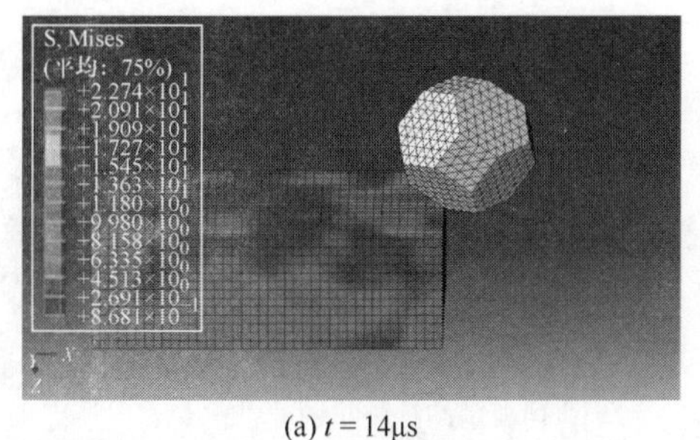

(a) $t=14\mu s$

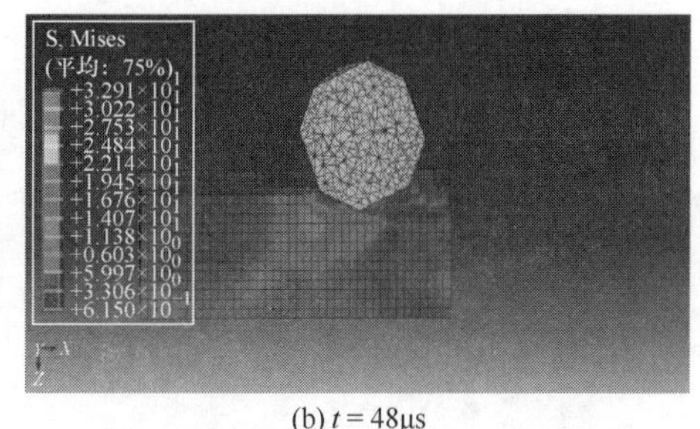

(b) $t=48\mu s$

图 5.54　滚动磨粒变切深切削仿真结果剖视图

图 5.55 为滑动磨粒定切深切削仿真结果(a_p=1.3μm)。由于截角八面体金刚石磨粒的前角较大，在切削过程中，工件主要受压应力作用。由图可知，磨粒在与工件冲击作用的过程中，其等效应力主要集中在前方和侧面，随着等效应力的增大，磨粒前方和侧面工件发生破碎并被去除。

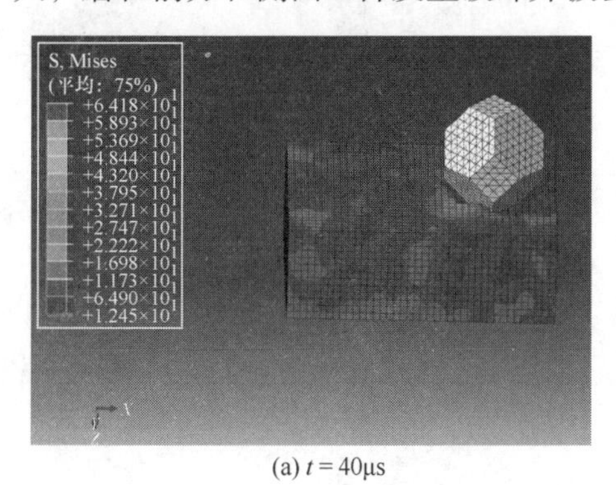

(a) $t=40\mu s$

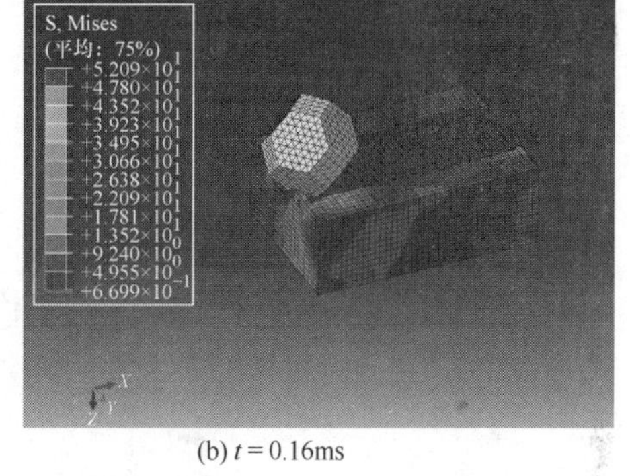

(b) $t=0.16ms$

图 5.55　滑动磨粒定切深切削结果图

为进一步研究磨粒冲击作用下表面材料破碎及应力变化情况，提取四种仿真模型下工件表面的最大等效应力并绘制曲线如图 5.56 所示。由图可知，当磨粒与工件开始接触后，工件最大等效应力开始出现，并随着磨粒的继续运动而不断增大，随后等效应力曲线开始出现波动，此时，工件材料发生破碎并被去除，随后等效应力曲线开始逐渐减小，直到保持恒定值不动。当等效应力开始接近恒定值时，表明磨粒即将完全切出工件。当等效应力保持不变时，表明磨粒冲击作用后工件表面存在一定的残余应力。亚表面裂纹的产生与最大等效应力有关，且亚表面裂纹的存在会降低氮化硅陶瓷球的工作寿命，大幅度削弱其使用性能。通过比较可知，若滚动磨粒变切深切削时产生的最大等效应力最大，则该种冲击作用产生的亚表面裂纹更深，故为提高研磨加工质量，降低亚表面裂纹的产生，应尽量避免滚动磨粒变切深切削冲击作用的出现。

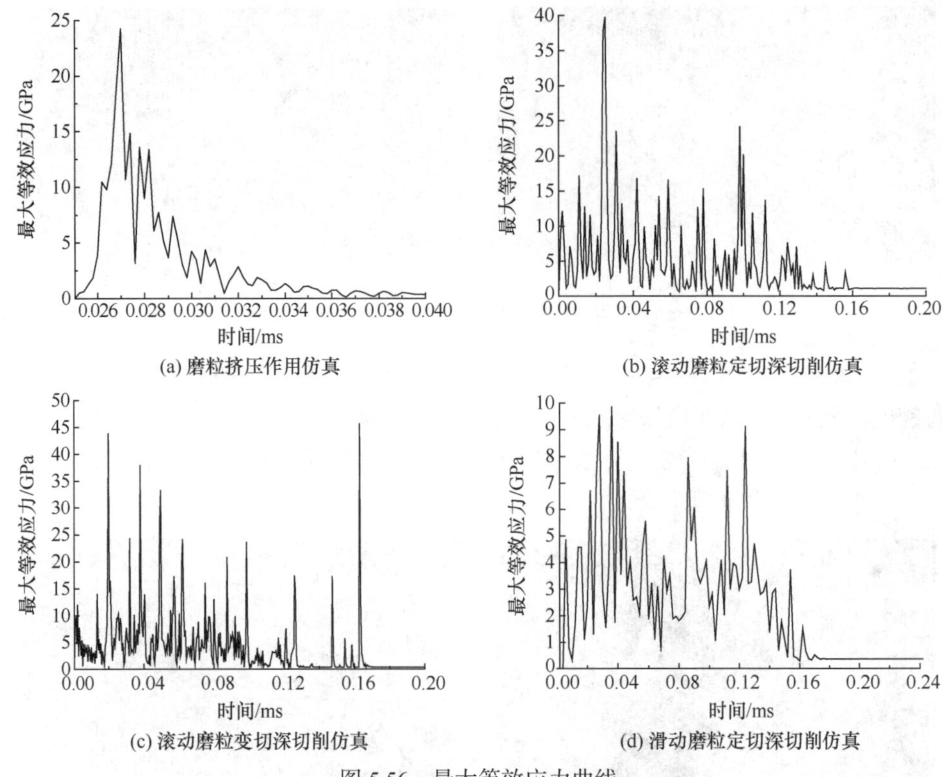

图 5.56　最大等效应力曲线

5.8.2　材料去除形式及表面缺陷试验

1. 陶瓷球研磨中力学模型的建立

1) 磨粒对陶瓷球表面材料的去除

磨粒对陶瓷球表面材料的去除形式以微量切削、疲劳破坏和压痕断裂三种方式为主。微量切削是指研磨中微小磨粒对陶瓷球表面进行微量的材料去除；疲劳破坏是指陶瓷球表面材料在交变应力的作用下，其表面材料发生脱落的现象；压痕断裂是指研磨中受到研磨压力的作用，磨粒被压入陶瓷球表面，致使表面材料发生断裂去除的过程。研磨过程中三种材料去除方式同时存在，这三种研磨方式本质上都是磨粒在陶瓷球表面下发生微量位移所引起的，因此研究研磨过程中磨粒的运动状态对研究陶瓷球表面质量及球形误差具有重要作用[299]。

如图 5.57 所示，在研磨压力的作用下，磨粒切入陶瓷球表面的切入量为 Δ，即理想状态下，磨粒去除的是陶瓷球表面的一个厚度为 Δ 的壳体，实际过程中磨粒会是一个切入切出的周期性过程，如图 5.58 所示，磨粒由点 1 切入，在陶瓷球表面生成弧形凹坑，由点 3 切出。研磨中，研磨剂中的磨粒是连续对陶瓷球表面进行切削作用的，如图 5.59 和图 5.60 所示，两个相邻磨粒对陶瓷球面的切削痕迹为弧形 L_{45} 和弧形 L_{67} 凹坑。陶瓷球在 V 形槽中一方面以角速度 ω_{b} 绕自身旋转轴自转，另一方面又以角速度 Ω_{b} 绕研磨盘的中心做公转运动，现取下研磨盘的转速为 Ω_B，公转直径为 R，则它们之间的关系式为

$$\begin{cases} \Omega_B R t_1 - \Omega_{\mathrm{b}} R t_1 = s \\ L_{64} = \omega_{\mathrm{b}} t_1 r \\ L_{45} = L_{23} = L_{13} - L_{12} \\ L_{13} = 2\gamma r \\ \overline{13} = 2\sqrt{r^2 - (r-\Delta)^2} \\ t_2 = 2 \times \overline{13} \Big/ \left(\Omega_B - \Omega_{\mathrm{b}}\right) R \\ L_{12} = \omega_{\mathrm{b}} r t_2 \end{cases} \tag{5.40}$$

通过计算可得

$$\begin{cases} L_{64} = s\omega_{\mathrm{b}} r \big/ [(\Omega_{\mathrm{b}} - \Omega_B) R] \\ L_{45} = 2r \arccos \dfrac{r-\Delta}{r} - \dfrac{2\omega_{\mathrm{b}} r \sqrt{2r\Delta - \Delta^2}}{(\Omega_{\mathrm{b}} - \Omega_B) R} \end{cases} \tag{5.41}$$

而研磨过程中要使陶瓷球表面能够被均匀地切削，需要满足的关系式为 $L_{64} \geqslant L_{45}$，即

$$s \geqslant \frac{2R\left(\Omega_{\mathrm{b}} - \Omega_B\right)}{\omega_{\mathrm{b}}} \arccos \frac{r-\Delta}{r} - 2\sqrt{2r\Delta - \Delta^2} \tag{5.42}$$

由式(5.42)可知，当 s 满足上述条件时，磨粒可以在陶瓷球表面形成独立的凹坑，但此时中间未被切削的部分会使得陶瓷球表面的形状误差增大，为了提高研磨中的球形精度，降低表面粗糙度，需要增大 $\left(\Omega_{\mathrm{b}} - \Omega_B\right) \big/ \omega_{\mathrm{b}}$，此时相邻两个磨粒的切削轨迹会重叠在一起，极大地降低研磨后陶瓷球表面的粗糙度，提高球形误差。

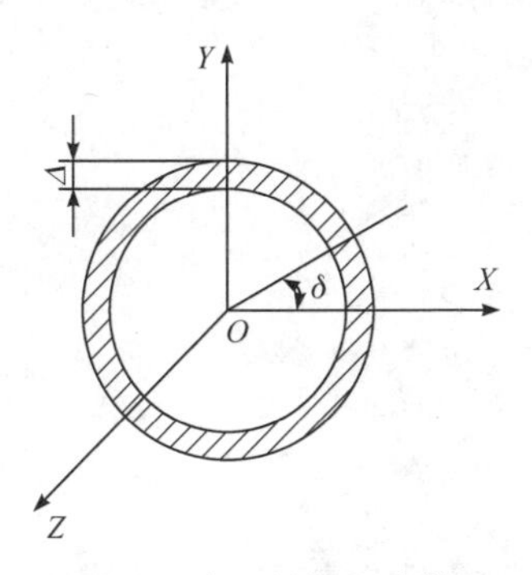

图 5.57　表面材料去除模型

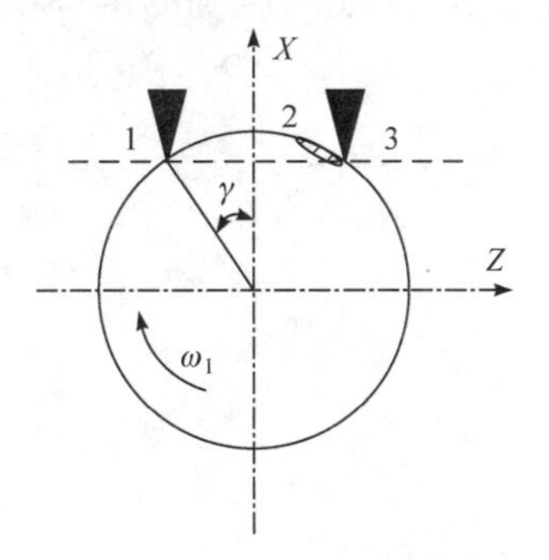

图 5.58　陶瓷球表面磨粒轨迹

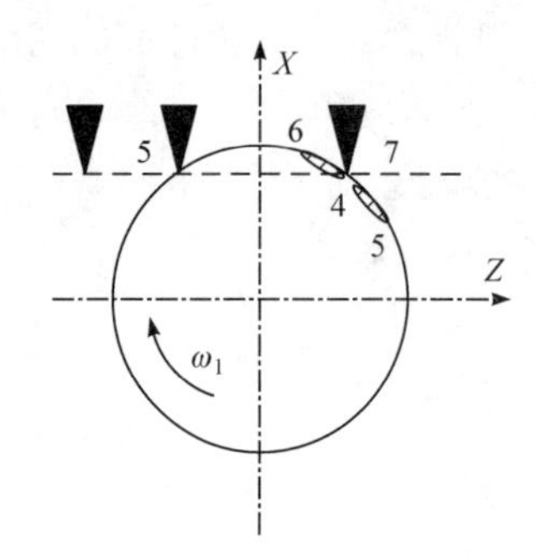

图 5.59　两相邻磨粒独立切削效果图

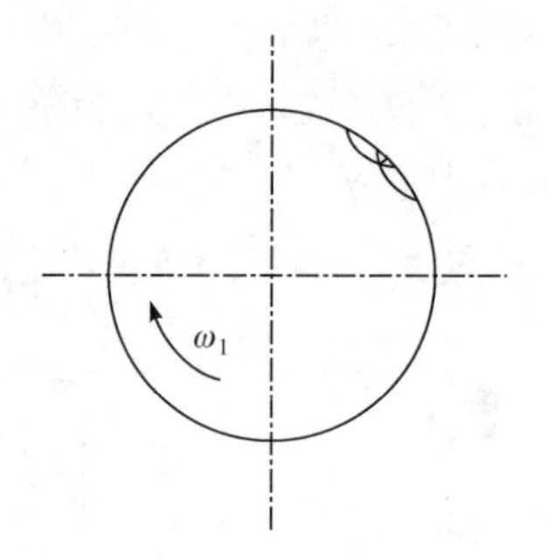

图 5.60　两相邻磨粒重叠切削效果图

2) 磨粒研磨力学模型的建立

研磨过程中磨粒的形状是多种多样的，为了更好地对磨粒进行受力分析，选取圆锥形磨粒进行分析，假设所选取的磨粒的顶角为 2φ，如图 5.61 所示[300]。圆锥磨粒研磨陶瓷球表面时，表面材料由于受到磨粒的切削挤压力将会产生向上隆起，设切削断面的面积为 S_a。由磨粒在陶瓷球表面的磨削深度为 $\bar{g}$，可得

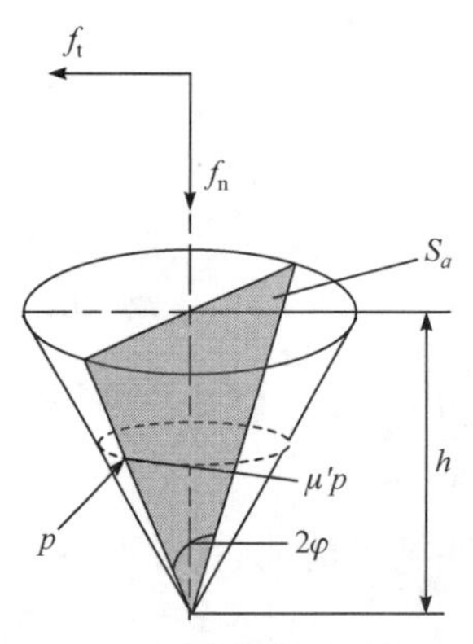

图 5.61　磨粒受力分析

$$S_a = \bar{g}^2 \tan\varphi \tag{5.43}$$

当圆锥形磨粒切削陶瓷球表面时，只有其圆锥面的一部分起切削作用，设陶瓷球与磨粒之间的面接触应力为 p，则其在该处水平面内的球面摩擦应力为 $\mu' p$。如图 5.62 所示，圆锥磨粒产生的切向分力 f_t 为

$$f_t = \sum f_{t1} + \sum f_{t2} \tag{5.44}$$

式中

$$\begin{cases} \sum f_{t1} = p d_s \cos\varphi(\cos\beta_1 + \cos\beta_2 + \cos\beta_3 + \cdots) \\ \sum f_{t2} = \mu' p d_s(\sin\beta_1 + \sin\beta_2 + \sin\beta_3 + \cdots) \\ 0 \leqslant \beta_i \leqslant \pi/2 \\ \sum \cos\beta_i = \sum \sin\beta_i \\ i = 1, 2, \cdots \end{cases} \tag{5.45}$$

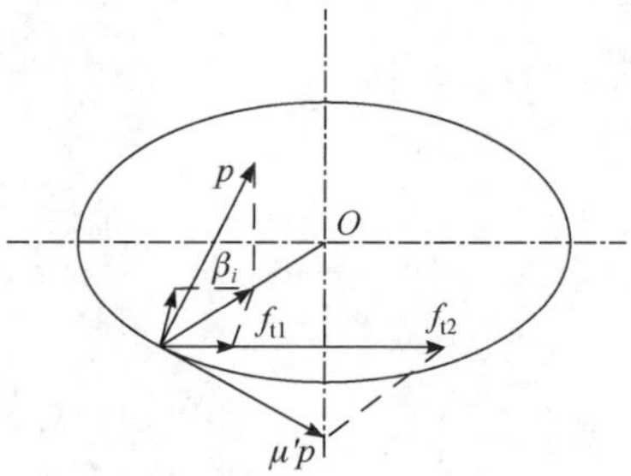

图 5.62　磨粒断面受力分析

求解可得

$$f_t = p\bar{g}^2 \tan\varphi(1 + \mu \sec\varphi) \tag{5.46}$$

将圆锥形磨粒展开成平面图形如图 5.63 所示，则圆锥磨粒产生的法向力 f_n 为

$$f_n = p\sin\varphi S_{阴} \tag{5.47}$$

式中，$S_{阴}=\frac{1}{4}LR$，$R=\overline{g}/\cos\varphi$，$L=2\pi\overline{g}\tan\varphi$。

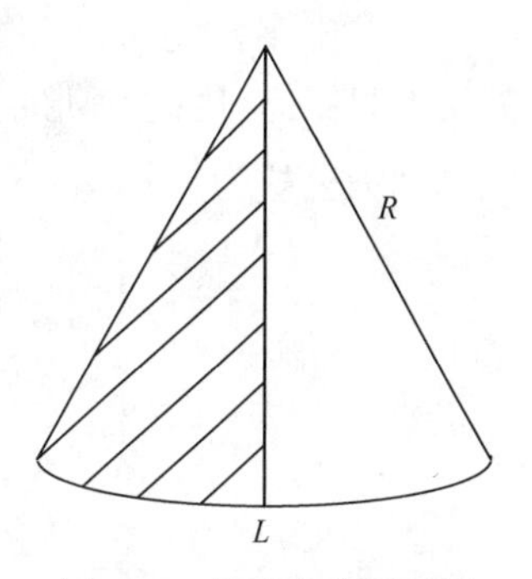

图 5.63　锥形磨粒展开图

如图 5.64 所示，磨粒与陶瓷球球心的连线与水平轴之间的夹角为ε。设研磨时锥形磨粒切入陶瓷球表面深度为$\varDelta$，陶瓷球表面的自转速度为v，V 形槽单位面积上覆盖的有效切削刃数为i，则磨粒在单位时间内对陶瓷球表面材料的磨削量为$vr\varDelta \mathrm{d}\varepsilon$，其有效切削刃数为$R\left(\varOmega_B-\varOmega_\mathrm{b}\right)ri\mathrm{d}\varepsilon$，则单颗磨粒对陶瓷球表面的切削量为$v\varDelta/\left[R\left(\varOmega_B-\varOmega_\mathrm{b}\right)i\right]$，为了进一步表示实际研磨情况，对式(5.47)增加修正系数 C，即可得

$$S_\mathrm{a}=\frac{Cv\varDelta}{R\left(\varOmega_B-\varOmega_\mathrm{b}\right)i} \tag{5.48}$$

此外，微小弧段$r\mathrm{d}\varepsilon$受到的切向力和法向力分别为

$$F_\mathrm{t}=f_\mathrm{t}ir\mathrm{d}\varepsilon，\quad F_\mathrm{n}=f_\mathrm{n}ir\mathrm{d}\varepsilon \tag{5.49}$$

即

$$\begin{cases} F_\mathrm{t}=\dfrac{C_\mathrm{p}v\varDelta r}{R\left(\varOmega_B-\varOmega_\mathrm{b}\right)}\cdot\left(1+\mu'\sec\varphi\right)\mathrm{d}\varepsilon \\ F_\mathrm{n}=\dfrac{Cv\varDelta r\pi\tan\varphi}{2R\left(\varOmega_B-\varOmega_\mathrm{b}\right)}\mathrm{d}\varepsilon \end{cases} \tag{5.50}$$

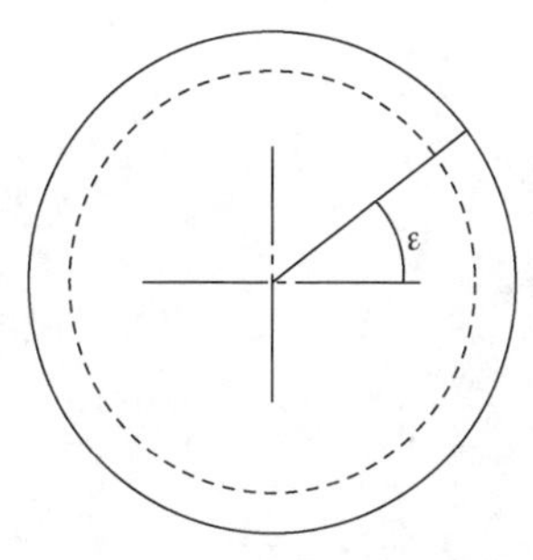

图 5.64　陶瓷球研磨模型

由于陶瓷球在理想无打滑的状态下，$\varOmega_B$、$\varOmega_\mathrm{b}$、v呈比例关系，故式(5.50)可以简化为

$$\begin{cases} F_\mathrm{t}=C_\mathrm{p}v\varDelta\cdot\left(1+\mu'\sec\varphi\right)\mathrm{d}\varepsilon \\ F_\mathrm{n}=\dfrac{C_\mathrm{p}\varDelta\pi\tan\varphi}{2}\mathrm{d}\varepsilon \end{cases} \tag{5.51}$$

式中，C_p为比磨削力，指磨粒去除材料时所受到的切向磨削力与其切削时产生的未变形断面面积的总和之比。

由式(5.51)可得，研磨过程中，陶瓷球所受的切削力大小与研磨盘转速的大小没有关系，其只与磨粒的形状特征和切入量有关，因此研磨中可以通过控制研磨压力的大小来调节磨粒的切入量。

研磨中磨粒受到的总磨削力为 F_t 、F_n 在包络角 ε 上的积分，研磨过程中磨粒处于游离状态，因此在研磨过程中只有部分磨粒起磨削作用，假设磨削系数为 C_y ，则磨削力公式为

$$\begin{cases} F_{zt} = C_y \int_{0.06\pi}^{0.94\pi} C_p \varDelta \cdot (1 + \mu' \sec\varphi) \mathrm{d}\varepsilon \\ F_{zn} = C_y \left(\int_{0.06\pi}^{0.5\pi} \frac{C_p \varDelta \pi \tan\varphi}{2} \cos\varepsilon \mathrm{d}\varepsilon + \int_{0.5\pi}^{0.94\pi} \frac{C_p \varDelta \pi \tan\varphi}{2} \sin\varepsilon \mathrm{d}\varepsilon \right) \end{cases} \tag{5.52}$$

图 5.65 和图 5.66 为径向和切向磨削力分别与陶瓷球磨削深度的关系图，从图中可以看到，磨削深度与磨削力为正比例关系，故可通过对研磨压力的调节来达到所需的磨削深度。

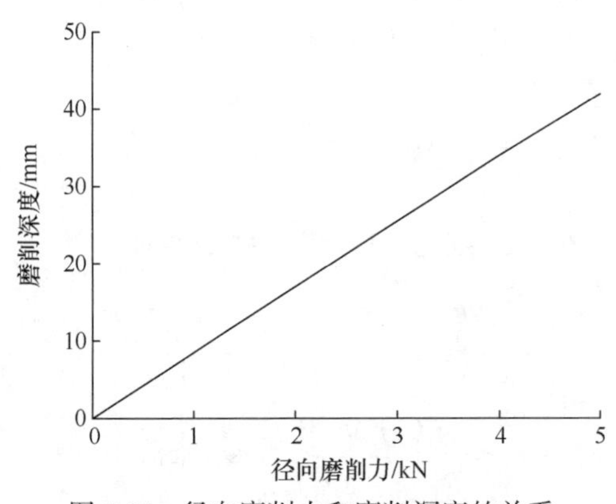

图 5.65　径向磨削力和磨削深度的关系

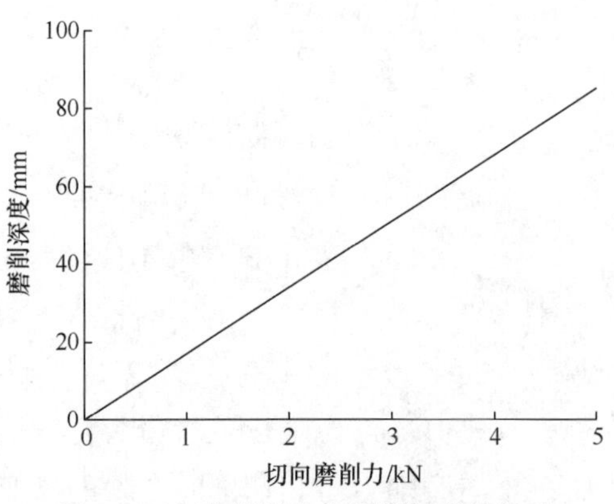

图 5.66　切向磨削力和磨削深度的关系

2. 陶瓷球表面材料去除机制

1) 材料去除形式的分类

目前，对于陶瓷球研磨中材料去除形式的分类划分方法为：采用第三体磨粒

的存在形式来划分为两体磨损和三体磨损[301]。一般地，被磨损的材料为第一体，与被磨损材料直接接触并起磨削作用的称为第二体，第一体和第二体之间的磨粒称为第三体。两体磨损是指仅有第一体和第二体参与磨损，三体磨损是指研磨过程中三体均存在且参与作用。其中，由于第三体在第一体和第二体中的具体约束情况不同，三体磨损又分为两种解释：第一种解释认为，第三体在研磨系统中不存在约束或约束较小，第三体在第一体和第二体之间滑动或滚动；第二种解释认为，第三体是有约束的，其在研磨中被固定在第一体和第二体中。

近年来，对于三体磨损的这两种解释做出的最新定义为[302]：当第三体受约束较强，即第三体不会在第一体和第二体之间发生滚动，被磨损材料表面会产生方向性很强的磨损痕迹时，称为两体磨损，如图 5.67 所示；当第三体受约束较弱，即第三体可以在第一体和第二体之间发生滑动或滚动，被磨损材料表面产生无方向性的磨损痕迹时，称为三体磨损，如图 5.68 所示。

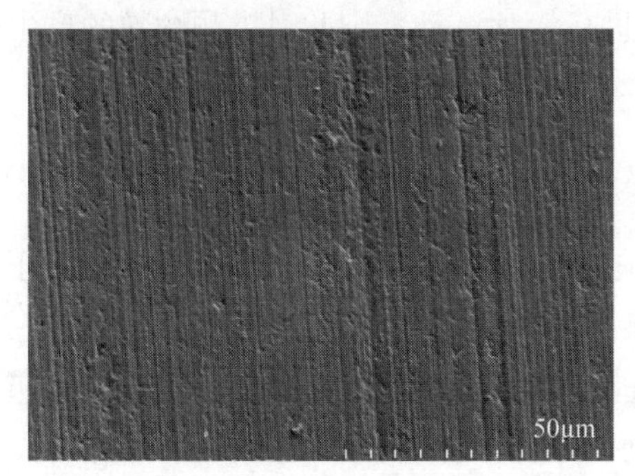

图 5.67　典型两体磨损试件的扫描电镜图

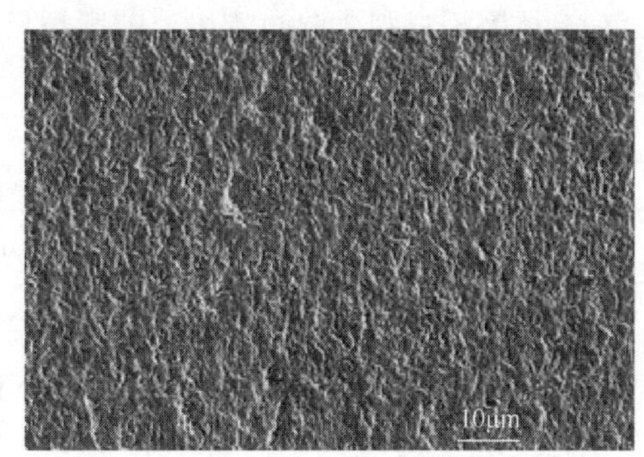

图 5.68　典型三体磨损试件的扫描电镜图

对于氮化硅陶瓷球研磨加工试验，第一体为被加工的氮化硅陶瓷球坯，第二体为与氮化硅陶瓷球所接触的上下研磨盘，第三体是指添加的研磨剂中的磨粒。研磨过程中，材料的去除形式由磨粒在陶瓷球和研磨盘中的运动性质来决定。当磨粒受上研磨盘施加的压力被压入研磨盘表面时，研磨过程中，磨粒会以切削的形式从陶瓷球表面划过，此时材料以两体磨损形式去除；当磨粒没有被压入研磨盘表面时，研磨过程中，磨粒会在陶瓷球和研磨盘之间滚动，使陶瓷球表面形成了无规律性的大量压痕，此时表面材料的去除形式为三体磨损。研究表明，研磨过程中，材料去除形式与研磨压力、研磨盘转速和研磨液浓度及磨粒种类等有关[303]。

2) 材料去除形式的基本模型

由上述分析可知，两体磨损中，磨粒对陶瓷球表面的材料进行切削去除，如图 5.69 所示；而在三体磨损中，磨粒以滚动的方式作用于陶瓷球表面，如图 5.70 所示。现对研磨过程中两种磨损形式的材料去除率进行研究。假设磨粒为刚性，在研磨过程中不会发生变形，磨粒压入工件中的部分为锥形体，则在两体磨损材

料去除方式中，单颗磨粒产生的材料去除率可表示为

$$\frac{\mathrm{dVol}}{\mathrm{d}t}=k_{\mathrm{g}}VA_{\mathrm{in}}=k_{\mathrm{g}}Vh_{\mathrm{w}}^{2}\tan\varphi \tag{5.53}$$

式中，k_{g} 为去除率系数；V 为陶瓷球和下研磨盘的相对速度；A_{in} 为磨粒压入陶瓷球部分的横截面积；h_{w} 为磨粒压入陶瓷球表面的深度。

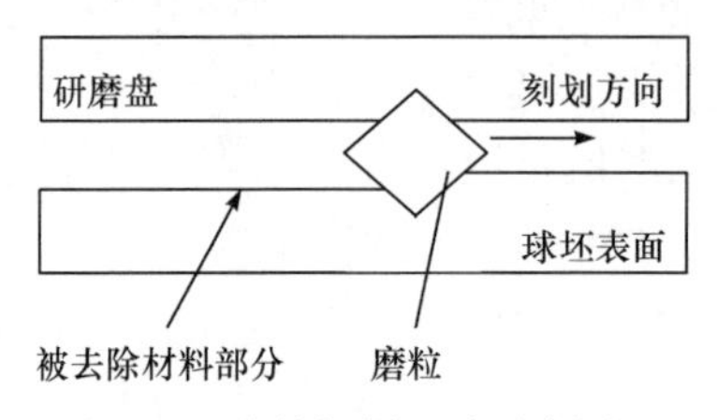

图 5.69　磨粒切削运动示意图

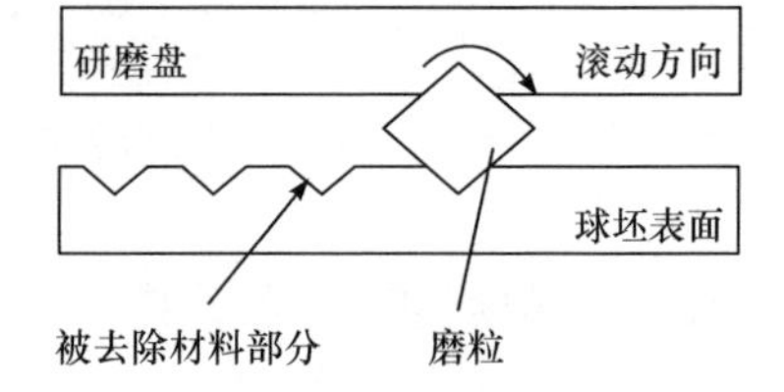

图 5.70　磨粒滚动运动示意图

三体磨损材料去除过程中，若磨粒只进行滚动运动，则此时单颗磨粒的产生的材料去除率为

$$\frac{\mathrm{dVol}}{\mathrm{d}t}=k_{\mathrm{r}}w_{\mathrm{g}}n_{\mathrm{in}}V_{\mathrm{in}}=\frac{2}{3}\cdot k_{\mathrm{r}}\frac{V}{2\pi D}n_{\mathrm{in}}h_{\mathrm{w}}^{2}\left(\tan\varphi\right)^{2} \tag{5.54}$$

式中，k_{r} 为去除率系数；w_{g} 为磨粒的滚动速率；n_{in} 为磨粒压头数；V_{in} 为磨粒压入陶瓷球表面的体积。

一般情况下，存在 $D>h_{\mathrm{w}}$ 和 $2\pi D>nh_{\mathrm{w}}\tan\varphi$ 这两个条件，因此磨粒在相同的压入深度和相对转速下，两体磨损中的材料去除率比三体磨损中的材料去除率要高。故为提高研磨效率，可以适当增大研磨压力以提高两体磨损在材料去除中所占的比例。

3) 材料去除形式的界定

在材料去除形式中，两体去除可以看成三体去除的一种特例，当三体去除中的第三体(磨粒)受到的约束增强时，三体磨损就会转变为两体磨损。现采用力学模型对这两种材料去除形式进行界定。

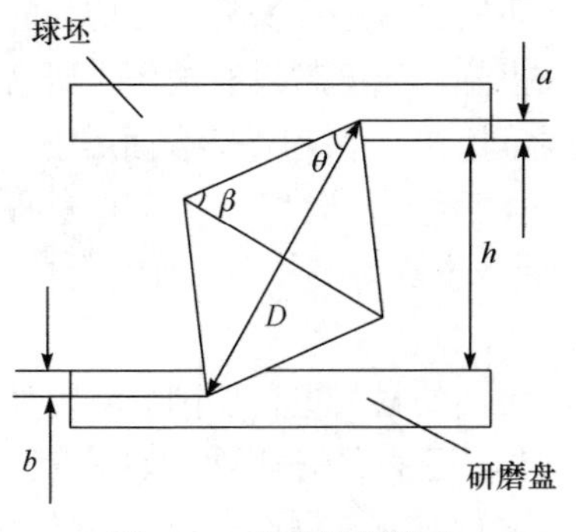

图 5.71　磨粒磨损模型

Williams 等的研究表明[304]，三体磨损中磨粒的运动由滚动开始向滑动转变会引起三体磨损向二体磨损转变，并构建了如图 5.71 所示的磨粒运动二维模型，图中 D 表示磨粒的长轴距离，h 表示两接触表面间的距离。当 D 值一定时，h 越小表示磨粒切入接触表面的深度越深，此时为两体磨损形式；h 越大表示磨粒切入的

深度越小，此时磨粒受到的约束较小，表现为三体磨损。当 h 值一定时，D 值越大表明磨粒切入接触表面的部分越多，此时为两体磨损；D 值越小表明磨粒切入接触表面越浅，此时表现为三体磨损。研究发现，磨损形式转变时 D/h 值也处于峰值，其值为 1.74。

D/h 越大，两体磨损越明显；D/h 越小，三体磨损越明显。两接触面之间的距离 h 可以表示为

$$h = D - \frac{2P}{\pi D}\left(\frac{1}{H_b} + \frac{1}{H_d}\right) = D - \frac{2P}{\pi D H'} \tag{5.55}$$

式中，P 为单颗磨粒所受到的研磨压力；H_b 和 H_d 分别为陶瓷球和研磨盘的硬度；H' 为等效硬度，其表达式为

$$\frac{1}{H'} = \frac{1}{H_b} + \frac{1}{H_d} \tag{5.56}$$

假设在陶瓷球和研磨盘的接触区域内，若磨粒的数目和研磨液的浓度成正比，则在接触区域面积 A 内磨粒数目 N_{gr} 为

$$N_{gr} = \frac{Acv}{\pi D^2} \tag{5.57}$$

式中，v 为研磨液中磨料的浓度；c 为常数。则单颗磨粒受到的研磨压力为

$$P_{gr} = \frac{\pi W D^2}{Acv} \tag{5.58}$$

式中，W 为球坯受到的总的研磨压力。

将式(5.58)代入式(5.55)中可得

$$h = D \cdot \left(1 - \frac{2W}{AcvH'}\right) \tag{5.59}$$

即

$$D/h = 1\Big/\left(1 - \frac{2W}{AcvH'}\right) \tag{5.60}$$

通过式(5.60)可得，D/h 值只与 $2W/(AvH')$ 有关，即磨损形式的转变只与无量纲数 D/h 有关，此后，Adachi 等[302]用 S 这一无量纲来表示磨损形式，S 为接触刚度，其具体表示为

$$S = \frac{W}{AvH'} \tag{5.61}$$

该式表明，磨粒的磨损形式主要与施加的研磨压力和研磨液浓度有关，而与

磨粒的粒度无关。

此外, Adachi 等认为磨损形式与接触刚度的阈值 S^* 及陶瓷球和研磨盘的硬度比值有关，三体磨损的条件为

$$S=\frac{W}{AvH'}\leqslant q\cdot l\left(\frac{H_{\mathrm{p}}}{H_{\mathrm{d}}}\right)=S^* \tag{5.62}$$

式中，q 和 l 为试验给定常数。

3. 材料去除形式的试验研究

1) 试验过程

试验采用立式研磨机进行试验，其结构示意图如图 5.72 所示。研磨过程中，陶瓷球位于下研磨盘的 V 形槽中，受上研磨盘施加的研磨压力，随着下研磨盘施加的转速做研磨运动。

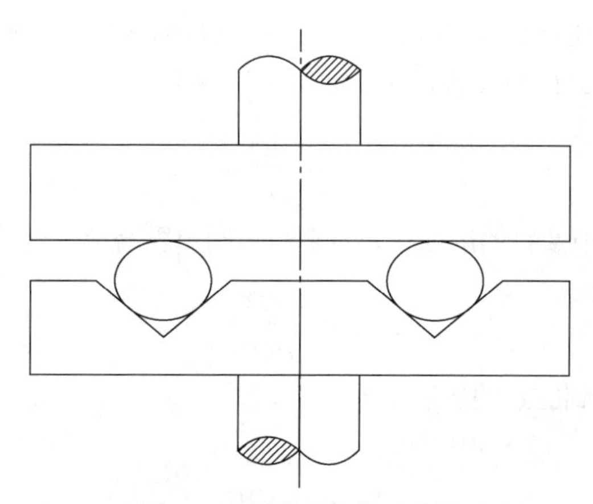

图 5.72　研磨机结构示意图

试验选用热等静压氮化硅陶瓷球作为毛坯球，球坯的材料性能见表 5.16。试验中研磨盘转速为 5～25r/min，研磨压力为 1～8kN，研磨液质量分数为 5%～30%，研磨磨粒采用 W10 人造金刚石粉，磨粒尺寸为 5～10μm，研磨基液为煤油，并加入适量机油调节黏稠度。每组试验时间为 3h，研磨结束后，采用 VHX-1000E 超景深三维显微镜以及喷金后采用日立 S-4800 场发射扫描电子显微镜观察氮化硅陶瓷球表面完整性，以分析不同试验条件下的材料去除形式。

表 5.16　氮化硅陶瓷球力学性能参数

材料	密度 ρ/(kg/m³)	弹性模量 E/GPa	泊松比 ν	硬度 HRC	断裂韧性 /(MPa/m$^{1/2}$)	抗压强度 /Pa	热膨胀系数/ 10^{-6}K^{-1}
氮化硅	3.2×10^3	320	0.26	94	7.0	420	3.2

2) 试验结果

图 5.73 为氮化硅陶瓷球在各组试验参数下的表面形貌扫描电镜照片。图 5.73(a)为毛坯球表面形貌扫描电镜照片，由图可见毛坯球表面极不光整，有明显凹坑，后续在研磨过程中应致力于消除表面凹坑，提高表面的光整度。图 5.73(b)、(c)和(d)分别为试验后陶瓷球表面的扫描电镜照片，通过扫描电镜照片可以发现，超过一定范围后，随着压力增大、转速升高和研磨液浓度的降低，陶瓷球表面的质量逐渐降低，表面划伤与凹坑也随之增多。因此，在研磨过程中适中的压力、研磨盘转速和研磨液浓度，对提高研磨加工质量和减少表面缺陷具有很大帮助。

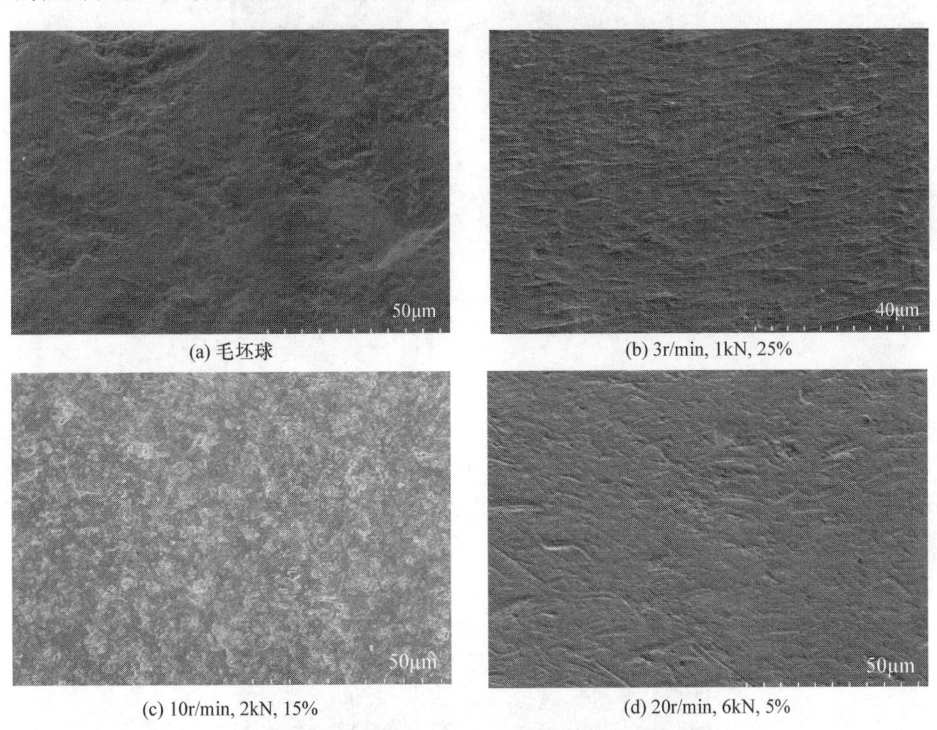

(a) 毛坯球　(b) 3r/min, 1kN, 25%

(c) 10r/min, 2kN, 15%　(d) 20r/min, 6kN, 5%

图 5.73　各组参数下陶瓷球表面形貌扫描电镜照片

进一步观察可知，当施加压力较大、研磨盘转速较高和研磨液浓度较低时，陶瓷球表面划伤比较严重；当施加压力较小、研磨盘转速较低和研磨液浓度较高时，陶瓷球表面划伤减轻，可见较多的微断裂。通过分析可知，当压力较大、转速较高和研磨液浓度较小时，在研磨盘与球坯接触区域内单颗磨粒所受的载荷较大，磨粒较容易嵌入研磨盘内部，此时磨粒主要以刻划的方式在陶瓷球表面运动，表现为两体磨损去除；当压力较小、研磨盘转速较低和研磨液浓度较大时，在研磨盘与球坯接触区域内单颗磨粒受到的载荷较小、约束较少，磨粒运动方式以滚动为主，表现为三体磨损去除。

此外，在氮化硅陶瓷球的研磨过程中，还存在着多种的材料去除形式，由图 5.74 可知，研磨加工后氮化硅陶瓷球表面残留有大量贝壳状缺陷，该缺陷是由侧向裂纹延伸至工件表面形成的，由此可知氮化硅陶瓷球研磨加工过程中含有脆性断裂材料去除方式。在陶瓷球表面还可以发现呈簇状随机分布的粉末化材料区域，通过分析可知，氮化硅陶瓷球研磨过程中材料粉末化也是另一种重要的材料去除方式。

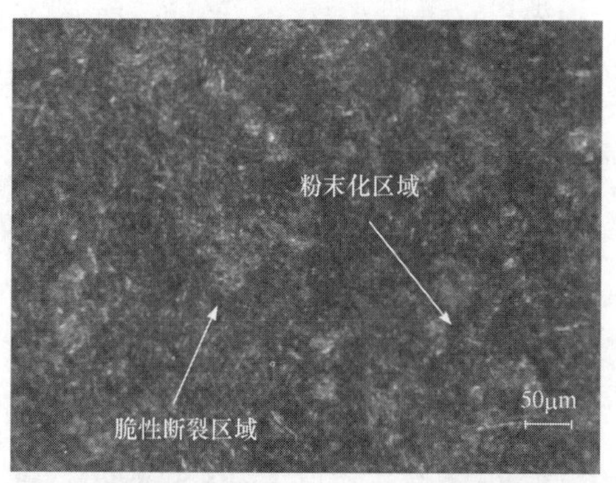

图 5.74　陶瓷球表面形貌超景深三维显微镜图

为进一步研究陶瓷球表面材料损伤特性，采用扫描电镜对陶瓷球表面进行微观形貌观察，图 5.75 为陶瓷球表面扫描电镜图。由图可以看出，粉末化区域是由微米级碎片簇拥堆积而成的，其尺寸远小于脆性断裂区域，同时在粉末化区域内可看到大量弯曲的微细裂纹，而脆性区域内没有，故可知微细裂纹的扩展使材料相互交叠分割为无数微米级碎片，最终形成陶瓷球表面的粉末化区域。

图 5.75　陶瓷球表面扫描电镜图

4. 陶瓷球研磨加工缺陷形成机理

1) 压痕断裂力学分析

研磨加工中陶瓷球表面材料承受压力的方式取决于工件与研磨盘接触区域内

磨粒的运动方式。当磨粒在工件与研磨盘之间旋转滚动时，陶瓷球表面受挤压作用；当磨粒受压嵌入研磨盘表面，磨粒在工件与研磨盘之间不再发生滚动时，陶瓷球表面受切削挤压作用。根据国内外众多学者对陶瓷材料脆性断裂力学理论的深入研究，脆性陶瓷材料表面压痕裂纹可分为锥形裂纹、表面径向裂纹、截面中位裂纹、半饼状裂纹、侧向裂纹等五类[305]。对于硬脆性材料，压痕裂纹能否出现，取决于磨粒形状、尺寸及材料特性等多种条件。在陶瓷球研磨加工中出现的凹坑和环形裂纹与典型压痕裂纹相对应，凹坑是由尖锐压头产生的侧向裂纹扩展形成的，环形裂纹对应于钝压头产生的赫兹接触裂纹。因此，可以通过观察研磨加工后陶瓷球的表面形貌，利用压痕断裂力学理论来选择合适的研磨加工工艺参数。

压痕断裂过程中，材料内部会产生较为复杂的应力场，应力场分布一般受残余应力、压痕过程、材料晶体结构及压头形状等因素的影响。而且尖锐压头在挤压脆硬性材料时通常会在挤压位置产生极高的等静压区，进而使材料产生局部塑性变形。压头挤压脆硬性材料时会形成比较复杂的弹塑性应力场，且目前对于这种应力场还没有比较精确的理论解。为此，一些研究人员通过引进近似条件，提出了比较合理的弹塑性近似解。

脆性陶瓷材料表面形成压痕裂纹是一个十分复杂的弹塑性应力场问题，目前，脆性陶瓷材料内部应力场由两个相互独立的弹性应力场 Boussinesq 解和 Yoffe 解叠加组成[306]。

在球形极坐标中，Boussinesq 解的具体形式为

$$\begin{cases} \sigma_{rr}=\dfrac{P}{2\pi r^2}\left[(1-2\nu)-2(2-\nu)\cos\theta\right] \\ \sigma_{\theta\theta}=\dfrac{P}{2\pi r^2}\dfrac{(1-2\nu)\cos^2\theta}{1-\cos\theta} \\ \sigma_{\varphi\varphi}=\dfrac{P}{2\pi r^2}(1-2\nu)\left(\cos\theta-\dfrac{1}{1-\cos\theta}\right) \\ \sigma_{r\varphi}=\dfrac{P}{2\pi r^2}(1-2\nu)\dfrac{\sin\theta\cos\theta}{1+\cos\theta} \end{cases} \tag{5.63}$$

在球形极坐标中，Yoffe 解的具体形式为

$$\begin{cases} \sigma_{rr}=\dfrac{B}{r^3}\cdot 4\left[(5-\nu)\cos^2\theta-(2-\nu)\right] \\ \sigma_{\theta\theta}=\dfrac{B}{r^3}\cdot 2(1-2\nu)\cos^2\theta \\ \sigma_{\varphi\varphi}=\dfrac{B}{r^3}\cdot 2(1-2\nu)\left(2-3\cos^2\theta\right) \\ \sigma_{r\varphi}=\dfrac{B}{r^3}\cdot 4(1+\nu)\sin\theta\cos\theta \end{cases} \tag{5.64}$$

式中，P 为法向集中载荷；B 为常数，通常用于表征局部弹性应力场的强度。通过分析表明，B 可由弹性模量 E 和压痕体积 δV 确定，即

$$B = \frac{6}{5\pi} E\delta V \tag{5.65}$$

对于泊松比 $\nu = 0.26$ 的热等静压氮化硅陶瓷球，其各种裂纹成核驱动力可由式(5.63)和式(5.64)叠加给出：

$$\begin{cases} \sigma^{\mathrm{C}} = \sigma_{rr}\left(\theta = \pm\dfrac{\pi}{2}\right) = 0.24p - 6.96q \\ \sigma^{\mathrm{R}} = \sigma_{\varphi\varphi}\left(\theta = \pm\dfrac{\pi}{2}\right) = -0.24p + 1.92q \\ \sigma^{\mathrm{M}} = \sigma_{\theta\theta}\left(\theta = 0\right) = 0.12p - 0.96q \\ \sigma^{\mathrm{L}} = \sigma_{r\varphi}\left(\theta = 0\right) = -1.5p + 12q \end{cases} \tag{5.66}$$

式中，$p = P/(\pi r^3)$；$q = B/r^3$；上标 C、R、M 和 L 分别表示环状裂纹、表面径向裂纹、截面中位裂纹和侧向裂纹。

氮化硅陶瓷球研磨加工过程中，金刚石研磨颗粒可能为钝压头。由于钝压头与材料表面接触不会产生明显的塑性变形，即 $\delta V = 0$，由式(5.65)和式(5.66)可知，在此研磨加工过程中，四种裂纹成核驱动力只存在作用于接触表面的 σ^{C} 和作用于法向的 σ^{M}，且 $\sigma^{\mathrm{C}} = 2\sigma^{\mathrm{M}}$，因此研磨中氮化硅陶瓷球表面会产生环形裂纹和中位裂纹，且产生环状裂纹的可能性远大于中位裂纹。

同样在研磨过程中，金刚石颗粒也可能为尖锐压头。由于尖锐压头残余应力场的作用显著，由式(5.65)和式(5.66)可知，这时环状裂纹和中位裂纹不易出现，出现侧向裂纹的可能性远大于径向裂纹，侧向裂纹向表面扩展极易形成凹坑。

氮化硅陶瓷球研磨加工表面质量受材料性能、加工工艺参数、研磨加工设备和研磨加工方式等多种因素的影响。断裂力学分析表明，降低研磨过程中的压力和研磨盘转速，有助于提高陶瓷球表面质量，减少表面裂纹与凹坑。

2) 动态压痕断裂力学分析

氮化硅陶瓷球研磨加工过程中，陶瓷球与研磨盘接触区域内间隙微小，随着研磨盘的旋转，含有磨粒的研磨液进入研磨接触区域，在微小间隙内产生动压力，使得磨粒获得一定的动力，而获得动力的磨粒会对陶瓷球表面产生一定的冲击作用，图 5.76 为截角八面体金刚石颗粒冲击陶瓷球表面示意图。磨粒冲击作用在陶瓷球表面时，产生横向裂纹和中位裂纹。横向裂纹扩展引起表面材料去除，中位裂纹扩展引起陶瓷球表面材料强度降低，当外部冲击增大达到一定程度时，表面材料发生破碎并被去除[307]。

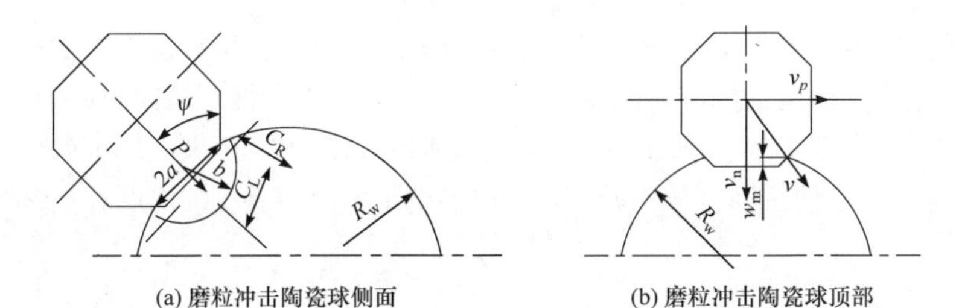

(a) 磨粒冲击陶瓷球侧面　　(b) 磨粒冲击陶瓷球顶部

图 5.76　磨粒冲击陶瓷球表面示意图

研磨过程中，载荷大小、材料硬度以及磨粒的形状和锋利程度都会对压痕的大小产生影响，当磨粒以动态载荷 P 作用在氮化硅陶瓷球表面时，材料的动态维氏硬度 H 可表示为[308, 309]

$$H = \frac{P\sin\psi}{2a^2} \tag{5.67}$$

式中，a 为压痕区域的半径；ψ 为磨粒压入工件表面部分的夹角半角。

陶瓷球表面由于动态载荷的作用产生塑性变形，其产生变形所做的功为

$$W_p = \int_0^{h_{\max}} P(h)\mathrm{d}h = HA(h)\mathrm{d}h = H\delta V \tag{5.68}$$

式中，h 为变形深度；$h_{\max}$ 为最大变形深度；V 为变形体积。

近似计算压痕体积为

$$V = \pi a^4/(4R) \tag{5.69}$$

若磨粒冲击为无弹性碰撞，则粒子动能 $U_{\mathrm{kin,p}}$ 可全部转化为材料表面的变形能 $U_{\mathrm{plastic,substr}}$，即有 $U_{\mathrm{kin,p}} = U_{\mathrm{plastic,substr}}$，通过对式(5.68)积分可得粒子动能表达式为

$$U_{\mathrm{kin,p}} = \frac{2}{3}\frac{a^3 H}{\sqrt{2}\tan\psi} \tag{5.70}$$

将式(5.67)代入式(5.70)，得最大载荷为

$$P_{\max} = \sqrt[3]{\frac{36HU_{\mathrm{kin,p}}^2\tan^2\psi}{\sin\psi}} \tag{5.71}$$

由 Hill 模型[310]可知，压痕处半径为 b 的塑性变形区和压痕半径的关系式为

$$\frac{b}{a} = \left(\frac{E}{H}\right)^m \tag{5.72}$$

式中，E 为弹性模量；$m = 0.43$。

当施加的压力载荷超过压力载荷临界值 P_0 时，材料产生的位错密度也相应地达到了临界点，此时裂纹开始出现，其中，中位裂纹由塑性区域向材料内部扩展。当卸载后，中位裂纹在残余压力的作用下继续向材料内部扩展。Evans 等研究表明[311]，拉应力会使横向裂纹不断扩展，碰撞初期，横向裂纹的深度和塑性变形区半径相等。

等效裂纹尺寸 C_{L} 为

$$C_{\mathrm{L}} = C^{\mathrm{L}}\left[1-\left(\frac{P_0}{P}\right)^{1/4}\right]^{1/2} \tag{5.73}$$

式中

$$C^{\mathrm{L}} = \left\{\left(\frac{\xi_{\mathrm{L}}}{B^{1/2}}\right)(\cot\psi)^{5/6}\left[\frac{(E/H)^{3/4}}{K_{\mathrm{c}}H^{1/4}}\right]^{1/4}\right\}^{1/2} P^{5/8} \tag{5.74}$$

$$P_0 = \alpha_0\left(\frac{K_{\mathrm{c}}}{H}\right)^3 K_{\mathrm{c}}\left(\frac{E}{H}\right) \tag{5.75}$$

$$\alpha_0 = \frac{\xi_0}{B^2}(\cot\psi)^{-2/3} \tag{5.76}$$

式中，K_{c} 为断裂韧性；ξ_{L} 、ξ_0 为可变常数。

由式(5.74)可知，中位裂纹的扩展不会对横向裂纹的扩展产生影响，裂纹扩展稳定后的柔顺系数 B 可取 0.75。ξ_{L} 和 ξ_0 的值随压痕系统和工件材料的不同而不同。Marshall 对这两个值进行了研究，得出 $\xi_{\mathrm{L}} = 2.5\times10^{-2}$ ，$\xi_0 = 1.2\times10^3$ 。

断裂韧性

$$K_{\mathrm{c}} = \alpha_k\left(\frac{E}{H}\right)^{1-m}(\cot\psi)^{2/3}\frac{P}{C_{\mathrm{R}}^{3/2}} \tag{5.77}$$

式中，$\alpha_k = 0.027 + 0.090(m-1/3)$ 。

若磨粒撞击产生的裂纹之间不会相互作用，则单个磨粒对陶瓷球表面的去除量为

$$V_{\mathrm{c}} = \frac{1}{6}\pi b(3C_{\mathrm{L}}^2 + b^2) \tag{5.78}$$

5. 陶瓷球表面缺陷分析

按照生产过程分类，陶瓷球表面的缺陷可以分为球坯制造过程中产生的缺陷和研磨过程中产生的缺陷两类。而制造高强度、高精度的氮化硅陶瓷球的关键是避免氮化硅陶瓷球在制备和研磨过程中产生缺陷。氮化硅陶瓷球在研磨过程中的

研磨压力、研磨盘转速和磨粒的尺寸及种类对表面缺陷的产生均有影响，不当的研磨加工和抛光工艺会使陶瓷球表面产生缺陷，降低陶瓷球表面质量，对陶瓷球的服役性能和疲劳强度均产生一定的影响[312]。为深入研究不同去除方式对陶瓷球表面缺陷的影响，对研磨后陶瓷球表面进行观察，并对缺陷种类进行分析。

凹坑缺陷(图 5.77)是研磨过程中陶瓷球表面经常产生的一种缺陷，且凹坑缺陷的形成是一个逐渐扩展的过程。当较大的尖锐磨粒压入陶瓷球表面后，陶瓷球接触位置基体内产生弹塑性应力场，陶瓷球表面产生微小裂纹，之后受残余应力场的作用裂纹逐渐扩展，当裂纹扩展到陶瓷球表面时局部材料脱落产生凹坑，在随后的研磨过程中，凹坑在磨粒的不断作用下继续逐渐扩展。

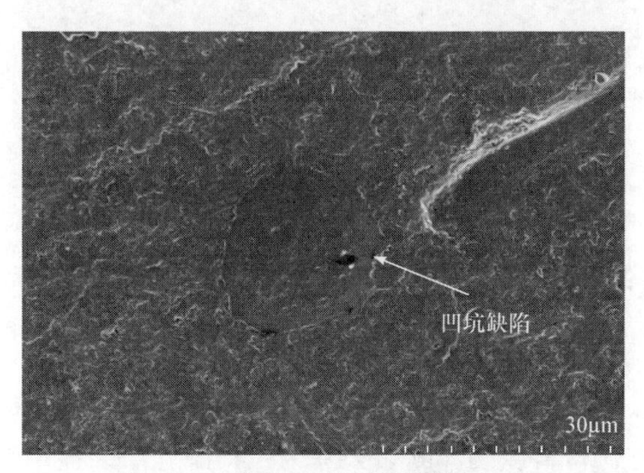

图 5.77　陶瓷球凹坑缺陷显微照片

擦伤缺陷如图 5.78 所示，由图可知，擦伤缺陷是由氮化硅陶瓷球在研磨过程中，受磨粒和上下研磨盘的挤压作用产生的。研磨过程中研磨液中金刚石磨粒分布不均匀，陶瓷球在磨粒集中区域内与磨粒和上下研磨盘产生激烈接触，在大量磨粒的共同作用下陶瓷球表面受到严重的磨损，从而产生擦伤磨损。

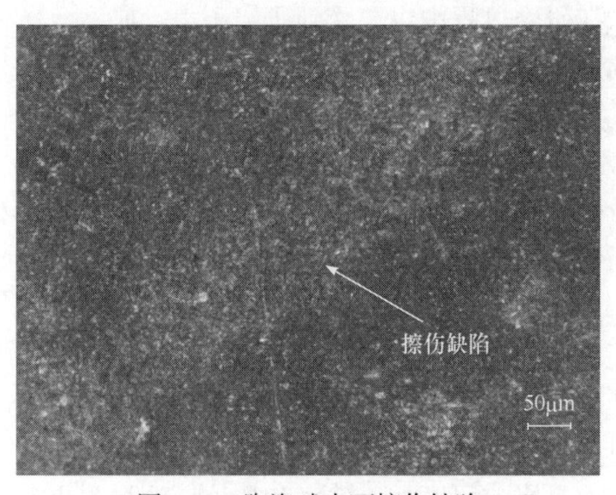

图 5.78　陶瓷球表面擦伤缺陷

划伤缺陷如图 5.79 所示，由图可知，划伤缺陷一方面是由于研磨初期金刚石磨粒比较尖锐，容易在陶瓷球表面形成划伤缺陷，另一方面是由于研磨过程中当研磨压力较大时，部分金刚石磨粒嵌入研磨盘表面，从而对陶瓷球表面进行划擦而形成划伤缺陷。观察划伤缺陷可以发现，金刚石磨粒在划擦过程中不仅会引起磨粒前方工件破碎，还会引起横向断裂与破裂铲除。划伤缺陷比较集中的区域会导致陶瓷球疲劳寿命的下降。

图 5.79　陶瓷球表面划伤缺陷

通过对陶瓷球表面缺陷进行观察分析可得，当压力较大、研磨盘转速较高或研磨液浓度较低时，材料以两体断裂去除为主，嵌入研磨盘中的金刚石磨粒易使陶瓷球表面产生划伤缺陷；当压力较小、研磨盘转速较低或研磨液浓度较高时，材料以三体脆性断裂去除为主，位于研磨盘和陶瓷球之间的游离磨粒易对陶瓷球表面产生挤压作用，进而形成凹坑和擦伤缺陷。

5.8.3　氮化硅陶瓷球研磨工艺试验

氮化硅陶瓷球在研磨过程中主要受到研磨压力、研磨盘转速、研磨液浓度和磨粒大小等因素的影响，目前对氮化硅陶瓷球的研磨加工主要采用设计新研磨设备的方式进行小批量的生产。本节将采用立式研磨机，并基于正交试验方法对氮化硅陶瓷球的研磨工艺参数进行研究，分析各工艺参数对材料去除率、表面粗糙度和批直径变动量的影响，以获得较好的加工效率、加工质量和工艺参数组合，为实际生产提供了一种高效的方法。

1. 试验条件

陶瓷球在研磨过程中会受到众多因素的影响，如球坯直径的变动量、磨料种类、磨料粒度、研磨盘转速和研磨压力等。在实际研磨加工中，研磨压力、研磨液浓度和研磨盘转速是影响研磨加工效率和加工精度最为重要的三个因素。

精研加工阶段主要是为了对粗磨加工后的陶瓷球进行进一步的研磨加工，以降低陶瓷球表面的粗糙度，提高表面精度和球度，减少表面缺陷，使精研后的陶瓷球更加接近成品球的要求。本节主要考察陶瓷球精研过程中研磨压力、研磨盘转速和研磨液浓度等因素对材料去除率和表面粗糙度的影响，考核各个因素的影响程度，并对研磨条件进行优化，以预测优化后的响应结果。

试验采用传统 V 形槽立式研磨机，其结构如图 5.80 所示，转盘 V 形槽直径为 492～786mm。试件为经过粗磨后的热等静压氮化硅毛坯球，粗糙度在 0.5287μm 左右。研磨磨粒为 W10 金刚石磨粒，其磨粒尺寸为 5～10μm。试验中研磨盘转速为 5～15r/min，研磨压力为 1～4kN，研磨液浓度为 5%～20%，每组试验用球 300 颗。研磨液采用煤油作为基液，并加入适量的机油调节黏稠度。

图 5.80　立式研磨机

2. 试验设计方法

1) 正交表设计

影响研磨精度的工艺因素有很多，如研磨压力、研磨盘转速、磨粒粒度和研磨液浓度等，其中研磨压力、研磨盘转速和研磨液浓度是影响研磨质量和研磨效率的最主要因素。现采用三因素三水平 $L_9(3^4)$正交试验，每个因素考察三个水平，正交试验的因素和水平如表 5.17 所示。

表 5.17　正交试验因素及水平

水平	因素		
	研磨盘转速/(r/min)	研磨压力/kN	研磨液浓度/%
1	5	1	5
2	10	2	10
3	15	4	20

采用正交试验可以将某一参数对试验结果的影响从其他试验参数中分离出来，每个因素的最佳水平值和对试验结果的影响程度均能在正交试验中确定，且采用正交试验可以将试验次数降到最少，同时正交试验中对每个因素均采用了平均响应的方法，故其能消除单因素试验中产生的试验误差影响[313]。

试验中采用了三因素三水平 $L_9(3^4)$正交试验，如表 5.18 所示，其中，A、B、C 分别表示为研磨盘转速(r/min)、研磨压力(kN)和研磨液浓度(%)。表中，每一行表示一组试验的参数组合，每一列中每个水平均出现三次。每两列都有 9 种组合(1, 1)、(1, 2)、(1, 3)、(2, 1)、(2, 2)、(2, 3)、(3, 1)、(3, 2)和(3, 3)。

表 5.18　$L_9(3^4)$正交试验表

试验号	试验参数		
	A	B	C
1	1	1	1
2	1	2	2
3	1	3	3
4	2	1	3
5	2	2	1
6	2	3	2
7	3	1	2
8	3	2	3
9	3	3	1

2) 试验设计

试验设计的正交试验表如表 5.19 所示，试验结果包括表面粗糙度 R_a、批直径变动量 V_{DWL}、材料去除率 MRR，用每一次获得的试验数据可分析各试验参数对试验结果的影响，且这些参数的影响是独立的。

表 5.19　氮化硅陶瓷球研磨工艺试验 $L_9(3^4)$正交试验表

试验号	试验参数		
	A	B	C
1	5	1	5
2	5	2	10
3	5	4	20
4	10	1	20
5	10	2	5
6	10	4	10

续表

试验号	试验参数		
	A	B	C
7	15	1	10
8	15	2	20
9	15	4	5

3. 试验数据评价及分析方法

1) 数据评价

每组试验结束后，采用 G&G JJ124BC 电子天平测量陶瓷球质量，通过与研磨前陶瓷球的质量比较，计算出每个陶瓷球在单位时间内的材料去除率 MRR。采用泰勒接触式 Surtronic25 型粗糙度仪测量表面粗糙度，在陶瓷球坯表面选取均匀分布的六个测量位置，在六个测量结果中去除最大值和最小值，其余取平均值。对每个陶瓷球的直径进行测量，其中最大值和最小值的差，即为批直径变动量。对试验中获得的数据进行平均值($\overline{R}$)和信噪比(S/N)计算，以便于优化分析。

(1) 平均值的计算。

试验获得数据的平均值计算如式(5.79)～式(5.81)所示：

$$\mathrm{MRR}_j = \left(M_{1j} - M_{2j}\right)/N \tag{5.79}$$

$$V_{\mathrm{DWL}} = R_{j\max} - R_{j\min} \tag{5.80}$$

$$\overline{R}_j = \sum_{i=1}^{r} \frac{R_{ij}}{r} = \frac{1}{r}\left(R_{1j} + R_{2j} + \cdots + R_{rj}\right) \tag{5.81}$$

式中，M_{1j} 表示研磨加工前的陶瓷球质量；M_{2j} 表示研磨加工后的陶瓷球质量；j 为试验号；r 为陶瓷球测量点的数量(试验中 $r = 4$)。

试验中，材料去除率越大表示研磨效率越高，表面粗糙度的平均值可以表示为目标值为零的平均偏差，即 $R_a \to 0$。

(2) 信噪比(S/N)的计算。

信噪比 S/N 可以表示研磨试验后陶瓷球表面粗糙度的平均值和偏差，可以作为试验分析的一种评估方法。S/N 采用 dB 值表示：

$$S/N = -10\lg \mathrm{MSD} \tag{5.82}$$

式中，MSD 是目标值为 0 的均方差；采用底数 10 是为了放大信噪比。

以计算表面粗糙度的信噪比为例：

$$\mathrm{MSD}_i = \sigma_{ij}^2 = \frac{1}{r}\sum_{i=1}^{r}\left(R_{ij}\right)^2 = \frac{1}{r}\sum_{i=1}^{r}\left(\overline{R}_j + \Delta R_{ij}\right)^2 = \frac{1}{r}\left(\sum_{i=1}^{r}\overline{R}_j^2 + 2\sum_{i=1}^{r}\overline{R}_j\Delta R_{ij} + \sum_{i=1}^{r}\Delta R_{ij}^2\right) \tag{5.83}$$

若 ΔR_{ij} 为正态分布，则 $2\sum_{i=1}^{r}\overline{R}_j\Delta R_{ij} = 0$，即

$$S/N_j = -10\lg \mathrm{MSD}_j = -10\lg\frac{1}{r}\sum_{i=1}^{r}R_{ij}^2 \tag{5.84}$$

式中，j 为试验号；r 为陶瓷球测量点的数量(试验中 $r=4$)。

平均值越小，变化率(MSD)也就越小，表示研磨加工效果越好。当平均值相等时，通过考察均匀性来表示研磨效果，均匀性好的表示研磨效果好。即平均值越小或者信噪比越大，研磨效果越好。

2) 水平平均响应

在正交试验中，可通过每个试验参数的平均响应来确定研磨试验适合的工艺条件。

(1) 采用平均值进行水平响应分析。

水平响应分析就是对每个因素中涉及的每个水平进行整合和平均响应。由表 5.18 可知，因素 A 研磨盘转速的第一个水平值出现在了 1、2 和 3 号试验中，因素 B 研磨压力和因素 C 研磨液浓度的三个水平值均出现在这些试验号中。因素 A 研磨盘转速的第二个水平值出现在 4、5 和 6 号试验中，因素 B 研磨压力和因素 C 研磨液浓度的三个水平值均出现在这些试验号中。因素 A 研磨盘转速的第三个水平值出现在 7、8 和 9 号试验中，因素 B 研磨压力和因素 C 研磨液浓度的三个水平值也均出现在这些试验号中。通过观察可知，因素 B 和因素 C 在因素 A 的某一水平条件下出现的概率是相等的，即表示因素 A 的水平响应不会受到因素 B 和因素 C 的影响。因此，可通过求解因素 A 在某一水平下的平均值，求得因素 A 研磨盘转速的最佳试验参数。同理也可以求解出因素 B 研磨压力和因素 C 研磨液浓度的最佳试验参数。对于材料去除率，平均响应值越大越好，而对于表面粗糙度，平均响应值越小越好。

(2) 采用信噪比进行水平响应分析。

水平平均信噪比的分析与水平平均值的分析类似。通过对信噪比的分析也可以确定各因素的最佳试验参数。信噪比越大，表示试验效果越好。采用信噪比进行分析可以较客观地分析试验结果。

3) 方差分析

正交试验中采用方差来表征试验中每个试验参数对结果的影响程度。试验过程中，研磨条件和其他不可控随机因素的影响会造成试验结果的差异，因此对试

验中可控和不可控因素的确定是十分重要的，通过对可控因素的确定可以表征其作用的显著性。方差分析方法通常用标准偏差平方值的和来表示各个试验参数的差异和差异度，其基本特性为：总的校正平方和$\mathrm{SS_T}$等于所有试验参数的处理平方和SS_k与误差平方和$\mathrm{SS_e}$相加，即

$$\mathrm{SS_T}=\mathrm{SS_A}+\mathrm{SS_B}+\mathrm{SS_C}+\mathrm{SS_e} \tag{5.85}$$

总的校正平方和可以表征可控和不可控因素造成的试验结果变动量，即

$$\mathrm{SS_T}=\sum_{j=1}^{n}\left(y_j-\overline{y}\right)^2=\sum_{j=1}^{n}y_j^2-2n\overline{y}^2+n\overline{y}^2=\sum_{j=1}^{n}y_j^2-\frac{G^2}{n} \tag{5.86}$$

式中，y_j表示每组试验结果的信噪比；$G=\sum y_j$表示所有试验结果的总和；n表示总的试验次数($n=9$)。

总的试验方差可表示为

$$V_\mathrm{T}=\mathrm{SS_T}/F_\mathrm{T} \tag{5.87}$$

式中，F_T为总方差的自由度，本试验中$F_\mathrm{T}=9-1=8$。

试验中每个试验参数下不同水平造成的试验结果差异可用处理平方和SS_k来表示，即

$$\mathrm{SS}_k=\sum_{i=1}^{t}tx\left(\overline{y}_i-\overline{y}\right)^2=\sum_{i=1}^{t}\left(\frac{S_{yi}^2}{t}\right)-\frac{G^2}{n} \tag{5.88}$$

式中，k为试验参数，即因素 A 研磨盘转速、因素 B 研磨压力和因素 C 研磨液浓度；i表示k具有的水平数；$\overline{y}_i$表示k在每一水平条件下的平均值；t为参数k下每个水平的重复次数，取$t=3$；S_{yi}为每个参数k下所有y_i的总和。

每个试验参数的方差为

$$V_k=\mathrm{SS}_k/F_k \tag{5.89}$$

式中，F_k为每个试验参数的自由度，本试验中$F_k=3-1=2$。

误差平方和为

$$\mathrm{SS_e}=\mathrm{SS_T}-\mathrm{SS_A}-\mathrm{SS_B}-\mathrm{SS_C} \tag{5.90}$$

则未知因素的方差为$V_\mathrm{e}=\mathrm{SS_e}/F_\mathrm{e}$，$F_\mathrm{e}=3-1=2$。

4. 试验结果和分析

1) 试验数据计算

每组研磨试验结束后，对研磨前后陶瓷球的质量进行测量，通过与研磨时间相除可得单个陶瓷球在单位时间内的材料去除率。研磨试验结束后，任意选取五

个陶瓷球进行表面粗糙度的测量，得到球坯直径及表面粗糙度数据 R_{a1}、R_{a2}、…、R_{a5}，每次试验结束后对获得的试验数据进行进一步处理得到每组试验参数下的平均值和信噪比。

(1) 试验平均值的计算。

对每组试验后陶瓷球进行试验数据测量后，可通过式(5.79)得到试验的平均值。

例如，对于第一组试验，通过测量和计算可得

$$\text{MRR} = 3.0767\text{mg/h}, \quad V_{\text{DWL}} = 1.0\mu\text{m}, \quad R_{a1} = 0.1800\mu\text{m}$$

(2) 试验信噪比的计算。

计算每组试验的信噪比前，需先计算其平均标准偏差 MSD，然后按照式(5.84)对信噪比进行计算。

例如，第一组试验中：

$$S/N_1 = 14.8946\,\text{dB}$$

将每组试验计算所得的材料去除率 MRR、批直径变动量 V_{DWL}、表面粗糙度 R_a 的平均值和信噪比(S/N)列于表 5.20。图 5.81 为部分表面粗糙度数据。

表 5.20　试验所得 MRR、V_{DWL} 和 R_a 平均值与信噪比结果

试验号	MRR/(mg/h)	V_{DWL}/μm	R_a/μm	S/N/dB	$(S/N)^2$
1	3.0767	1.0	0.1800	14.8946	221.8491
2	8.7183	1.6	0.1225	18.1325	328.7876
3	8.7483	1.4	0.1099	19.1269	365.8383
4	10.4650	1.8	0.1003	19.9673	398.6931
5	9.3900	2.9	0.1437	16.8384	283.5317
6	10.1533	2.1	0.1092	19.2053	368.8435
7	11.2300	2.5	0.1191	18.3159	335.4722
8	11.1350	1.7	0.1013	19.7756	391.0744
9	14.4600	3.0	0.1251	18.0505	325.8206
Σ	87.3766	18.0	1.1111	164.3070	3019.9105

2) 水平平均响应分析

(1) 采用平均值进行水平平均响应分析。

将因素 A 在水平 1 条件下的所有试验结果相加再除以试验次数，可得到因素 A 在水平 1 条件下的水平平均响应。例如，当计算因素 A 在条件 1 下的水平平均响应时，由于因素 A 水平 1 在试验 1、2 和 3 中出现，故将这三组试验的试验结

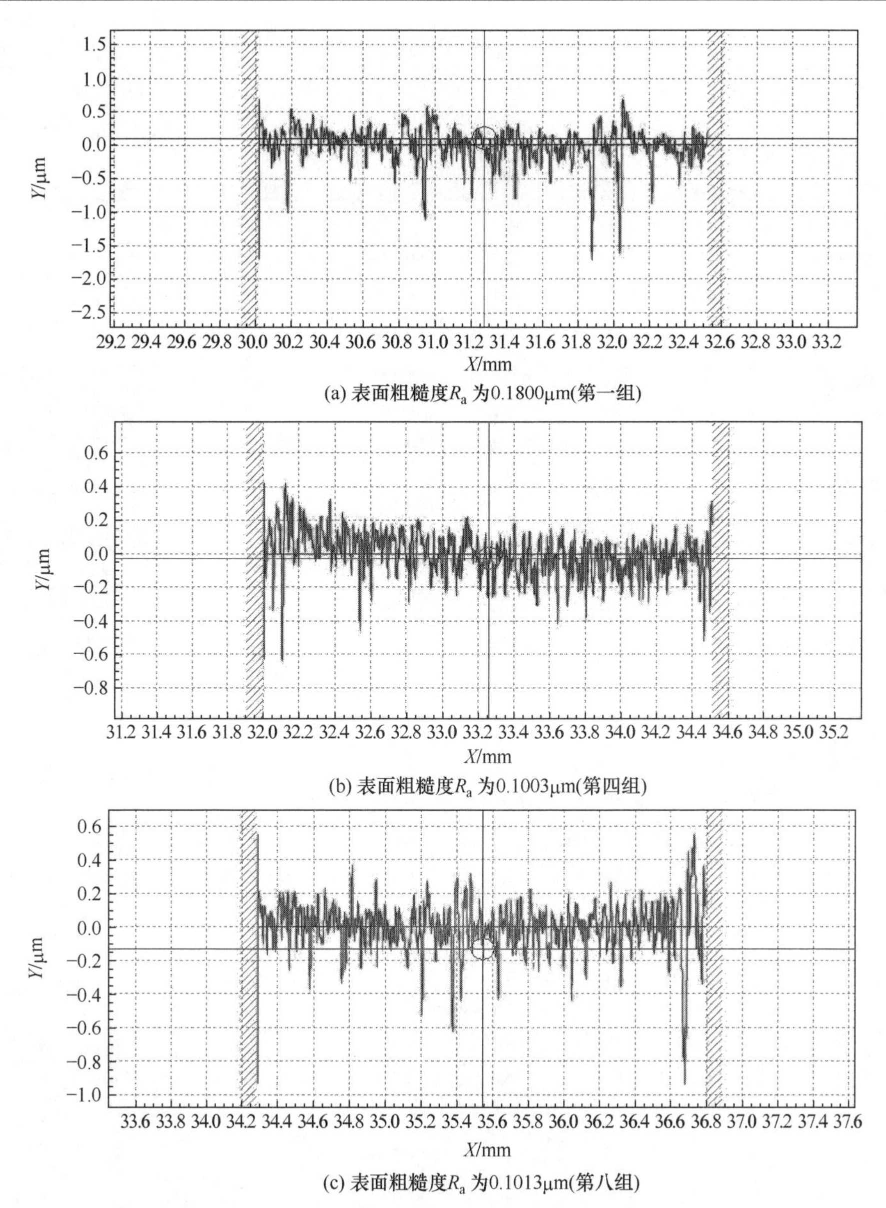

(a) 表面粗糙度R_a为0.1800μm(第一组)

(b) 表面粗糙度R_a为0.1003μm(第四组)

(c) 表面粗糙度R_a为0.1013μm(第八组)

图 5.81　研磨后陶瓷球表面粗糙度数据

果相加再除以 3 即可得因素 A 在水平 1 下的水平平均响应：

$$\mathrm{MRR}(\mathrm{A1}) = 6.8478\mathrm{mg/h},\quad V_{\mathrm{DWL}}(\mathrm{A1}) = 1.3\mu\mathrm{m},\quad R_a(\mathrm{A1}) = 0.1375\mu\mathrm{m}$$

同理，其他因素在不同水平下的水平平均响应也可得到，见表 5.21。

表 5.21 MRR、V_{DWL} 和 R_a 的水平平均响应分析

项目	试验号	试验结果			平均值		
		MRR/(mg/h)	V_{DWL}/μm	R_a/μm	MRR/(mg/h)	V_{DWL}/μm	R_a/μm
研磨盘转速水平							
5r/min	1	3.0767	1.0	0.1800	6.8478	1.3	0.1375
	2	8.7183	1.6	0.1225			
	3	8.7483	1.4	0.1099			
10r/min	4	10.4650	1.8	0.1003	10.0028	2.3	0.1177
	5	9.3900	2.9	0.1437			
	6	10.1533	2.1	0.1092			
15r/min	7	11.2300	2.5	0.1191	12.2750	2.4	0.1152
	8	11.1350	1.7	0.1013			
	9	14.4600	3.0	0.1251			
研磨压力水平							
1kN	1	3.0767	1.0	0.1827	8.2572	1.8	0.1332
	4	10.4650	1.8	0.0978			
	7	11.2300	2.5	0.1191			
2kN	2	8.7183	1.6	0.1225	9.7478	2.1	0.1225
	5	9.3900	2.9	0.1437			
	8	11.1350	1.7	0.1013			
4kN	3	8.7483	1.4	0.1099	11.1205	2.2	0.1132
	6	10.1533	2.1	0.1046			
	9	14.4600	3.0	0.1251			
研磨液浓度水平							
5%	1	3.0767	1.0	0.1827	8.9756	2.3	0.1505
	5	9.3900	2.9	0.1437			
	9	14.4600	3.0	0.1251			
10%	2	8.7183	1.6	0.1225	10.0339	2.1	0.1154
	6	10.1533	2.1	0.1046			
	7	11.2300	2.5	0.1191			
20%	3	8.7483	1.4	0.1099	10.1161	1.6	0.1030
	4	10.4650	1.8	0.0978			
	8	11.1350	1.7	0.1013			

由图 5.82 可见，氮化硅陶瓷球的材料去除率随着研磨盘转速、研磨压力和研磨液浓度的增加而不断增大。随着研磨盘转速的增加，单位时间内参与磨削的磨

粒增加，转速越高单位时间内参与磨削的磨粒越多，随着研磨盘转速的不断提高，材料去除率大幅提高；随着研磨压力的增加，陶瓷球与研磨盘的接触面积增大，参与磨削的磨粒增加，同时研磨压力的增加使得磨粒切入量增加，材料去除率随之提高，但当研磨压力增加到一定程度时，参与磨削的磨粒及磨粒的切入量逐渐保持不变，材料去除率的增长逐渐平缓；同样，随着研磨液浓度的增加，参与磨削的磨粒增加，材料去除率随之提高，但是当研磨液浓度达到饱和后，材料去除率逐渐保持不变。

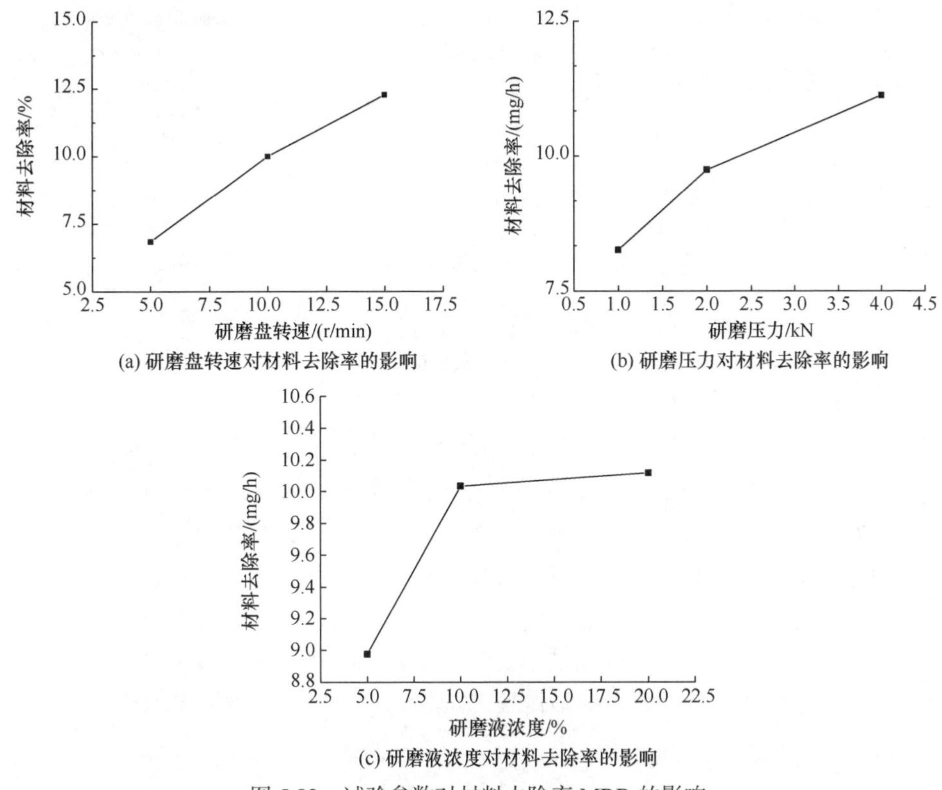

(a) 研磨盘转速对材料去除率的影响

(b) 研磨压力对材料去除率的影响

(c) 研磨液浓度对材料去除率的影响

图 5.82　试验参数对材料去除率 MRR 的影响

由图 5.83 可见，氮化硅陶瓷球的表面粗糙度随着研磨盘转速、研磨压力和研磨液浓度的增加而不断减小。随着研磨盘转速的增加，磨粒在陶瓷球表面翻滚的概率增加，陶瓷球表面被均匀磨削的概率增加，从而降低了表面粗糙度，但随着研磨盘转速的增加，陶瓷球表面的磨削均匀性不再变化，表面粗糙度也随之趋于平缓；随着研磨压力的增加，磨粒在陶瓷球表面的切入量增加，降低了陶瓷球表面波峰波谷的距离，进而降低了表面粗糙度；随着研磨液浓度的增加，参与磨削的磨粒增多，对陶瓷球表面的磨削加剧，进一步降低了表面粗糙度。

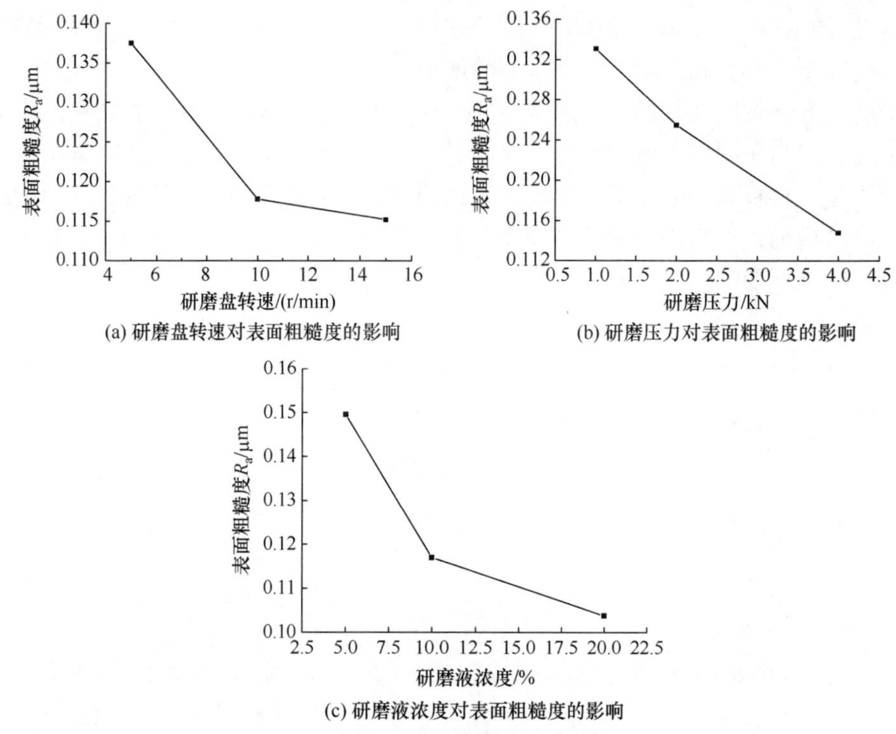

(a) 研磨盘转速对表面粗糙度的影响　　(b) 研磨压力对表面粗糙度的影响

(c) 研磨液浓度对表面粗糙度的影响

图 5.83　试验参数对表面粗糙度 R_a 的影响

由图 5.84 可知，批直径变动量随着研磨盘转速和研磨压力的增大而增大，随着研磨液浓度的增大而减小。随着研磨盘转速的增加，磨粒在陶瓷球表面翻滚的概率增加，不同直径的陶瓷球均可能被同时研磨到，无法保证先研磨大球再研磨小球，从而使批直径变动量增加；随着研磨压力的减小，直径较大的球受到的研磨压力较大，而直径较小的球几乎不受研磨压力，因此小的研磨压力可以保证较好的“尺寸选择性”；随着研磨液浓度的增加，陶瓷球表面被磨削的概率增加，

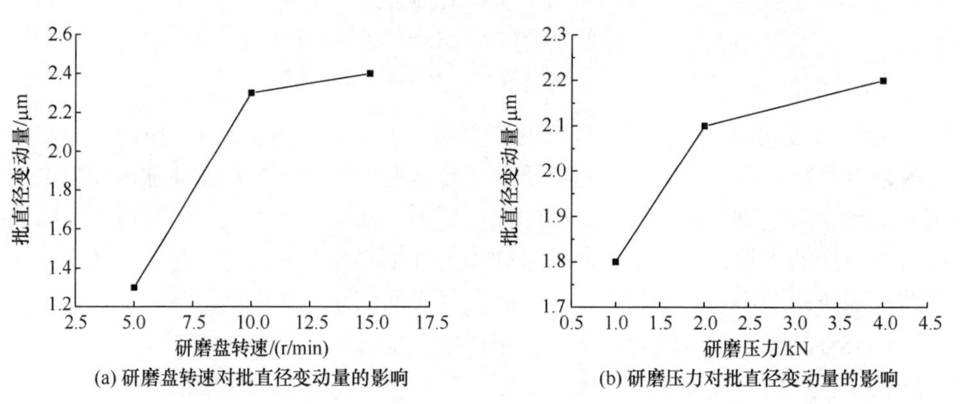

(a) 研磨盘转速对批直径变动量的影响　　(b) 研磨压力对批直径变动量的影响

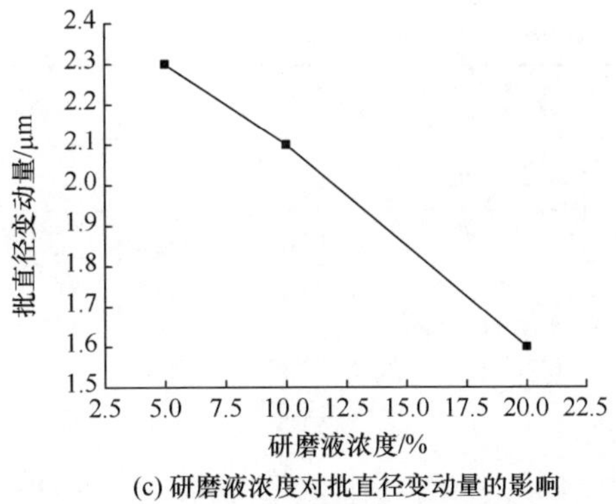

(c) 研磨液浓度对批直径变动量的影响

图 5.84　试验参数对批直径变动量的影响

使得直径较大的球可以很快与直径较小的球保持直径一致，从而使得批直径变动量降低。

(2) 采用信噪比进行水平平均响应分析。

通过计算可得表面粗糙度 R_a 在各个试验参数下的信噪比如表 5.22 所示。图 5.85 为三个试验参数对表面粗糙度 R_a 的信噪比影响曲线。由图可见，随着研磨盘转速的增加，陶瓷球表面粗糙度 R_a 逐渐变好；对于研磨压力，随着研磨压力的增大，表面粗糙度的 S/N 值变大，表明研磨压力越大表面粗糙度越好；对于研磨液浓度，随着研磨液浓度的增加，S/N 值变大，表明随着研磨液浓度的增加，表面粗糙度变好，与水平响应分析的结果是一致的。

表 5.22　表面粗糙度 R_a 的信噪比分析表

项目	试验号	R_a的 S/N	S/N 平均值	极差
研磨盘转速水平				
5r/min	1	14.8946	17.3847	1.3294
	2	18.1325		
	3	19.1269		
10r/min	4	19.9673	18.6703	
	5	16.8384		
	6	19.2053		
15r/min	7	18.3159	18.7140	
	8	19.7756		
	9	18.0505		

续表

项目	试验号	R_a的 S/N	S/N 平均值	极差
		研磨盘转速水平		
1kN	1	14.8946	17.7259	1.0683
	4	19.9673		
	7	18.3159		
2kN	2	18.1325	18.2488	
	5	16.8384		
	8	19.7756		
4kN	3	19.1269	18.7942	
	6	19.2053		
	9	18.0505		
		研磨液浓度水平		
5%	1	14.8946	16.5945	3.0288
	5	16.8384		
	9	18.0505		
10%	2	18.1325	18.5512	
	6	19.2053		
	7	18.3159		
20%	3	19.1269	19.6233	
	4	19.9673		
	8	19.7756		

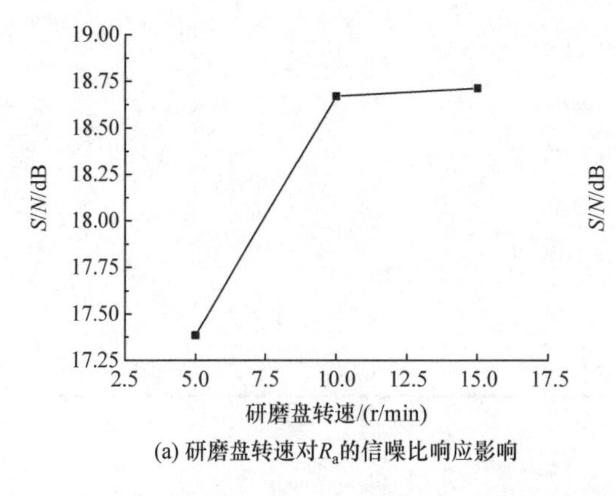

(a) 研磨盘转速对R_a的信噪比响应影响

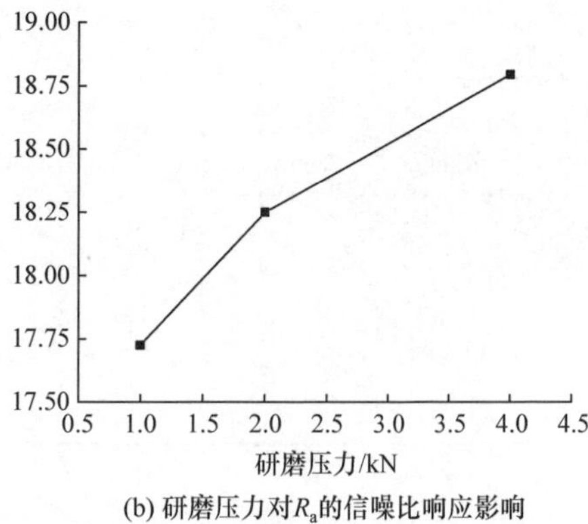

(b) 研磨压力对R_a的信噪比响应影响

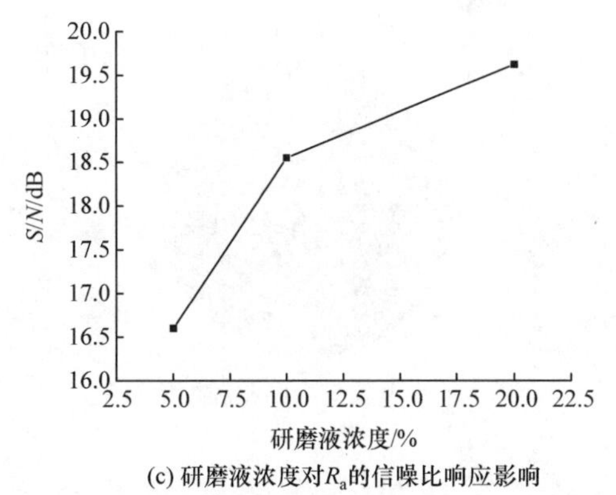

(c) 研磨液浓度对R_a的信噪比响应影响

图 5.85　试验参数对表面粗糙度 R_a 的信噪比响应影响

3) 表面粗糙度的方差分析

(1) 总变动量。

由所有试验结果的方差之和，根据式(5.86)可以得到

$$SS_T = 3019.911 - \frac{164.307^2}{9} = 20.27$$

(2) 可控因素变动量。

根据式(5.88)和表 5.22 的可控因素变动量：

$$SS_A = \frac{51.155^2 + 56.011^2 + 56.141^2}{3} - \frac{163.361^2}{9} \approx 3.42$$

同理可得 $SS_B = 1.71$， $SS_C = 14.15$ 。

(3) 不可控因素造成的试验变动量。

根据公式 $SS_e = SS_T - SS_A - SS_B - SS_C$ 可得

$$SS_e = 20.27 - 3.42 - 1.71 - 14.15 = 0.99$$

表 5.23 列出了表面粗糙度 R_a 的偏差平方和分析结果。图 5.86 给出了研磨盘转速、研磨压力和研磨液浓度以及其他因素对陶瓷球表面粗糙度的影响程度。

表 5.23　表面粗糙度 R_a 的偏差平方和结果

项目	自由度 DF	偏差平方和 SS	显著性/%
A	2	3.42	16.9
B	2	1.71	8.4
C	2	14.15	69.8
其他因素	2	0.99	4.9
总计	8	20.27	100

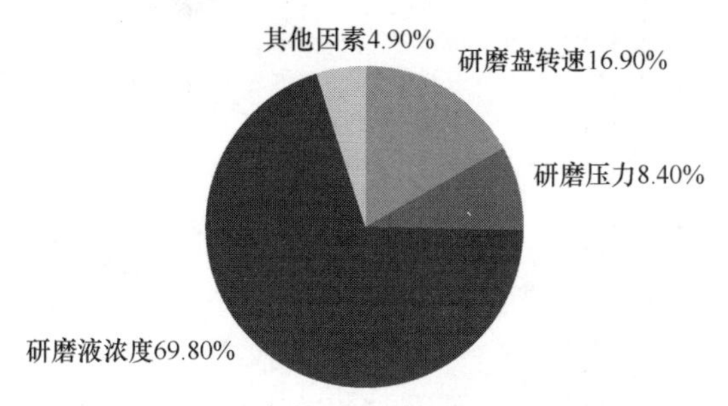

图 5.86　试验参数对表面粗糙度的影响程度

5.9　氮化硅全陶瓷球轴承检测

基于第 4 章分析得出的最优磨削工艺参数及其在氮化硅陶瓷轴承加工中的应用，利用加工装置及设备成功研制出高精密氮化硅陶瓷轴承套圈及滚珠。将套圈与滚珠进行装配，保持架材质为胶木，得到 H7009C 氮化硅全陶瓷角接触球轴承如图 5.87 所示。

+

=

图 5.87　H7009C 氮化硅全陶瓷角接触球轴承

将装配好的 H7009C 氮化硅全陶瓷角接触球轴承随机选取四套样品送至杭州轴承试验研究中心有限公司进行精度检测，检测装置及方法如图 5.88 所示。

(a) 外径测量

(b) 内径测量

(c) 宽度测量

(d) 外圈跳动测量

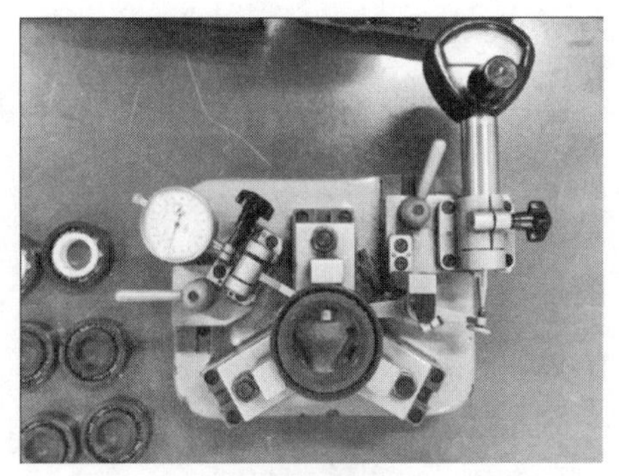

(e) 内圈跳动测量

图 5.88　H7009C 氮化硅全陶瓷角接触球轴承精度检测

图 5.88(a)为对轴承外径偏差、外径变动量进行检测；图 5.88(b)为对轴承内径偏差、内孔直径偏差、内径变动量进行检测；图 5.88(c)为对轴承内、外圈宽度偏差、宽度变动量进行检测；图 5.88(d)为对轴承外圈径向跳动、外圈轴向跳动、外圈表面对端面垂直度进行检测；图 5.88(e)为对轴承内圈径向跳动、内圈轴向跳动、内圈端面对内孔垂直度进行检测。

经过检测得出生产加工的 4 套 H7009C 氮化硅全陶瓷角接触球轴承公差指标如表 5.24 和表 5.25 所示，精度等级 P4 级。

表 5.24　外圈公差检测表　(单位：μm)

标准	ΔD_{mp}		ΔD_s		V_{Dsp}		最大 V_{Dmp}	最大 K_{ea}	S_D	S_{ea}	ΔC_s			最大 V_{CS}
	上偏差	下偏差	上偏差	下偏差							上偏差	下偏差 正常	下偏差 修正	
	0	–7	0	–7	7	5	3.5	5	4	5	0	–120	–250	3
1#	0	–3	0	–3	4	2	1	4	2	4	0	–40	–110	1
2#	0	–2	0	–3	3	1	1	3	2	5	0	–42	–122	1
3#	0	–2	0	–2	4	1	2	5	3	3	0	–45	–132	2
4#	0	–3	0	–2	2	1	1	4	3	4	0	–42	–123	1

表 5.25　内圈公差检测表　(单位：μm)

标准	Δd_{mp}		Δd_s		V_{dsp}		最大 V_{dmp}	最大 K_{ia}	S_d	S_{ia}	ΔB_s			最大 V_{BS}
	上偏差	下偏差	上偏差	下偏差							上偏差	下偏差 正常	下偏差 修正	
	0	–6	0	–6	6	5	3	4	4	4	0	–120	–250	3
1#	0	–1	0	–2	2	1	1	4	2	3	0	–40	–122	1
2#	0	–1	0	–1	3	1	1	3	2	3	0	–37	–116	1
3#	0	–2	0	–1	2	1	1	2	2	4	0	–36	–105	1
4#	0	–1	0	–2	2	1	1	3	2	2	0	–42	–128	1

表 5.24 和表 5.25 中符号含义如下：

ΔD_{mp}——单一平面平均外径偏差；

ΔD_s——单一外径偏差；

V_{Dsp}——单一平面外径变动量；

V_{Dmp}——平均外径变动量；

K_{ea}——成套轴承外圈的径向跳动；

S_D——外圈外表面对端面的垂直度；

S_{ea}——成套轴承外圈轴向跳动；

ΔC_s——外圈单一宽度偏差；

V_{CS}——外圈宽度变动量；

Δd_{mp}——单一平面平均内径偏差；

Δd_s——单一内孔直径偏差；

V_{dsp}——单一平面内径变动量；

V_{dmp}——平均内径变动量；

K_{ia}——成套轴承内圈的径向跳动；

S_d——内圈端面对内孔的垂直度；

S_{ia}——成套轴承内圈轴向跳动；

ΔB_s——内圈单一宽度偏差；

V_{BS}——内圈宽度变动量。

5.10　本章小结

本章以 H7009C 氮化硅全陶瓷角接触球轴承为例，介绍了陶瓷轴承套圈、滚珠的加工工艺及加工装置，并对前文优化得出的最优磨削工艺参数在轴承套圈生产过程中的应用进行了分析，通过相应检测得到工件及成品的加工质量。主要结论如下。

(1) 通过双目标多元函数模型确定了 P4 级 H7009C 氮化硅轴承磨削加工工艺参数范围，并在该范围内选取了 3 组代表性磨削工艺参数进行理论计算与实际加工对比分析，得出套圈端面、内圆和沟道磨削加工过程中表面粗糙度计算值与产品测量值误差范围在 0.9%～13.5%，误差较小。外圈内圆在最优磨削参数加工过程中，磨削力较小，加工后的表面粗糙度较小，但是圆度加工精度波动较大，这与工装卡具有关。通过改进的无心卡具，对外圈沟道进行精磨，检测得出圆度指标改进很大，这说明卡具对圆磨加工有重要影响。

(2) 在沟道超精加工过程中，工件切线速度为影响沟道表面粗糙度的最大因素，油石压力对沟道粗糙度的影响最小。当切线速度降低、油石振荡频率变高、油石压力减小时，超精后的沟道表面粗糙度减小。油石压力是影响沟道超精圆度的最大因素，油石振荡频率对沟道超精圆度的影响最小。为了保障沟道圆度，可以提高油石压力，降低切线速度，提高油石振荡频率。

(3) 对陶瓷球研磨成球的过程进行分析，分析表明陶瓷球成球基于研磨剂中磨粒对球坯表面微凸反复磨削去除，研磨轨迹能否均匀地分布于陶瓷球表面是决定陶瓷球精度的关键因素之一。对陶瓷球研磨过程中的运动规律进行分析，建立研磨接触点在陶瓷球表面的运动规律方程，并在仿真软件中进行仿真，发现在自转角充分变化的条件下，陶瓷球表面研磨轨迹均匀包络。构建陶瓷球垂直于沟槽面和沿沟槽面的动力学模型，发现随着研磨压力和摩擦系数的增大，陶瓷球变得不容易发生打滑。为进一步探究多球系统下的成球机制，建立了多球系统下尺寸均匀性的力学模型，发现较小的研磨压力有助于提高球坯直径的均匀性。

(4) 建立磨粒研磨陶瓷球多种运动方式的仿真模型。选用截角八面体模拟金刚石磨粒，在仿真软件中构建了磨粒挤压作用仿真模型、滚动磨粒定切深切削模型、滚动磨粒变切深切削模型和滑动磨粒定切深切削模型，采用有限元法进行六面体网格划分，按照应力应变屈服准则来设定相互作用，并针对不同运动方式设定了不同的边界条件。仿真结果表明，当磨粒产生冲击作用时，表面材料会受微切削作用产生破碎去除，同时也会受挤压作用产生脆性断裂去除，当磨粒以滚动方式作用在陶瓷球表面时，陶瓷球表面更容易形成粉末化去除，且两体磨损材料去除率比三体磨损高。通过观察仿真过程中最大等效应力变化情况可得，各磨粒冲击作用方式产生的最大等效应力由大到小的顺序为滚动磨粒变切深>滚动磨粒定切深>磨粒挤压>滑动磨粒定切深，其中，当磨粒以滚动变切深的方式产生冲击作用时，产生的亚表面裂纹最深。

(5) 建立磨粒在陶瓷球表面的运动模型和力学模型，分析磨粒对陶瓷球表面的材料去除形式，并对锥形磨粒在研磨过程中的受力进行了分析。分析表明，通过合理改变陶瓷球的自转角速度、公转角速度及研磨盘转速，可以极大地提高研磨质量，且磨削深度与磨削力呈正比例关系。对陶瓷球表面材料去除机制进行研究，对材料去除形式进行了分类，并构建了磨粒切削运动及滚动运动的运动模型。研究表明，研磨盘转速、研磨压力和研磨液浓度是影响材料去除机制的重要参数；同等压力和转速条件下，两体磨损的材料去除率高于三体磨损，且三体磨损和两体磨损转换的临界条件为 D/h=1.74。通过试验方法对不同工艺参数下材料的去除方式进行了研究，并对不同去除方式下的表面缺陷进行了分析。研究表明，当压力较大、研磨盘转速较高或研磨液浓度较低时，材料以两体断裂去除为主，陶瓷球表面易出现划伤缺陷；当压力较小、研磨盘转速较低或研磨液浓度较高时，材料以三体脆性断裂去除为主，陶瓷球表面易出现凹坑和擦伤缺陷。同时也发现，在研磨过程中氮化硅陶瓷球表面材料存在脆性断裂去除和粉末化去除两种材料去除方式,陶瓷球表面残留有大量贝壳状缺陷和呈簇状随机分布的粉末化材料区域。

(6) 研磨加工过程中,材料去除率越高,表明研磨效率越高;陶瓷球表面粗糙度越小,表明研磨质量越好。通过试验分析可得,满足这两个条件的最佳研磨工艺参数组合为 A3B3C3,且与水平平均响应分析一致。通过研究可得,在试验参数中,因素 C 研磨液浓度的影响最大,因素 A 研磨盘转速的影响次之,因素 B 研磨压力的影响最小,此外,还有其他因素也会对陶瓷球表面的研磨质量造成一定的影响。当批量研磨陶瓷球时,较小的研磨盘转速、研磨压力和较大的研磨液浓度,可以保证较好的“尺寸选择性”,与理论分析一致。研磨加工的目的为降低陶瓷球毛坯表面的缺陷,提高陶瓷球表面研磨质量和精度。通过上述分析可得,在一定的参数范围内,最佳的工艺参数组合为 A3B3C3。

(7) 介绍了锥形研磨法及实际装置在高精度陶瓷滚珠精研加工中的应用。对装配好的全陶瓷角接触球轴承检测进行了简介,经测量 H7009C 氮化硅全陶瓷角接触球轴承精度等级达到 P4 级。

第 6 章　全陶瓷球轴承辐射噪声模型

6.1　概　　述

全陶瓷角接触球轴承具有很好的抗磨性与耐腐蚀性，特别是在高温环境下具有较好的热稳定性，可以达到较高的转速。但是由于其材料的高硬脆性、高刚度及小的阻尼系数，全陶瓷角接触球轴承在运转中产生的噪声很难被吸收，导致全陶瓷角接触球轴承有很大的辐射噪声。全陶瓷角接触球轴承辐射噪声主要来源于轴承各组件间的摩擦与撞击振动[314-316]。因此，轴承的运行状态与载荷分布直接影响着其辐射噪声特性。近几年，对轴承动态性能的研究较多，提出了多种方法分析轴承的动态特性，如静力学分析方法、拟静力学分析方法、拟动力学分析方法、动力学分析方法以及有限元分析方法等[191]。但对全陶瓷角接触球轴承的研究相对较少，特别是对全陶瓷角接触球轴承声学特性的研究更是很少有报道。由于陶瓷材料的高刚度特性，陶瓷材料的接触变形小，陶瓷球有微小的球径差就可能导致其受力的极度不均匀性[317]，从而影响轴承动态特性，产生较大的辐射噪声。此外，因全陶瓷球轴承材料的热膨胀系数小，在高温条件下，轴承外圈将与轴承座产生间隙，影响轴承的运行动态，导致轴承外圈与轴承座之间的冲击噪声[318, 319]。因此，研究全陶瓷角接触球轴承辐射噪声特性，首先需要建立准确的模型来计算全陶瓷角接触球轴承辐射噪声，本章阐述全陶瓷角接触球轴承的特点，并介绍球轴承相关的基础理论，根据轴承各组件在运行中的相互作用与受力特性，进一步考虑球径差以及温度效应对轴承动态特性的影响，建立全陶瓷角接触球轴承的动力学微分方程。然后，根据各轴承组件的振动速度以及结构特点，结合多种声源类型，建立陶瓷球、内圈、外圈及保持架的辐射噪声模型，根据声场叠加原理，建立基于多声源法的全陶瓷球轴承辐射噪声计算模型，并通过试验对模型进行验证。

6.2　全陶瓷球轴承组件相互作用分析

6.2.1　陶瓷球与套圈的作用分析

1. 陶瓷球与套圈的接触分析

陶瓷球与轴承套圈之间的摩擦与撞击是产生振动噪声的主要原因，因此研究全陶瓷球轴承辐射噪声特性，分析陶瓷球与套圈的接触状态尤为重要。

在角接触轴承组件之间的接触计算中，一般认为球与内外沟道以点接触方式发生点接触变形。因此，当有很小的外力作用在轴承上时，球与套圈在接触点处的相互挤压作用就会产生较大的接触应力。为研究陶瓷球与套圈的接触振动特性，这里仍以点接触分析全陶瓷角接触球轴承的接触应力变化，并且接触变形符合赫兹弹性接触理论[320]。

由赫兹接触理论，接触力 Q 为

$$Q = K\delta^{3/2} \tag{6.1}$$

式中，δ 为接触变形量；K 为接触刚度，其计算公式为

$$\begin{aligned} K &= \frac{1}{3}E'\left(\sum\rho\right)^{1/2}\left(\frac{2}{\delta^*}\right)^{3/2} \\ \delta^* &= \frac{2F}{\pi}\left(\frac{\pi}{2\kappa^2 E}\right)^{1/3} \end{aligned} \tag{6.2}$$

式中，E' 为弹性模量参数；κ为椭圆的偏心率参数；E 和 F 分别为第一类和第二类完全椭圆积分[321]。

因此，可以通过接触变形量计算法向接触力，以及接触区椭圆长半轴与短半轴的长度。下面分析接触变形的计算以及接触角的变化。

图 6.1 为陶瓷球与套圈接触受力示意图。

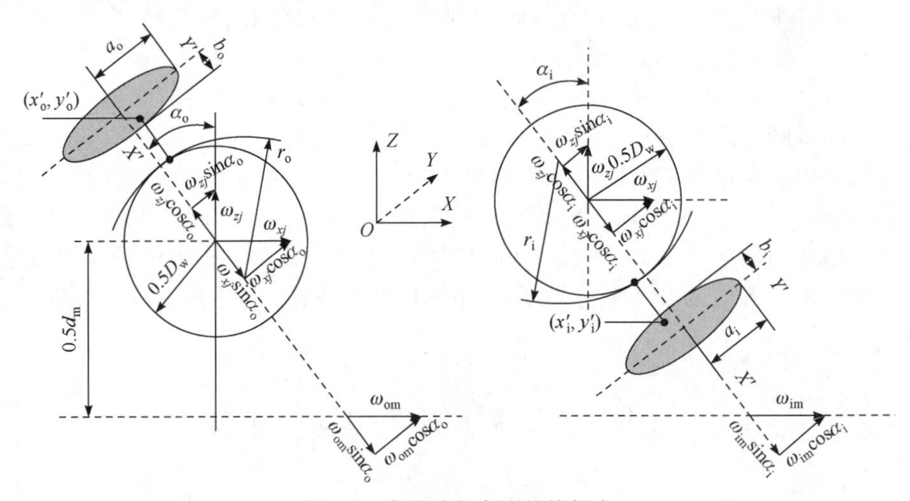

图 6.1　陶瓷球与套圈的接触点

在分析陶瓷球与轴承套圈接触受力变形时，从陶瓷球中心与内外圈沟道曲率中心的位移变化进行分析，然后根据赫兹接触理论，计算出陶瓷球与套圈的法向

接触力。

在无载荷作用下，内外圈沟道曲率中心与陶瓷球中心在一条直线上，而当轴承受到载荷作用后，由于陶瓷球在运行中产生的离心力使其中心可能会偏离内外圈沟道曲率中心连成的直线，从而导致陶瓷球与内外套圈接触变形的改变。与钢轴承不同的是，全陶瓷球轴承因材料刚度大，在相同载荷作用下其接触变形量较小，并且陶瓷材料热变形量小，轴承在运行中，由于温升，陶瓷轴承外圈与其轴承座将产生间隙，导致全陶瓷球轴承外圈振动，外圈沟道曲率中心位置将发生改变。此外，当陶瓷球径存在较小差异时，在高速运转中，由于离心力的影响，较小球径的陶瓷球仅与外圈接触，而不承受内圈的作用力。因此，承载的陶瓷球的个数减少，较大球径的陶瓷球承受较大的作用力。

如图 6.2 所示，第 j 个陶瓷球中心与内外圈沟道曲率中心的距离与接触区域变形量有关，变形量分别用 δ_{ij} 和 δ_{oj} 表示。

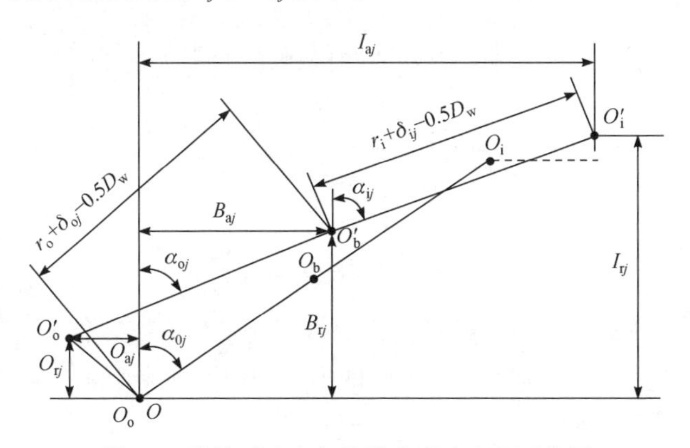

图 6.2　陶瓷球中心与沟道曲率中心相对位置

假设初始位置的外圈沟道曲率中心为参考坐标点，第 j 个陶瓷球位移量为($\Delta x_j, \Delta z_j$)，内圈位移量为($\Delta x_i, \Delta y_i, \Delta z_i$)，外圈位移量为($\Delta x_o, \Delta y_o, \Delta z_o$)。

当陶瓷球与套圈接触时，根据图 6.2 的几何关系，可以得到第 j 个陶瓷球中心、内圈以及外圈沟道曲率中心发生变形后的位置计算公式如下。

第 j 个陶瓷球中心：

$$\begin{aligned} B_{aj} &= \left(r_o - \frac{D_{wj}}{2}\right)\sin\alpha_{0j} + \Delta x_j \\ B_{rj} &= \left(r_o - \frac{D_{wj}}{2}\right)\cos\alpha_{0j} + \Delta y_j \end{aligned} \tag{6.3}$$

内圈沟道曲率中心：

$$
\begin{aligned}
I_{aj} &= (r_i + r_o - D_{wj})\sin\alpha_{0j} + \Delta x_i \\
I_{rj} &= (r_i + r_o - D_{wj})\cos\alpha_{0j} + \Delta y_i \sin\phi_{ij} + \Delta z_i \cos\phi_{ij}
\end{aligned} \tag{6.4}
$$

外圈沟道曲率中心：

$$
\begin{aligned}
O_{aj} &= \Delta x_o \\
O_{rj} &= \Delta y_o \sin\phi_{oj} + \Delta z_o \cos\phi_{oj}
\end{aligned} \tag{6.5}
$$

以上各式中，α_{0j}为第j个陶瓷球与套圈接触过程中任意变化的接触角。因此，可以得到第j个陶瓷球与内外圈之间的接触变形量分别为

$$
\begin{aligned}
\delta_{ij} &= \sqrt{\left(I_{aj} - B_{aj}\right)^2 + \left(I_{rj} - B_{rj}\right)^2} - \left(r_i - \frac{D_{wj}}{2}\right) \\
\delta_{oj} &= \sqrt{\left(O_{aj} + B_{aj}\right)^2 + \left(O_{rj} - B_{rj}\right)^2} - \left(r_o - \frac{D_{wj}}{2}\right)
\end{aligned} \tag{6.6}
$$

从而得到变形后第j个陶瓷球与内外圈的接触角分别为

$$
\begin{aligned}
\alpha_{ij} &= \arctan\left(\frac{I_{aj} - B_{aj}}{I_{rj} - B_{rj}}\right) \\
\alpha_{oj} &= \arctan\left(\frac{O_{aj} + B_{aj}}{O_{rj} - B_{rj}}\right)
\end{aligned} \tag{6.7}
$$

当存在陶瓷球与内圈不接触时，如图 6.3 所示，可以假想为接触状态，然后根据接触时的公式计算得到第j个陶瓷球中心到内圈曲率中心的距离为[322]

$$
L_{ij} = \sqrt{\left(I_{aj} - B_{aj}\right)^2 + \left(I_{rj} - B_{rj}\right)^2} < r_i - \frac{D_{wj}}{2} \tag{6.8}
$$

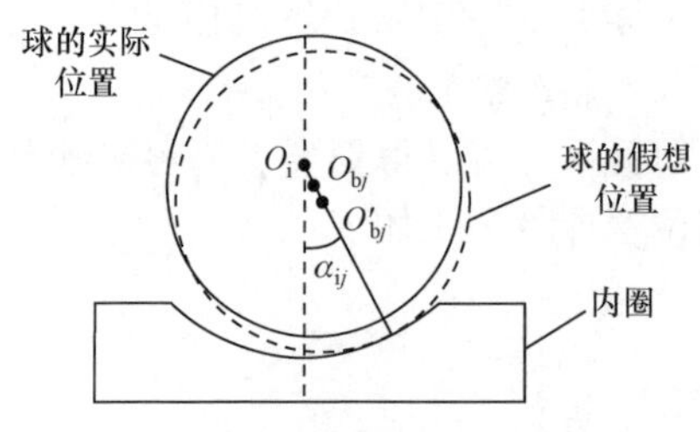

图 6.3　非承载陶瓷球接触角计算

由此可知，这时由式(6.6)计算得到的陶瓷球与内圈接触变形为负值，而实际上此时接触变形为零，接触作用力为零。由于陶瓷球与内圈不接触，不存在接触角，为了分析计算方便，仍以球心与沟道曲率中心的连线方向作为接触受力方向，并将其与径向夹角作为接触角来分析轴承运行状态。因此，满足式(6.8)的陶瓷球与内圈不接触。

通常情况，轴承在高速旋转过程中，由于陶瓷球的离心力作用，轴承外圈所受接触力要大于内圈，并且，在受载荷时，陶瓷球与内外圈在不同位置的接触产生的接触角也会有所不同。因此，随着轴承的旋转，每个陶瓷球都会在轴承圆周

方向产生不同的周期性受载情况。

图 6.4 给出了陶瓷球在离心力和陀螺力矩作用下的受力示意图，第 j 个陶瓷球所受离心力和陀螺力矩[150]可以分别表示为

$$F_{cj}=\frac{m_b d_m \dot{\theta}_{bj}^2}{2} \tag{6.9}$$

$$M_{gj}=I_b\omega_j\dot{\theta}_{bj}\sin\beta_j \tag{6.10}$$

式中，m_b 为陶瓷球质量；d_m 为轴承节圆直径；I_b 为陶瓷球的转动惯量；ω_j 为第 j 个陶瓷球的自转速度；β_j 为第 j 个陶瓷球自转旋转轴与其自身坐标轴 X 轴的夹角；$\dot{\theta}_{bj}$ 为陶瓷球在轨道上的角速度。

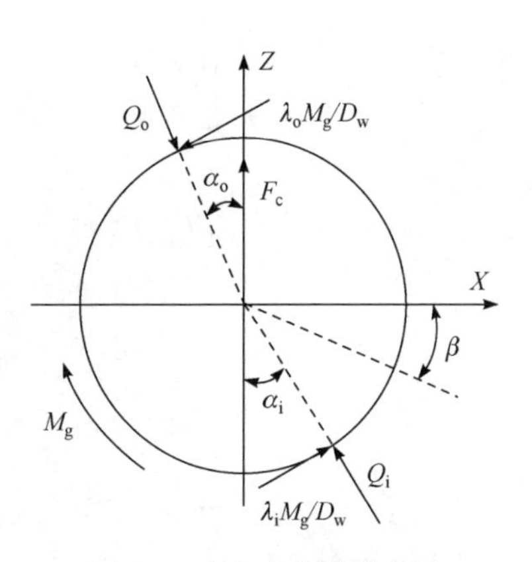

图 6.4　离心力和陀螺力矩作用下的受力示意图

2. 陶瓷球与滚道润滑状态分析

轴承在运行中需要加入适量的润滑剂，如果没有足够的润滑作用，陶瓷球与滚道间就会产生干摩擦或者边界摩擦，导致滚道及陶瓷球摩擦磨损而产生更大的噪声[323]，甚至出现失效，良好的润滑对轴承运行状态起着至关重要的作用。然而，过量的润滑剂也会导致搅油现象，热量不容易扩散，轴承温升过高导致轴承故障。全陶瓷球轴承在运行过程中需要的润滑供油总量[324]为

$$q_m=\sum_{j=1}^{N}q_{ij}+\sum_{j=1}^{N}q_{oj} \tag{6.11}$$

式中，N 为陶瓷球个数；q_{ij} 和 q_{oj} 分别为第 j 个陶瓷球与内外圈接触区润滑所需的供油量。若采用 q_j 为第 j 个陶瓷球与内圈或外圈接触区润滑所需供油量，则有

$$q_j=\rho_m h_c \mu_m \tag{6.12}$$

式中，ρ_m 为接触区润滑油密度；μ_m 为接触表面的平均速度，即当量转速；h_c 为接触区域的油膜厚度，根据 Hamrock-Dowson 研究结果，润滑油膜厚度可以由下面公式计算[145]：

$$h_c=2.69R_xU^{0.67}G^{0.53}W^{-0.067}\left(1-0.61e^{-0.73}\right) \tag{6.13}$$

式中，$U=\eta_0\mu_m/(E'R_x)$ 为无量纲速度，η_0 为在标准大气压下 20℃时润滑剂黏度；$R_x=D_w\left(1\mp\gamma_b\right)/2$ 为当量曲率半径，负号用于计算内圈当量曲率半径，正号用于计算外圈当量曲率半径；$G=E'c_\eta$ 为无量纲弹性模量，c_η 表示黏度压力系数；

$W = Q/(E'R_x^2)$ 为无量纲载荷，Q 表示接触载荷。

当考虑温度变化对润滑油黏度的影响时，润滑油黏度可以由式(6.14)[325]计算：

$$\eta(x', y') = \eta_0 \exp\left[B\left(\frac{R_0 r_t}{V/V_0 - R_0 r_t} - \frac{R_0}{1-R} \right) \right] \tag{6.14}$$

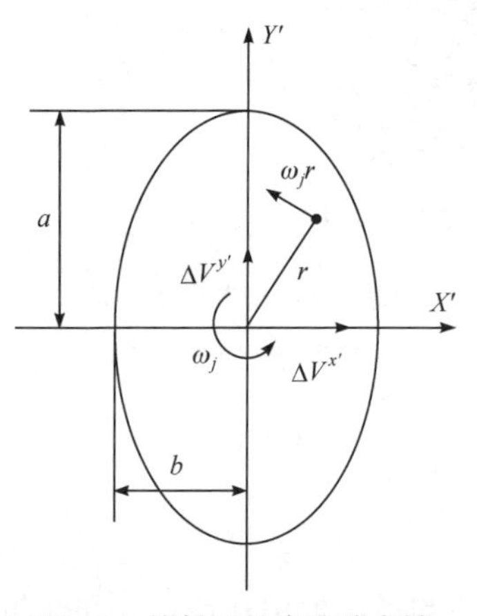

图 6.5 接触区的陶瓷球自转

式中，B 为润滑油的 Doolittle-Tait 参数；R_0 为 20℃时的相对体积；$r_t = 1 + \varepsilon(T - T_0)$ 为体积随温度呈线性变化的系数，ε 为体积膨胀系数，T_0 为 20℃。

因此，由油膜厚度计算公式(6.13)，如图 6.5 所示，可以得到第 j 个陶瓷球与内外圈接触位置的牵引力[151]计算公式：

$$\begin{aligned} T_{ij} &= -\frac{1}{h_{ic}} \int_{-a}^{a} \int_{-b}^{b} \eta_i(x', y') \Delta V_{ij}(x', y') \mathrm{d}x' \mathrm{d}y' \\ T_{oj} &= -\frac{1}{h_{oc}} \int_{-a}^{a} \int_{-b}^{b} \eta_o(x', y') \Delta V_{oj}(x', y') \mathrm{d}x' \mathrm{d}y' \end{aligned} \tag{6.15}$$

由牵引力产生的力矩为

$$\begin{aligned} M_{ij} &= -\frac{1}{h_{ic}} \int_{-a}^{a} \int_{-b}^{b} \eta_i(x', y') (x'\vec{i} + y'\vec{j}) \Delta V_{ij}(x', y') \mathrm{d}x' \mathrm{d}y' \\ M_{oj} &= -\frac{1}{h_{oc}} \int_{-a}^{a} \int_{-b}^{b} \eta_o(x', y') (x'\vec{i} + y'\vec{j}) \Delta V_{oj}(x', y') \mathrm{d}x' \mathrm{d}y' \end{aligned} \tag{6.16}$$

式中，ΔV_{ij} 和 ΔV_{oj} 为第 j 个陶瓷球与内外套圈的相对速度，由式(6.17)计算：

$$\begin{aligned} \Delta V_{ij}(x', y') &= \left(\Delta V_{ij}^{x'} - \omega_{ij} y'\right)\vec{i} + \left(\Delta V_{ij}^{y'} + \omega_{ij} x'\right)\vec{j} \\ \Delta V_{oj}(x', y') &= \left(\Delta V_{oj}^{x'} - \omega_{oj} y'\right)\vec{i} + \left(\Delta V_{oj}^{y'} + \omega_{oj} x'\right)\vec{j} \end{aligned} \tag{6.17}$$

式中，$\Delta V_{ij}^{x'}$、$\Delta V_{oj}^{x'}$、ω_{ij}、ω_{oj} 分别为第 j 个陶瓷球与内外套圈椭圆形接触区域沿长半轴和短半轴的滑移速度和陶瓷球自转速度，可以由以下公式计算。

滑移速度：

$$\begin{aligned} \Delta V_{ij}^{x'} = &-\frac{1}{2} d_m \left(\omega_i - \dot{\theta}_{bj}\right) - \left[\omega_{zj} \sin\alpha_{ij} + \omega_{xj} \cos\alpha_{ij} + \left(\omega_i - \dot{\theta}_{bj}\right)\cos\alpha_{ij}\right] \\ &\cdot \left\{ \left(r_i^2 - x_{ij}'^2\right)^{1/2} - \left(r_i^2 - a_{ij}^2\right)^{1/2} + \left[\left(\frac{D_{wj}}{2}\right)^2 - a_{ij}^2\right]^{1/2} \right\} \end{aligned} \tag{6.18}$$

$$\Delta V_{ij}^{y'} = -\omega_{yj}\left\{\left(r_{\mathrm{i}}^2 - x_{ij}'^2\right)^{1/2} - \left(r_{\mathrm{i}}^2 - a_{ij}^2\right)^{1/2} + \left[\left(\frac{D_{wj}}{2}\right)^2 - a_{ij}^2\right]^{1/2}\right\}$$

$$\begin{aligned}\Delta V_{\mathrm{o}j}^{x'} = &-\frac{1}{2}d_{\mathrm{m}}\left(\omega_{\mathrm{o}} - \dot{\theta}_{\mathrm{b}j}\right) - \left[\omega_{zj}\sin\alpha_{\mathrm{o}j} + \omega_{xj}\cos\alpha_{\mathrm{o}j} + \left(\omega_{\mathrm{o}} - \dot{\theta}_{\mathrm{b}j}\right)\cos\alpha_{\mathrm{o}j}\right] \\ &\cdot\left\{\left(r_{\mathrm{o}}^2 - x_{\mathrm{o}j}'^2\right)^{1/2} - \left(r_{\mathrm{o}}^2 - a_{\mathrm{o}j}^2\right)^{1/2} + \left[\left(\frac{D_{wj}}{2}\right)^2 - a_{\mathrm{o}j}^2\right]^{1/2}\right\}\end{aligned} \tag{6.19}$$

$$\Delta V_{\mathrm{o}j}^{y'} = -\omega_{yj}\left\{\left(r_{\mathrm{o}}^2 - x_{\mathrm{o}j}'^2\right)^{1/2} - \left(r_{\mathrm{o}}^2 - a_{\mathrm{o}j}^2\right)^{1/2} + \left[\left(\frac{D_{wj}}{2}\right)^2 - a_{\mathrm{o}j}^2\right]^{1/2}\right\}$$

自转速度：

$$\begin{aligned}\omega_{ij} &= \left(\omega_{zj}\cos\alpha_{ij} - \omega_{xj}\sin\alpha_{ij}\right) + \left(\omega_{\mathrm{i}} - \dot{\theta}_{\mathrm{b}j}\right)\sin\alpha_{ij} \\ \omega_{\mathrm{o}j} &= \left(\omega_{zj}\cos\alpha_{\mathrm{o}j} - \omega_{xj}\sin\alpha_{\mathrm{o}j}\right) + \left(\omega_{\mathrm{o}} - \dot{\theta}_{\mathrm{b}j}\right)\sin\alpha_{\mathrm{o}j}\end{aligned} \tag{6.20}$$

然而，轴承在运行过程中，不仅在接触区域产生受力，由于润滑油和气体的共同作用，每个陶瓷球都需要克服油气混合物产生的液动黏性阻力。作用在第 j 个陶瓷球上的液动黏性阻力[150]可以表示为

$$F_{\mathrm{D}j} = \frac{\pi}{32g}C_{\mathrm{d}}\rho_{\mathrm{e}}D_{wj}^2\left(d_{\mathrm{m}}\dot{\theta}_{\mathrm{b}j}\right)^{1.95} \tag{6.21}$$

式中，ρ_{e} 为油气混合物的密度；C_{d} 为液动黏性阻力系数；g 为重力加速度。

6.2.2　陶瓷球与保持架的作用分析

陶瓷球与保持架之间的相互作用也是全陶瓷球轴承产生振动噪声的原因之一[326]。这里研究的全陶瓷球轴承保持架兜孔采用柱形兜孔[327]，其陶瓷球与保持架兜孔之间的相互作用如图 6.6 所示。

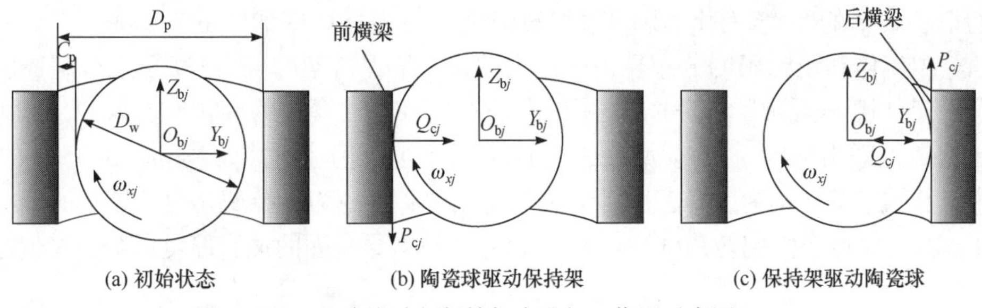

图 6.6　陶瓷球与保持架兜孔相互作用示意图

在图 6.6 中，C_p表示陶瓷球在兜孔中的间隙量，其由式(6.22)计算：

$$C_\mathrm{p}=\frac{D_\mathrm{p}-D_\mathrm{w}}{2} \tag{6.22}$$

式中，D_p为兜孔直径。

根据赫兹点接触理论，第 j 个陶瓷球与保持架的非线性接触受力表示为

$$Q_{\mathrm{c}j}=K_\mathrm{c}\delta_{\mathrm{c}j}^{3/2}+1.5e_\mathrm{h}K_\mathrm{c}\delta_{\mathrm{c}j}^{3/2}\dot{\delta}_{\mathrm{c}j} \tag{6.23}$$

式中，第二项为保持架兜孔与陶瓷球之间接触时产生的阻尼作用力；e_h为恢复系数；K_c为保持架接触刚度。第 j 个陶瓷球与保持架的接触变形由式(6.24)计算：

$$\delta_{\mathrm{c}j}=z_{\mathrm{c}j}-C_\mathrm{p} \tag{6.24}$$

式中，$z_{\mathrm{c}j}$为陶瓷球与保持架之间的相对位置，其可以由式(6.25)计算：

$$z_{\mathrm{c}j}=\left(\theta_\mathrm{c}-\theta_j\right)\frac{d_\mathrm{m}}{2}+z_\mathrm{c}\sin\phi_j+y_\mathrm{c}\cos\phi_j \tag{6.25}$$

当$z_{\mathrm{c}j}$小于C_p时，如图 6.6(a)所示，陶瓷球与保持架未发生接触，因此这时没有弹性变形发生。当$z_{\mathrm{c}j}$大于等于C_p时，如图 6.6(b)所示，陶瓷球与保持架发生接触，并在$z_{\mathrm{c}j}$大于C_p时产生接触变形。如图 6.6(b)和(c)所示，当陶瓷球与保持架在前梁侧发生接触时，取保持架受力为负值，当陶瓷球与保持架在后梁侧发生接触时，取保持架受力为正值。

陶瓷球与保持架之间的作用产生的摩擦力可以由库伦摩擦力模型计算，表示为

$$P_{\mathrm{c}j}=\mu_\mathrm{c}Q_{\mathrm{c}j} \tag{6.26}$$

式中，μ_c为陶瓷球与保持架兜孔间的摩擦系数。

6.2.3　保持架与套圈的作用分析

保持架与套圈之间的相互作用由润滑油的流体动压效应所产生，根据保持架和套圈的几何特点，套圈引导表面与保持架定心表面可以看成有限短的厚膜作用的滑动轴承的一个特例。保持架与套圈之间的相互作用如图 6.7 所示。

由流体动压油膜的分布压力所产生的作用于保持架的合力 F_c 可以分解成两个正交分量$F_{\mathrm{c}y}$和$F_{\mathrm{c}z}$。轴承在运行中，保持架相对于套圈的旋转速度为Ω，当保持架由外圈引导时，$\Omega=\omega_\mathrm{o}-\omega_\mathrm{c}$；当保持架由内圈引导时，$\Omega=\omega_\mathrm{i}-\omega_\mathrm{c}$。图 6.7 中，$O$ 与 O_c 分别为引导套圈中心和保持架中心，e_c为保持架相对于轴承的偏心距。ϕ_c为保持架的偏转角度。$h(\vartheta)$为保持架与引导套圈的油膜厚度函数，ϑ为保

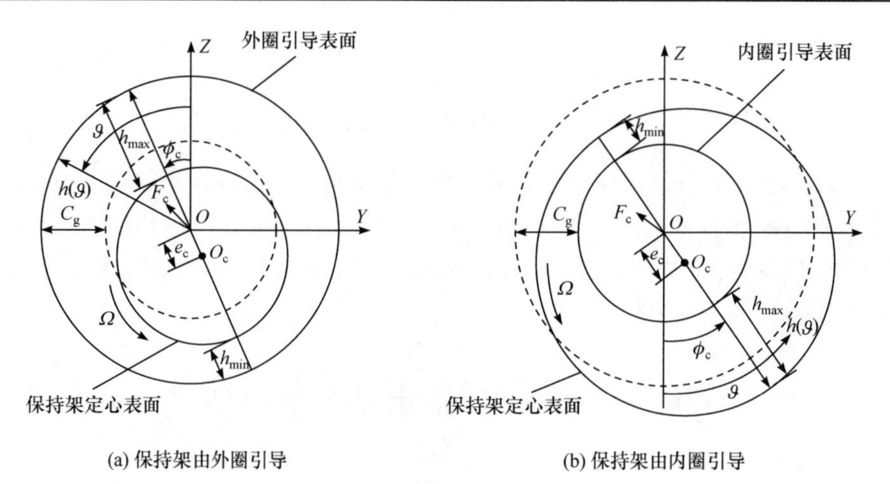

(a) 保持架由外圈引导　(b) 保持架由内圈引导

图 6.7　保持架与套圈之间的相互作用

持架的周向坐标。C_g为保持架的引导间隙，其为保持架引导面与套圈引导面之间的半径间隙。h_{max} 和 h_{min} 分别为保持架与套圈的最大与最小油膜厚度，它们可以通过式(6.27)计算获得：

$$\begin{aligned} h_{\max} &= C_g + e_c \\ h_{\min} &= C_g - e_c \end{aligned} \tag{6.27}$$

保持架在 ϑ 位置的油膜厚度可以表示为

$$h(\vartheta) = C_g + e_c \cos(\vartheta - \phi_c) = C_g - z_c \cos\vartheta + y_c \sin\vartheta \tag{6.28}$$

在建模时，假设润滑油各向同性，且在厚度方向的黏度为常数；假设保持架与套圈之间的油膜厚度远小于保持架半径，并且在油膜厚度方向压力恒定不变；假设保持架和套圈之间的润滑油表面没有相对滑动现象，油液的流动均为层流；假设润滑油符合牛顿黏性定律。

当保持架由内圈引导时，可以得到作用于保持架的动压油膜力[320]为

$$\begin{aligned} F_{cy} &= \frac{\eta_0(\omega_i + \omega_c) r_{ci} B_c^3 \overline{e}_c^2}{C_g^2 \left(1 - \overline{e}_c^2\right)^2} \\ F_{cz} &= -\frac{\pi \eta_0(\omega_o + \omega_c) r_{ci} B_c^3 \overline{e}_c}{4 C_g^2 \left(1 - \overline{e}_c^2\right)^{3/2}} \end{aligned} \tag{6.29}$$

式中，r_{ci} 为保持架内圆柱半径；B_c 为保持架定心表面的宽度；$\overline{e}_c = e_c / C_g$ 为保持架相对偏向量。

轴承在运行过程中，保持架各表面上还承受润滑油对其的阻力矩的作用[328]，

其可以表示为

$$M_{\mathrm{c}} = M_{\mathrm{co}} + M_{\mathrm{cw}} = \frac{1}{8}\eta_0\rho_{\mathrm{e}}Ar_{\mathrm{co}}^3\omega_{\mathrm{c}}^2 + \frac{1}{2}\rho_{\mathrm{e}}C_{\mathrm{D}}r_{\mathrm{co}}^3\left(r_{\mathrm{co}}^2 - r_{\mathrm{ci}}^2\right)\omega_{\mathrm{c}}^2 \tag{6.30}$$

式中，M_{co} 与 M_{cw} 分别为保持架外圆柱面和侧壁所受润滑油作用的阻力矩；油气润滑的有效密度为 $\rho_{\mathrm{e}} = \rho_0\varsigma^2/(0.4+0.6\varsigma)$，$\rho_0$ 为润滑油的密度，ς 为润滑油与空气的油气比例系数；A 为保持架圆柱面的表面积；C_{D} 为润滑油的搅拌系数；r_{co} 和 r_{ci} 分别为保持架外圆柱半径与内圆柱半径。

6.3 全陶瓷球轴承动力学模型

一般情况下，轴承内圈随轴产生旋转运动，轴承外圈装配在轴承座上，并不随内圈的旋转而转动，但其仍能够产生振动。研究中，假定每个轴承组件的质量中心与其几何中心重合，保持架的运动由内圈引导。轴承噪声主要来源于其在运行过程中各组件间相互作用产生的摩擦和撞击振动噪声。为了更好地分析高速全陶瓷角接触球轴承的振动和噪声特性，采用多个坐标系形式，即每个轴承组件均建立一个坐标系，来分析轴承各组件间的相互作用。建立的全陶瓷角接触球轴承坐标系统如图 6.8 所示。

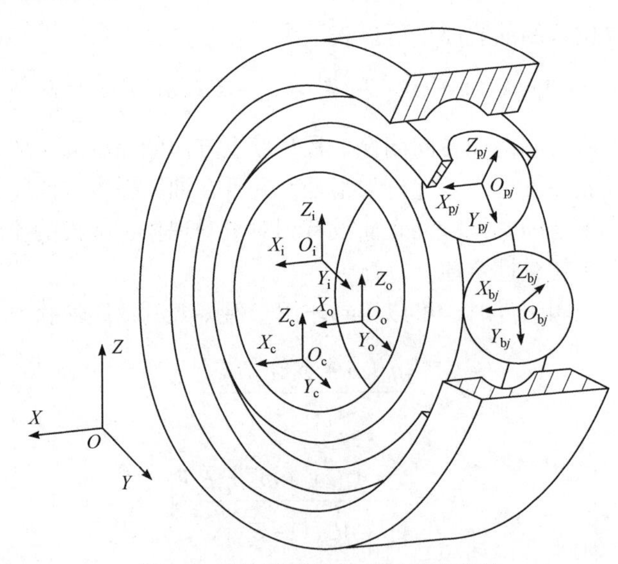

图 6.8 全陶瓷球轴承坐标系示意图

在图 6.8 中，将惯性坐标系$\{O; X, Y, Z\}$固定，其坐标原点 O 固定在轴承的初始中心位置，X 轴表示轴承的旋转轴且与地面平行，Y 轴和 Z 轴分别代表水平径向和垂直径向坐标轴。符号下标 b、i、o、c 与 p 分别表示陶瓷球、轴承内圈、轴承外圈、保持架和保持架的兜孔，下标 j 代表第 j 个陶瓷球或保持架兜孔。在第 j 个陶瓷球坐标系$\{O_{bj}; X_{bj}, Y_{bj}, Z_{bj}\}$中，坐标原点 O_{bj} 表示陶瓷球的质量中心，X_{bj} 轴为轴承的轴向方向，Y_{bj} 轴为轴承的周向方向，Z_{bj} 轴为轴承的径向方向。每一个陶瓷球都有一个独立的坐标系。陶瓷球坐标系$\{O_{bj};X_{bj},Y_{bj},Z_{bj}\}$随陶瓷球的旋转而移动，但并不绕其原点 O_{bj} 旋转。在保持架坐标系$\{O_c; X_c, Y_c, Z_c\}$中，坐标原点 O_c 与保持架质量中心重合，X_c 轴为保持架的轴向方向，Y_c 轴和 Z_c 轴表示保持架的两个相互垂直的径向方向，并且在初始状态下，它们分别与惯性坐标系的坐标轴 Y 轴和 Z 轴的位置相平行。保持架坐标系$\{O_c; X_c, Y_c, Z_c\}$随保持架的旋转和质量中心的移动而发生相应改变。在内圈坐标系$\{O_i; X_i, Y_i, Z_i\}$中，坐标原点 O_i 与内圈质量中心重合，X_i 轴为内圈的轴向方向，Y_c 轴和 Z_c 轴表示内圈的两个相互垂直的径向方向，同样在初始状态下时，其分别与惯性坐标系的坐标轴 Y 轴和 Z 轴的位置相平行，并且内圈坐标系$\{O_i; X_i, Y_i, Z_i\}$也随内圈的转动及质量中心的移动发生相应的改变。在外圈坐标系$\{O_o; X_o, Y_o, Z_o\}$中，坐标原点 O_o 与外圈质量中心重合，各坐标轴初始方向与固定坐标系$\{O; X, Y, Z\}$各轴方向保持一致，其坐标系随外圈的振动发生相应改变。保持架兜孔坐标系$\{O_{pj}; X_{pj}, Y_{pj}, Z_{pj}\}$的坐标原点 O_{pj} 与兜孔的几何中心相一致，X_{pj} 轴平行于保持架的轴向方向，Y_{pj} 轴为保持架的周向方向，Z_{pj} 轴表示保持架的径向方向。保持架兜孔坐标系$\{O_{pj}; X_{pj}, Y_{pj}, Z_{pj}\}$随保持架的运动而发生移动且绕保持架中心旋转。此外，第 j 个保持架兜孔与第 j 个陶瓷球相对应，每个保持架兜孔也都有其独立的坐标系。以上所述的所有坐标系中，坐标轴的方向都符合笛卡儿坐标系的右手法则。

全陶瓷角接触球轴承的辐射噪声是由陶瓷球、内圈、保持架以及外圈等所有轴承组件产生的辐射噪声叠加组成的。下面详细分析高速运转时全陶瓷角接触球轴承各组件的振动特性。

6.3.1　陶瓷球的振动微分方程

作为全陶瓷角接触球轴承的关键组件，陶瓷球与保持架、内圈、外圈均产生接触受力，因此陶瓷球承载情况较为复杂。特别是当考虑陶瓷球径误差对轴承运行状态的影响时，较大球径与较小球径的陶瓷球与套圈的作用情况更为复杂。假设保持架兜孔的尺寸一致且沿保持架圆周方向均匀分布，且不存在其他尺寸误差，全陶瓷角接触球轴承在高速运转时陶瓷球所受作用力如图 6.9 所示。

在图 6.9 中，α_{ij} 和 α_{oj} 分别表示第 j 个陶瓷球与内外圈轨道的接触角；Q_{ij} 和 Q_{oj} 分别表示第 j 个陶瓷球与内外圈轨道的法向接触力；$T_{\eta ij}$、$T_{\eta oj}$、$T_{\xi ij}$ 和 $T_{\xi oj}$ 表示第 j 个陶瓷球与内外圈轨道接触面位置的牵引力；Q_{cxj} 和 Q_{cyj} 表示第 j 个陶瓷球与保持架之间发生冲击碰撞的碰撞力沿坐标方向的分量；G_{byj} 与 G_{bzj} 表示第 j 个陶瓷

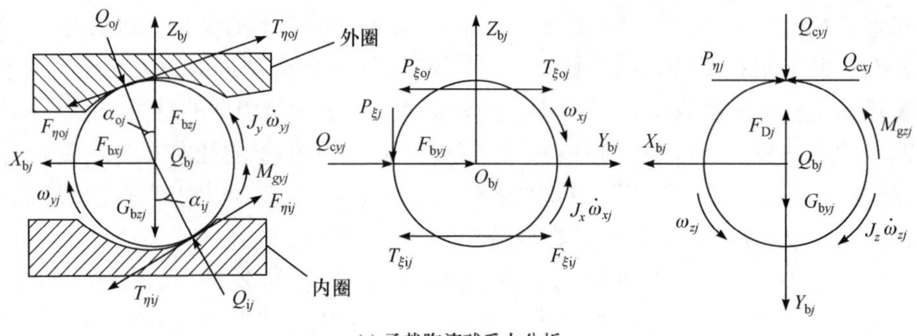

(a) 承载陶瓷球受力分析

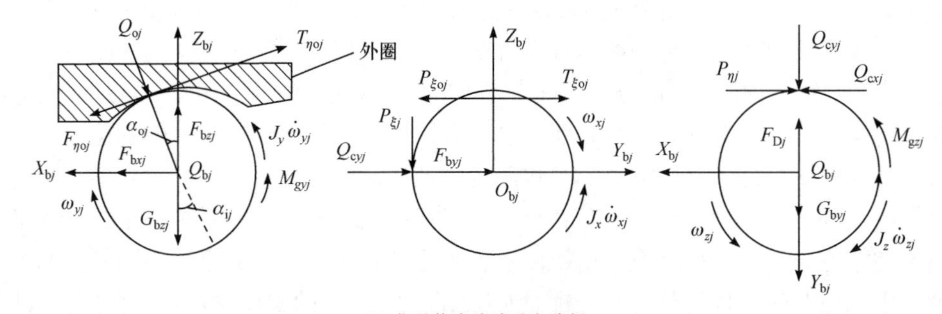

(b) 非承载陶瓷球受力分析

图 6.9 陶瓷球受力示意图

球重力沿坐标方向的分量；$P_{\eta j}$ 与 $P_{\xi j}$ 表示作用在第 j 个陶瓷球表面的摩擦力，包括滚动摩擦力和滑动摩擦力；$F_{\mathrm{bx}j}$、$F_{\mathrm{by}j}$ 和 $F_{\mathrm{bz}j}$ 表示作用在第 j 个陶瓷球上的液动黏性阻力分量；$F_{\eta\mathrm{i}j}$、$F_{\eta\mathrm{o}j}$、$F_{\xi\mathrm{i}j}$ 和 $F_{\xi\mathrm{o}j}$ 表示第 j 个陶瓷球与内外圈滚道之间的滚动摩擦力；J_x、J_y 和 J_z 表示陶瓷球绕其自身中心旋转的转动惯量分量；ω_{xj}、ω_{yj} 和 ω_{zj} 表示第 j 个陶瓷球沿各自坐标方向在其坐标系中的自转角速度；$\dot{\omega}_{xj}$、$\dot{\omega}_{yj}$ 和 $\dot{\omega}_{zj}$ 表示第 j 个陶瓷球沿各自坐标方向在其坐标系中的自转角加速度。

其中，第 j 个陶瓷球重力在相应坐标方向的分力 $G_{\mathrm{by}j}$ 与 $G_{\mathrm{bz}j}$ 可以表示为

$$
\begin{aligned}
G_{\mathrm{by}j} &= m_{\mathrm{b}j} g \sin\varphi_{\mathrm{i}j} \\
G_{\mathrm{bz}j} &= m_{\mathrm{b}j} g \cos\varphi_{\mathrm{i}j}
\end{aligned} \tag{6.31}
$$

根据赫兹接触理论可以得到陶瓷球与内外圈法向接触力[150]为

$$
\begin{aligned}
Q_{\mathrm{i}j} &= \chi_{\mathrm{i}j} K_{\mathrm{i}j} \delta_{\mathrm{i}j}^{3/2} \\
Q_{\mathrm{o}j} &= \chi_{\mathrm{o}j} K_{\mathrm{o}j} \delta_{\mathrm{o}j}^{3/2}
\end{aligned} \tag{6.32}
$$

当 $\delta_{\mathrm{i}j}$、$\delta_{\mathrm{o}j}$ 大于 0 时，$\chi_{\mathrm{i}j}$、$\chi_{\mathrm{o}j}$ 等于 1；当 $\delta_{\mathrm{i}j}$、$\delta_{\mathrm{o}j}$ 小于等于 0 时，$\chi_{\mathrm{i}j}$、$\chi_{\mathrm{o}j}$ 等于 0。也就是说，只有接触面发生变形，才有接触力。由于陶瓷材料的刚度较大，与钢轴承相比，承受相同作用力时的变形较小，因此当陶瓷球径存在误差时，即

使在承载区，球径较小的陶瓷球也有可能不承受内圈的作用力，即 $Q_{ij}=0$。这时陶瓷球与内圈的作用力消失，陶瓷球靠保持架及惯性力带动运转。但由于离心力的作用，陶瓷球与外圈仍存在接触力，从而会产生陶瓷球与内外圈在圆周方向的不均匀接触，影响其动态特性。因此，当考虑陶瓷球径误差时，在较小的作用力下，高速运转的陶瓷球有可能完全不与内圈接触，进而使全陶瓷球轴承产生更为复杂的动态特性。

因此，当第 j 个陶瓷球为承载陶瓷球时，其振动微分方程[170, 329]可以描述为

$$\begin{aligned}
&F_{bxj}+F_{\eta oj}\cos\alpha_{oj}-F_{\eta ij}\cos\alpha_{ij}+T_{\eta ij}\cos\alpha_{ij}-T_{\eta oj}\cos\alpha_{oj}+Q_{ij}\sin\alpha_{ij}-Q_{oj}\sin\alpha_{oj}\\
&+Q_{cxj}-P_{\eta j}=m_b\ddot{x}_{bj}\\
&F_{byj}+F_{\xi ij}-F_{\xi oj}+T_{\xi oj}-T_{\xi ij}+G_{byj}+Q_{cyj}-F_{Dj}=m_b\ddot{y}_{bj}\\
&F_{bzj}-F_{\eta oj}\sin\alpha_{oj}+F_{R\eta ij}\sin\alpha_{ij}-T_{\eta ij}\sin\alpha_{ij}+T_{\eta oj}\sin\alpha_{oj}+Q_{ij}\cos\alpha_{ij}-Q_{oj}\cos\alpha_{oj}\\
&-G_{bzj}+Q_{czj}-P_{\xi j}=m_b\ddot{z}_{bj}\\
&[(T_{\xi ij}-F_{\xi ij})\cos\alpha_{ij}+(T_{\xi oj}-F_{\xi oj})\cos\alpha_{oj}-P_{\xi j}]\frac{D_w}{2}-J_x\dot{\omega}_{xj}=I_b\omega_{bxj}\\
&(T_{\eta ij}-F_{\eta ij}+T_{\eta oj}-F_{\eta oj})\frac{D_w}{2}-M_{gyj}-J_y\dot{\omega}_{yj}=I_b\dot{\omega}_{byj}+I_b\omega_{bzj}\dot{\theta}_{bj}\\
&[(T_{\xi ij}-F_{\xi ij})\sin\alpha_{ij}+(T_{\xi oj}-F_{\xi oj})\sin\alpha_{oj}-P_{\eta j}]\frac{D_w}{2}+M_{gzj}-J_z\dot{\omega}_{zj}=I_b\dot{\omega}_{bzj}+I_b\omega_{byj}\dot{\theta}_{bj}
\end{aligned}\tag{6.33}$$

式中，D_w 为陶瓷球的直径；m_b 为陶瓷球的质量；$\ddot{x}_{bj}$、$\ddot{y}_{bj}$ 和 $\ddot{z}_{bj}$ 为第 j 个陶瓷球沿各自坐标方向在坐标系 $\{O; X, Y, Z\}$ 中的位移加速度；ω_{bxj}、ω_{byj} 和 ω_{bzj} 为第 j 个陶瓷球沿各自坐标方向在坐标系 $\{O; X, Y, Z\}$ 中的角速度；$\dot{\omega}_{bxj}$、$\dot{\omega}_{byj}$ 和 $\dot{\omega}_{bzj}$ 为第 j 个陶瓷球沿各自坐标方向在坐标系 $\{O; X, Y, Z\}$ 中的角加速度；$\dot{\theta}_{bj}$ 为第 j 个陶瓷球在坐标系 $\{O; X, Y, Z\}$ 中的轨道速度；I_b 为球在坐标系 $\{O; X, Y, Z\}$ 中的惯性矩。

当第 j 个陶瓷球为非承载陶瓷球时，其振动微分方程可以描述为

$$\begin{aligned}
&F_{bxj}+F_{\eta oj}\cos\alpha_{oj}-T_{\eta oj}\cos\alpha_{oj}-Q_{oj}\sin\alpha_{oj}+Q_{cxj}-P_{\eta j}=m_b\ddot{x}_{bj}\\
&F_{byj}-F_{\xi oj}+T_{\xi oj}+G_{byj}+Q_{cyj}-F_{Dj}=m_b\ddot{y}_{bj}\\
&F_{bzj}-F_{\eta oj}\sin\alpha_{oj}+T_{\eta oj}\sin\alpha_{oj}-Q_{oj}\cos\alpha_{oj}-G_{bzj}+Q_{czj}-P_{\xi j}=m_b\ddot{z}_{bj}\\
&[(T_{\xi oj}-F_{\xi oj})\cos\alpha_{oj}-P_{\xi j}]\frac{D_w}{2}-J_x\dot{\omega}_{xj}=I_b\dot{\omega}_{bxj}\\
&(T_{\eta oj}-F_{\eta oj})\frac{D_w}{2}-M_{gyj}-J_y\dot{\omega}_{yj}=I_b\dot{\omega}_{byj}+I_b\omega_{bzj}\dot{\theta}_{bj}\\
&[(T_{\xi oj}-F_{\xi oj})\sin\alpha_{oj}-P_{\eta j}]\frac{D_w}{2}+M_{gzj}-J_z\dot{\omega}_{zj}=I_b\dot{\omega}_{bzj}+I_b\omega_{byj}\dot{\theta}_{bj}
\end{aligned}\tag{6.34}$$

式中各参数含义同前。

6.3.2　保持架的振动微分方程

在轴承运行期间，保持架仅与陶瓷球发生碰撞接触，产生摩擦与冲击。第 j 个陶瓷球对保持架的作用力如图 6.10 所示。

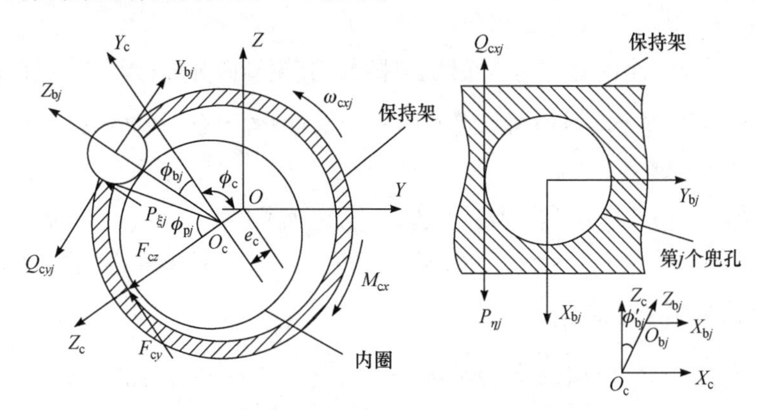

图 6.10　保持架受力示意图

在图 6.10 中，e_c 表示保持架坐标系$\{O_c; X_c, Y_c, Z_c\}$中的坐标原点 O_c 与惯性坐标系$\{O; X, Y, Z\}$中的坐标原点 O 之间的偏心距；ϕ_c 表示坐标系$\{O_c; Y_c, Z_c\}$相对于坐标系$\{O; Y, Z\}$的偏转角；ϕ_{pj} 表示第 j 个保持架兜孔的位置角；ϕ_{bj} 表示第 j 个陶瓷球相对于保持架的位置角；ϕ'_{bj} 表示 ϕ_{bj} 的余弦角；F_{cy} 与 F_{cz} 表示作用在保持架上的液动力的两个垂直分量；M_{cx} 表示作用在保持架上的摩擦力矩。

保持架的振动微分方程[170]可以描述为

$$
\begin{aligned}
&\sum_{j=1}^{N}(P_{\eta j}-Q_{cxj})=m_c\ddot{x}_c \\
&F_{cy}+\sum_{j=1}^{N}(P_{\xi j}\cos\phi_{bj}-Q_{cyj}\sin\phi_{bj})=m_c\ddot{y}_c \\
&F_{cz}+\sum_{j=1}^{N}(P_{\xi j}\sin\phi_{bj}+Q_{cyj}\cos\phi_{bj})=m_c\ddot{z}_c \\
&\sum_{j=1}^{N}\left(P_{\xi j}\frac{D_w}{2}-Q_{cyj}\frac{d_m}{2}\right)+M_{cx}=I_{cx}\dot{\omega}_{cx}-(I_{cy}-I_{cz})\omega_{cy}\omega_{cz} \\
&\sum_{j=1}^{N}(P_{\eta j}-Q_{cxj})\frac{d_m}{2}\cos\phi_{pj}=I_{cy}\dot{\omega}_{cy}-(I_{cz}-I_{cx})\omega_{cz}\omega_{cx} \\
&\sum_{j=1}^{N}(P_{\eta j}-Q_{cxj})\frac{d_m}{2}\sin\phi_{pj}=I_{cz}\dot{\omega}_{cz}-(I_{cx}-I_{cy})\omega_{cx}\omega_{cy}
\end{aligned}
\tag{6.35}
$$

式中，m_c 为保持架的质量；d_m 为轴承节圆直径；N 为陶瓷球的个数；$\ddot{x}_c$ 、$\ddot{y}_c$ 和 $\ddot{z}_c$ 为保持架质量中心沿各自坐标方向在坐标系$\{O; X, Y, Z\}$中的位移加速度；ω_{cx}、ω_{cy} 和 ω_{cz} 为保持架沿各自坐标方向在坐标系$\{O; X, Y, Z\}$中的角速度；$\dot{\omega}_{cx}$ 、$\dot{\omega}_{cy}$ 和 $\dot{\omega}_{cz}$ 为保持架沿各自坐标方向在坐标系$\{O; X, Y, Z\}$中的角加速度；I_{cx}、I_{cy} 和 I_{cz} 为保持架沿各自坐标方向在坐标系$\{O; X, Y, Z\}$中的惯性矩。

6.3.3 内圈的振动微分方程

内圈的振动主要是由陶瓷球与内圈之间的接触摩擦引起的。第 j 个陶瓷球对内圈的作用力如图 6.11 所示。

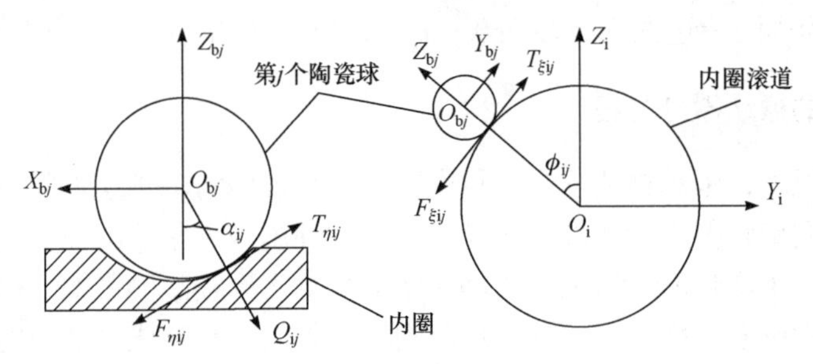

图 6.11　内圈受力示意图

在图 6.11 中，ϕ_{ij} 为第 j 个陶瓷球相对于内圈的位置角。

通过式(6.8)可以计算出与内圈接触的陶瓷球的个数，当有 N_1 个陶瓷球与内圈接触时，内圈的振动微分方程[170]可以描述为

$$F_{ix} + \sum_{j=1}^{N_1}[(F_{\eta ij} - T_{\eta ij})\cos\alpha_{ij} - Q_{ij}\sin\alpha_{ij}] = m_i\ddot{x}_i$$

$$F_{iy} + \sum_{j=1}^{N_1}[(T_{\xi ij} - F_{\xi ij})\cos\phi_{ij} - (T_{\eta ij} - F_{\eta ij})\sin\alpha_{ij}\sin\phi_{ij} + Q_{ij}\cos\alpha_{ij}\sin\phi_{ij}] = m_i\ddot{y}_i$$

$$F_{iz} + \sum_{j=1}^{N_1}[(T_{\xi ij} - F_{\xi ij})\sin\phi_{ij} + (T_{\eta ij} - F_{\eta ij})\sin\alpha_{ij}\cos\phi_{ij} - Q_{ij}\cos\alpha_{ij}\cos\phi_{ij}] = m_i\ddot{z}_i$$

$$M_{ix} + \sum_{j=1}^{N_1}(F_{\xi ij} - T_{\xi ij})r_{ij} = I_{ix}\dot{\omega}_{ix} - (I_{iy} - I_{iz})\omega_{iy}\omega_{iz}$$

$$M_{iy} + \sum_{j=1}^{N_1}[Q_{ij}\sin\alpha_{ij} + (T_{\eta ij} - F_{\eta ij})\cos\alpha_{ij}]r_{ij}\cos\phi_{ij} - \sum_{j=1}^{N}\left[(T_{\xi ij} - F_{\xi ij})\frac{D_w}{2}k_i\sin\alpha_{ij}\sin\phi_{ij}\right]$$
$$= I_{iy}\dot{\omega}_{iy} - (I_{iz} - I_{ix})\omega_{iz}\omega_{ix}$$

$$M_{\mathrm{iz}}+\sum_{j=1}^{N_1}[Q_{\mathrm{i}j}\sin\alpha_{\mathrm{i}j}+(T_{\eta\mathrm{i}j}-F_{\eta\mathrm{i}j})\cos\alpha_{\mathrm{i}j}]r_{\mathrm{i}j}\sin\phi_{\mathrm{i}j}+\sum_{j=1}^{N}\left[(T_{\xi\mathrm{i}j}-F_{\xi\mathrm{i}j})\frac{D_{\mathrm{w}}}{2}k_{\mathrm{i}}\sin\alpha_{\mathrm{i}j}\cos\phi_{\mathrm{i}j}\right]$$
$$=I_{\mathrm{iz}}\dot{\omega}_{\mathrm{iz}}-(I_{\mathrm{ix}}-I_{\mathrm{iy}})\omega_{\mathrm{ix}}\omega_{\mathrm{iy}} \tag{6.36}$$

式中，m_{i}为内圈的质量；F_{ix}、F_{iy}和F_{iz}为作用在内圈上的外部载荷；M_{ix}、M_{iy}和M_{iz}为作用在内圈上的外部力矩；$\ddot{x}_{\mathrm{i}}$、$\ddot{y}_{\mathrm{i}}$和$\ddot{z}_{\mathrm{i}}$为内圈质量中心沿各自坐标方向在坐标系$\{O; X, Y, Z\}$中的位移加速度；ω_{ix}、ω_{iy}和ω_{iz}为内圈沿各自坐标方向在坐标系$\{O; X, Y, Z\}$中的角速度；$\dot{\omega}_{\mathrm{ix}}$、$\dot{\omega}_{\mathrm{iy}}$和$\dot{\omega}_{\mathrm{iz}}$为内圈沿各自坐标方向在坐标系$\{O; X, Y, Z\}$中的角加速度；$I_{\mathrm{ix}}$、$I_{\mathrm{iy}}$和$I_{\mathrm{iz}}$为内圈沿各自坐标方向在坐标系$\{O; X, Y, Z\}$中的惯性矩；$k_{\mathrm{i}}$为内圈滚道曲率半径系数；$r_{\mathrm{i}j}=0.5d_{\mathrm{m}}-0.5D_{\mathrm{w}}k_{\mathrm{i}}\cos\alpha_{\mathrm{i}j}$为内圈滚道半径。

6.3.4　外圈的振动微分方程

一般情况下，轴承被装配在轴承座中，轴承外圈与轴承座之间被认为刚性接触，因此内圈旋转但不考虑外圈振动。传统钢轴承与轴承座的热膨胀系数相近，当环境温度发生变化时，对轴承与轴承座的接触产生较小的影响，可以忽略对轴承动态性能的影响。而全陶瓷球轴承因陶瓷材料具有热膨胀系数小的特点，在环境温度发生改变后，将明显改变轴承与轴承座之间的接触刚度，从而影响全陶瓷球轴承的动态特性[330]。因此，分析全陶瓷球轴承动态特性时，需要考虑轴承外圈的振动特性。

作用在外圈上的力包括球与外圈之间相互作用引起的接触力和摩擦力以及轴承座对其的作用力。在分析全陶瓷球轴承外圈与轴承座之间相互作用时，将轴承座视为固定不动，不考虑外圈绕轴的转动以及翻转摆动，采用基于集中弹簧质量系统模型[331]对全陶瓷球轴承与轴承座受力进行分析，并将外圈与轴承座的接触视为刚性接触，温度变化引起的变形量差为轴承外圈位移量，即弹簧的伸缩量。全陶瓷球轴承外圈的受力如图 6.12 所示。

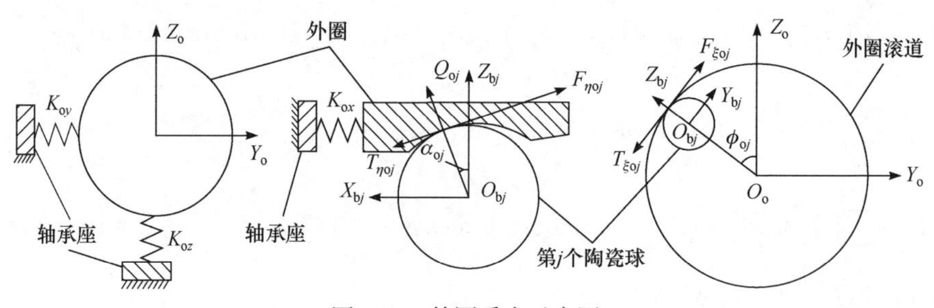

图 6.12　外圈受力示意图

在图 6.12 中，$\phi_{\mathrm{o}j}$表示第j个陶瓷球相对于外圈的位置角。

假设轴承外圈的热膨胀系数为 λ_o，轴承座的热膨胀系数为 λ_s 且 $\lambda_o < \lambda_s$，常温下轴承外圈与轴承座的过盈量为 Δr，轴向接触变形量为 Δl。则当温度升高时，轴承外圈及轴承座的径向变形量为

$$\Delta r_o = \Delta T \lambda_o \frac{D_o}{2} \tag{6.37}$$

$$\Delta r_s = \Delta T \lambda_s \frac{D_o}{2} \tag{6.38}$$

式中，ΔT 为温度差。

升温后轴承外圈与轴承座之间过盈量的减小量为

$$\Delta r_{os} = \Delta r_s - \Delta r_o \tag{6.39}$$

轴承外圈与轴承座的轴向变形量为

$$\Delta l_o = \Delta T \lambda_o B_o \tag{6.40}$$

$$\Delta l_s = \Delta T \lambda_s B_o \tag{6.41}$$

式中，B_o 为轴承外圈厚度。

升温后轴承外圈与轴承座之间轴向接触变形量的减小量为

$$\Delta l_{os} = \Delta l_s - \Delta l_o \tag{6.42}$$

由此可以得到轴承外圈的位移量为

$$\begin{aligned} x_o &= \Delta l_{os} \\ y_o &= \Delta r_{os} \sin\phi_{os} \\ z_o &= \Delta r_{os} \cos\phi_{os} \end{aligned} \tag{6.43}$$

式中，ϕ_{os} 为外圈质心偏移角。

假设 $\Delta r_{os} < \Delta r$，$\Delta l_{os} < \Delta l$，即不考虑轴承外圈与轴承座产生间隙的情况。基于集中弹簧质量系统模型[331]，轴承座对轴承外圈的外部载荷表示为

$$\begin{aligned} F_{ox} &= K_{ox} x_o \\ F_{oy} &= K_{oy} y_o \\ F_{oz} &= K_{oz} z_o \end{aligned} \tag{6.44}$$

式中，F_{ox}、F_{oy} 和 F_{oz} 为外圈上外部载荷沿各坐标轴的分量；K_{ox}、K_{oy}、K_{oz} 为弹簧的刚度系数。

轴承外圈的振动微分方程可以描述为

$$F_{ox} + \sum_{j=1}^{N} [(T_{\eta oj} - F_{\eta oj}) \cos\alpha_{oj} + Q_{oj} \sin\alpha_{oj}] = m_o \ddot{x}_o$$

$$F_{oy}-\sum_{j=1}^{N}[(T_{\xi oj}-F_{\xi oj})\cos\phi_{oj}-(T_{\eta oj}-F_{\eta oj})\sin\alpha_{oj}\sin\phi_{oj}+Q_{oj}\cos\alpha_{oj}\sin\phi_{oj}]=m_o\ddot{y}_o$$

$$F_{oz}-\sum_{j=1}^{N}[(T_{\xi oj}-F_{\xi oj})\sin\phi_{oj}+(T_{\eta oj}-F_{\eta oj})\sin\alpha_{oj}\cos\phi_{oj}-Q_{oj}\cos\alpha_{oj}\cos\phi_{oj}]=m_o\ddot{z}_o$$

(6.45)

式中，m_o为外圈的质量；$\ddot{x}_o$、$\ddot{y}_o$和$\ddot{z}_o$为外圈质心沿各自坐标方向在坐标系$\{O;X,Y,Z\}$中的位移加速度。

6.4 基于多声源法的全陶瓷球轴承辐射噪声模型

全陶瓷角接触球轴承在运行过程中，各组件间的摩擦与撞击产生的振动将引起轴承的摩擦噪声和冲击噪声。为了分析全陶瓷角接触球轴承的辐射噪声特性，对轴承各组件产生的噪声进行研究，将内圈、外圈、陶瓷球和保持架分别视为轴承噪声声源来分析全陶瓷球轴承的辐射噪声，即分别讨论全陶瓷球轴承内圈、外圈、球以及保持架的辐射噪声特性，轴承的辐射噪声就是这些组件的噪声叠加的总和。

本节根据全陶瓷球轴承各组件的结构特点，基于球声源、活塞式声源和圆柱式声源三种声源形式[332-334]，建立内圈、外圈、陶瓷球、保持架多个声源模型。建模时的声学条件假设如下：

(1) 声波的传播介质是一种理想的流体，声音在传播过程中没有能量的损失。

(2) 介质是连续且均匀分布的。在宏观层面上，它是一种静止的状态，即在没有声音干扰的情况下，介质的初始速度为零。

(3) 介质与其邻域处于绝热状态，即在声波传播过程中不发生热交换。

因此，对于小振幅波在理想流体中的传播，其波动方程[332]可以描述为

$$\nabla^2 p-\frac{1}{c_0^2}\cdot\frac{\partial^2 p}{\partial t^2}=0 \tag{6.46}$$

式中，∇^2为拉普拉斯算子，在不同的坐标系中有不同的表达形式；p为声压；c_0为声的传播速度；t为时间。

6.4.1 陶瓷球辐射噪声

高速运转的陶瓷球承受套圈和保持架对其的作用，产生振动噪声。为分析陶瓷球的辐射噪声，如图 6.13 所示，设有一半径 r_0 的球体，其表面在 r_0 附近以微量 $\xi=\mathrm{d}r$ 辐射声波，将此球体声源称为脉动球声源。

球面坐标形式的波动方程为

$$\frac{\partial^2 p}{\partial r^2}+\frac{2}{r}\cdot\frac{\partial p}{\partial r}=\frac{1}{c_0^2}\cdot\frac{\partial^2 p}{\partial t^2} \tag{6.47}$$

式中，r 为分析场点到球声源中心的距离。

式(6.47)的一般解为[332]

$$p(r,t)=\frac{A}{r}\cdot \mathrm{e}^{\mathrm{i}(\omega t-kr)}+\frac{B}{r}\cdot \mathrm{e}^{\mathrm{i}(\omega t+kr)} \tag{6.48}$$

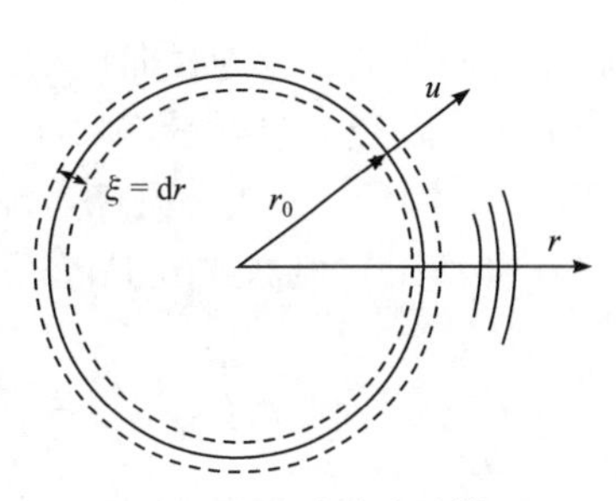

图 6.13　脉动球声源模型

式中，A 和 B 通常是复数；ω 为角速度；$k=2\pi/\lambda_0$ 为波数；i 为虚数单位。右边第一项代表向外辐射(发散)的球面波；第二项代表从远处向球声源表面反射回来(汇聚)的球面波。这里仅讨论向无界空间辐射的自由行波情形，因而没有反射波，即 $B=0$。则有

$$p(r,t)=\frac{A}{r}\cdot \mathrm{e}^{\mathrm{i}(\omega t-kr)} \tag{6.49}$$

式中，A/r 的模数即声压的振幅。

根据动力学方程，可求出沿径向坐标 r 的质点速度为

$$v_r=-\frac{1}{\mathrm{i}\omega\rho_0}\frac{\partial p}{\partial r}=\frac{A}{r\rho_0 c_0}\left(1+\frac{1}{\mathrm{i}kr}\right)\mathrm{e}^{\mathrm{i}(\omega t-kr)} \tag{6.50}$$

式中，ρ_0 为介质的静态密度。

由于在球声源表面处的介质质点速度等于球声源表面的振动速度[332, 335, 336]，即有如下边界条件：

$$v_r\big|_{r=r_0}=u \tag{6.51}$$

式中，u 为在球声源表面的振动速度，当轴承各组件作为声源时，其可以通过求解每一个轴承组件的振动微分方程获得。

因此，可以得到 A 的计算公式为

$$A=\frac{\rho_0 c_0 k r_0^2 u}{1+(kr_0)^2}(kr_0+\mathrm{i}) \tag{6.52}$$

在此基础上，得到了脉动球声源辐射的声压方程为

$$p(r,t)=\frac{\rho_0 c_0 k r_0^2 u}{r\sqrt{1+(kr_0)^2}}\mathrm{e}^{\mathrm{i}\left(\omega t-kr+\arctan\frac{1}{kr_0}\right)} \tag{6.53}$$

脉动球声源模型描述了一个零阶球声源，即脉动球声源是在球声源表面上各点沿径向做同振幅、同相位振动的球面声源。由于陶瓷球的结构特点，无论其在

哪个方向振动，均为径向振动，故当陶瓷球作为声源时，脉动球声源模型并不完全适用于陶瓷球辐射噪声的计算。根据陶瓷球的振动形式，可以将其考虑为一阶球声源。因此，采用一阶球声源[337]来描述陶瓷球产生的辐射噪声声压，其模型如图 6.14 所示。根据式(6.53)变形得到一阶球声源模型，如式(6.54)所示：

$$p_{\mathrm{b}}(r,\theta,t)=\frac{\rho_0 c_0 k r_0^3 u\cos\theta}{2r^2}\sqrt{1+(kr)^2}\,\mathrm{e}^{\mathrm{i}\left(\omega t-kr-\arctan\frac{1}{kr}\right)} \tag{6.54}$$

式中，p_{b} 为球声源辐射声压；θ 为分析场点所在的位置角。

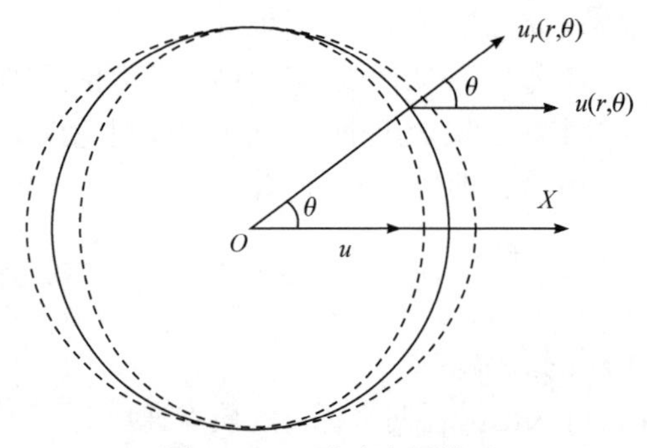

图 6.14　一阶球声源模型

为了获得第 j 个陶瓷球的辐射声压，首先计算第 j 个陶瓷球的振动速度：

$$u_{\mathrm{b}j}=\sqrt{\dot{x}_{\mathrm{b}j}^2+\dot{y}_{\mathrm{b}j}^2+\dot{z}_{\mathrm{b}j}^2} \tag{6.55}$$

式中，$u_{\mathrm{b}j}$ 为第 j 个陶瓷球的振动速度；$\dot{x}_{\mathrm{b}j}$、$\dot{y}_{\mathrm{b}j}$ 和 $\dot{z}_{\mathrm{b}j}$ 为第 j 个陶瓷球沿各坐标轴方向的振动速度。

将式(6.55)代入式(6.54)中，得到第 j 个陶瓷球的辐射声压模型为

$$p_{\mathrm{b}j}(r,\theta,t)=\frac{\rho_0 c_0 k r_0^3\sqrt{1+(kr)^2}\cos\theta}{2r^2}\sqrt{\dot{x}_{\mathrm{b}j}^2+\dot{y}_{\mathrm{b}j}^2+\dot{z}_{\mathrm{b}j}^2}\,\mathrm{e}^{\mathrm{i}\left(\omega t-kr-\arctan\frac{1}{kr}\right)} \tag{6.56}$$

式中，$p_{\mathrm{b}j}$ 为第 j 个陶瓷球的辐射声压值。

6.4.2　轴承套圈辐射噪声

轴承套圈与陶瓷球接触，产生振动噪声。此外，外圈还与轴承座接触，当考虑温度效应时，轴承外圈与轴承座仍会产生振动噪声。为了计算轴承套圈的辐射噪声，分别考虑套圈径向振动与轴向振动情况。根据轴承套圈的结构特点，其径向振动噪声采用圆柱式声源分析，而轴承套圈的轴向振动采用活塞式声源分析，因此，轴承套圈辐射噪声是其径向振动噪声和轴向振动噪声的叠加。

首先分析轴承套圈径向振动噪声。这里假设声音传播介质为无限媒介，并且

假设轴承套圈外表面为无限长的圆柱面。令轴承套圈的径向振动速度为 u_r。此外，假设 X 轴与圆柱轴线重合。因此，声压 p 与 X 坐标方向无关。图 6.15 为圆柱式声源示意图，其声波方程可以简化为

$$\frac{\partial^2 p}{\partial r^2}+\frac{1}{r}\frac{\partial p}{\partial r}=\frac{1}{c^2}\frac{\partial^2 p}{\partial t^2} \tag{6.57}$$

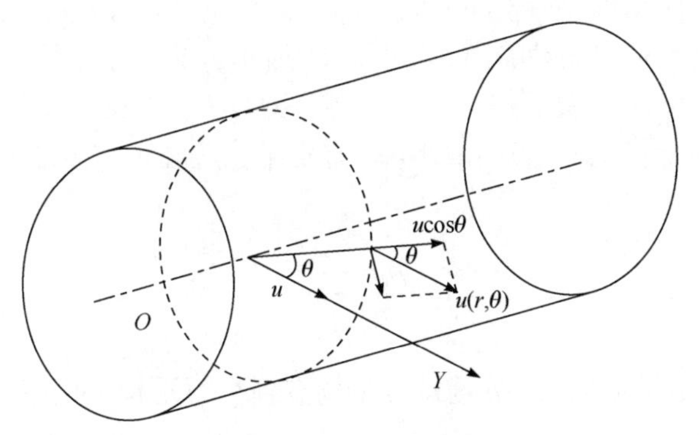

图 6.15　圆柱式声源模型

当声场的辐射现象仅是从声源表面向远处空间辐射噪声时，对于低频发射声波，半径为 a 的圆柱式声源声场的声压[338]可由式(6.58)计算：

$$p_c(r,\theta,t)=A_0 u\sqrt{B_r^2+B_i^2}\,e^{i\left(\omega t-kr-\arctan\frac{B_i}{B_r}\right)} \tag{6.58}$$

式中

$$\begin{aligned}A_0&=\frac{\rho_0 c_0}{\frac{1}{4}+\left(\frac{2}{\pi k^2 a^2}\right)^2}\cos\theta\\ B_r&=\frac{1}{\pi kr}+\frac{r}{\pi ka^2}\\ B_i&=\frac{kr}{4}-\frac{4}{\pi^2 k^3 ra^2}\end{aligned} \tag{6.59}$$

轴承套圈的厚度较小，即轴承轴线方向长度较小，因此实际上，声压 p 与 X 坐标方向有关，而利用圆柱式声源并不完全适用于套圈辐射噪声的计算。为减小假设轴承套圈外表面无限长对计算结果的影响，将式(6.58)改写为

$$p_c(r,\theta,t)=\gamma_B A_0 u_r\sqrt{B_r^2+B_i^2}\,e^{i\left(\omega t-kr-\arctan\frac{B_i}{B_r}\right)} \tag{6.60}$$

式中，u_r 为轴承套圈径向振动速度；γ_B 为轴承套圈厚度影响系数，其取值与场点

位置有关，当场点在轴承套圈两个端面所在平面中间时，取$\gamma_B=1$，否则γ_B为

$$\gamma_B=\frac{r}{\sqrt{r^2+l_r^2}} \tag{6.61}$$

式中，l_r为场点到轴承套圈端面所在平面的距离。由式(6.61)可知，厚度影响系数表明了套圈径向振动噪声沿轴向的衰减。

对于轴承套圈轴向振动噪声，如图 6.16 所示，设想将套圈端面分成无限多个小面元 dS，每个小面元都看成一个点声源，并且点声源的强度表示为 dQ_0=udS。由于只有半个圆球的振动对半空间声场有贡献，从轴承套圈端面辐射的声压[332]可以表示为

$$p=\iint_S \mathrm{i}\frac{\rho_0 c_0 k}{2\pi h}u\mathrm{e}^{\mathrm{i}(\omega t-kh)}\mathrm{d}S \tag{6.62}$$

式中，S为套圈的端面面积；h为从分析场点到小面元 dS 的距离。

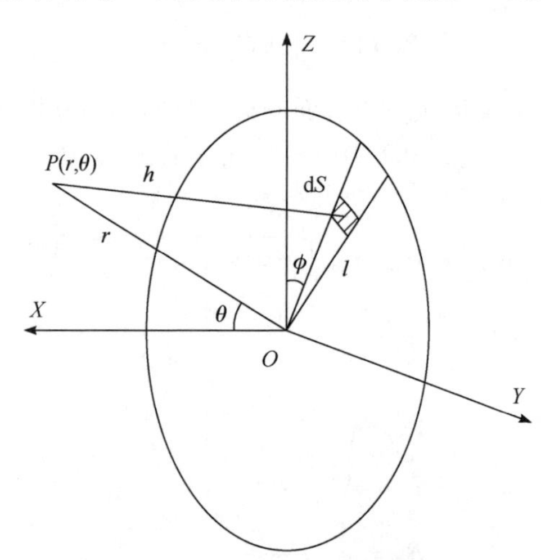

图 6.16 活塞式声源模型

进一步可以得到轴承套圈轴向振动辐射的声压方程为

$$p_p(r,\theta,t)=\frac{\rho_0 c_0 k u_a}{8r}(D^2-d^2)\mathrm{e}^{\mathrm{i}\left(\omega t-kr+\frac{\pi}{2}\right)} \tag{6.63}$$

式中，u_a为轴向振动速度；p_p为轴承套圈轴向振动辐射的声压值。

从而可以得到轴承套圈振动的辐射声压为

$$p_{io}=\sqrt{p_c^2+p_p^2} \tag{6.64}$$

式中，p_{io}为套圈振动产生的辐射声压，当计算内圈辐射噪声时为p_i，计算外圈辐

射噪声时为 p_o

对于轴承内圈，有

$$
\begin{aligned}
u_a &= |\dot{x}_i| \\
u_r &= \sqrt{\dot{y}_i^2 + \dot{z}_i^2}
\end{aligned}
\tag{6.65}
$$

对于轴承外圈，有

$$
\begin{aligned}
u_a &= |\dot{x}_o| \\
u_r &= \sqrt{\dot{y}_o^2 + \dot{z}_o^2}
\end{aligned}
\tag{6.66}
$$

6.4.3 保持架辐射噪声

全陶瓷球轴承在高速运行中，保持架将与陶瓷球发生碰撞，产生辐射噪声。保持架振动也存在径向振动和轴向振动，因此这里采用与套圈振动噪声类似的方法计算保持架辐射噪声。保持架径向振动和轴向振动辐射的声压方程为

$$
\begin{aligned}
p_{cc}(r,\theta,t) &= A_0\gamma_C\sqrt{B_r^2 + B_i^2}\sqrt{\dot{y}_c^2 + \dot{z}_c^2}\,e^{i\left(\omega t - kr - \arctan\frac{B_i}{B_r}\right)} \\
p_{cp}(r,\theta,t) &= \frac{\rho_0 c_0 k\dot{x}_c}{8r}(D_c^2 - d_c^2)e^{i\left(\omega t - kr + \frac{\pi}{2}\right)}
\end{aligned}
\tag{6.67}
$$

式中，γ_C 为保持架厚度影响系数，取值同 γ_B 类似；p_{cc} 和 p_{cp} 分别为保持架径向振动辐射噪声与轴向振动辐射噪声。

从而可以得到保持架振动的辐射声压为

$$
p_c = \sqrt{p_{cc}^2 + p_{cp}^2} \tag{6.68}
$$

式中，p_c 为保持架振动产生的辐射声压。

6.4.4 基于多声源法的辐射噪声模型

在分析某一场点的辐射噪声时，一般采用声压的有效值来进行分析，并采用声压级评价声辐射的大小。有效声压级计算公式为

$$
p_e = \sqrt{\frac{1}{T}\int_0^T p^2 \mathrm{d}t} \tag{6.69}
$$

式中，p_e 表示有效声压级；T 表示采样时间；p 表示瞬时声压。

因此，场点的有效声压级可以通过式(6.70)获得：

$$L = 20\lg\frac{p_e}{p_{ref}} \tag{6.70}$$

式中，p_{ref} 为参考声压，本书中，参考声压取值为 2×10^{-5}Pa。

根据声场叠加原理[332]，由式(6.71)可以计算得到全陶瓷角接触球轴承辐射噪声在某一场点的总声压级：

$$\mathrm{SPL} = 10\lg\left(\sum_{i=1}^{Z}10^{\frac{L_{pi}}{10}}\right) \tag{6.71}$$

式中，L_{pi} 表示第 i 个声源在分析场点的声压级；Z 为声源总个数，即 $Z = N + 3$。

以上计算全陶瓷球轴承辐射噪声的方法称为多声源法，基于多声源法的全陶瓷球轴承辐射噪声计算模型也称为多声源模型。在该模型方法中，利用可变步长 Gstiff 方法[339]求解动态微分方程，获得轴承各组件的振动特性，根据全陶瓷球轴承结构特点，结合球声源、活塞式声源以及圆柱式声源等多种类型声源，分别建立全陶瓷球轴承各组件作为声源时的辐射噪声模型，然后根据声场的叠加原理，将轴承所有组件在某一分析场点的辐射噪声进行叠加计算，从而得到全陶瓷球轴承的总辐射噪声。全陶瓷球轴承辐射噪声计算流程如图 6.17 所示。

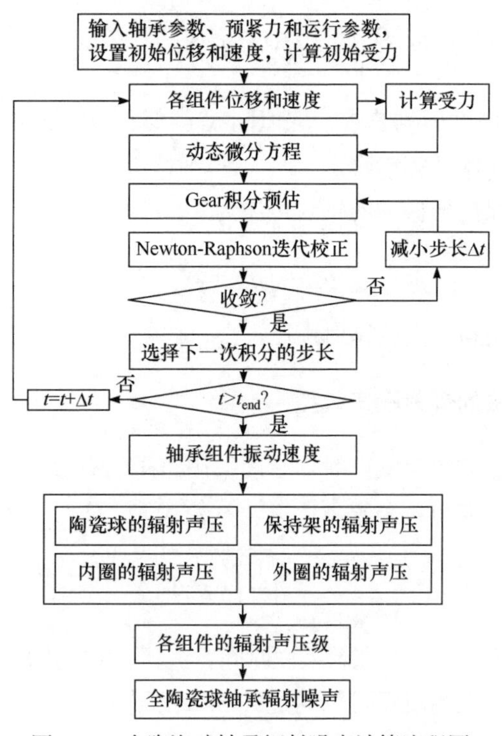

图 6.17　全陶瓷球轴承辐射噪声计算流程图

6.5　多声源辐射噪声模型的验证

6.5.1　全陶瓷球轴承辐射噪声计算

利用 H7009C 全陶瓷角接触球轴承对辐射噪声模型进行验证，轴承的材料参数如表 6.1 所示，结构参数如表 6.2 所示。在仿真计算中，将轴承竖直放置，分析场点设置在距轴承轴线 60mm 的轴承平面内，共分析圆周方向均匀分布的 24 个场点的辐射噪声声压级。假设声传播介质仅为空气，其密度为 1.225kg/m^3，声速为 340m/s，令参考声压为 2×10^{-5}Pa，并将轴承转速分别设置为 1800r/min 与 10000r/min，分别利用多声源模型和传统模型计算全陶瓷角接触球轴承辐射噪声。

表 6.1　测试轴承材料属性

轴承组件	材料	密度/(kg/m^3)	弹性模量/Pa	热膨胀系数/10^{-6}K^{-1}	泊松比
外圈	氧化锆陶瓷	5900	2.06×10^{11}	9.6	0.30
内圈	氧化锆陶瓷	5900	2.06×10^{11}	9.6	0.30
陶瓷球	氮化硅陶瓷	3250	3.10×10^{11}	3.2	0.26
保持架	胶木	1310	2.14×10^{9}	64	0.35

表 6.2　测试轴承结构参数

结构参数	参数值
轴承外径	75mm
轴承内径	45mm
轴承宽度	16mm
外圈沟道曲率半径	4.58mm
内圈沟道曲率半径	4.5mm
保持架外径	63.5mm
兜孔直径	8.9mm
保持架宽度	13.6mm
陶瓷球直径	8.731mm
陶瓷球数量	17
初始接触角	15°

6.5.2　全陶瓷球轴承辐射噪声测试

为了更加准确地测试全陶瓷球轴承辐射噪声，将轴承完全露在外面，使其产生的振动噪声直接传入测试传感器，以避免有阻碍声传播的物体削弱声信号而影响试验测试结果。因此，本节在轴承试验机上进行全陶瓷球轴承辐射噪声的测试，以实现轴承直接暴露在空气中，从而减小测试误差。如图 6.18 所示，该轴承试验机由杭州轴承试验研究中心有限公司研制，其型号为 BVT-1A 型，试验机主轴旋转速度为 1800r/min，其具体参数如表 6.3 所示。

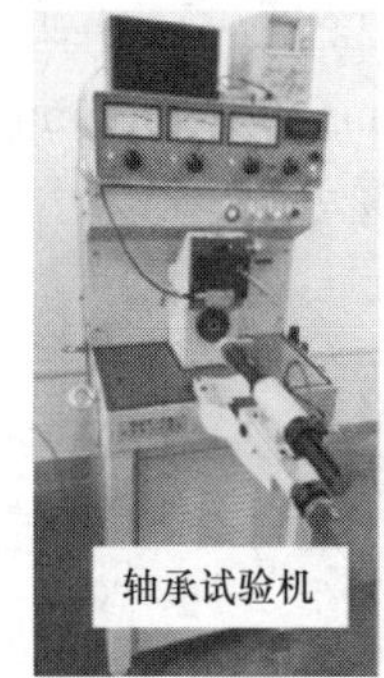

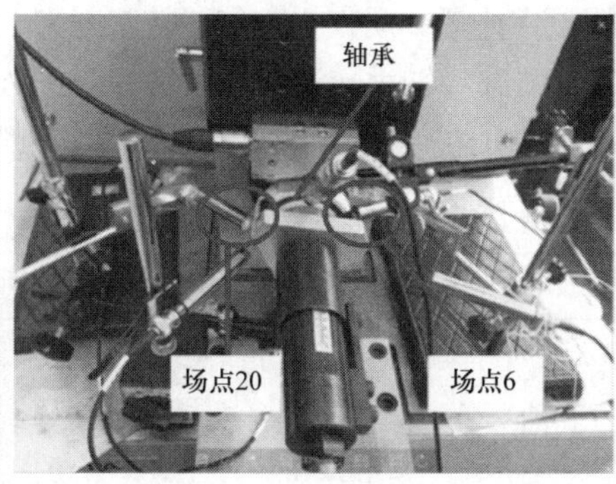

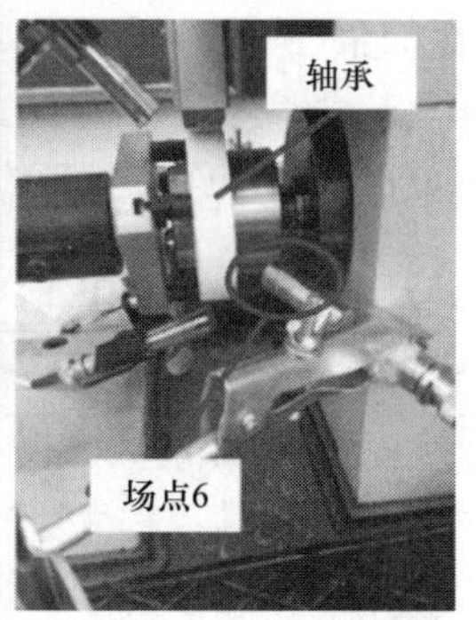

图 6.18　BVT-1A 型轴承试验机与噪声测试

表 6.3　轴承试验机主要参数

主要参数	参数范围
测量轴承尺寸	内径 ϕ3mm～外径 ϕ170mm
测量值	0～10000μm/s
低频带	50～300Hz
中频带	300～1800Hz
高频带	1800～10000Hz
主轴转速	1800r/min
轴向载荷	0～250N

BVT-1A 型轴承振动(速度)测振仪是测量深沟球轴承、角接触轴承和圆锥滚子轴承振动速度的专用仪器，由速度型传感器、驱动器、传感器位置调整装置、气动轴向加载器和测量放大器等部件组成。经有关部门组织鉴定，适合轴承制造厂用于轴承振动检测、电机厂和商检部门用于轴承验收，也适合高等院校和科研机构用于轴承振动分析。这里用该轴承试验机测试全陶瓷球轴承辐射噪声。

在轴承近场布置传感器，试验声压传感器型号为 IVN9206-I，灵敏度为 50～

54.5mV/Pa。传感器位置与计算场点一致。利用 INV3062S 型 24 位网络式智能数据采集仪对声压信号进行采集。采样频率和采样时间分别设置为 51.2kHz 和 10s。测试过程中施加预紧力为 240N，共进行 10 组测试，并采用无计权声压级(线性声压级)评价辐射噪声的大小。

6.5.3 试验结果与仿真结果对比分析

仿真计算结果与试验测试结果如图 6.19 所示，图 6.19(a)为在转速 1800r/min 下，采用多声源模型(本书模型)和传统模型以及试验测试获得的辐射噪声，图 6.19(b)为在转速 10000r/min 下，通过多声源模型和传统模型计算得到的辐射噪声。

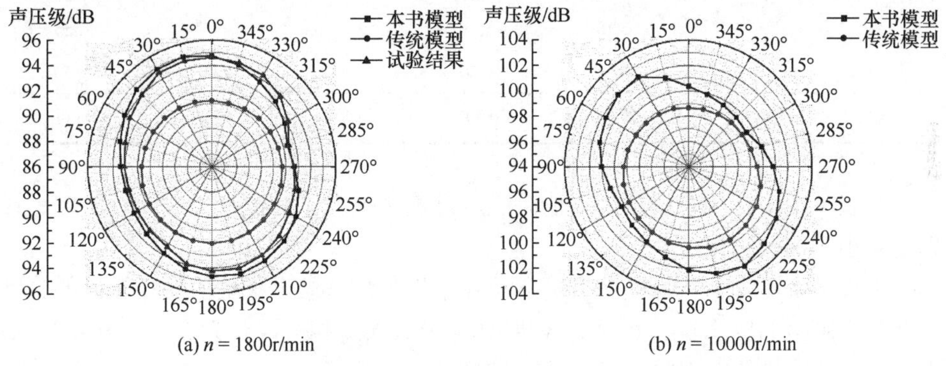

(a) n = 1800r/min　　(b) n = 10000r/min

图 6.19　仿真计算与试验结果比较

从图 6.19 中可以看到，多声源模型计算结果与试验测试结果在圆周方向的声压级变化趋势相符，吻合度较好。传统模型与多声源模型在圆周方向的计算结果有较大差异，当旋转速度为 1800r/min 时，两种模型计算结果最大差为 3.70dB，最小差为 0.76dB；当旋转速度为 10000r/min 时，两种模型计算结果最大差为 3.39dB，最小差为 0.38dB。根据以上结果可知，多声源模型误差为 0.08%～0.67%，平均相对误差为 0.41%，计算误差较小；而传统模型误差范围为 0.94%～3.58%，平均相对误差为 2.12%，计算误差较大。由此可以验证基于多声源法的全陶瓷球轴承辐射噪声模型具有较高的计算精度。

为了进一步分析单场点的计算精度，如表 6.4 所示，给出了场点 6 与场点 20 的 10 次测试结果与计算结果。

表 6.4　仿真计算与试验测试比较

<table>
<tr><th rowspan="2">测试序号</th><th colspan="3">场点 6(75°)</th><th colspan="3">场点 20(285°)</th></tr>
<tr><th>计算结果/dB</th><th>测试结果/dB</th><th>相对误差/%</th><th>计算结果/dB</th><th>测试结果/dB</th><th>相对误差/%</th></tr>
<tr><td>1</td><td rowspan="2">93.68</td><td>91.95</td><td>1.88</td><td rowspan="2">92.34</td><td>91.77</td><td>0.62</td></tr>
<tr><td>2</td><td>92.67</td><td>1.09</td><td>92.46</td><td>–0.13</td></tr>
</table>

续表

测试序号	场点 6(75°)			场点 20(285°)		
	计算结果/dB	测试结果/dB	相对误差/%	计算结果/dB	测试结果/dB	相对误差/%
3	93.68	93.13	0.59	92.34	91.33	1.11
4		95.78	−2.19		92.56	−0.24
5		92.63	1.13		93.91	−1.67
6		92.48	1.30		92.07	0.29
7		93.24	0.47		92.72	−0.41
8		91.09	2.84		90.95	1.53
9		95.16	−1.56		93.79	−1.55
10		94.34	−0.70		92.94	−0.65
平均值	93.68	93.25	0.49	92.34	92.45	−0.11

在表 6.4 中，相对误差为正值时表示计算结果大于测试结果，而负值表示计算结果小于测试结果。

由表 6.4 可知，选择的两个场点计算结果与测试结果平均值的相对误差分别为 0.49%和−0.11%，而在 10 组测试结果中，最大误差相对误差为 2.84%和−1.67%，表明全陶瓷球轴承辐射噪声模型具有较高的计算精度。

根据仿真计算结果与试验测试结果的比较，在一定程度上验证了基于多声源法的全陶瓷球轴承辐射噪声模型的正确性，但由于轴承试验机的转速限制，无法测试高速全陶瓷球轴承的辐射噪声，因此在后续章节中对模型做了进一步验证。

此外，在轴承试验机上还测试了 H7009C 钢制球轴承以及氮化硅陶瓷球轴承(套圈及球均为氮化硅陶瓷)的辐射噪声，得到场点 20(285°)位置的声压级分别为 60.51dB 和 78.84dB，而氧化锆陶瓷球轴承(套圈为氧化锆陶瓷，陶瓷球为氮化硅陶瓷)在场点 20(285°)位置的声压级为 92.45dB，明显高于氮化硅陶瓷球轴承与钢制球轴承，并且钢制球轴承的辐射噪声最小。由于氧化锆陶瓷球轴承辐射噪声最大，更能表现出全陶瓷球轴承辐射噪声大的特性，且较大的辐射噪声便于测试分析，可以获得更高的测试精度。因此，本书主要以氧化锆陶瓷球轴承为例，研究数控机床全陶瓷球轴承的辐射噪声特性。

6.6 本 章 小 结

本章介绍了全陶瓷球轴承的结构特点，分析了全陶瓷球轴承各组件间的相互作用，建立了考虑陶瓷球径差与温度效应的全陶瓷角接触球轴承各组件的动态微分方程，将全陶瓷球轴承内圈、外圈、陶瓷球和保持架均作为声源，并根据各组件的结构特点，结合不同类型声源计算了各组件辐射噪声，提出了计算全陶瓷球轴承辐射噪声的多声源法。通过试验测试验证了基于多声源法的全陶瓷球轴承辐射噪声模型的正确性，为后续章节对全陶瓷球轴承辐射噪声特性的分析提供了理论依据。

第 7 章　全陶瓷球轴承辐射噪声声场分布特性研究

7.1　概　　述

全陶瓷球轴承在高速运转时产生较大的辐射噪声造成了严重的噪声污染，研究全陶瓷球轴承辐射噪声声场分布特性，可以探寻其声场中的敏感场点，为选择合适的测试场点提供依据，进一步分析敏感场点的频率成分，以降低敏感场点的辐射噪声，提高声环境质量。此外，针对辐射噪声的主要频率成分，可以进一步分析噪声的来源，从而可以有针对性地对全陶瓷球轴承辐射噪声进行控制，提出辐射噪声控制策略，进而提升其声学性能。本章基于第 6 章提出的多声源法，研究数控机床电主轴全陶瓷角接触球轴承辐射噪声声场分布特性，发现声场在圆周方向具有指向性，进而分别讨论全陶瓷角接触球轴承辐射噪声场在圆周方向、径向方向和轴向方向的分布规律，并分析其频谱特性。

7.2　声场的表征

7.2.1　声场的声压级

通常，声压级是用来评估和分析声辐射的主要指标，将第 6 章声压级计算公式重新描述如下：

$$\mathrm{SPL}(P) = 20\lg\frac{p(P)}{p_{\mathrm{ref}}} \tag{7.1}$$

式中，SPL(P)为场点 P 的声压级；$p(P)$为场点 P 的声压；p_{ref}为参考声压。

为了分析全陶瓷角接触球轴承辐射噪声分布特性，在声场中选取任意场点计算其声压级。在给定预紧力作用下，假设所有陶瓷球的中心均位于同一个平面内，并将该平面定义为轴承平面。此时，轴承轴线垂直于轴承平面。如图 7.1 所示，采用圆柱坐标系分析声场的分布特性，坐标系中坐标原点位于轴承轴线与轴承平面的交点处。将轴承轴线水平放置，假设轴承外圈固定，且轴承内圈以某一恒定转速旋转。将 12 点钟方向定义为 0°位置角方向，位置角的正方向为轴承旋转方向。声场中任意场点 P 可以表示为

$$P = P(\theta, r, l) \tag{7.2}$$

式中，θ 为场点的位置角；r 为场点到轴承轴线的径向距离，即半径；l 为场点到轴承平面的轴向距离。

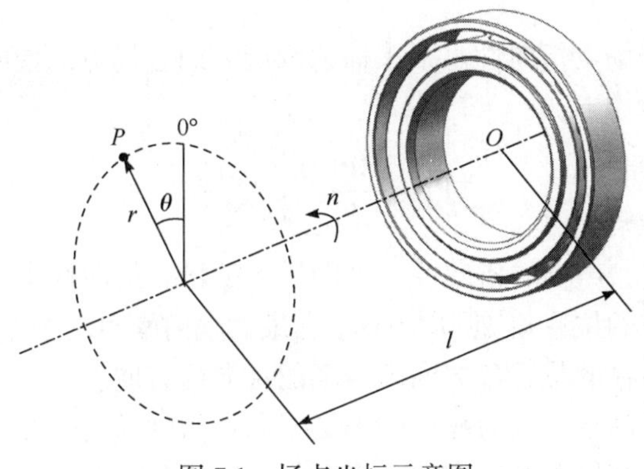

图 7.1　场点坐标示意图

全陶瓷角接触球轴承辐射噪声的声压级不仅直接与场点所在的位置相关，而且与轴承的工作转速有关。根据计算可知，在同一场点位置，不同工作转速下的辐射噪声声压级不同。因此，任意场点 P 的声压级[340]可以表示为

$$\mathrm{SPL}(P)=f(n,\theta,r,l) \tag{7.3}$$

式中，n 为轴承内圈的旋转速度；$f(n,\theta,r,l)$ 表示任意场点 P 的声压级是转速 n、位置角 θ、径向距离 r 及轴向距离 l 的函数。

7.2.2　声场的指向性

辐射噪声的声场指向性也是评价声性能和噪声环境的重要指标[341, 342]。为了进一步分析全陶瓷角接触球轴承声场分布特性，利用声场的指向性来表征声场的分布规律。

在声场的不同位置，其会有不同大小的声压级，即使场点距声源处具有相同的距离，不同场点的声压级仍然会有所不同，这表明声源具有指向性，也可采用声场的指向性表示。定义全陶瓷角接触球轴承声场的指向性为在给定半径 r 的圆周方向声压级的非均匀分布特性，并且可以采用指向性角和指向性水平两个参数来描述声场的指向性。指向性角 DA 和指向性水平 DL 称为声场的指向性参数，它们可以分别定义为

$$\mathrm{DA}=\theta_{\mathrm{SPL}}(n,r,l) \tag{7.4}$$

$$\mathrm{DL}=\frac{\mathrm{SPL}_{\max}(n,r,l)}{\mathrm{SPL}_{\mathrm{ave}}(n,r,l)} \tag{7.5}$$

式中，$\mathrm{SPL}_{\max}$ 为在给定径向距离 r 的整个圆周方向的最大声压级，或为在给定轴

承转速 n、径向距离 r 及轴向距离 l 时，在某一位置角范围内的最大声压级；SPL_{ave} 为在给定径向距离 r 的整个圆周方向的平均声压级；θ_{SPL} 为出现最大声压级位置的位置角。

此外，可以用场点指向性水平来描述圆周方向各场点的指向性变化规律。场点指向性水平定义如下：

$$PL = \frac{SPL(n,\theta,r,l)}{SPL_{ave}(n,r,l)} \tag{7.6}$$

由式(7.6)可知，声场的指向性水平即最大的场点指向性水平，声场的指向性角即对应场点所在的位置角。圆周方向，有最大辐射噪声的场点也称为敏感场点。因此，敏感场点所在的位置角方向即声场的指向性方向。

全陶瓷角接触球轴承辐射噪声的声场指向性与轴承的工况条件以及在圆周方向场点的径向距离和轴向距离有关。声场的指向性角 DA 给出了声场指向的方向位置，而声场的指向性水平 DL 则表示声场指向的程度级别。在同一半径圆周方向，声场的指向性水平 DL 值越大，表明声场的指向性越明显、指向性越强。

此外，在整个圆周方向的声压级变化量，即最大声压级与最小声压级之差 DV 也能够反映圆周方向噪声分布的差异性，并且其可以由式(7.7)计算：

$$DV = SPL_{max}(n,r,l) - SPL_{min}(n,r,l) \tag{7.7}$$

式中，SPL_{max} 和 SPL_{min} 分别仅为在整个圆周方向声压级的最大值与最小值。

与声场的指向性水平 DL 值相似，圆周方向的 DV 值在一定程度上也体现了声场指向性程度。

7.2.3 声场的频率特性

全陶瓷球轴承的辐射噪声声压级是对声信号的进一步处理，其声信号符合声波的全部特性，并随时间的变化而变化。全陶瓷球轴承的辐射噪声属于多声源噪声，其声压级中包含多种频率成分，因此对全陶瓷球轴承辐射噪声进行频谱分析，可以进一步知道其声场噪声的主要来源。

快速傅里叶变换(fast Fourier transform，FFT)是实现离散傅里叶变换的一种极其迅捷有效的算法[343]。快速傅里叶变换算法经过仔细选择和重新排列中间计算结果，使最终完成速度较离散傅里叶变换有了明显的提高，可以将它看成一种有效的时域-频域分析手段。在仿真软件中可以利用快速傅里叶变换将时域信号转换成频域信号。

全陶瓷角接触球轴承在实际运行中，由于陶瓷球在滚道中周期性转动，其与轴承内外圈在同一位置有周期性接触，同时保持架也产生周期性旋转。因此，轴承在运转中将会有明显的特征频率。在轴承系统中，轴承的旋转频率及其倍频是轴承振动和噪声的主要频率成分，除此之外，陶瓷球在滚道中的滚动频率引起的振动对轴承辐射噪声也有着显著的影响。若陶瓷球在滚道上保持纯滚动状态运行，轴承外圈固定不动，内圈旋转，则全陶瓷角接触球轴承特征频率为

$$
\begin{aligned}
f_{\mathrm{b}} &= \frac{d_{\mathrm{m}}}{2D_{\mathrm{w}}} f_{\mathrm{r}} \left(-\frac{D_{\mathrm{w}}^2}{d_{\mathrm{m}}^2} \cos^2 \alpha \right) \\
f_{\mathrm{c}} &= \frac{1}{2} f_{\mathrm{r}} \left(1 - \frac{D_{\mathrm{w}}}{d_{\mathrm{m}}} \cos \alpha \right) \\
f_{\mathrm{i}} &= \frac{N}{2} f_{\mathrm{r}} \left(1 + \frac{D_{\mathrm{w}}}{d_{\mathrm{m}}} \cos \alpha \right) \\
f_{\mathrm{o}} &= \frac{N}{2} f_{\mathrm{r}} \left(1 - \frac{D_{\mathrm{w}}}{d_{\mathrm{m}}} \cos \alpha \right)
\end{aligned}
\tag{7.8}
$$

式中，f_{b}、f_{c}、f_{i} 和 f_{o} 分别为陶瓷球、保持架、内圈和外圈的特征频率；N 为球个数。

将声信号经快速傅里叶变换后，若频谱中含有以上特征频率下的高声压级，则表明特征频率对辐射噪声有所贡献。但是，上述特征频率的计算是在理想状态下导出的，在实际中，全陶瓷角接触球轴承的特征频率与计算值会略有偏差。

7.3　全陶瓷球轴承辐射噪声声压级分布特性仿真分析

分析全陶瓷角接触球轴承辐射噪声的声场分布特性，有助于进一步采取相应措施对全陶瓷球轴承辐射噪声进行控制，从而改善轴承的声学性能和降低噪声对操作工人的影响。所分析的全陶瓷角接触球轴承的套圈、陶瓷球和保持架的材料分别设置为氧化锆陶瓷、氮化硅陶瓷和聚醚醚酮(PEEK)树脂，它们的性能如表 7.1 所示。全陶瓷角接触球轴承模型的结构参数与 H7009C 陶瓷轴承相匹配，并列于表 7.2。轴承预紧力和旋转速度分别设置为 350N 和 18000r/min，供油量设置为 0.02mL/min，轴承在运行中不受其他外部载荷，并且保持良好的润滑状态。空气密度和声波传播速度分别设置为 1.225kg/m^3 和 340m/s，参考声压设置为 2×10^{-5}Pa，声压的计算频率设置为 0～20000Hz。

表 7.1　全陶瓷球轴承材料属性

轴承组件	材料	密度/(kg/m^3)	弹性模量/Pa	热膨胀系数/10^{-6}K^{-1}	泊松比
外圈	氧化锆陶瓷	5600	2.10×10^{11}	9.2	0.31
内圈	氧化锆陶瓷	5600	2.10×10^{11}	9.2	0.31

续表

轴承组件	材料	密度/(kg/m³)	弹性模量/Pa	热膨胀系数/$10^{-6}K^{-1}$	泊松比
陶瓷球	氮化硅陶瓷	3250	3.20×10^{11}	3.2	0.26
保持架	PEEK 树脂	1320	3.60×10^{9}	26	0.36

表 7.2 全陶瓷球轴承结构参数

结构参数	参数值
轴承外径	75mm
轴承内径	45mm
轴承宽度	16mm
外圈沟道曲率半径	4.58mm
内圈沟道曲率半径	4.5mm
保持架外径	63.5mm
兜孔直径	8.9mm
保持架宽度	13.6mm
陶瓷球直径	8.731mm
陶瓷球数量	17
初始接触角	15°

7.3.1 圆周方向的声压级分布特性仿真分析

为分析全陶瓷角接触球轴承辐射噪声在圆周方向的分布特性，在圆周方向选择 24 个场点对辐射噪声进行计算，如图 7.2 所示，所有场点均匀分布在同一个平

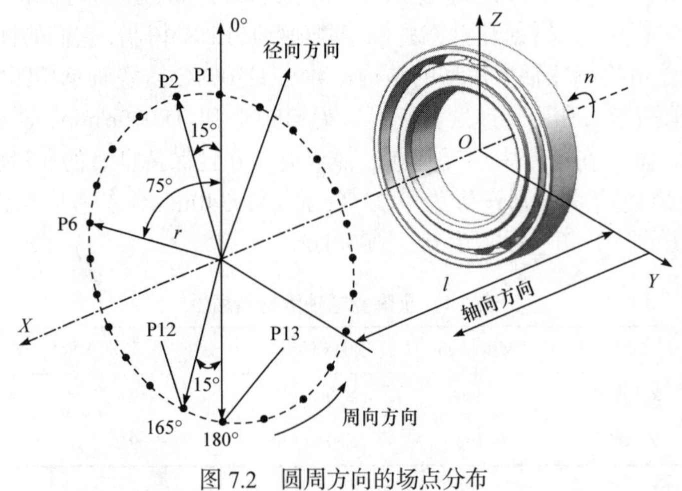

图 7.2 圆周方向的场点分布

面内，且该平面到轴承平面的距离为 50mm，各场点到轴承轴线的距离均为 210mm。因此，各场点的径向距离为 210mm，轴向距离为 50mm，相邻两个场点之间的夹角为 15°。这里将第一个场点放置在 12 点钟方向，并定义为 0°位置角方向或场点 1，其余场点按逆时针方向顺序编号。当从场点平面向轴承方向看时，轴承内圈逆时针旋转。全陶瓷角接触球轴承辐射噪声计算结果如图 7.3 所示。

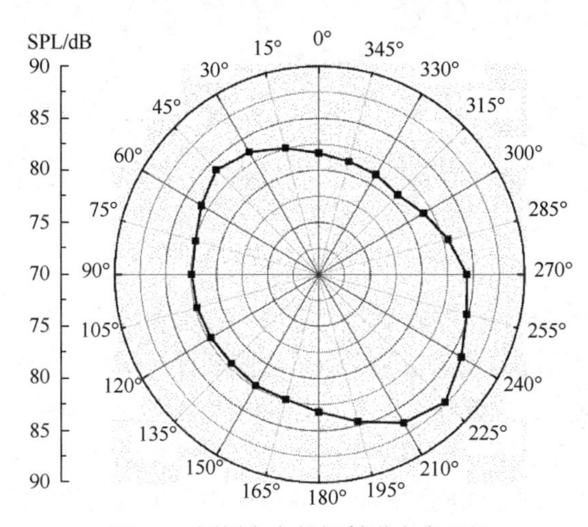

图 7.3　圆周方向的辐射噪声声压级

在图 7.3 中，角坐标表示场点的位置角，同心圆表示相等的声压级。从图中可以看到，在圆周方向不同位置声压级具有差异性，并且在下半圆朝向旋转方向有最大声压级。此外，在左上半圈内声压级出现了局部最大值，其所在的位置角可以称为声场的局部指向性角。因此，可以将全陶瓷角接触球轴承辐射噪声整个声场分解成两个局部指向性方向，并将含有最大声压级的位置角称为整个声场的指向性角。

图 7.4 描述了圆周方向各场点的指向性水平。由图可知，在位置角 45°方向和位置角 225°方向有两个较大的场点指向性水平值，而在位置角 315°方向有最小的场点指向性水平值。根据计算结果，在 0°～90°的声场指向性水平 DL 值为 1.0119，在 180°～270°的声场指向性水平 DL 值为 1.0503。因此，整个圆周方向的声场指向性水平值较局部声场指向性水平值大，表明整个圆周方向的声场指向性程度要比局部更加明显。结合图 7.3 和图 7.4 可知，声场的敏感场点在 225°位置角方向。

图 7.5 给出了圆周方向陶瓷球与套圈的接触力变化。由图可知，陶瓷球在圆周方向受力呈周期性变化，承载陶瓷球接触力大于非承载陶瓷球。结合图 7.3 和图 7.5 可以看出，在左上半圆和右下半圆范围内，声压级具有较大值；而在左上半圆陶瓷球与套圈有较小的接触力，在右下半圆陶瓷球与套圈有较大的接触力。

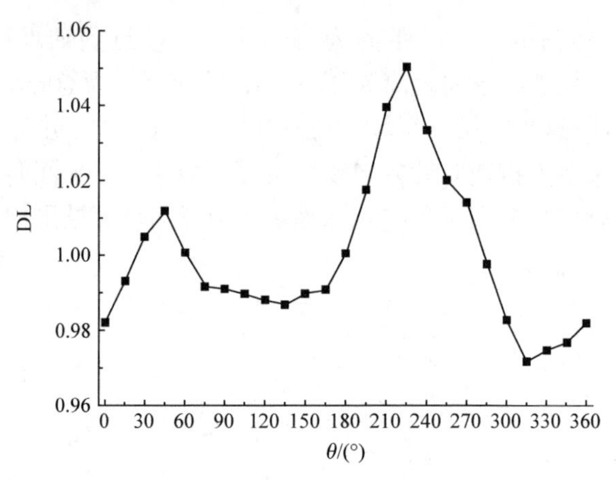

图 7.4　圆周方向场点指向性水平

在左上半圆的 15°～75°，由于陶瓷球与套圈的接触力较小，且出现了非承载陶瓷球与内圈不接触的情况，非承载陶瓷球与套圈及保持架严重的相互碰撞冲击作用产生较大的冲击噪声，因此这一区域会产生相对较大的辐射噪声，并将这一区域称为冲击载荷区；在右下半圆的 195°～255°，由于陶瓷球与套圈的接触力较大，陶瓷球与轴承内外套圈之间剧烈的相互摩擦作用产生较大的摩擦噪声，因此这一区域也会产生较大的辐射噪声，并将这一区域称为摩擦载荷区；其他区域由于摩擦和冲击较小，产生的辐射噪声变化较为平稳，故称为平稳载荷区。

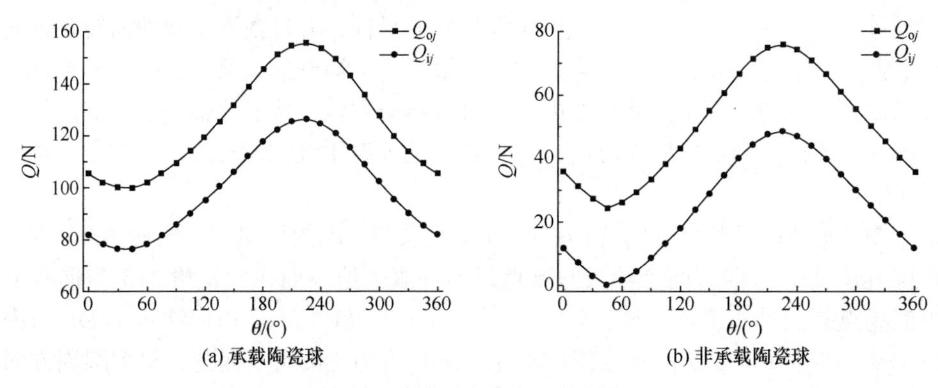

图 7.5　陶瓷球与套圈的接触力

7.3.2　径向方向的声压级分布特性仿真分析

不同径向距离下的声场指向性是反映声压级随径向距离衰减的一个重要指标。由于轴承声源发出的声波向四周传播，声波能量逐渐扩散开来，并且声波在传播过程中，也会有能量的损失，会使声波逐渐衰减，从而导致声波随传播距离逐渐衰减。为了分析全陶瓷角接触球轴承辐射噪声在不同径向距离时圆周方向的声场指向性，如图 7.6 所示，将分析场点设置在不同半径的同心圆上，仍然计算圆周方向 24 个场点的辐射噪声。轴承在不受外力作用下以 18000r/min 的转速运转，其他参数与之前保持一致。这里讨论一组半径为 30mm、90mm、150mm、210mm 和 270mm 时同心圆上辐射噪声的声场指向性。图 7.7～图 7.9 给出了全陶瓷角接触球轴承辐射噪声在不同半径下圆周方向的声场分布特性情况。

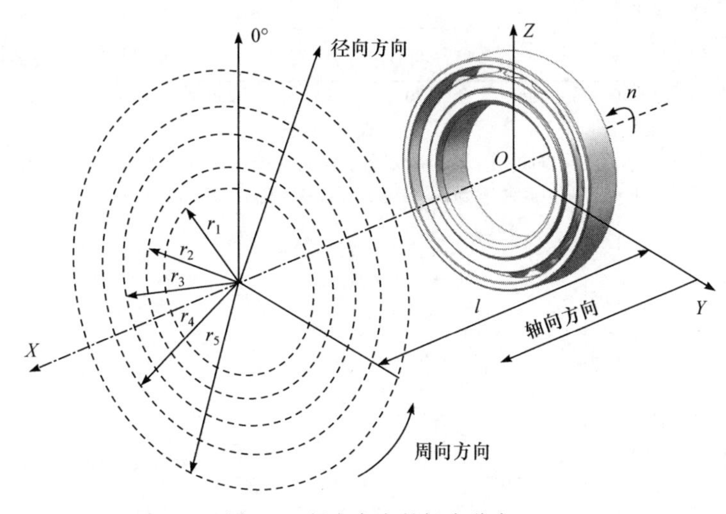

图 7.6　径向方向的场点分布

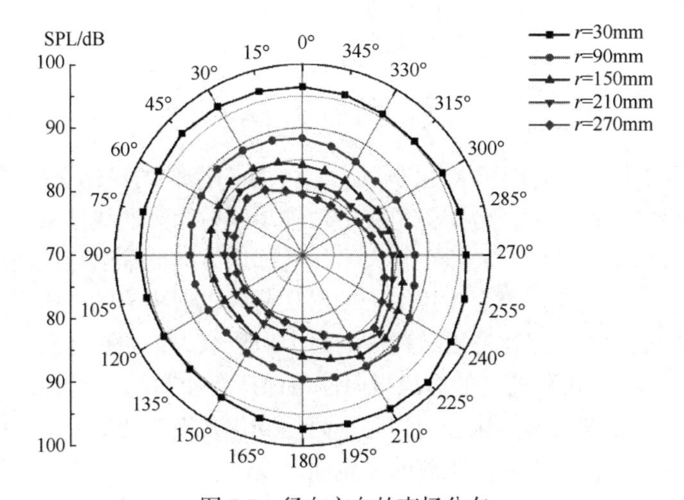

图 7.7　径向方向的声场分布

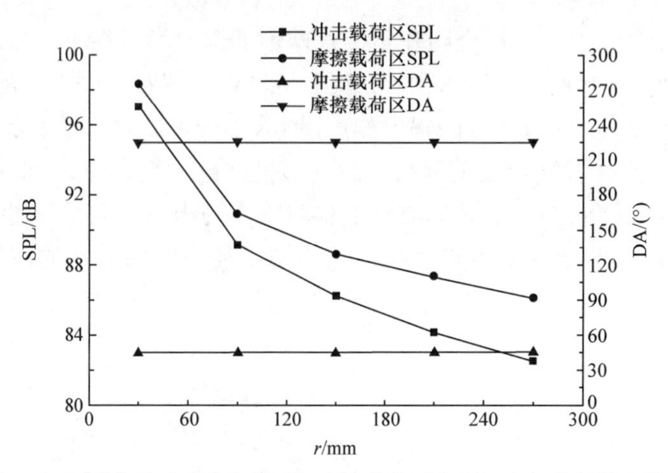

图 7.8　不同半径时冲击载荷区与摩擦载荷区声压级和相应的指向性角

本书载荷区的声压级指区域内的最大声压级，为简便，用 SPL 表示，下同

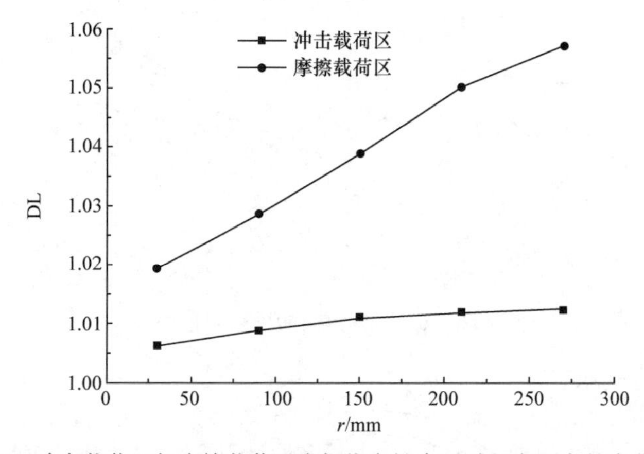

图 7.9　冲击载荷区与摩擦载荷区声场指向性水平随径向距离的变化趋势

图 7.7 为径向方向的声压级随同心圆半径(径向距离)的变化规律。随着轴承径向声辐射半径的逐渐增大，全陶瓷角接触球轴承辐射噪声非线性减小。不同方向的变化值呈现出不均匀性，导致在较大半径时圆周方向的辐射噪声波动较大。摩擦载荷区辐射噪声的声压级变化相对于冲击载荷区辐射噪声的声压级变化较小。摩擦载荷区的最大声压级比冲击载荷区的最大声压级大，而在这两个区域的指向性角却保持不变。冲击载荷区的声场指向性角保持在 45°位置，摩擦载荷区的声场指向性角保持在 225°位置。这表明径向距离的变化并不改变最大声压级所在的方位，即敏感场点方向不随径向距离的变化而改变。在图 7.7 中也可以清晰地看出这些信息。此外，根据声压级在圆周方向的分布特性，在径向距离为 30mm 时，周向分布较为均匀，声压级差异不大，然而，半径的增大突出了声场的指向性。

由图 7.8 可以看到，摩擦载荷区的声压级高于冲击载荷区的声压级，且随着径向距离的增大，摩擦载荷区的辐射噪声较冲击载荷区的辐射噪声衰减缓慢，它们之间的差值也越来越大。当径向距离由 30mm 增大到 270mm 时，冲击载荷区的声压级从 97.07dB 减小到 82.53dB，衰减幅度为 14.54dB，而指向性角保持在 45°位置不变；摩擦载荷区的声压级从 98.33dB 减小到 86.17dB，衰减幅度为 12.16dB，而指向性角保持在 225°位置不变。

从图 7.9 中可以看出，摩擦载荷区的声场指向性水平曲线在冲击载荷区的声场指向性水平曲线上方，并且两者均随径向距离的增大而呈上升趋势。然而，在摩擦载荷区的声压级增加快速，在冲击载荷区的声压级增加较为缓慢。声场指向性水平曲线的变化趋势表明，声场的指向性随圆周半径(径向距离)的增大而增强。从声波方面来分析，声场变化的原因是声辐射随距离的增加而衰减，并且衰减程度在不同方向存在差异。

7.3.3　轴向方向的声压级分布特性仿真分析

不同轴向距离的声场指向性也是反映声场随距离衰减的一个关键指标。为了研究全陶瓷角接触球轴承辐射噪声声场在轴向的分布特性，24 个场点被设置在半径为 210mm 的圆周方向，并使轴承在 18000r/min 的转速下平稳运行，其他参数设置与之前相同。如图 7.10 所示，这里分析在轴向距离分别为 20mm、50mm、100mm、150mm 和 200mm 时圆周方向辐射噪声的声场指向性。不同轴向距离下声场在圆周方向的分布特性如图 7.11～图 7.13 所示。

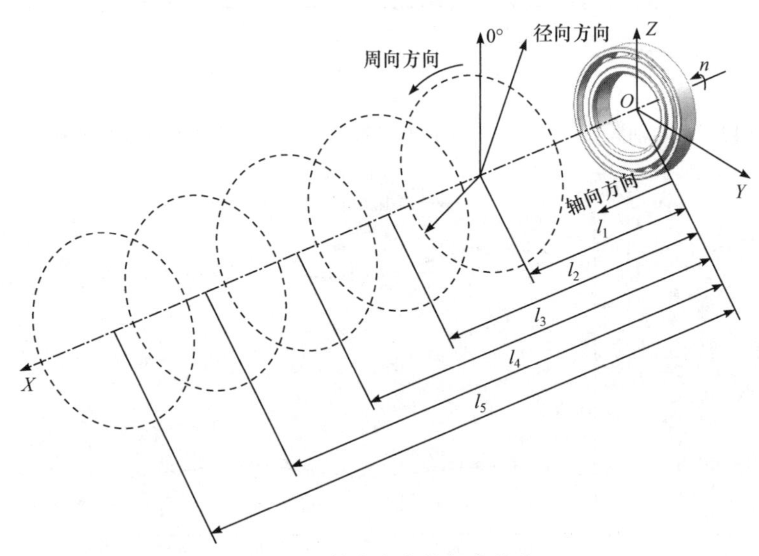

图 7.10　轴向方向的场点分布

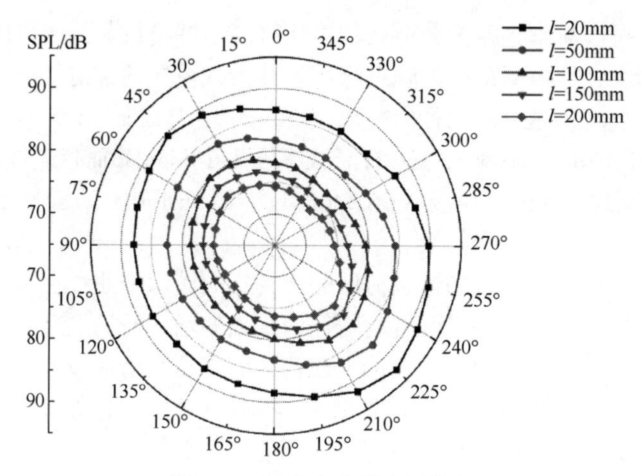

图 7.11　轴向方向的声场分布

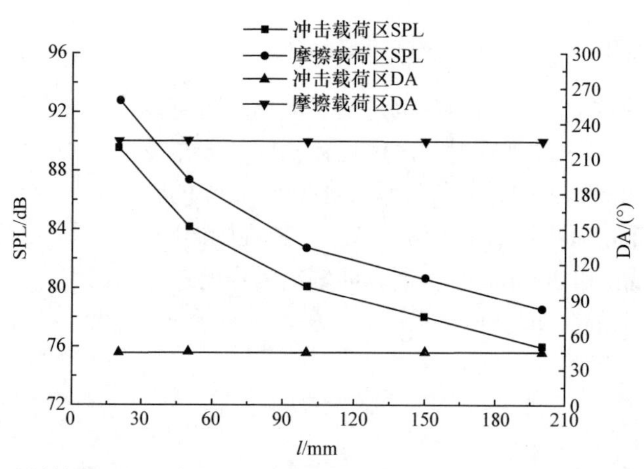

图 7.12　不同轴向距离时冲击载荷区与摩擦载荷区最大声压级和相应的指向性角

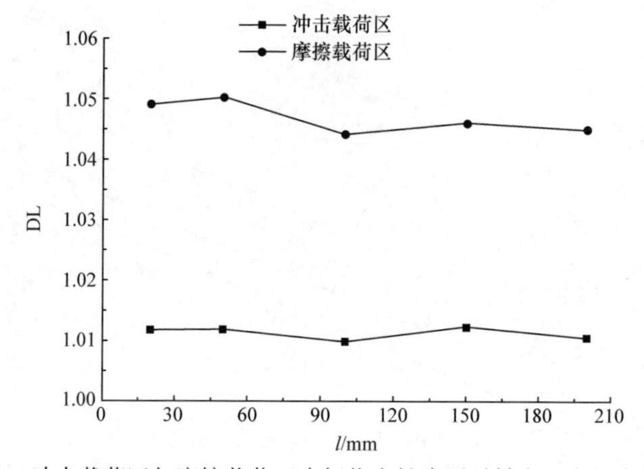

图 7.13　冲击载荷区与摩擦载荷区声场指向性水平随轴向距离的变化趋势

如图 7.11 所示，全陶瓷角接触球轴承辐射噪声的声压级随着轴向距离的增加逐渐减小，但在冲击载荷区和摩擦载荷区的指向性角仍停留在 45°位置和 225°位置不变。这一现象表明，声场指向性角不受轴向距离的影响，其与不因径向距离的改变而改变相一致。由此可知，全陶瓷角接触球轴承辐射噪声声场的指向性不受声压级衰减的影响，仅与声源特性相关。也就是说，全陶瓷角接触球轴承在运行中的动态特性，直接决定了声场的分布特性。

从图 7.12 中可以看到，在冲击载荷区和摩擦载荷区的最大声压级衰减尺度相差较小。当轴向距离由 20m 增大到 200mm 时，冲击载荷区的声压级从 89.53dB 减小到 75.97dB，衰减幅度为 13.56dB，而指向性角保持在 45°位置不变；摩擦载荷区的声压级从 92.83dB 减小到 78.56dB，衰减幅度为 14.27dB，而指向性角保持在 225°位置不变。由此表明轴向距离也不改变敏感场点方向。比较图 7.8 和图 7.12，冲击载荷区的声压级随径向距离的增加衰减得较大，而摩擦载荷区的声压级随轴向距离的增加衰减得较大。

图 7.13 给出了声场指向性水平随轴向距离变化的详细信息。从图中可以看出，在轴向距离从 20mm 增加至 200mm 时，声场指向性水平曲线呈波动式变化，且摩擦载荷区的声场指向性水平波动较大些，但总体上变化都不是很明显。这表明全陶瓷角接触球轴承辐射噪声声场指向性随轴向距离的变化可以忽略。然而，随着轴向距离的增加，声场指向性仍有略微减弱的趋势。

7.3.4　全声场声压级分布特性仿真分析

在 7.3.1 节～7.3.3 节中，分析了全陶瓷角接触球轴承辐射噪声在圆周方向、径向方向和轴向方向的分布特性，本节将综合考虑各方向的分布情况，讨论整个声场的分布特性。

根据图 7.1，将圆柱坐标系转换为直角坐标系。两个坐标系的坐标原点一致，均为轴承轴线与轴承平面的交点。直角坐标系的 X 轴与零度位置角方向重合，方向向上，而 Z 轴方向与轴承轴线重合，方向朝外，Y 轴与其他两个坐标方向垂直，并且坐标系符合笛卡儿右手定则。两个系统的坐标转换关系如式(7.9)所示：

$$\begin{aligned} x &= l \\ y &= r\sin\theta \\ z &= r\cos\theta \end{aligned} \tag{7.9}$$

图 7.14 给出了径向距离从 30mm 到 270mm，轴向距离从 20mm 到 200mm，以及在整个圆周方向，全陶瓷角接触球轴承辐射噪声整个声场的分布。从图中可以看到，在不同方向的辐射噪声变化较大，并且，在径向与轴向均显示了声场指

向性水平具有较大的变化。辐射噪声在轴向的衰减较在径向的衰减要快，这些变化受轴承部件相互作用所产生的声辐射方向的影响。声场分布不均匀由全陶瓷角接触球轴承辐射噪声具有较强的指向性所致。

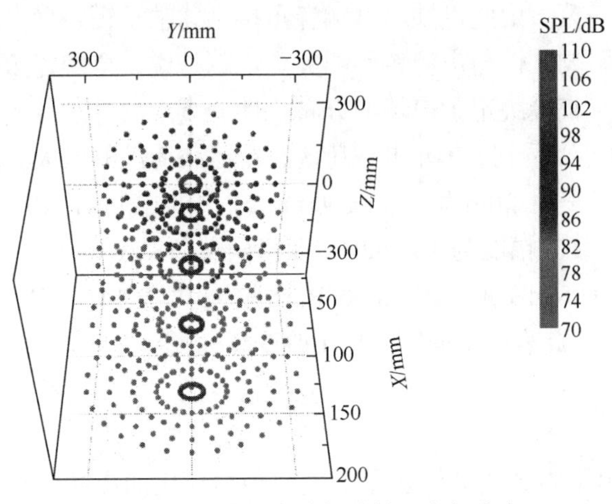

图 7.14　全陶瓷角接触球轴承声场分布

根据模型的计算结果，在 18000r/min 的恒定转速下，全声场的指向性角始终是摩擦载荷区的指向性角，其不随径向距离与轴向距离的变化而改变，并一直保持在 225°。这表明，在给定转速、预紧力及供油量后，声场的敏感场点方向就已经被确定了。这是由于在计算中转速等运行参数始终保持恒定值，使轴承声源特性保持不变。圆周方向的最大声压级、声场指向性水平和声压级最大值与最小值之差随径向和轴向距离的变化如图 7.15～图 7.17 所示。

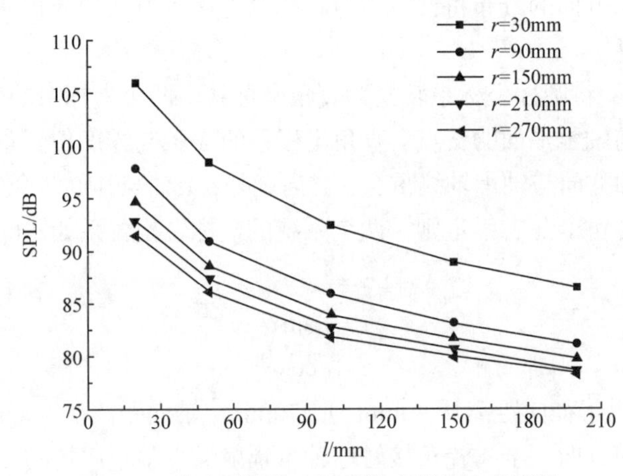

图 7.15　整个圆周方向辐射噪声的最大声压级

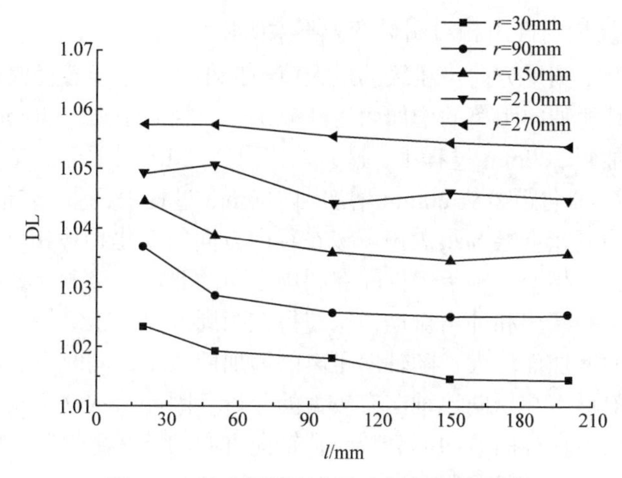

图 7.16　整个圆周方向的声场指向性水平

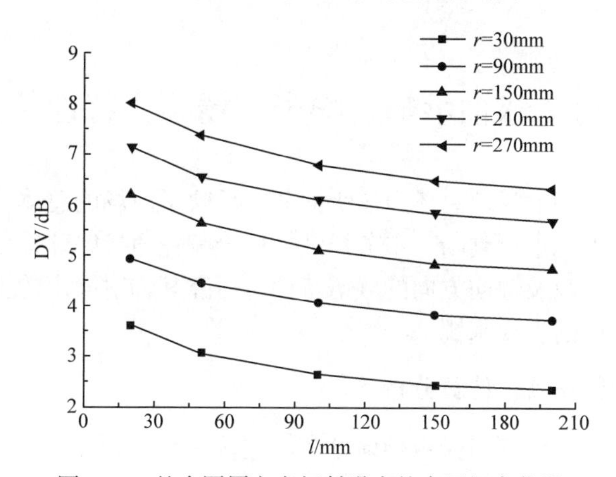

图 7.17　整个圆周方向辐射噪声的声压级变化量

在图 7.15 中，最大声压级随径向距离和轴向距离的增大而逐渐减小。而在距离越远的地方声压级衰减的速度变得越慢，这与声音传播随距离的衰减有关。当径向距离由 30mm 增加至 270mm 时，在整个圆周方向的最大声压级衰减了 14.34dB，而当轴向距离从 20mm 增加至 200mm 时，在整个圆周方向的最大声压级衰减了 19.5dB。这一结果表明，全陶瓷角接触球轴承的辐射噪声在径向方向的衰减要比在轴向方向的衰减慢些。

在图 7.16 中，当轴向距离保持恒定值时，声场指向性水平随径向距离的增大而呈增大的趋势；当径向距离为不同的常数时，声场指向性水平的变化随轴向距离的增大呈复杂而不规律的变化；然而，在整体上，声场指向性水平在轴向方向略有减弱。此外，当轴向距离较大时，可以认为声场指向性水平不再随轴向距离的变化而改变，即这时可以忽略声场指向性水平的变化。因此，当轴向距离为 20～

200mm 时，声场指向性由相对明显变为不太明显。

在图 7.17 中，圆周方向声压级的最大值与最小值之差随着径向距离的增加而逐渐变大，但其随轴向距离的增加而逐渐减小。当径向距离为 30mm 时，轴向距离从 20mm 增加到 200mm 过程中，这一差值由 3.62dB 减小至 2.36dB。当径向距离为 270mm 时，轴向距离从 20mm 增加到 200mm 过程中，这一差值由 7.99dB 减小至 6.32dB。声场指向性与最大声压级在径向方向的变化趋势相反，但它们的变化趋势在轴向方向相似。轴承组件间在圆周方向的非均匀接触导致在不同圆周位置产生不同程度的摩擦和冲击振动，这使得在圆周方向声压级最大值与最小值之差随径向距离的增加而增大，随轴向距离的增加而减小，同时也表明全陶瓷角接触球轴承的辐射噪声在径向比轴向有较大的分量。因此，从这个角度来看，也可以分析出辐射噪声在径向方向的衰减较在轴向方向的衰减更慢些。辐射噪声在圆周方向的分布显示了随径向距离增大、随轴向距离减小，声场具有更加明显的指向性。

7.4　全陶瓷球轴承辐射噪声声场频谱特性仿真分析

全陶瓷球轴承辐射噪声总体声压级的分布反映了声场的总体特征，但是并无法对声音的组成来源进行判断。本节详细分析全陶瓷角接触球轴承辐射噪声在圆周方向、径向方向以及轴向方向的频谱特性，研究其辐射噪声的主要频率成分，讨论产生辐射噪声的主要来源。

7.4.1　圆周方向频率特性仿真分析

为了研究圆周方向辐射噪声频谱分布规律，选择圆周方向 6 个场点进行分析，每个场点到轴承轴线的距离为 210mm，到轴承平面的距离为 50mm，场点位置角分别为 0°(P1)、45°(P4)、90°(P7)、180°(P13)、225°(P16)、270°(P19)，其中 225°位置角方向为声场指向性角方向，即敏感场点方向。设置轴承转速为 18000r/min，分析的最大频率为 4000Hz，得到 6 个场点的辐射噪声频谱图如图 7.18 所示。

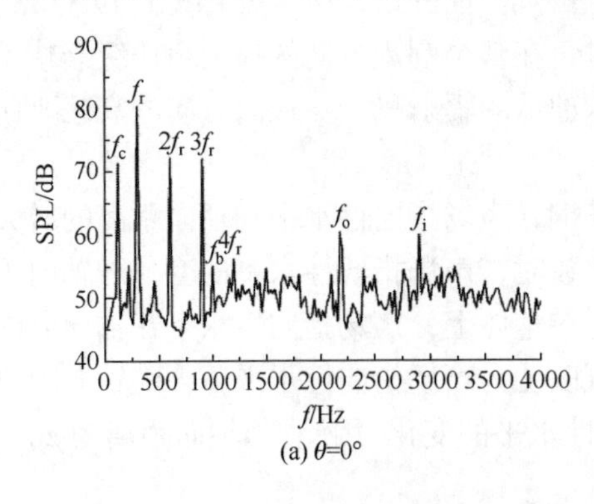

(a) θ=0°

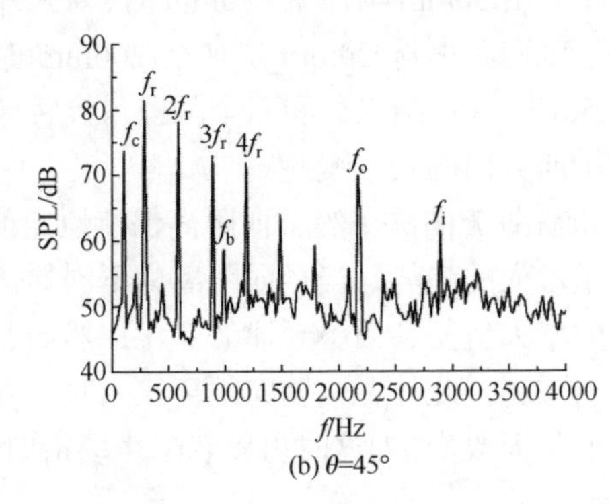

(b) θ=45°

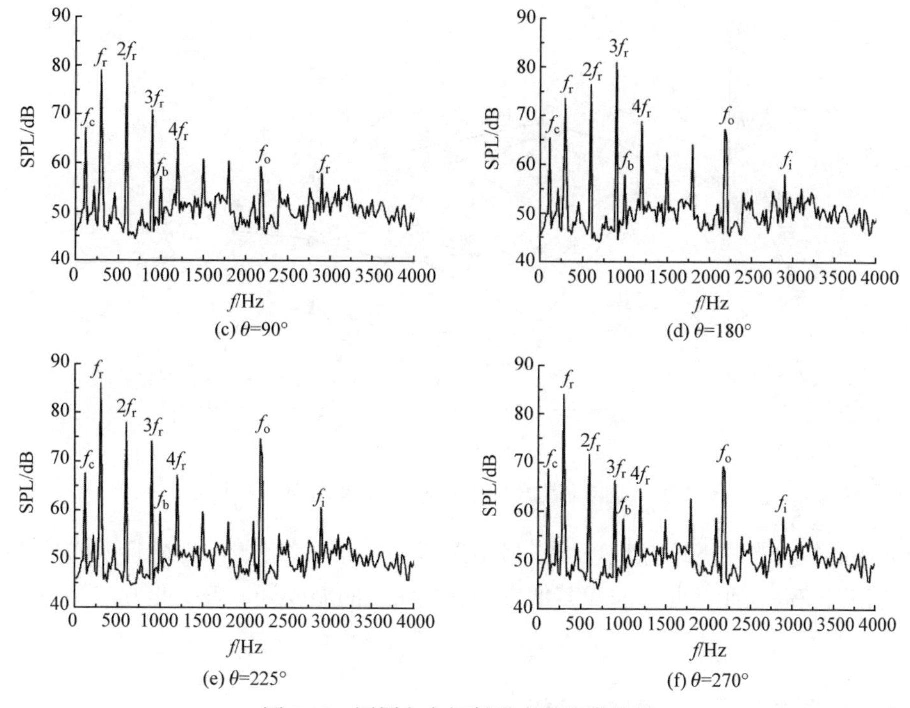

图 7.18　圆周方向辐射噪声的频谱特性

从图 7.18 可以看到，在不同位置角的辐射噪声频谱中均含有较高的 f_r、$2f_r$ 和 $3f_r$，除了在 0°位置角方向，其他方向还有较为明显的更高阶旋转频率成分。此外，各频谱图中均含有明显的各轴承组件的特征频率，且 f_c 和 f_o 的贡献相对较大，并且在 45°位置角方向 f_c 更大些，在 225°位置角方向 f_o 更为显著，表明全陶瓷角接触球轴承各组件间的相互作用是产生辐射噪声的重要原因。

为了更清晰地分析全陶瓷角接触球轴承辐射噪声的各频率成分，将各频率成分的辐射噪声声压级变化绘制成图 7.19。

由图 7.19 可以看到，在不同位置角时全陶瓷角接触球轴承辐射噪声的主要贡献频率并不相同，但主要为 f_r、$2f_r$ 和 $3f_r$，且以 f_r 为辐射噪声的主要贡献频率，即在大多方向 f_r 占优势。然而，在 90°位置角方向 $2f_r$ 占优势，而在 180°位置角方向变为 $3f_r$ 占优势，且 $2f_r$ 的声压级仍然高于 f_r 的声压级。这是由于位置角为 90°～180°时，陶瓷球受力逐渐变大，产生较大的谐波噪声成分。除了在 0°位置角方向，$4f_r$ 也有较大的声压级。轴承各组件的特征频率贡献相对较小，特别是 f_b 和 f_i 对辐射噪声的贡献可以忽略。f_c 和 f_o 在不同位置角方向的贡献有明显变化，但 f_c 的声压级变化较小，而 f_o 在不同位置角方向对辐射噪声的贡献变化较大，尤其在声场指向性角方向，其有很大的声压级。在 225°位置角方向，轴承各组件特征频率的声压级较其他方向高，并且此方向 f_o 的声压级更大些，表明在此方向较其他位置

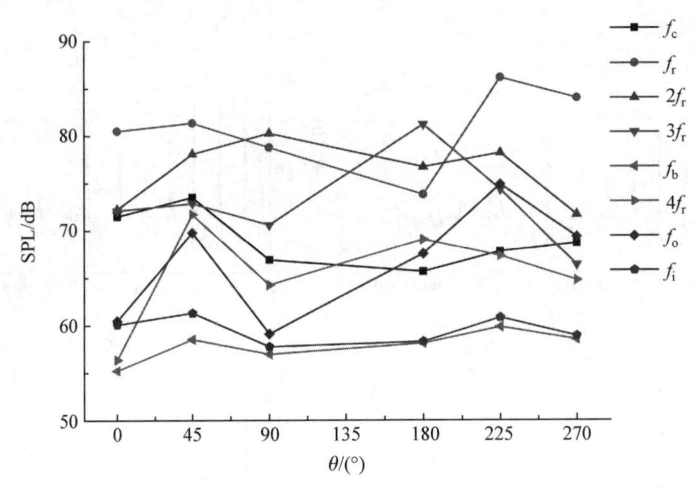

图 7.19　不同位置角方向各频率成分辐射噪声声压级

角方向有较为严重的摩擦现象。在 45°位置角方向，轴承各组件特征频率的声压级也均相对较高，而在此方向较其他方向有更明显的 f_c 成分，表明此方向的冲击现象较大些。

7.4.2　径向方向频率特性仿真分析

根据之前的分析，全陶瓷角接触球轴承声场指向性在轴向和径向方向的变化较大，其变化受轴承各组件在不同位置的相互作用的影响，并且频率成分中包含各组件的特征频率。为了分析全陶瓷角接触球轴承辐射噪声频谱特性曲线随径向距离变化的规律，这里讨论当轴向距离为 50mm，径向距离为 0mm、30mm、90mm、150mm、210mm 和 270mm 时，圆周方向声场最大声压级位置，即指向性角为 225°位置的敏感场点辐射噪声频率特性。设置轴承转速为 18000r/min，分析的最大频率为 4000Hz。在不同径向距离时的频率特性如图 7.20 所示。

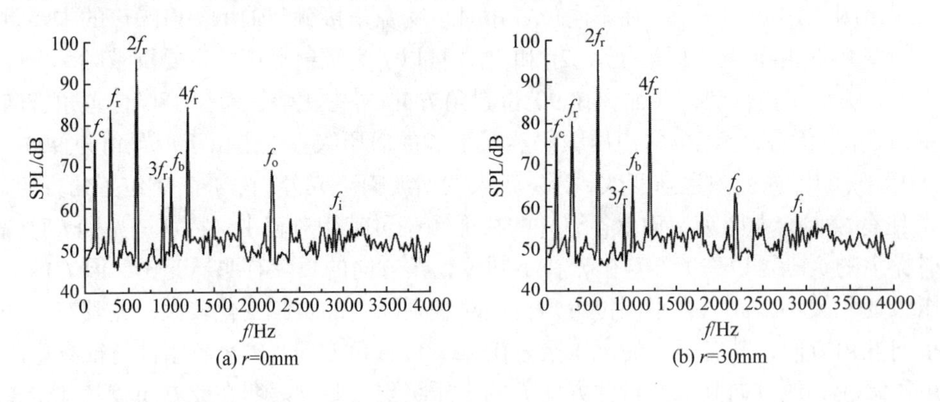

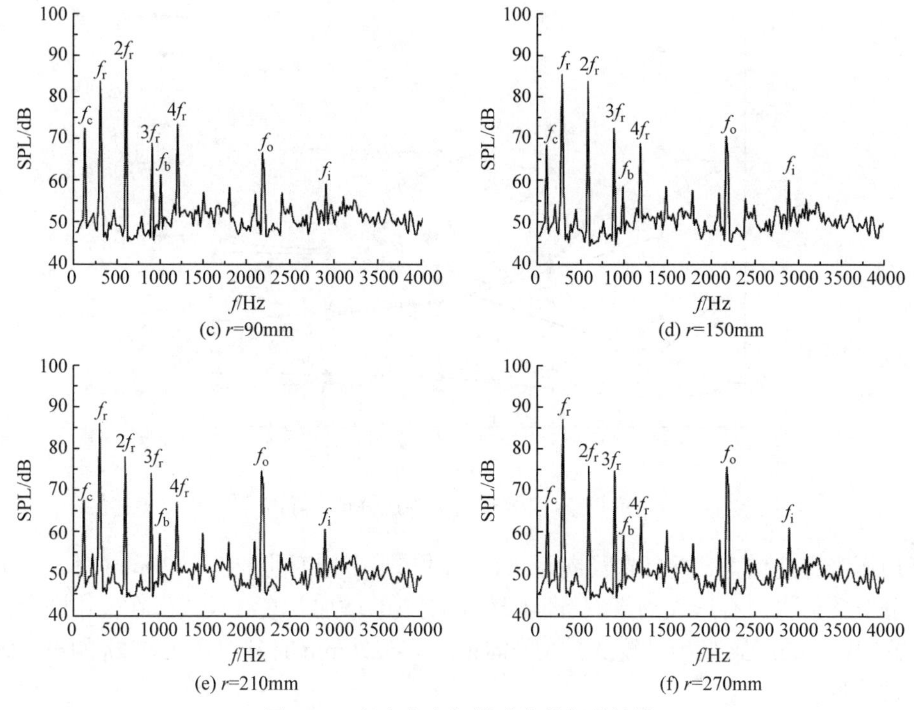

图 7.20　径向方向辐射噪声的频谱特性

从图 7.20 中可以看到，在不同径向距离时的噪声频谱特性曲线相似，均含有 f_r、$2f_r$、$3f_r$、$4f_r$ 以及各轴承组件的特征频率成分。但在各主要频率成分下声压级具有不同的变化趋势，特别是峰值频率辐射噪声有明显变化。辐射噪声频谱中声压级的贡献频率成分主要为 f_r 和 $2f_r$，高阶转频对辐射噪声的贡献较小。各轴承组件特征频率对辐射噪声的贡献也有较大差异。

在不同径向距离时各频率下的声压级变化如图 7.21 所示。

从图 7.21 中可以看到，随着径向距离的增大，f_r、$3f_r$ 和 f_o 的声压级有明显的增加趋势，而 $2f_r$、$4f_r$ 和 f_c 的声压级有明显的减小趋势，f_i 的声压级变化不大，有略微升高的趋势，f_b 的声压级先有明显下降趋势，之后趋于平稳。由图可知，旋转频率以及倍频下的声压级变化较大，且在较小径向距离时由 $2f_r$ 占优势，在较大径向距离时转变为 f_r 占优势。在轴承轴线上($r = 0$mm)的声压级并不是最大值，其稍低于径向距离 $r = 30$mm 位置的声压级，这是由于该轴承节圆直径为 60mm，其产生的辐射噪声主要来自各轴承组件相互作用，而 $r = 0$mm 时相当于在轴承内圈圆柱面内部，对于圆柱式声源，该场点的噪声为向内聚集的辐射噪声，计算模型并未考虑此种情况的辐射噪声，导致相对于在 $r = 30$mm 的节圆半径圆柱面上时辐射噪声较小些。在较小径向距离时，$3f_r$ 的贡献相对较小，但随径向距离的增加，

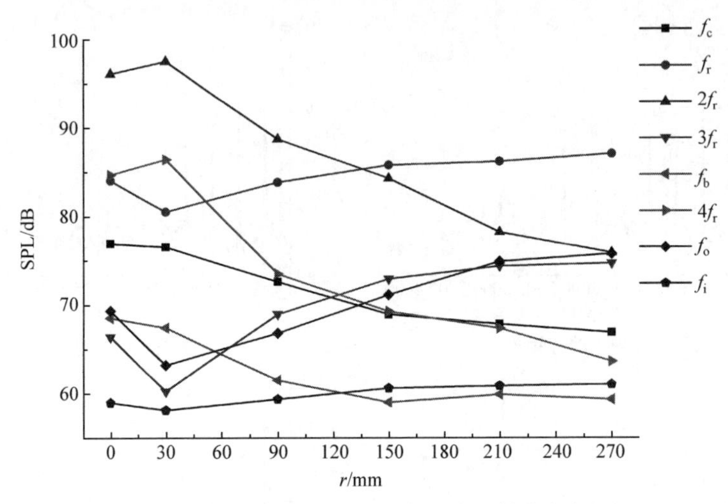

图 7.21　不同径向距离时各频率成分辐射噪声声压级

其声压级迅速增大，并且在径向距离较大时趋于平稳变化。当 r=30mm 时，$4f_r$ 的成分对辐射噪声有很大的影响，但随径向距离的增加其衰减较快。在较小的径向距离时，f_o 的声压级相对较低，在径向距离 r = 270mm 时其声压级与 $2f_r$ 的声压级非常接近。

7.4.3　轴向方向频率特性仿真分析

轴向距离对场点的声压级有较大的影响，因此进一步分析全陶瓷角接触球轴承辐射噪声在轴向距离方向各场点频率特性。选取径向距离为 210mm 的声场指向性方向，即 225°位置角方向的敏感场点，分析轴向距离分别为 20mm、50mm、100mm、150mm、200mm 和 250mm 位置的辐射噪声频率特性。设置轴承转速为 18000r/min，分析的最大频率为 4000Hz。在不同轴向距离时的频率特性如图 7.22 所示。

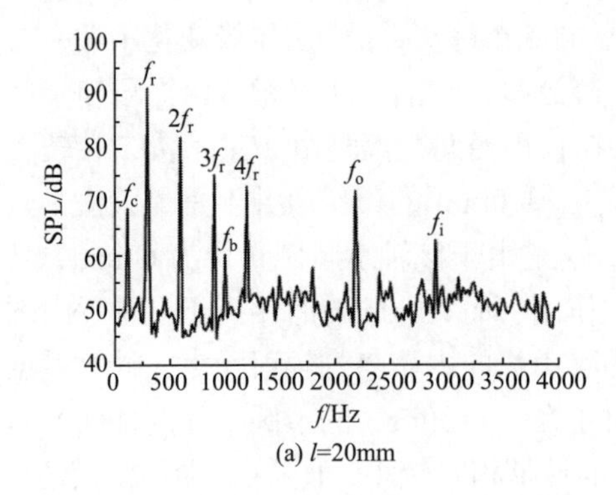

(a) l=20mm

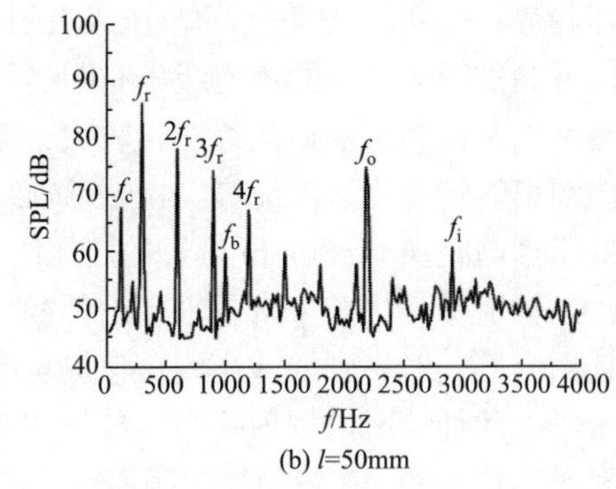

(b) l=50mm

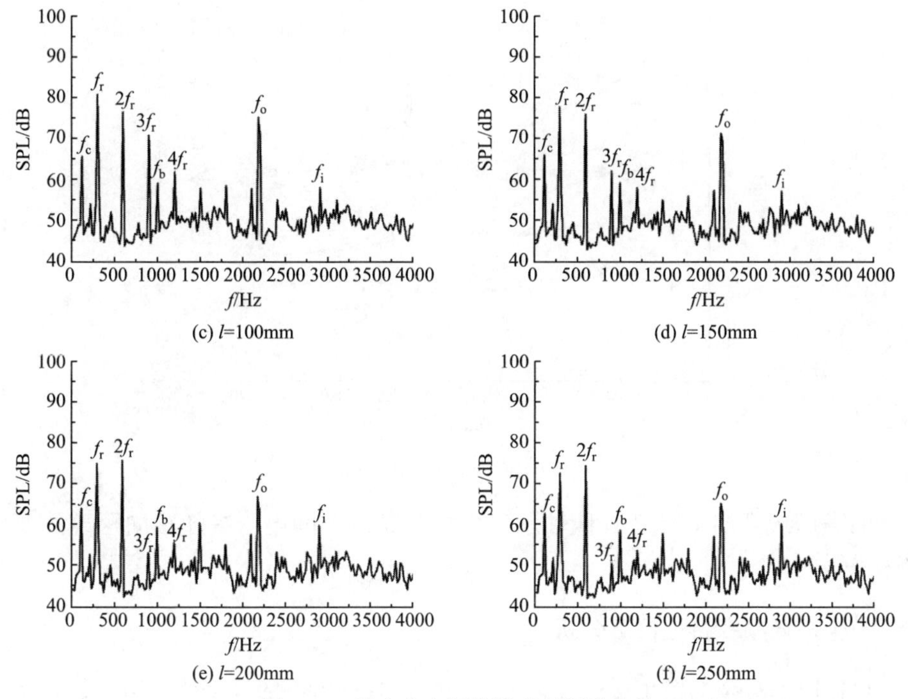

(c) l=100mm　(d) l=150mm

(e) l=200mm　(f) l=250mm

图 7.22　轴向方向辐射噪声的频谱特性

从图 7.22 中可以看到，在不同轴向距离时的辐射噪声也有相似的频谱特性曲线，均含有 f_r、$2f_r$、$3f_r$、$4f_r$ 以及各轴承组件的特征频率成分。但在轴向距离较大位置时，$3f_r$ 和 $4f_r$ 的声压级变得很小，甚至可以忽略其对总噪声的影响。在轴向方向，辐射噪声频谱中声压级的贡献频率成分也主要为 f_r 和 $2f_r$，并且 f_r 和 $2f_r$ 的声压级随轴向距离的增大而逐渐减小，而高阶转频对辐射噪声的贡献较小。除了 f_o 的声压级随轴向距离的变化较大外，其他各轴承组件特征频率的声压级变化不大。

在不同轴向距离时各频率下的声压级变化如图 7.23 所示。

图 7.23 描述了不同频率成分下的声压级随轴向距离的变化趋势。从图中可以看到，f_r 和 $2f_r$ 是声场的最主要频率成分，并且声压级随轴向距离的变化而产生不同衰减。f_r 频率下的声压级衰减得较快，而 $2f_r$ 频率下的声压级衰减比较缓慢，并且在较大轴向距离(l = 200mm)位置时已由 f_r 占优势转变为 $2f_r$ 占优势。与 f_r 和 $2f_r$ 相比，$3f_r$ 对辐射噪声的贡献相对较小。当轴向距离 l < 100mm 时，$3f_r$ 频率下的声压级随轴向距离的增大有较缓慢的衰减，但当 l > 100mm 时，此频率下的声压级衰减的速度加快，随着轴向距离的逐渐增大，该频率对辐射噪声的影响可以忽略。此外，在轴向距离由 20mm 增大到 100mm 时，f_o 频率下的声压级有逐渐增大的趋势，并且在 l = 100mm 时接近 $2f_r$ 频率下的声压级，但当 l > 100mm 后，f_o 频

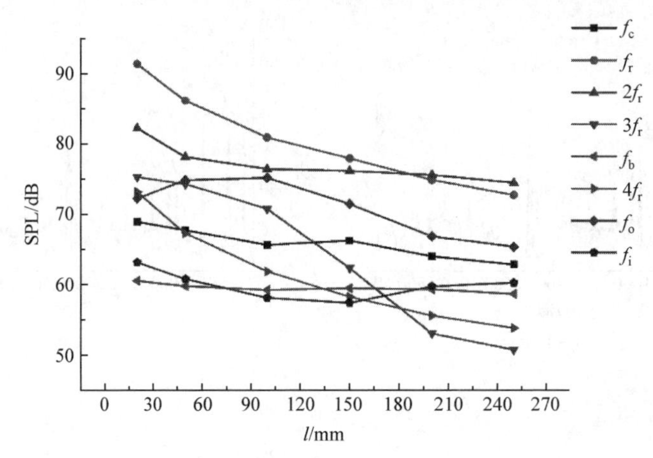

图 7.23　不同轴向距离时各频率成分辐射噪声声压级

率下的声压级开始下降。其他轴承组件特征频率下的声压级随轴向距离的变化较为平缓。

7.4.4　全声场频率特性仿真分析

根据以上对全陶瓷角接触球轴承辐射噪声频率特性的详细研究可知，轴承旋转频率及其倍频对辐射噪声有很大的影响。在不同的位置方向，轴承各组件的特征频率对辐射噪声也有不同程度的影响。本节总体分析全陶瓷角接触球轴承在全声场的频谱特性。表 7.3 和表 7.4 分别给出了在不同径向距离和不同轴向距离时，圆周方向各场点的辐射噪声占优频率成分变化。

表 7.3　主频率成分随径向距离的变化

场点	位置角/(°)	$r=0$mm	$r=30$mm	$r=90$mm	$r=150$mm	$r=210$mm	$r=270$mm
1	0	$2f_r$	$2f_r$	f_r	f_r	f_r	f_r
2	15	—	$2f_r$	f_r	f_r	f_r	f_r
3	30	—	$2f_r$	$2f_r$	f_r	f_r	f_r
4	45	—	$2f_r$	$2f_r$	f_r	f_r	$2f_r$
5	60	—	$2f_r$	f_r	f_r	f_r	f_r
6	75	—	$2f_r$	f_r	f_r	$2f_r$	f_r
7	90	—	$2f_r$	f_r	f_r	$2f_r$	f_r
8	105	—	$2f_r$	f_r	f_r	$2f_r$	f_r
9	120	—	$2f_r$	f_r	f_r	$2f_r$	$2f_r$
10	135	—	$2f_r$	$2f_r$	f_r	$2f_r$	$2f_r$
11	150	—	$2f_r$	f_r	$2f_r$	$2f_r$	$2f_r$
12	165	—	$2f_r$	f_r	$3f_r$	$3f_r$	$2f_r$

续表

场点	位置角/(°)	$r = 0$mm	$r = 30$mm	$r = 90$mm	$r = 150$mm	$r = 210$mm	$r = 270$mm
13	180	—	$2f_r$	f_r	$3f_r$	$3f_r$	$3f_r$
14	195	—	$2f_r$	$2f_r$	f_r	f_r	f_r
15	210	—	$2f_r$	$2f_r$	f_r	f_r	f_r
16	225	—	$2f_r$	$2f_r$	f_r	f_r	f_r
17	240	—	$2f_r$	f_r	f_r	f_r	f_r
18	255	—	$2f_r$	f_r	f_r	f_r	$2f_r$
19	270	—	$2f_r$	$2f_r$	$2f_r$	f_r	f_r
20	285	—	f_r	f_r	$2f_r$	$2f_r$	f_r
21	300	—	f_r	f_r	f_r	f_r	$2f_r$
22	315	—	$2f_r$	f_r	$2f_r$	f_r	f_r
23	330	—	$2f_r$	$2f_r$	f_r	f_r	f_r
24	345	—	$2f_r$	f_r	f_r	f_r	f_r

表 7.4　主频率成分随轴向距离的变化

场点	位置角/(°)	$l = 20$mm	$l = 50$mm	$l = 100$mm	$l = 150$mm	$l = 200$mm	$l = 250$mm
1	0	f_r	f_r	$2f_r$	f_r	$2f_r$	f_r
2	15	f_r	f_r	f_r	f_r	$2f_r$	f_r
3	30	f_r	f_r	f_r	f_r	$2f_r$	f_r
4	45	f_r	f_r	f_r	f_r	f_r	$2f_r$
5	60	f_r	f_r	$2f_r$	$2f_r$	f_r	$2f_r$
6	75	$2f_r$	$2f_r$	$2f_r$	f_r	f_r	f_r
7	90	$2f_r$	$2f_r$	$2f_r$	f_r	f_r	f_r
8	105	f_r	$2f_r$	$2f_r$	$2f_r$	f_r	f_r
9	120	f_r	$2f_r$	f_r	f_r	$2f_r$	$2f_r$
10	135	f_r	$2f_r$	f_r	f_r	f_r	$2f_r$
11	150	f_r	$3f_r$	$2f_r$	f_r	f_r	$2f_r$
12	165	$2f_r$	$3f_r$	$3f_r$	f_r	f_r	f_r
13	180	$2f_r$	$3f_r$	$3f_r$	$2f_r$	f_r	f_r
14	195	f_r	f_r	$2f_r$	$2f_r$	f_r	f_r
15	210	f_r	f_r	f_r	$2f_r$	$2f_r$	f_r
16	225	f_r	f_r	f_r	f_r	$2f_r$	$2f_r$
17	240	f_r	f_r	$2f_r$	f_r	f_r	$2f_r$
18	255	f_r	f_r	f_r	f_r	$2f_r$	$2f_r$
19	270	f_r	f_r	$2f_r$	$2f_r$	$2f_r$	f_r
20	285	$2f_r$	$2f_r$	$2f_r$	$3f_r$	f_r	f_r

续表

场点	位置角/(°)	l = 20mm	l = 50mm	l = 100mm	l = 150mm	l = 200mm	l = 250mm
21	300	f_r	f_r	f_r	f_r	$2f_r$	$2f_r$
22	315	f_r	f_r	f_r	f_r	f_r	$2f_r$
23	330	f_r	f_r	f_r	f_r	f_r	$2f_r$
24	345	f_r	f_r	$2f_r$	$2f_r$	f_r	f_r

由表 7.3 可知，当轴向距离为 50mm 时，不同径向距离时，辐射噪声在各位置角方向的占优频率变化并不相同。因此，随着径向距离的变化，圆周方向占优势的频率成分变化十分复杂，但以 f_r 和 $2f_r$ 为主，在少量场点位置出现了 $3f_r$ 频率占优势的情况。由表 7.4 可以看出，当径向距离为 210mm，轴向距离不同时，辐射噪声在各位置角方向的占优频率变化也存在较大的不同，且仍以 f_r 和 $2f_r$ 为主，个别场点出现 $3f_r$ 占优势的情况。

由表 7.3 和表 7.4 可知，尽管在整体上各场点位置辐射噪声的占优频率成分变化非常复杂，但在冲击载荷区和摩擦载荷区，随径向距离的增大，均呈现出由 $2f_r$ 占优势逐渐转变为 f_r 占优势的趋势；而随着轴向距离的增大，总体呈现出由 f_r 占优势转变为 $2f_r$ 占优势的趋势；在平稳载荷区随径向距离和轴向距离的变化总体呈现出由 $2f_r$ 占优势转变为 f_r 占优势，然后又由 $2f_r$ 占优势的交替变化。这表明在某一位置角方向，随径向距离和轴向距离的增大，场点的辐射噪声占优频率成分变化具有一定规律，且多数以 f_r 为占优频率。

在全陶瓷角接触球轴承辐射噪声频谱中，并未发现更高阶转频和轴承各组件特征频率占优势的情况。各频率分量的性能表明，旋转频率在声辐射中占有更稳定的位置。

7.5 全陶瓷球轴承辐射噪声分布特性试验分析

7.5.1 全陶瓷球轴承辐射噪声测试试验

为了验证全陶瓷球轴承辐射噪声声场分布计算结果的正确性，在实验室建立了全陶瓷角接触球轴承-电主轴噪声测试试验台。实验室环境温度为 26℃，试验过程中的背景噪声低于 45dB。测试轴承型号为 H7009C，并将其装配在定制的电主轴中。此电主轴支承主轴的前后轴承均为单个轴承，其具体参数如表 7.5 所示。轴承内圈与主轴采用过盈配合装配，在运行中轴承与主轴保持相同的旋转速度。轴承套圈、陶瓷球以及保持架的材料分别为氧化锆陶瓷、氮化硅陶瓷和 PEEK 树脂。测试轴承的材料性能如表 7.1 所示，轴承的结构参数如表 7.2 所示。图 7.24

为电主轴及其支承轴承的实物图。

表 7.5　电主轴性能参数

性能参数	参数值
额定功率	14.5kW
额定电压	350V
额定电流	32A
额定频率	300Hz
额定转速	18000r/min

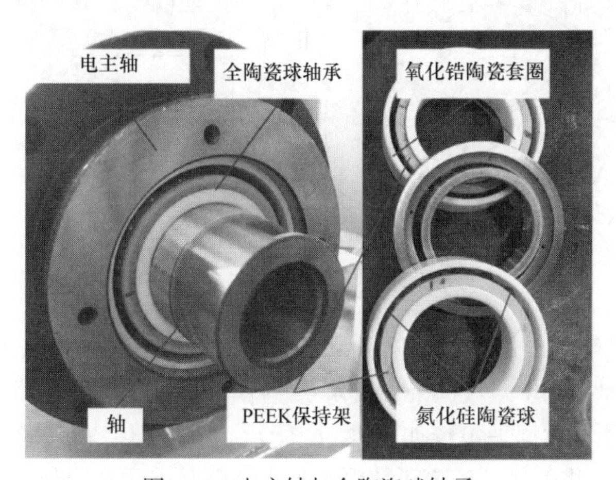

图 7.24　电主轴与全陶瓷球轴承

采用水冷系统和油气润滑系统对电主轴与轴承进行冷却和润滑。冷却水温度设置为恒温 18℃；轴承润滑油为 32#机械油；供气压力调节至 0.28MPa；润滑油和冷却水流量分别设置为 0.02mL/min 和 5L/min；轴承所受预紧力调节为 350N。电主轴由内置电机驱动旋转，并且在测试过程中保持稳定状态运行。

如图 7.25 所示，将全陶瓷角接触球轴承应用于电主轴中进行辐射噪声测试分析。与仿真计算场点一致，选择 24 个测点的测试结果验证模型对声场分布特性分析的计算精度。电主轴(轴承)轴线水平放置，所有测点安排在电主轴(轴承)前端垂直于轴线的平面内。测点沿圆周方向均匀分布，两个相邻测点之间的夹角为 15°。将第 1 个测点放置在电主轴(轴承)正上方，并将此方向设定为方向 0°。24 个测点按逆时针方向按顺序编号。这样，使试验测点与仿真计算点完全重合，以便对比分析。

辐射噪声测试设备购置于北京东方振动和噪声技术研究所，测试声压所用的声压传感器型号为 IVN9206-I，并采用 HS6020 声校准器对其进行校准，6 个声压

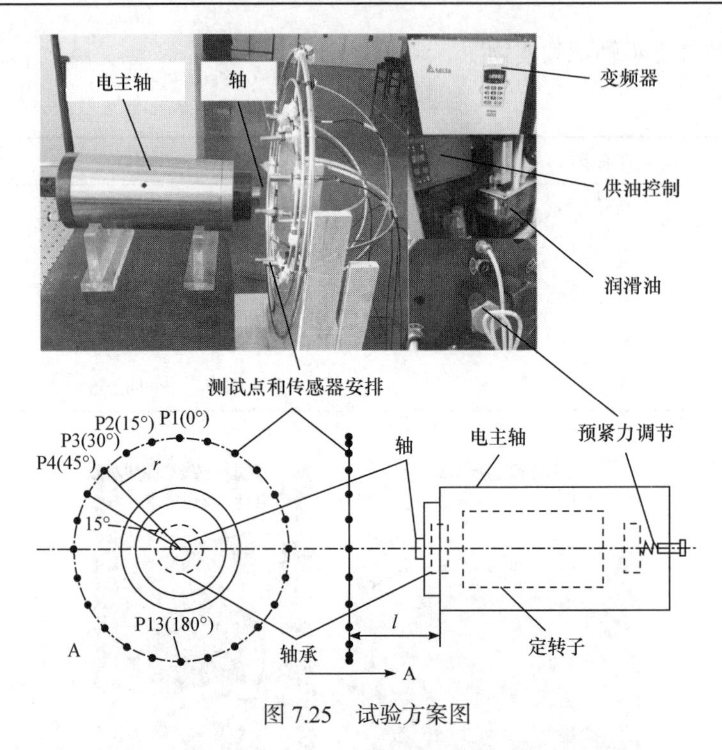

图 7.25　试验方案图

传感器的校准灵敏度为 50～54.5mV/Pa。声压传感器和声校准器的详细参数如表 7.6 所示。利用 INV3060S 型数据采集仪对每一个测点的声压信号进行采集。声压传感器、声校准器与数据采集仪如图 7.26 所示。采样频率和采样时间分别设置为 51.2kHz 和 10s。将采集到的声压数据进一步处理，进而分析全陶瓷角接触球轴承的辐射噪声特性。

表 7.6　声压传感器与声校准器性能参数

设备名称	性能指标	参数值
IVN9206-I 声压传感器	开路灵敏度	50～54.5mV/Pa
	频响特性	20～20000Hz
	环境压力系数	–0.01dB/kPa
	温度系数	–0.005dB/℃
	动态范围	< 146dB
	总失真度	< 3%
HS6020 声校准器	声压级	94.0dB
	声频率	1000Hz
	谐波失真度	0.7%

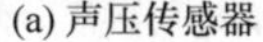
(a) 声压传感器

(b) 声校准器

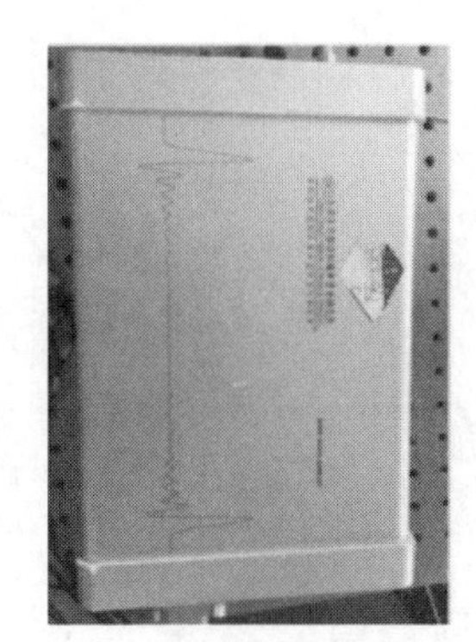

(c) 数据采集仪

图 7.26　声压采集设备

7.5.2　圆周方向的辐射噪声试验结果分析

1. 圆周方向声压级测试结果分析

为了进行圆周方向辐射噪声试验分析，设计了如图 7.25 所示的圆形雷达圈，以便准确定位圆周方向位置，这里将各测点布置在距轴承中心线 210mm 的圆周上，即各测点分布于一个半径为 210mm 的圆上，该圆所在平面到轴承平面的距离为 50mm(到电主轴前端盖 30mm)。因此，各场点的径向距离为 210mm，轴向距离为 50mm，相邻两个场点之间的夹角为 15°。限于试验条件，只有 6 个声压传感器，因此 24 个测点需要进行 4 次试验。将 6 个声压传感器均匀分布在圆周方向，第一次测试时将第 1 号传感器放置在第 1 个场点位置，这样按逆时针方向，第 2 号传感器与第 5 个场点重合，以此类推，第 6 个传感器与第 21 个场点重合。第 2 次测试时各声压传感器相对位置不变，将其按逆时针方向旋转 15°，第 3、4 次试验再按逆时针方向依次旋转 15°。这样完成 24 个测点的数据测试。将电主轴转速设置为 18000r/min，设置使从场点平面向轴承方向看时，轴承内圈逆时针旋转。经过对声压数据处理得到应用于电主轴的全陶瓷角接触球轴承辐射噪声的试验结果，如图 7.27 所示。

从图 7.27 中可以看到，辐射噪声在圆周方向的分布呈非线性变化。在左上半圆的冲击载荷区和右下半圆的摩擦载荷区有较大的声压级，且在冲击载荷区的最大声压级出现在 45°位置角方向，在摩擦载荷区的最大声压级出现在 225°位置角方向。由图可知，在摩擦载荷区的最大声压级较冲击载荷区的最大声压级大些，因此，圆周方向整个声场的最大声压级为摩擦载荷区的最大声压级，并且声场指向性角为 225°。此外，在 315°位置角方向出现了最小声压级。各场点的指向性情况如图 7.28 所示。

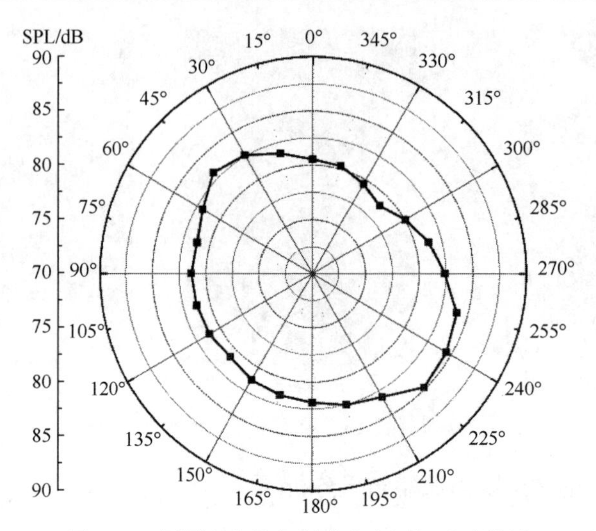

图 7.27 圆周方向的辐射噪声声压级试验结果

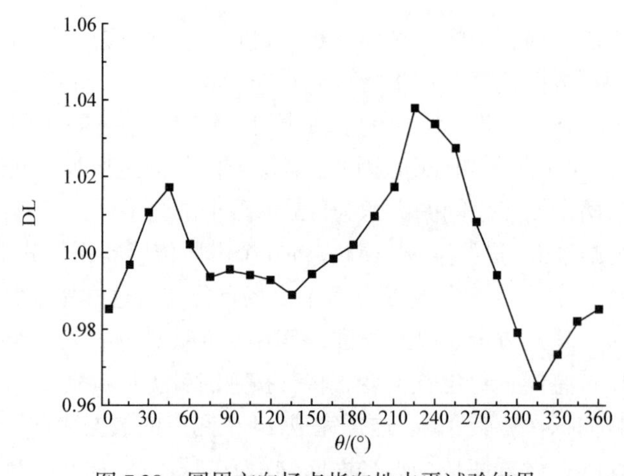

图 7.28 圆周方向场点指向性水平试验结果

由图 7.28 可以看到，在位置角为 225°方向的场点指向性水平有最大值，表明该方向的指向性程度最大，而在位置角为 315°方向有最小的场点指向性水平，表明在此方向的辐射噪声最小。由此可知敏感场点在 225°位置角方向。从图中还可以看出，位置角为 45°方向的场点指向性水平也有一个较大峰值。综合分析图 7.27 和图 7.28 可知，随圆周方向位置角的变化，场点指向性水平与声压级的变化趋势一致。

通过试验分析，当全陶瓷角接触球轴承转速为 18000r/min 时，距轴承平面的轴向距离为 50mm，径向距离为 210mm 的圆周方向，在 0°～90°的声场指向性水平 DL 的测试值为 1.01725，在 180°～270°的声场指向性水平 DL 的测试值为

1.03780。整个圆周方向的辐射噪声声压级在 78.89～84.83dB，冲击载荷区的声场指向性角为 45°，摩擦载荷区的声场指向性角为 225°，它们的夹角为 180°，而声场中最小声压级的位置角与它们的方向垂直。

2. 圆周方向频谱测试结果分析

选择场点位置角分别为 0°(P1)、45°(P4)、90°(P7)、180°(P13)、225°(P16)、270°(P19)位置的辐射噪声频谱进行试验结果分析，各场点的辐射噪声频谱图如图 7.29 所示。

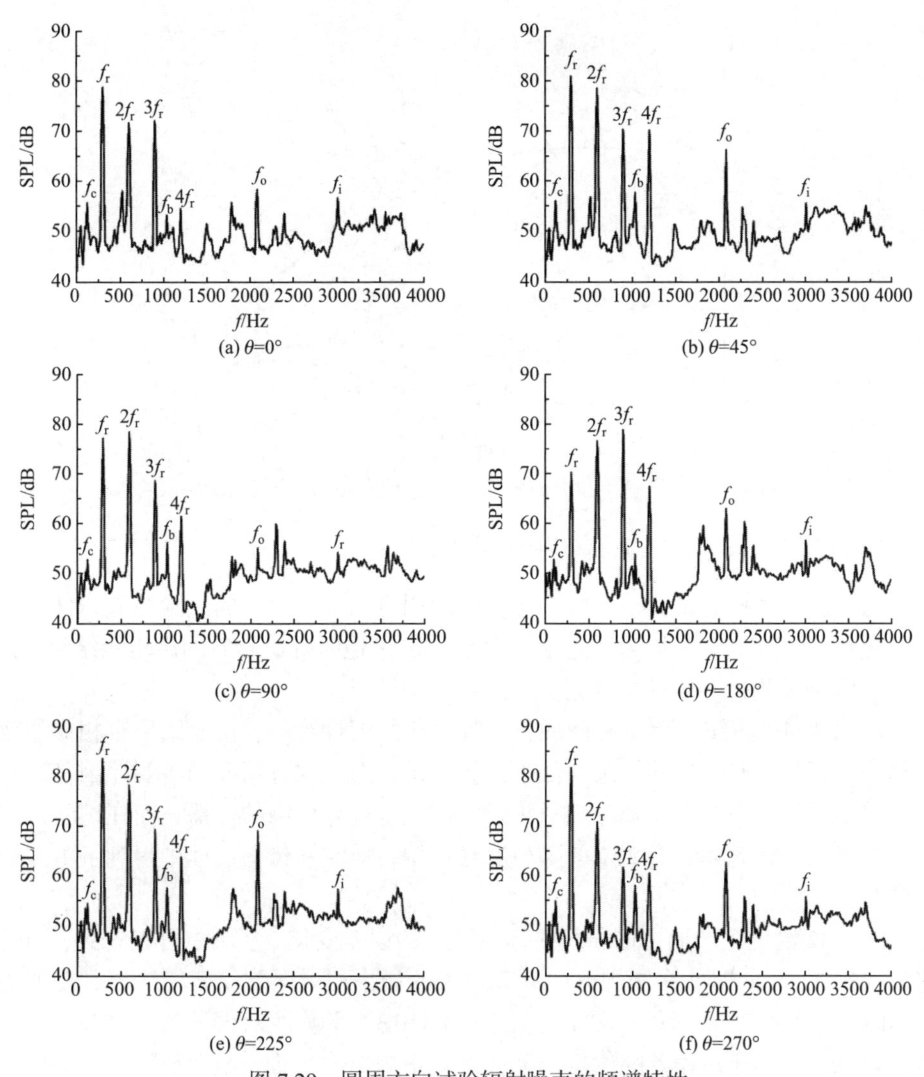

图 7.29　圆周方向试验辐射噪声的频谱特性

由图 7.29 可以看到，各位置角方向均含有较明显的 f_r 和 $2f_r$ 频率成分，其为辐射噪声的主要频率成分。此外，频谱图中也能看到 $3f_r$、$4f_r$ 以及各轴承组件特征频率成分，其中保持架特征频率成分最弱，外圈特征频率成分相对明显。其是由于陶瓷球与外圈接触受力较大，产生更大的摩擦噪声，一部分噪声表现在陶瓷球滚过外圈滚道的频率成分。

图 7.30 给出了各频率成分的辐射噪声声压级随位置角的变化曲线。从图中可以看出，全陶瓷球轴承辐射噪声以 f_r、$2f_r$ 频率成分为主，在 180°位置角方向以 $3f_r$ 为主要频率，在声场指向性方向以 f_r 为辐射噪声的主要贡献频率，其次为 $2f_r$。

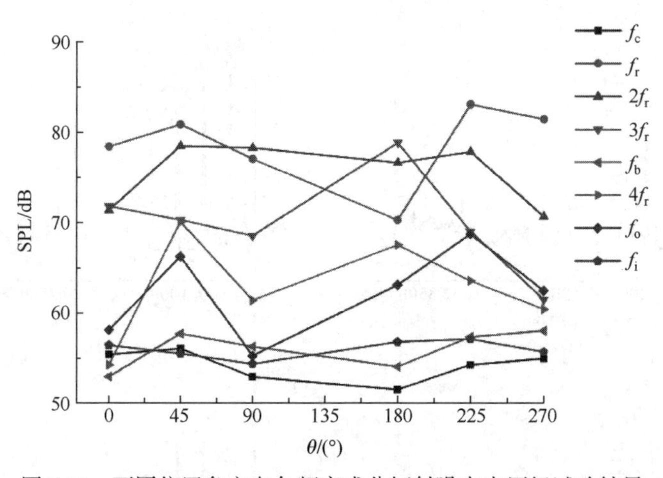

图 7.30　不同位置角方向各频率成分辐射噪声声压级试验结果

3. 圆周方向计算结果与测试结果比较

为了便于计算与试验结果的对比，将圆周方向辐射噪声的试验结果与计算结果整合到图 7.31 中，其均为转速在 18000r/min 下逆时针旋转时的声压级结果，且假设计算与测试的各场点位置完全一致。

从图 7.31 中可以看到，在圆周方向的声压级的计算值和试验结果有相似的变化趋势，并且所有的试验结果均低于计算结果。造成这种情况的主要原因是，在计算模型中只考虑了全陶瓷球轴承辐射噪声在空气介质中的传播，而在试验过程中，由于电主轴壳体具有一定的隔声屏蔽作用，声波在传播过程中得到了更多的衰减。

图 7.32 给出了圆周方向声压级计算结果的误差变化。从图中可以看到，当转速为 18000r/min 时，在圆周方向计算结果的最小相对误差仅为 0.97%，差值为 0.79dB，最大相对误差为 3.98%，差值为 3.31dB，平均相对误差为 1.75%，差值为 1.43dB。最小相对误差的位置出现在位置角为 165°方向，最大相对误差的位置出现在位置角为 210°方向。

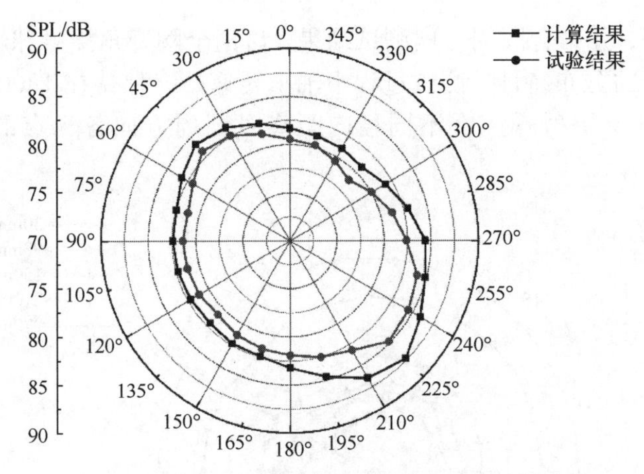

图 7.31　圆周方向辐射噪声计算值与试验结果比较

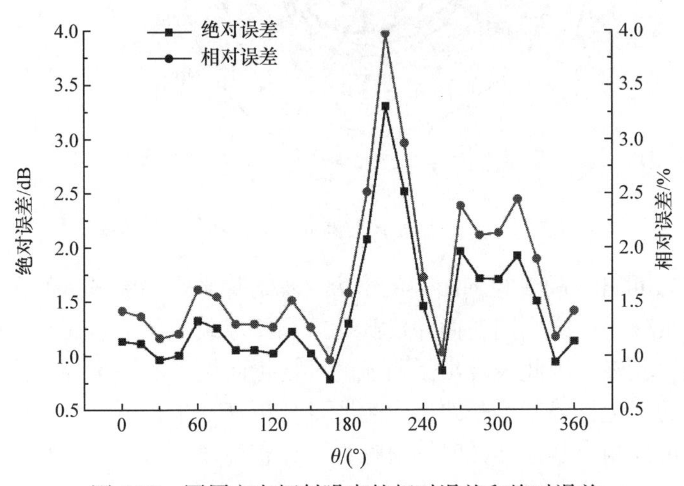

图 7.32　圆周方向辐射噪声的相对误差和绝对误差

从全陶瓷角接触球轴承辐射噪声的频率角度分析，比较图 7.18 与图 7.29、图 7.19 与图 7.30 可知，计算得到的圆周方向各场点位置辐射噪声包含的主要频率成分与试验结果一致，仿真计算结果与试验测试结果基本吻合，变化趋势相符，表明了计算结果的正确性。

以上结果验证了提出的模型在圆周方向具有较高的计算精度。

7.5.3　径向方向的辐射噪声试验结果分析

1. 径向方向声压级测试结果分析

采用之前描述的同样的方法进行试验测试，轴向距离固定为 50mm，测试半径距离分别为 30mm、90mm、150mm、210mm 和 270mm 的圆周上 24 个场点的辐射噪声，并结合圆周方向测试结果，讨论全陶瓷角接触球轴承的辐射噪声在径向方向的分布特性。测试过程中轴承转速始终保持在 18000r/min。全陶瓷角接触球轴承辐射噪声在不同径向距离时圆周方向各场点的测试结果如图 7.33 所示。

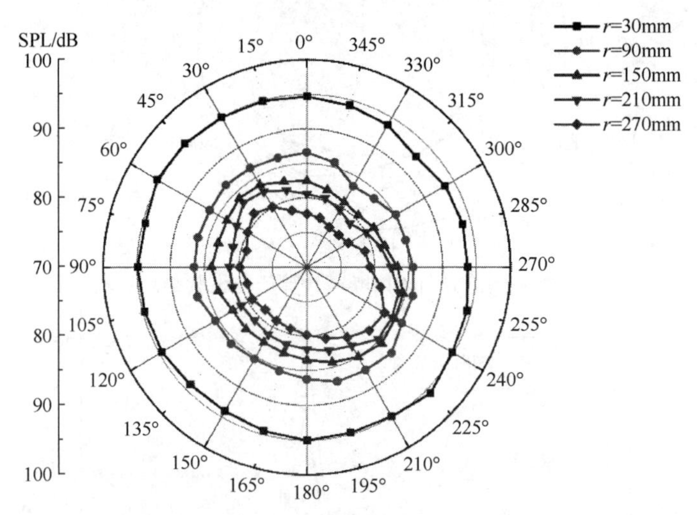

图 7.33　不同径向距离时圆周方向声压级试验结果

从图 7.33 可知，随着径向距离的增大，辐射噪声逐渐衰减，但在不同位置角方向声压级衰减的程度不同，而冲击载荷区和摩擦载荷区一直有较大的声压级，且减小得相对较慢，因此表现出了明显的声场指向性。不同半径时圆周方向声压级随位置角的变化趋势基本一致，也表明仅分析某一半径下圆周方向的辐射噪声分布特性即可推测出其他半径时辐射噪声的分布规律。这也为后续进行试验分析减少了大量的工作量。

图 7.34 给出了径向方向半径变化时，最大辐射噪声和声场指向性的变化曲线。从图中可以看到，随着径向距离的增大，冲击载荷区和摩擦载荷区的辐射噪声均出现明显的减小趋势，在径向距离较小(小于 90mm)时，声压级减小的幅度较大，径向距离较大(大于 90mm)时，声压级减小的程度逐渐变得缓慢。辐射噪声在衰减的过程中，摩擦载荷区的最大声压级始终高于冲击载荷区的最大声压级，并且随径向距离的增大，它们的差值越来越大。当径向距离由 30mm 增大到 270mm 时，冲击载荷区的最大声压级从 95.38dB 减小到 80.96dB，衰减幅度为 14.42dB；摩擦载荷区的最大声压级从 95.79dB 减小到 83.21dB，衰减幅度为 12.58dB。

此外，从图 7.34 中还可以看出，在径向距离为 30mm，冲击载荷区的指向性角为 60°，当径向距离增大到 90mm 时，冲击载荷区的指向性角转变为 45°，且随径向距离的继续增大，冲击载荷区的指向性角基本不再变化；在径向距离由 30mm

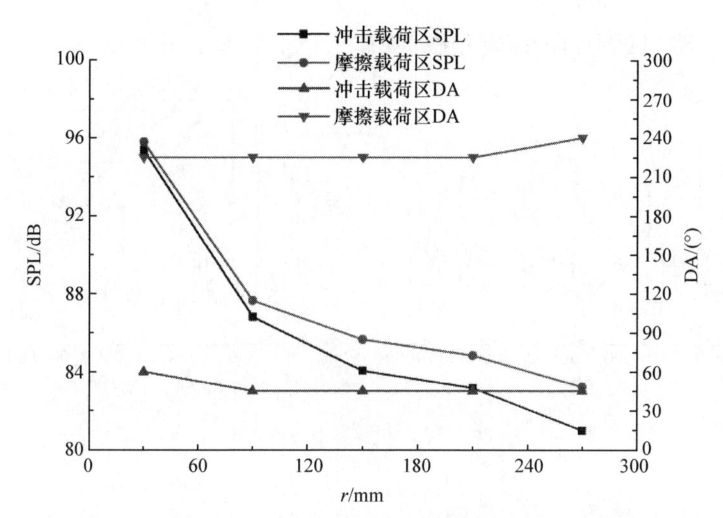

图 7.34　冲击载荷区与摩擦载荷区试验最大声压级和相应指向性角随径向距离的变化

增大到 210mm 时，摩擦载荷区的指向性角保持在 225°左右位置，当径向距离由 210mm 增大到 270mm 时，摩擦载荷区的指向性角增大到 240°。

图 7.35 给出了声场指向性水平随径向距离变化的曲线。从图中可以看到，摩擦载荷区的声场指向性水平大于冲击载荷区的声场指向性水平。随着径向距离的增加，冲击载荷区的声场指向性水平增加得较为缓慢，而摩擦载荷区的声场指向性水平几乎呈线性趋势增加。

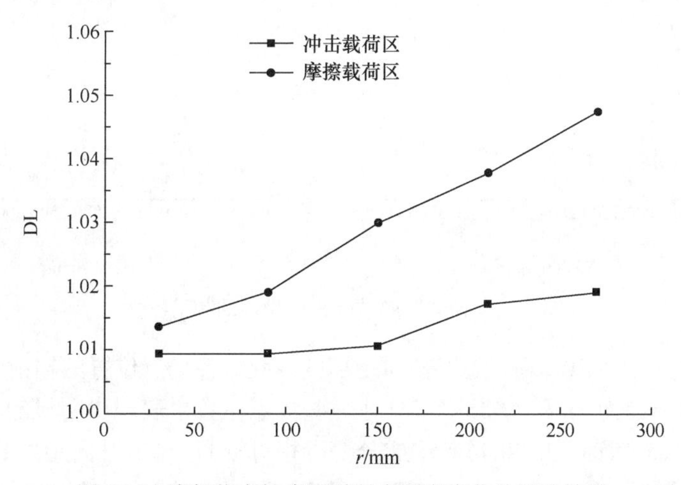

图 7.35　声场指向性水平随径向距离变化的试验结果

2. 径向方向频谱测试结果分析

选择声场指向性方向(225°位置角方向)分析全陶瓷角接触球轴承测试得到的

辐射噪声频谱特性随径向距离变化的规律，结果如图 7.36 所示。

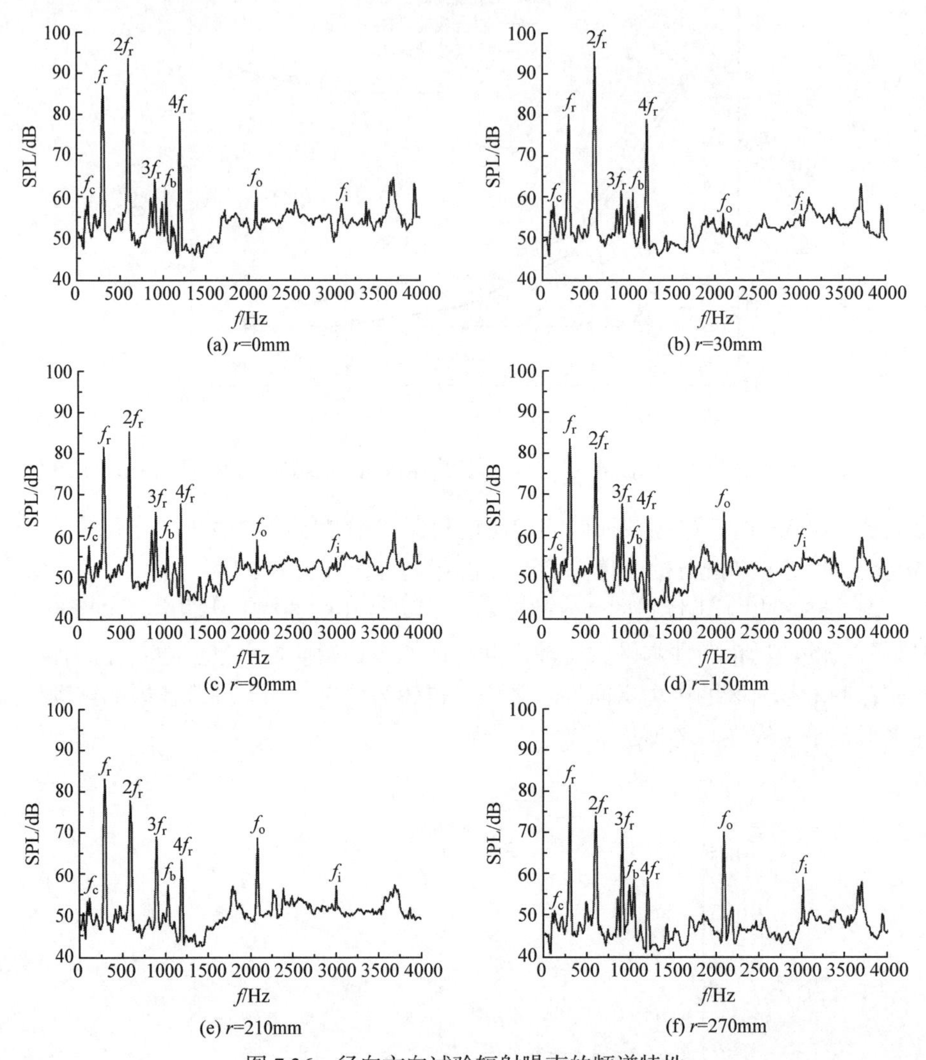

图 7.36　径向方向试验辐射噪声的频谱特性

从图 7.36 中可以看到，随着径向距离的变化，各场点位置的辐射噪声均含有明显的 f_r 和 $2f_r$，而 $3f_r$ 和 $4f_r$ 频率成分在一些场点位置也表现出明显的辐射噪声，但在径向距离较大时，$3f_r$ 和 $4f_r$ 频率成分变得相对较弱。随着径向距离的增大，f_c 和 f_b 的声压级变化不大，而 f_o 和 f_i 的声压级呈逐渐增加的趋势。在径向距离为 270mm 时，辐射噪声中有明显的 f_o 频率成分，但与 f_r 和 $2f_r$ 相比，其仍相对弱些。

由图 7.37 可知，随着径向距离的变化，全陶瓷球轴承辐射噪声的主要贡献频率成分为 f_r 和 $2f_r$，高阶转频对辐射噪声的贡献较小。在径向距离为 30mm 到 270mm

范围内，全陶瓷球轴承 $2f_r$ 和 $4f_r$ 频率成分的辐射噪声表现出随径向距离的增加而减小的变化趋势，而 $3f_r$ 和 f_o 的辐射噪声表现出增加的趋势，f_r 的辐射噪声表现出先增加后减小的趋势。其他频率成分的辐射噪声相对较小，变化幅度也较小，在计算总体辐射噪声时，根据声场叠加原理，其可以忽略不计。在径向距离从 0mm 到 30mm 时，f_r、$2f_r$、$3f_r$ 和 f_o 频率成分的辐射噪声表现出与径向距离从 30mm 到 270mm 时相反的变化趋势。

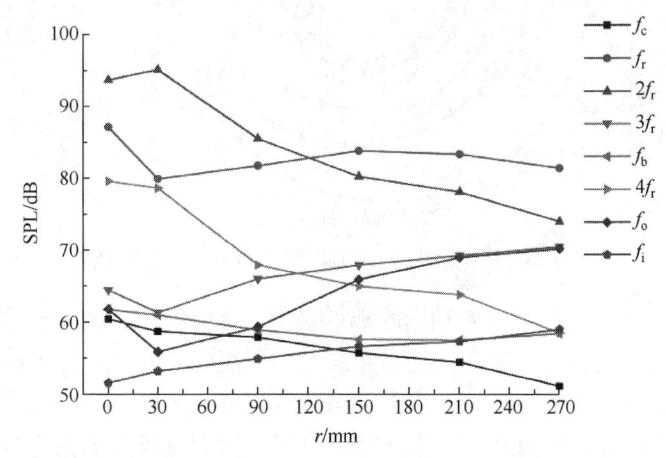

图 7.37　不同径向距离时各频率成分辐射噪声声压级试验结果

3. 径向方向计算结果与测试结果比较

从径向方向的声压级分布和声场指向性分析，仿真计算结果和试验测试结果误差在 0.93%～4.31%，声场指向性角方向及其变化趋势基本一致。

从频谱成分分析，比较图 7.20 与图 7.36 可知，在不同径向距离时，各场点的频谱特性计算结果与测试结果接近，变化趋势基本一致。分析图 7.21 与图 7.37 可知，各场点辐射噪声的主要频率成分随径向距离的变化趋势基本一致，且辐射噪声的主要贡献频率相符。

因此，验证了提出的模型在径向方向计算结果的正确性。

7.5.4　轴向方向的辐射噪声试验结果分析

1. 轴向方向声压级测试结果分析

在测试轴向方向辐射噪声分布特性时，将径向距离保持在 210mm，测试轴向距离为 20mm、50mm、100mm、150mm 和 200mm 位置的圆周上 24 个场点的辐射噪声。其他参数不变。当轴承转速为 18000r/min 时，全陶瓷角接触球轴承辐射噪声在不同轴向距离时圆周方向各场点的测试结果如图 7.38 所示。

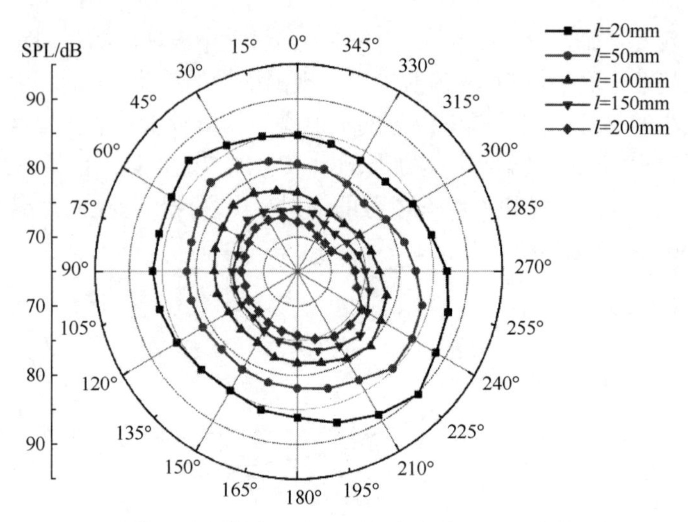

图 7.38　不同轴向距离时圆周方向声压级试验结果

由图 7.38 可以看到，随着轴向距离的增大，全陶瓷角接触球轴承辐射噪声逐渐减小，圆周方向不同位置角处的声压级减小程度略有差异，冲击载荷区和摩擦载荷区依然保持较大的声压级，但其衰减的程度稍大一些，所以导致声场指向性减弱。从图中可知，位置角在 90°～180°声压级的衰减较为平稳。与径向距离相似，在不同轴向距离时，圆周方向的声压级随位置角的改变也表现出相似的变化趋势，同样表明仅分析某一轴向距离时圆周方向的辐射噪声分布特性即可预测其他轴向距离的辐射噪声分布规律。

图 7.39 为声场的最大声压级和指向性角随轴向距离的变化曲线。从图中可以看到，随着轴向距离的增大，冲击载荷区和摩擦载荷区的最大声压级衰减幅度基本

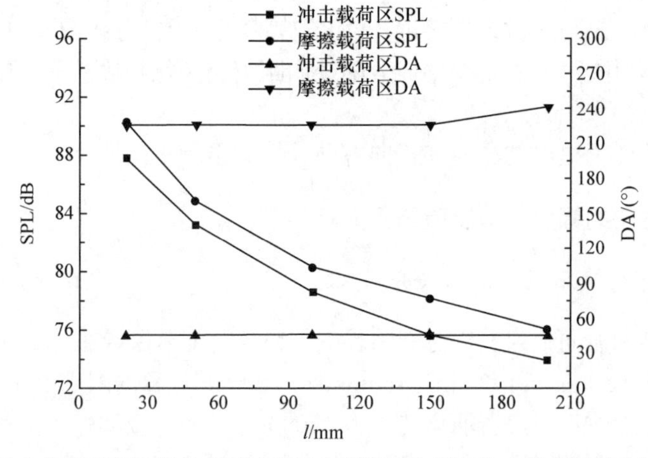

图 7.39　冲击载荷区与摩擦载荷区试验最大声压级和相应指向性角随轴向距离的变化

相同。当轴向距离由 20mm 增大到 200mm 时，冲击载荷区的最大声压级从 87.71dB 减小到 73.85dB，衰减幅度为 13.68dB；摩擦载荷区的最大声压级从 90.17dB 减小到 75.96dB，衰减幅度为 14.21dB。随着轴向距离的增加，冲击载荷区的声场指向性角始终保持在 45°位置角方向，而在轴向距离由 150mm 增大至 200mm 时，摩擦载荷区的声场指向性角由 225°位置角方向转变为 240°位置角方向。

从图 7.40 中可以看到，随着轴向距离的增大，冲击载荷区的声场指向性水平呈现逐渐减弱的趋势，而摩擦载荷区的声场指向性水平出现先减小后增大再减小的变化趋势，在轴向距离为 150mm 时出现拐点，但整体上仍表现出减小的趋势。在轴向距离由 20mm 增大到 50mm 过程中，摩擦载荷区的声场指向性水平减小得较快，之后增大轴向距离对摩擦载荷区声场指向性衰减的改变影响较小。

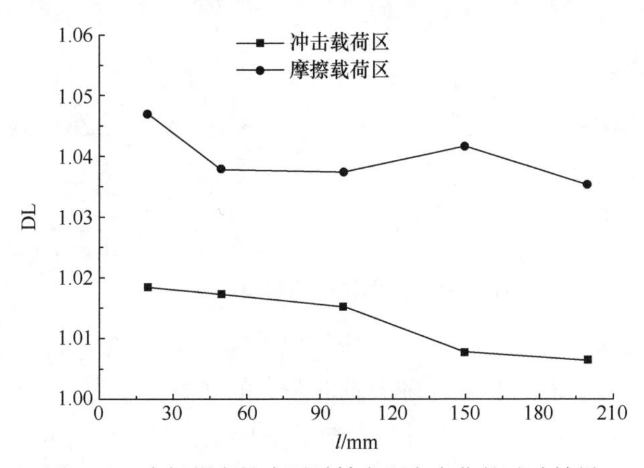

图 7.40　声场指向性水平随轴向距离变化的试验结果

2. 轴向方向频谱测试结果分析

选取声场指向性方向，即 225°位置角方向的场点，分析轴向距离分别为 20mm、50mm、100mm、150mm、200mm 和 250mm 位置试验测试结果的辐射噪声频率特性。在不同轴向距离时的频率特性测试结果如图 7.41 所示。

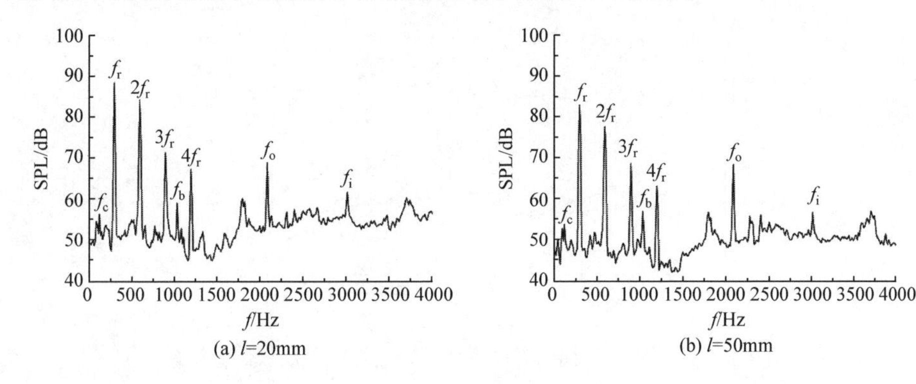

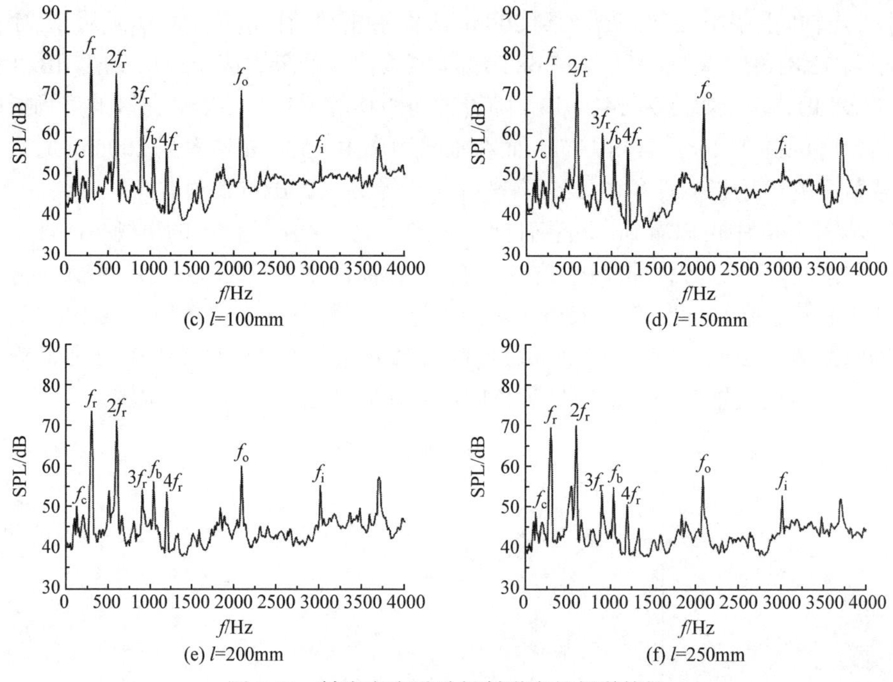

图 7.41　轴向方向试验辐射噪声的频谱特性

从图 7.41 中可以看到，各场点的辐射噪声频谱中均含有明显的 f_r 和 $2f_r$ 频率成分，其他频率成分相对较弱。随着轴向距离的增加，全陶瓷球轴承辐射噪声频谱中的 $3f_r$、$4f_r$ 和 f_b 频率成分下的声压级趋于接近，且 $3f_r$ 与 $4f_r$ 的声压级衰减较快。外圈特征频率 f_o 的声压级较轴承其他组件特征频率的声压级都要大。

全陶瓷球轴承辐射噪声主要频率成分的声压级随轴向距离变化曲线如图 7.42 所示。

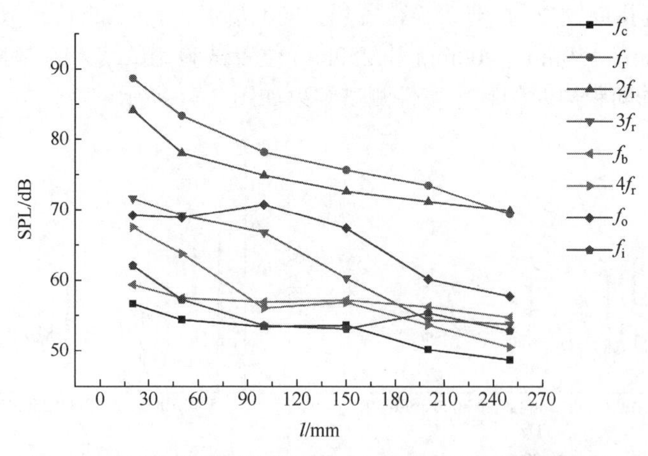

图 7.42　不同轴向距离时各频率成分辐射噪声声压级试验结果

从图 7.42 中可以看到，全陶瓷球轴承辐射噪声的主要频率成分为 f_r 和 $2f_r$，且其声压级随轴向距离的增大而逐渐减小，f_r 的声压级表现出较快的下降趋势，以致在径向距离为 250mm 时 $2f_r$ 的声压级大于 f_r 的声压级。$3f_r$ 和 $4f_r$ 的声压级也呈现出随轴向距离的增加而减小的趋势。f_c 对辐射噪声的影响最小，f_b 的声压级随轴向距离的变化衰减得很慢。随着轴向距离由 20mm 增大到 250mm，f_o 的声压级先增大后减小，在轴向距离为 100mm 时有较大值，且在该场点的位置 f_o 对总体辐射噪声的贡献仅次于 f_r 和 $2f_r$。f_i 对辐射噪声的贡献较小，在总体上，随轴向距离的增大，f_i 的声压级也呈减小的变化趋势。

3. 轴向方向计算结果与测试结果比较

从轴向方向的声压级分布和声场指向性分析，仿真计算结果和试验测试结果误差在 0.97%～4.11%，声场指向性角方向及其变化趋势基本一致。

从频谱成分分析，比较图 7.22 与图 7.41 可知，在不同轴向距离时，各场点的频谱特性计算结果与测试结果接近，变化趋势基本一致。分析图 7.23 与图 7.42 可知，各场点辐射噪声的主要频率成分随轴向距离的变化趋势基本一致，且辐射噪声的主要贡献频率相符。

因此，验证了提出的模型在轴向方向计算结果的正确性。

7.6　本 章 小 结

本章基于多声源法结合试验测试研究了全陶瓷球轴承辐射噪声分布特性，分别分析了全陶瓷角接触球轴承辐射噪声在圆周方向、径向方向和轴向方向的声场分布规律，得到以下结论：

(1) 全陶瓷球轴承辐射噪声在圆周方向具有指向性，通过仿真计算与试验分析可知，在转速为 18000r/min、预紧力为 350N、供油量为 0.02mL/min 时，摩擦载荷区的指向性水平大于冲击载荷区的指向性水平，即整个圆周方向的声场指向性在摩擦载荷区。

(2) 确定了全陶瓷球轴承辐射噪声声场敏感场点，当转速为 18000r/min、预紧力为 350N、供油量为 0.02mL/min 时，敏感场点在 225°位置角方向。

(3) 随着距离的增大，全陶瓷球轴承辐射噪声逐渐衰减，在不同位置角方向声压级的衰减程度不同，导致随径向距离的增加，声场指向性变得更加明显，而随着轴向距离的增加，声场指向性趋于减弱，但声场指向性角基本保持不变。

(4) 在全陶瓷角接触球轴承辐射噪声频谱特性中，含有 f_r、$2f_r$、$3f_r$、$4f_r$ 以及轴承各组件特征频率成分，且主要以 f_r 和 $2f_r$ 占优势。在轴承各组件特征频率中，f_o

对辐射噪声的贡献相对较大。

(5) 随着径向距离和轴向距离的增加，$2f_r$ 的声压级均呈现逐渐减小的趋势，但在径向方向的衰减相对较大。f_r 的声压级随着径向距离的增加而增大，但随着轴向距离的增加呈现减小的趋势。

(6) 比较计算结果与试验结果，声压级误差在 0.97%～4.11%，声场指向性角方向及其随距离变化趋势基本一致。各场点的频谱特性计算结果与测试结果接近，且辐射噪声的主要贡献频率相符。因此，通过试验验证了计算结果的正确性。

第 8 章 服役条件对全陶瓷球轴承辐射噪声的影响研究

8.1 概述

轴承作为数控机床电主轴的关键部件，对其精度和可靠性提出了更高的要求。全陶瓷球轴承具有稳定的运转精度，但在高速下其辐射噪声限制了转速的进一步提升，从而成为数控机床向高速精密方向发展的瓶颈。合理的运转条件有助于降低全陶瓷球轴承的辐射噪声，因此研究数控机床全陶瓷球轴承在不同服役条件下的辐射噪声特性，将为控制辐射噪声在不同工况条件下对机床电主轴整体性能影响奠定基础，进而延长其使用寿命和提高其可靠性[323]。转速是影响全陶瓷球轴承辐射噪声的重要因素，提高转速首先需要解决高速下辐射噪声较大的问题。适当的预紧力可以有效抑制轴承振动，达到降低辐射噪声的目的，而合理的润滑供油量可以使轴承有良好的润滑效果，减小摩擦，同时润滑油也会吸收一定的噪声，从而达到降低辐射噪声、提高电主轴转速的目的[344-347]。本章基于第 6 章所建模型，通过改变单一运转条件，研究数控机床全陶瓷角接触球轴承辐射噪声特性，分别讨论转速、预紧力、润滑供油量以及径向载荷对全陶瓷角接触球轴承辐射噪声的影响，并进行相应的噪声试验测试，分析不同转速下全陶瓷角接触球轴承辐射噪声的变化以及声场分布特性，探寻不同转速下全陶瓷球轴承有最小辐射噪声所需的预紧力和供油量。本章研究内容可为合理设置数控机床全陶瓷角接触球轴承的服役条件和改善全陶瓷角接触球轴承的性能提供理论依据。

8.2 转速对全陶瓷球轴承辐射噪声的影响分析

转速是影响全陶瓷球轴承辐射噪声分布的一个重要因素。轴承在电主轴内部运转，其转速根据需要可随时发生改变。在不同的转速下，轴承的振动特性有所不同，因此也会产生不同的声场分布特性。为了获得全陶瓷角接触球轴承辐射噪声更详细的信息，本章研究全陶瓷角接触球轴承在不同转速下，其辐射噪声在圆周方向、径向方向和轴向方向的声场指向性，并通过试验分析验证转速对声场指向性的影响规律。

8.2.1 转速对圆周方向声场分布影响的仿真分析

本章研究的全陶瓷球轴承与第 7 章一致，轴承各组件材料性能见表 7.1，轴承结构参数见表 7.2。在半径为 210mm 的圆周方向选择 24 个均匀分布的场点进行分析，相邻两个场点之间的夹角为 15°，各场点到轴承平面的距离为 50mm。将供油量设置为 0.02mL/min，轴承预紧力设置为 350N，并且保持轴承在运行中除受轴承座对其的作用力，不承受其他外力的作用。分别讨论轴承转速 n 为 3000r/min、6000r/min、9000r/min、12000r/min、15000r/min 和 18000r/min 时的声场指向性。不同转速下全陶瓷角接触球轴承辐射噪声声场在圆周方向的分布特性如图 8.1～图 8.3 所示。

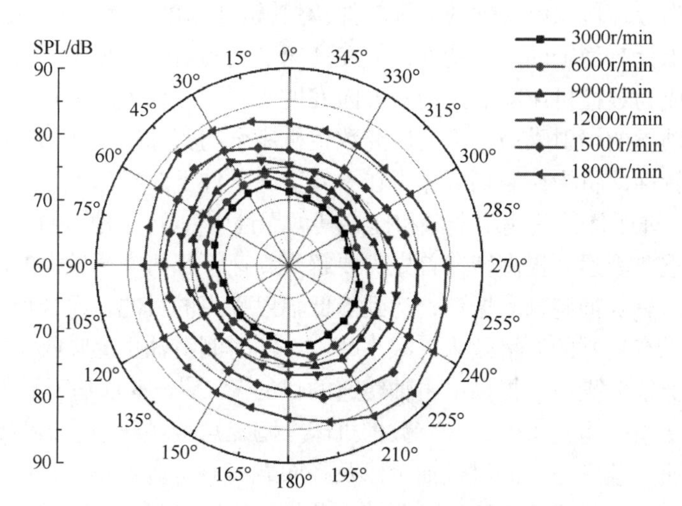

图 8.1　不同转速下圆周方向的声场分布

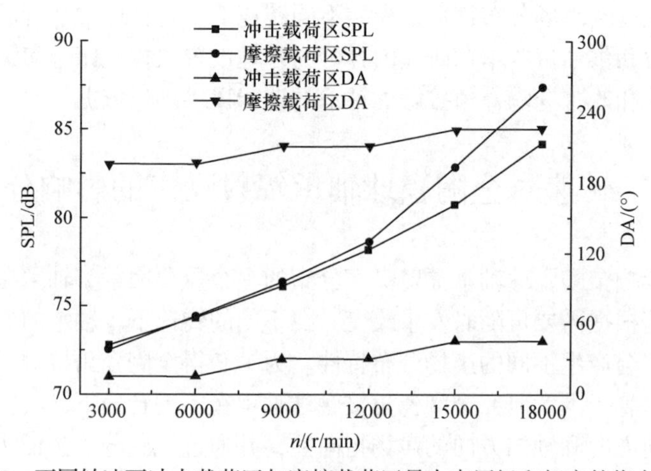

图 8.2　不同转速下冲击载荷区与摩擦载荷区最大声压级和相应的指向性角

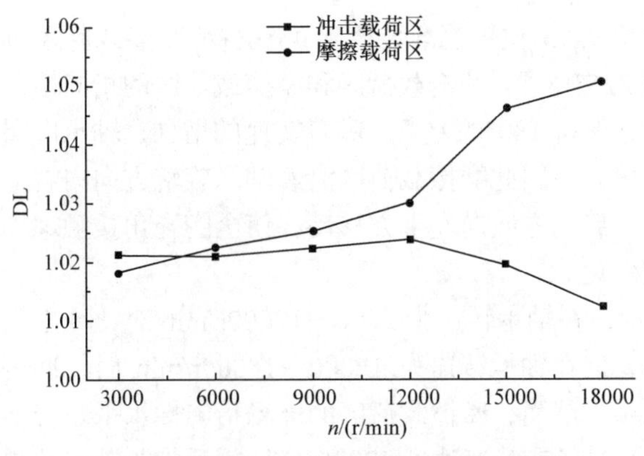

图 8.3　声场指向性水平随转速的变化趋势

由图 8.1 可知，随着转速的增加，全陶瓷角接触球轴承辐射噪声声压级逐渐增大，且转速越高，声压级增大越快，在最高分析转速 18000r/min 时有最大的辐射噪声。另外，从图中也可明显看出，在每一个转速下，全陶瓷角接触球轴承在圆周方向的辐射噪声都呈现出分布不均匀现象。在左上半圆和右下半圆范围内，声压级具有较大值。在左上半圆的 0°～75°，轴承组件间严重的相互碰撞冲击作用产生较大的冲击噪声，因此这一区域会产生较大的辐射噪声，将这一区域称为冲击载荷区；在右下半圆的 180°～255°，陶瓷球与轴承内外套圈之间剧烈的相互摩擦作用产生较大的摩擦噪声，因此这一区域也会产生较大的辐射噪声，将这一区域称为摩擦载荷区；其他区域由于摩擦和冲击相对较小，产生的辐射噪声变化相对较为平稳，故称为平稳载荷区。在轴承转速较低时，冲击载荷区的辐射噪声略高于摩擦载荷区的辐射噪声，而随着轴承转速的提高，摩擦载荷区的辐射噪声增大速度较快，并逐渐趋近以致大于冲击载荷区的辐射噪声。并且由图中可以看到，随着转速的增加，冲击载荷区与摩擦载荷区所在的位置角范围有所偏移。

从图 8.2 中可以看到，在轴承转速为 3000r/min 时，摩擦载荷区的辐射噪声(72.56dB)略低于冲击载荷区的辐射噪声(72.76dB)；而当轴承转速为 6000r/min 时，摩擦载荷区的辐射噪声(74.39dB)变得略高于冲击载荷区的辐射噪声(74.29dB)；当轴承转速为 18000r/min 时，摩擦载荷区的最大声压级达到了 87.35dB，而冲击载荷区的最大值为 84.16dB。而当轴承转速在 6000～18000r/min 时，摩擦载荷区的辐射噪声始终高于冲击载荷区的辐射噪声，并且它们之间的差值也随转速的增加而变大，由 0.1dB 增加到了 3.19dB。由此可以分析出，随着转速的增加，全陶瓷角接触球轴承的摩擦加剧情况较为严重，特别是在转速达到 12000r/min 之后，摩擦剧烈程度更加明显。

此外，在图 8.2 中还可以看到，随转速从 3000r/min 提高到 18000r/min，冲击载荷区的指向性角从 15°位置逐渐转移到 45°位置，摩擦载荷区的指向性角从 195°位置逐渐转移到 225°位置。冲击载荷区和摩擦载荷区的指向性角具有相同的变化步调，且它们始终保持 180°的差角。随着转速的增加，轴承内圈逆时针旋转导致轴承朝向右下方偏心，因此摩擦载荷区沿着轴承旋转方向向右上方移动，同时冲击载荷区沿着轴承旋转方向向左下方移动，使全陶瓷角接触球轴承辐射噪声的指向性角发生相应变化。

如图 8.3 所示，在轴承转速为 3000～12000r/min 时，冲击载荷区的声场指向性水平浮动较小，但在轴承转速为 12000～18000r/min 时，冲击载荷区的声场指向性水平明显减小。然而，摩擦载荷区的声场指向性水平随着轴承转速的增加一直呈增大的趋势，并且在转速达到 12000r/min 以后增加的趋势也变得明显。这一现象表明，随着轴承转速从 3000r/min 逐渐提高到 18000r/min，摩擦载荷区的声场指向性变得越来越明显，而冲击载荷区的声场指向性有所减弱。与图 8.2 相比较，在冲击载荷区和摩擦载荷区的最大声压级与声场指向性水平的转变速度一致，均在 3000～6000r/min。

从图 8.4 中能够清晰地看到，在整个圆周方向，最大声压级位置随着转速的增加而发生改变，即声场指向性角随转速的提高而转变。在低转速时，声场指向性角在冲击载荷区，当转速由 3000r/min 升高到 6000r/min 时，指向性角迅速转移到摩擦载荷区，并且随着转速的继续提高，指向性角始终保持在摩擦载荷区，呈缓慢增加趋于稳定的趋势变化。

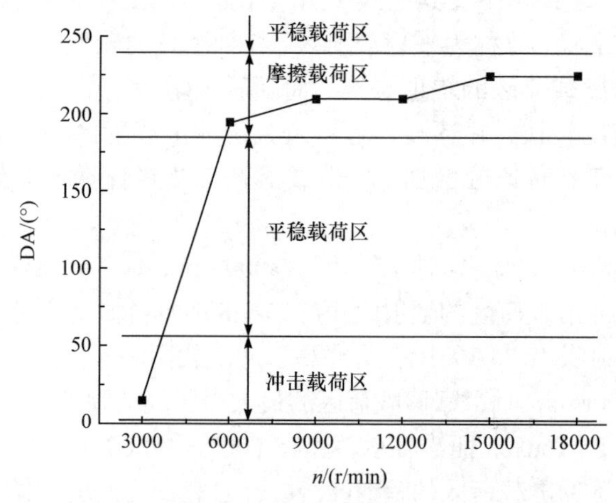

图 8.4　整个圆周方向的声场指向性角随转速的变化

从整体上分析，转速的提高增强了全陶瓷角接触球轴承辐射噪声在圆周方向的声场指向性。声场指向性表现出一定的规律性。一方面，随着转速的增加，陶瓷球的离心力迅速增大，并且由于轴承偏心而使陶瓷球受力变化更为复杂，作用于陶瓷球上的合力方向也会随之相应发生变化，因此转速增大导致摩擦力增大，进而导致摩擦噪声的增加。另一方面，轴承在低转速时，陶瓷球与套圈之间的摩擦力相对较小，而陶瓷球与保持架之间的冲击相对较大，因此低转速时冲击噪声大于摩擦噪声，而随着转速的升高，摩擦力增大，冲击效应相对于摩擦效应逐渐减弱，在圆周方向占主导地位的辐射噪声也由冲击噪声转变为摩擦噪声。

8.2.2 转速对径向方向声场分布影响的仿真分析

全陶瓷球轴承辐射噪声在径向分布呈现明显的声场指向性，随转速增加，指向性增强。虽然在第 7 章已经分析了全陶瓷球轴承辐射噪声在径向方向的变化规律，但在不同转速下，其不同径向距离时的变化特性，对于考虑降低场点的辐射噪声尤为重要。本节分析轴向距离为 50mm，径向距离分别为 30mm、90mm、150mm、210mm 和 270mm 时，辐射噪声在圆周方向的分布特性变化。其他参数设置同前，不同转速下全陶瓷角接触球轴承辐射噪声声场在各径向距离时圆周方向的分布特性如图 8.5 所示。

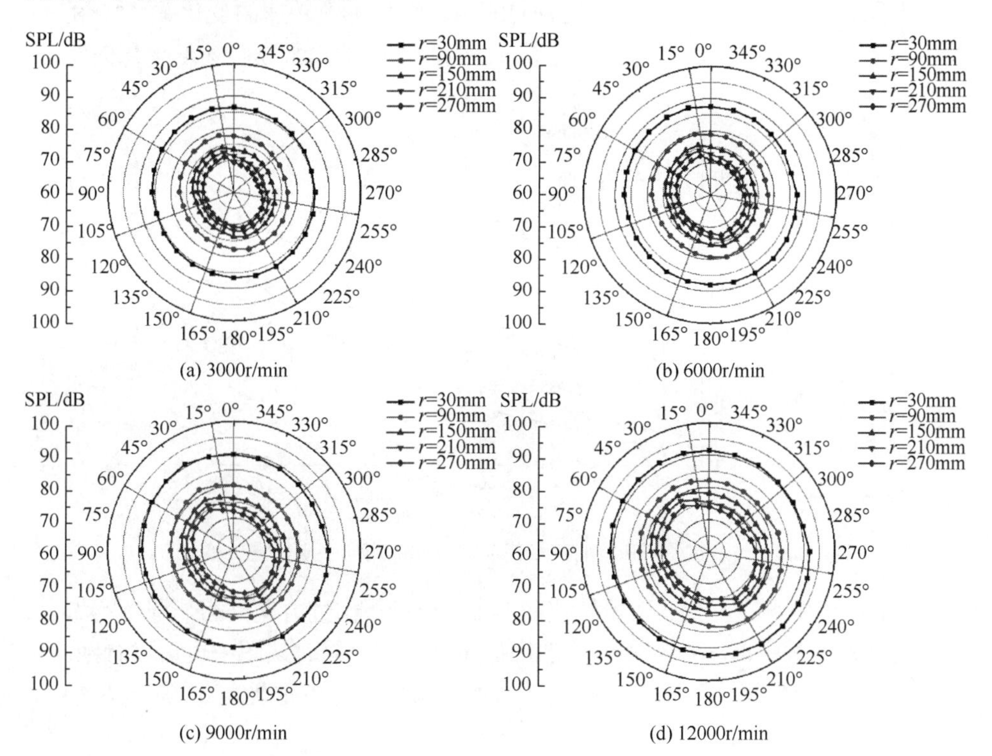

(a) 3000r/min (b) 6000r/min

(c) 9000r/min (d) 12000r/min

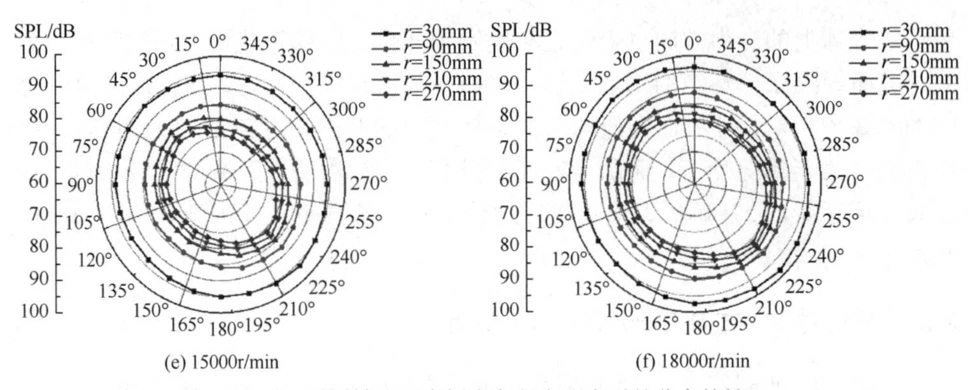

图 8.5　不同转速下声场在各径向距离时的分布特性

从图 8.5 中可以看到，随着转速的提高，在各径向距离的全陶瓷角接触球轴承的辐射噪声均逐渐增大。在不同转速下，轴承径向方向的辐射噪声变化并不完全相同，但总体变化趋势相似。同一转速下，随着径向距离的增大，声压级衰减的程度有所差异。同时，从图中还可以看到，辐射噪声在径向方向的衰减对声场指向性有所影响。

不同径向距离时，声场指向性方向的声压级随工作转速的变化关系如图 8.6 所示。图 8.7 和图 8.8 分别为相应的指向性角和指向性水平随转速的变化曲线。

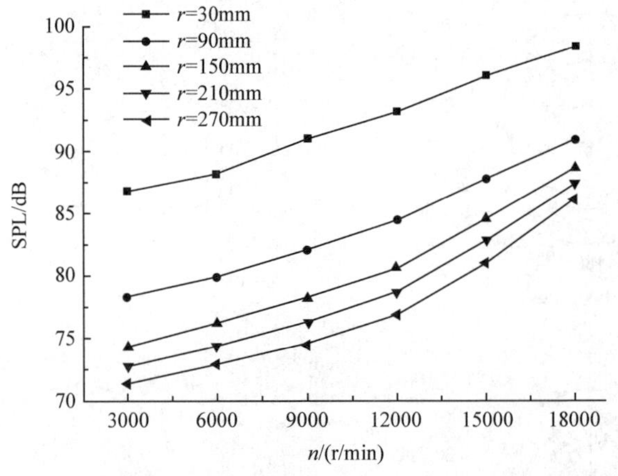

图 8.6　不同径向距离时声场指向性方向的声压级随转速的变化

从图 8.6 中可以看到，随着转速的增加，声场指向性方向的声压级逐渐增大，并且径向距离较大时声压级随转速的增加速度较快。同时从图中也可以看到，在不同转速下，辐射噪声均随径向距离的增加以减小的趋势逐渐衰减，其与本书第 7 章研究的结论相符合。

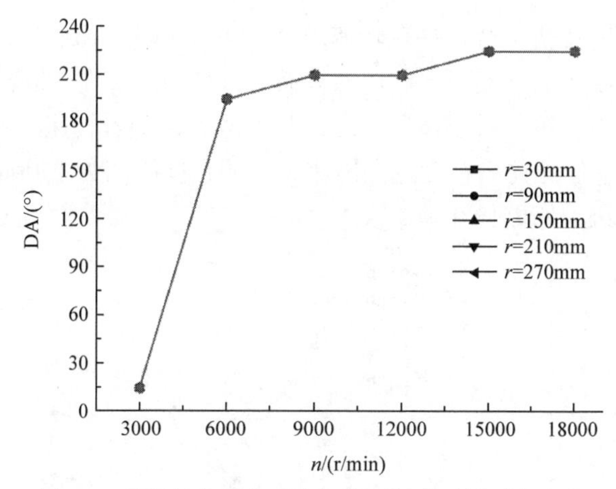

图 8.7　不同径向距离时声场指向性角随转速的变化

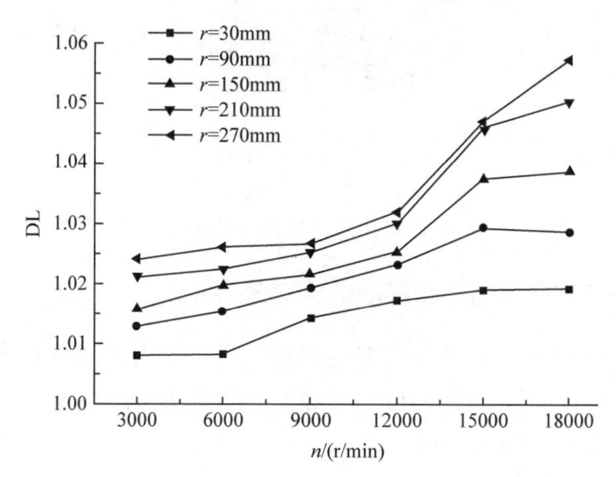

图 8.8　不同径向距离时声场指向性水平随转速的变化

由图 8.7 可知，随转速的增加，不同径向距离的声场指向性角变化步调一致。在较低转速(3000r/min)时，声场指向性角的位置在冲击载荷区，为 15°位置角方向；转速增加到 6000r/min 以后，声场指向性角转移到摩擦载荷区，并随着转速的增加也有缓慢向旋转方向偏移的趋势。从图中可以看到，转速由 6000r/min 提高到 18000r/min 的过程中，声场指向性角由 195°方向逐渐偏转到 225°方向。

由图 8.8 可以看到，声场指向性水平随转速的提高而呈增大趋势，这与图 8.6 中声场指向性方向声压级的变化趋势相似，但声场指向性水平在转速达到 15000r/min 以后增加趋势变缓，且随径向距离的增大，增加的幅度有所变大。

不同径向距离时声场最大声压级与最小声压级之差随转速的变化规律如图 8.9 所示。从图中可以看出，随着转速的增加，差值逐渐增大，并且在径向距离较大时增加速度较快，特别是在转速由 12000r/min 增大到 15000r/min 的过程中，差值变化幅度较大。然而，在转速较低时，径向距离在 150mm 与 210mm 之间时声场的最大声压级与最小声压级之差相差较大，随着转速由 3000r/min 增大到 12000r/min，它们相差的幅度逐渐减小，表明径向距离为 150mm 和 210mm 时圆周方向的声压级分布差异在减小。

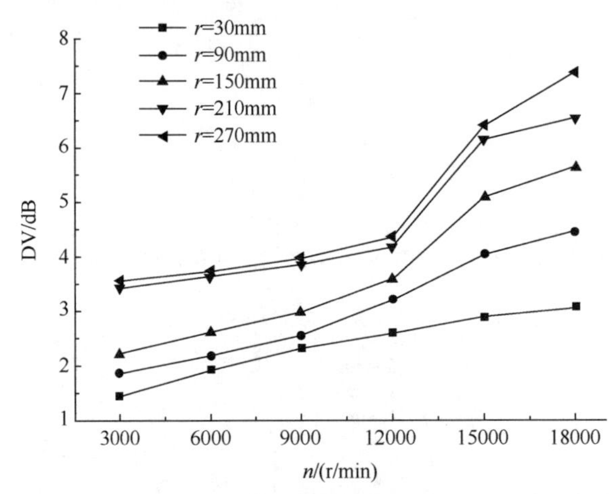

图 8.9　不同径向距离时声压级变化量随转速的变化

8.2.3　转速对轴向方向声场分布影响的仿真分析

轴承转速对辐射噪声轴向方向变化的影响，也是考虑降低场点辐射噪声的重要方面。本节分析径向距离为 210mm，轴向距离分别为 20mm、50mm、100mm、150mm 和 200mm 时，辐射噪声在圆周方向分布特性变化。其他参数设置同前，不同转速下全陶瓷角接触球轴承辐射噪声声场在各轴向距离时圆周方向的分布特性如图 8.10 所示。

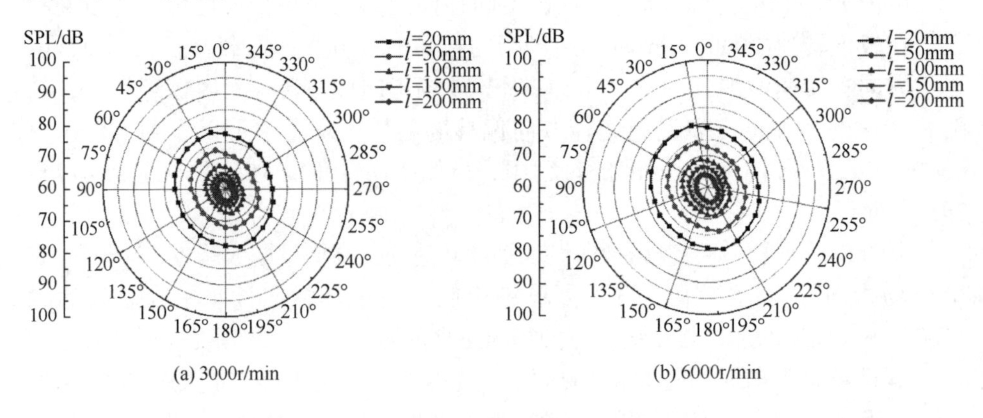

(a) 3000r/min　　(b) 6000r/min

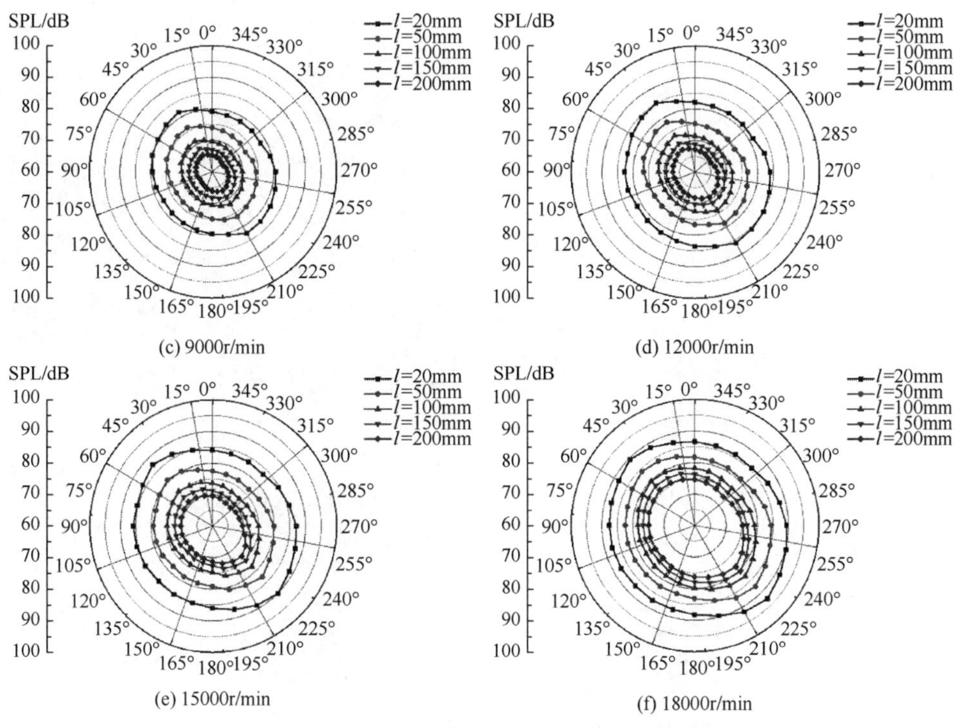

(c) 9000r/min　(d) 12000r/min

(e) 15000r/min　(f) 18000r/min

图 8.10　不同转速下声场在各轴向距离时的分布特性

从图 8.10 中可以看到，随着转速的提高，全陶瓷角接触球轴承在各轴向距离的辐射噪声均逐渐增大。在不同转速下，轴承轴向方向的辐射噪声衰减程度并不相同，但总体变化趋势一致。同一转速下，随着轴向距离的增大，声压级衰减的程度略有差异。此外，从图中还可以看出，不同转速下辐射噪声在轴向方向的声场指向性变化也略有不同。与图 8.5 相比，转速对轴向方向声压级变化的影响大于对径向方向声压级变化的影响。

不同轴向距离时，声场指向性方向的声压级随工作转速的变化关系如图 8.11 所示。图 8.12 和图 8.13 分别为相应的指向性角和指向性水平随转速的变化曲线。

从图 8.11 中可以看到，随着转速的增加，声场指向性方向的声压级逐渐增大，轴向距离较大时声压级随转速的增加速度较快。同时从图中可以看到，在不同转速下，辐射噪声均随轴向距离的增加以减小的趋势逐渐衰减，其与本书第 7 章研究的结论相符合。

由图 8.12 可知，随着转速的增加，不同轴向距离的声场指向性角变化步调有所变化。当轴向距离由 100mm 增大到 200mm 时，随着转速的提高，声场指向性角均保持在摩擦载荷区，并逐渐由 195°位置偏转到 225°位置。在轴向距离由 20mm 增大到 50mm 时，随着转速的提高，声场指向性角由冲击载荷区转变到摩擦载荷

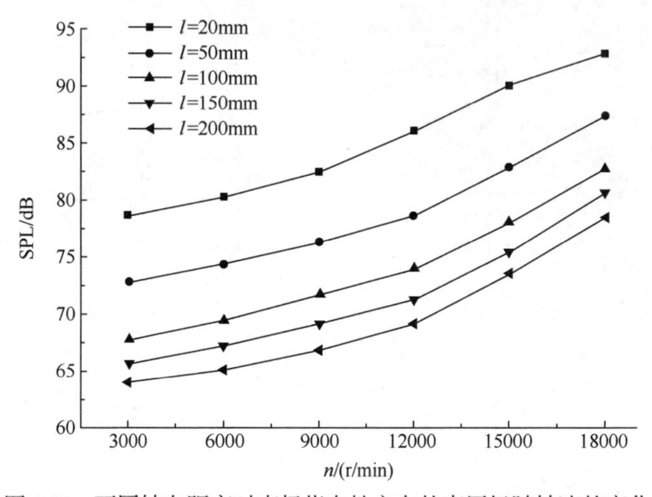

图 8.11　不同轴向距离时声场指向性方向的声压级随转速的变化

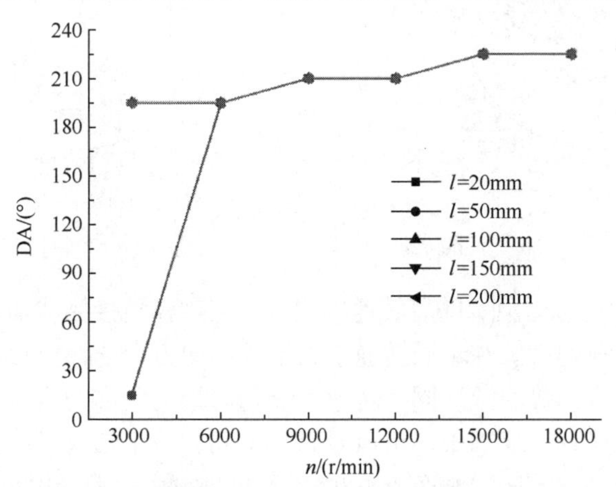

图 8.12　不同轴向距离时声场指向性角随转速的变化

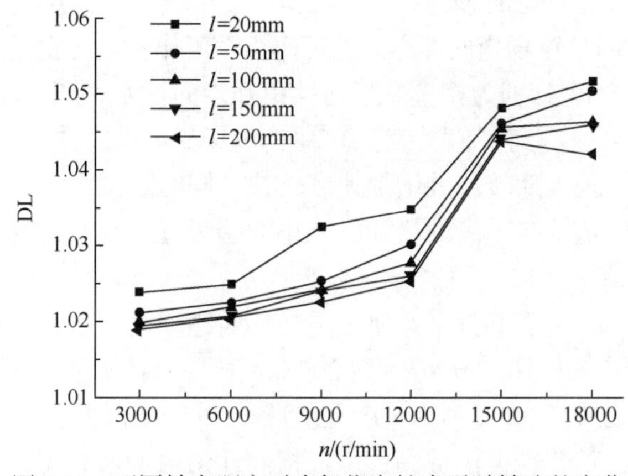

图 8.13　不同轴向距离时声场指向性水平随转速的变化

区，转速在 3000r/min 时，声场指向性角为 15°方向，转速由 6000r/min 提高到 18000r/min 过程中，声场指向性角逐渐由 195°位置逐渐偏转到 225°位置。这是由于低转速时冲击载荷区的辐射噪声较大，而随着转速的增加，摩擦载荷区辐射噪声占据主导地位，并且逐渐向旋转方向偏移。

从图 8.13 中可以看到，声场指向性水平随转速的提高呈增大趋势，这与图 8.11 中声场指向性方向声压级的变化趋势相似，但在转速为 15000r/min 时，声场指向性水平在较大轴向距离时有所减小。在转速由 12000r/min 增大到 15000r/min 的过程中，声场指向性水平增加速度较快。当轴向距离为 20mm 时，声场指向性水平变化较为复杂，且较小轴向距离的声场指向性水平大，表明轴向距离越小声场指向性越强。

图 8.14 给出了不同轴向距离时声场最大声压级与最小声压级之差随转速的变化规律。从图中可以看出，随着转速的增加，差值逐渐增大，且与径向方向的变化趋势相类似，轴向距离较大时该差值增加速度相对较快，并且在转速由 12000r/min 增大到 15000r/min 的过程中，差值变化幅度最大。然而，在较高转速时，即当转速由 15000r/min 增加到 18000r/min 时，差值变化幅度又有所减小。

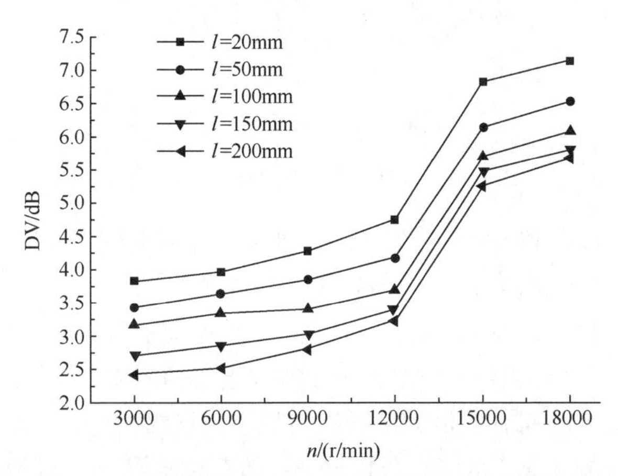

图 8.14　不同轴向距离时声压级变化量随转速的变化

由以上分析可知，转速在 12000r/min 到 15000r/min 范围内变化时对全陶瓷球轴承辐射噪声的影响最大。

8.2.4　转速对全陶瓷球轴承声场分布影响的试验分析

对于高速精密机床，轴承需要更高的转速以及更复杂的转速变化。因此，研究转速对全陶瓷角接触球轴承辐射噪声的影响，对于提升高速下轴承声学性能极为重要。为了进行试验测试，定制了前后支承轴承均为单个轴承的电主轴，并将全陶瓷角接触球轴承安装到电主轴上进行转速对辐射噪声影响的测试试验。选择圆周方向 24 个场点进行试验测试，各场点在周向方向相隔 15°夹角，第 1 个测点在正上方，从电主轴前端看，按逆时针方向顺序编号，且电主轴逆时针旋转。各测点的圆周半径距离为 210mm，轴向距离为 50mm。采样频率为 51.2kHz，采样时间为 10s，分别测试转速为 3000r/min、6000r/min、9000r/min、12000r/min、15000r/min 和 18000r/min 这 6 组速度时的辐射噪声。各转速下的声场分布测试结果如图 8.15 所示。

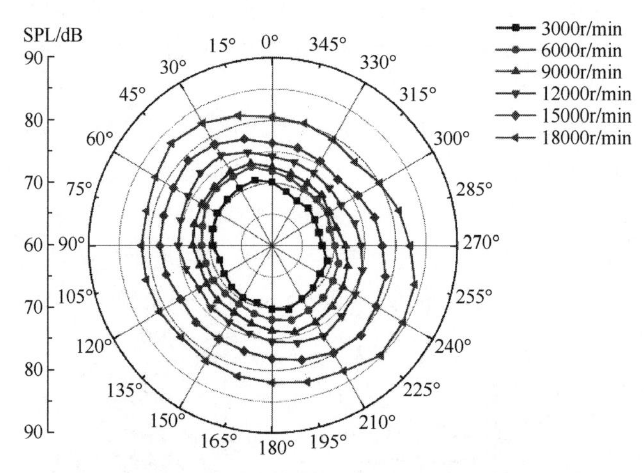

图 8.15　不同转速下声场分布试验结果

从图 8.15 可以看到，全陶瓷角接触球轴承的辐射噪声随转速的增加而逐渐增大，在圆周方向呈现出分布不均匀现象。在左上半圆的 0°～75°和右下半圆的 180°～255°有相对较大的辐射噪声，表现出两个明显的辐射噪声声场指向性，而在其他位置角范围内辐射噪声变化较平缓。这与仿真计算结果规律一致。

图 8.16 给出了圆周方向最大声压级与最小声压级的差值(称为圆周方向声压级变化量)随转速的变化。从图中可以看到，随着转速的增大，圆周方向声压级变化量逐渐增大。当转速较小(3000r/min)时，圆周方向声压级变化量较小，为 2.94dB；当转速较大(18000r/min)时，由于摩擦和冲击变化的影响，圆周方向声压级变化量增大，为 5.94dB。

图 8.17 给出了冲击载荷区和摩擦载荷区辐射噪声和指向性角随转速的变化关系。图 8.18 给出了冲击载荷区和摩擦载荷区的声场指向性水平随转速的变化曲线。

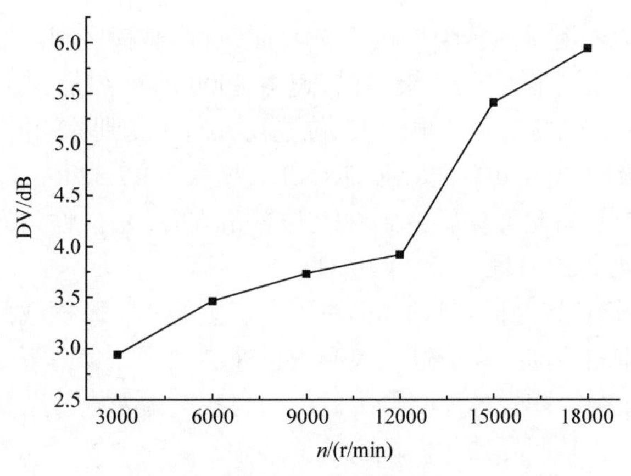

图 8.16　声压级变化量随转速变化的试验结果

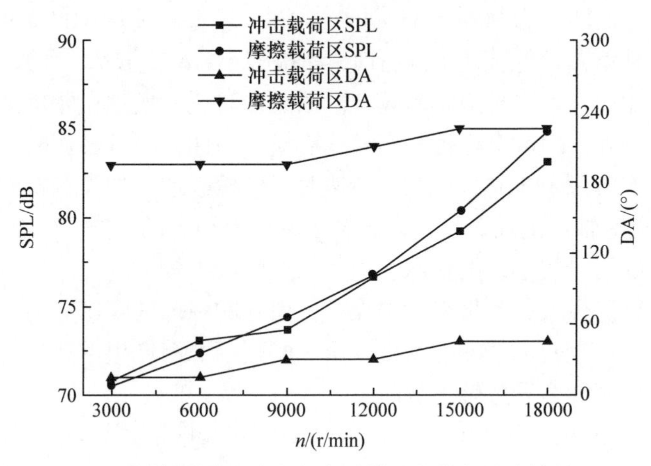

图 8.17　辐射噪声和指向性角随转速变化的试验结果

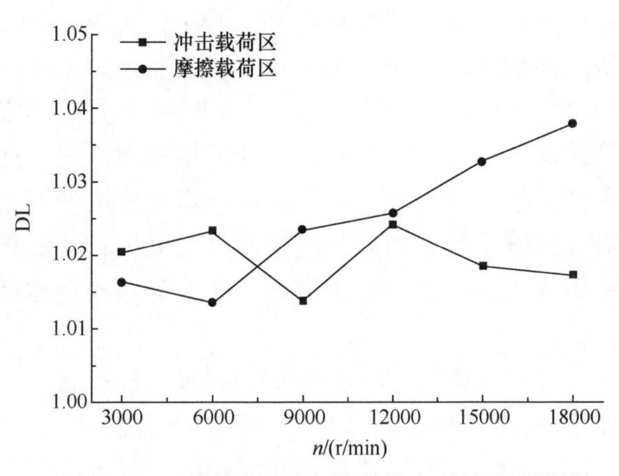

图 8.18　不同转速下声场指向性水平的试验结果

从图 8.17 可以看到，随着轴承转速的增加，冲击载荷区和摩擦载荷区的最大辐射声压级均呈现逐渐增大的趋势。在转速由 3000r/min 增加到 18000r/min 的过程中，冲击载荷区的声场指向性角由 15°位置角方向转变到 45°位置角方向，指向性角方向的声压级由 70.83dB 增大到 83.15dB，增大了 12.32dB；摩擦载荷区的声场指向性角由 195°位置角方向转变到 225°位置角方向，指向性角方向的声压级由 70.55dB 增大到 84.83dB，增大了 14.28dB。

由于轴承内圈逆时针旋转使轴承向右下方产生偏心，摩擦载荷区沿旋转方向向上偏移。随转速的增加，陶瓷球的离心力迅速增大，并且由于轴承偏心的作用离心力变化非常复杂，陶瓷球所受合力的方向也相应地发生复杂变化。转速的提升使轴承偏心上移，从而导致指向性角的偏移。

此外，由图 8.17 可知，当转速为 3000～6000r/min 时，冲击载荷区的最大辐射噪声较大，而转速为 9000～18000r/min 时，摩擦载荷区的最大辐射噪声较大。这是因为当轴承在较低转速下运行时，摩擦较小，冲击较大。因此，在低转速时，与摩擦噪声相比，冲击噪声相对较大。而随着转速的增加，摩擦加剧，虽然冲击噪声也有所增大，但没有摩擦噪声变化明显。因此，在低转速时，冲击载荷区的声场指向性方向为主方向，而在高转速时，摩擦载荷区的声场指向性方向为主方向。由于转速对轴承的动态性能以及轴承刚度有很大的影响，当轴承高速运行时，轴承径向刚度相对较小，陶瓷球和内外圈之间产生较大的交替性作用力，使陶瓷球容易产生打滑现象，并带来冲击噪声，而在陶瓷球的摩擦载荷区会产生较大的摩擦力，从而产生较大的摩擦噪声。由于剧烈的摩擦产生严重的磨损现象，明显的声场指向性可能会导致轴承故障。

如图 8.18 所示，随着转速的增加，摩擦载荷区的声场指向性水平整体呈增加趋势，这表明摩擦载荷区的声场指向性越来越明显；而冲击载荷区的声场指向性水平整体上呈先增大后减小的变化趋势，但在转速为 9000r/min 时却相对较低，因此摩擦载荷区的声场指向性水平变化较为复杂。由图中还可以看出，在较低转速时，冲击载荷区的声场指向性水平值较大，是圆周方向整个声场的指向性水平，随着转速的增大，摩擦载荷区的声场指向性水平逐渐变为圆周方向整个声场的指向性水平，并且两个载荷区声场指向性水平的差值越来越大。这是由于转速的提高加剧了摩擦现象，使摩擦更为突出，冲击相对减弱，而摩擦载荷区以摩擦噪声为主，因此导致摩擦载荷区的辐射噪声增加较快，从而指向性水平增加也较快。

图 8.19 给出了圆周方向整体的声场指向性角随转速的变化。由图 8.19 可知，在转速由 3000r/min 提高到 6000r/min 时，整个圆周方向的声场指向性角保持在冲击载荷区的 15°位置角方向，当转速增加到 9000r/min 时，声场指向性角由冲击载荷区的 15°位置角方向直接转变为摩擦载荷区的 195°位置角方向，转速继续增加

到 18000r/min 时，声场指向性角保持在摩擦载荷区且偏转到 225°位置角方向。

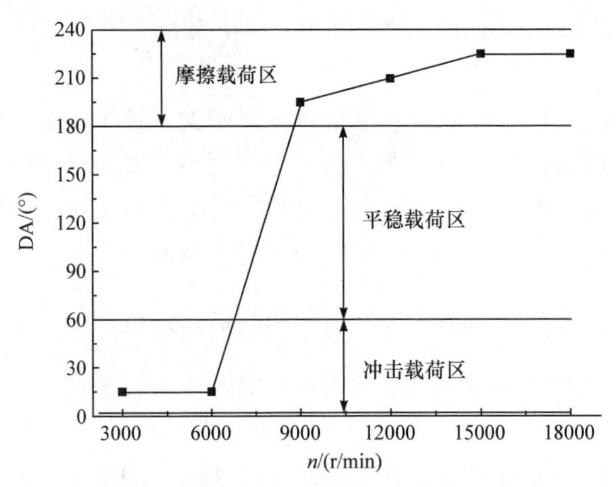

图 8.19　不同转速下圆周方向整体的声场指向性角的试验结果

图 8.20 给出了不同转速下计算结果与试验结果的相对误差变化。从图中可以看到，各转速下的辐射噪声在圆周方向的相对误差不超过 4.5%，根据测试结果，在转速为 9000r/min，位置角为 285°方向的相对误差最大，为 4.06%，而在转速为 15000r/min，位置角为 135°方向的相对误差最小，为 0.83%。总体上看，在位置角为 120°～180°的相对误差较小些。

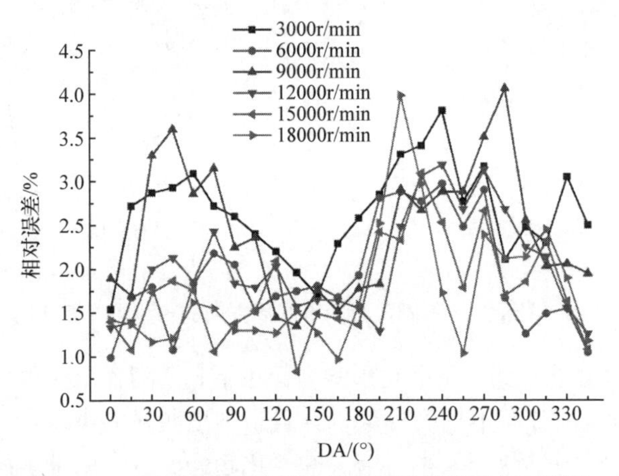

图 8.20　不同转速时计算结果与试验结果的相对误差

从以上对试验结果的分析可知，仿真计算与试验结果接近，变化趋势一致，验证了转速变化对全陶瓷球轴承辐射噪声影响计算结果的准确性和有效性。

8.3　预紧力对全陶瓷球轴承辐射噪声的影响分析

随着预紧力的增加，轴承的变形量将逐渐增大，轴承在运行中产生的摩擦也会增加，但随着预紧力的增加，轴承的游隙将减小，冲击现象会得到一定抑制。预紧力的变化对全陶瓷球轴承辐射噪声有较大影响，本节讨论全陶瓷角接触球轴承在不同预紧力作用下的辐射噪声在声场中的分布特性。

8.3.1　预紧力对全陶瓷球轴承声场分布影响的仿真分析

为了分析预紧力对全陶瓷角接触球轴承辐射噪声的影响，在半径为 210mm 的圆周方向选择 24 个均匀分布的场点进行分析，相邻两个场点之间的夹角为 15°，各场点到轴承平面的距离为 50mm。将轴承转速设定为 18000r/min 和 24000r/min。供油量设置为 0.02mL/min，分别计算预紧力 F_a 为 250N、300N、350N、400N、450N 和 500N 时全陶瓷角接触球轴承的辐射噪声。将轴承材料、尺寸及其他条件参数与之前设置相同。经计算得到不同预紧力作用下全陶瓷角接触球轴承圆周方向辐射噪声的分布情况，如图 8.21 所示。

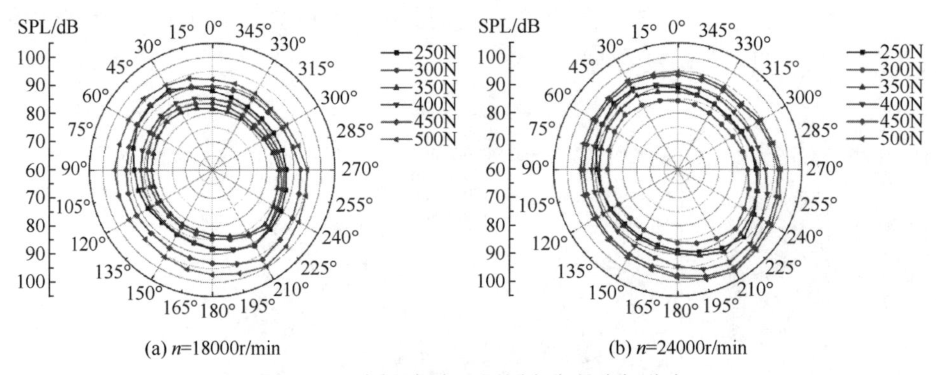

图 8.21　不同预紧力下圆周方向的声场分布

从图 8.21 中可以看到，在不同预紧力作用下，全陶瓷角接触球轴承辐射噪声在圆周方向均呈现出分布不均匀现象，并且呈现出明显的声场指向性。随着预紧力的增加，辐射噪声呈现先减小后增大的变化趋势。这是由轴承游隙改变所致，较小预紧力时轴承游隙相对较大，运转时产生较大的冲击噪声，而随着预紧力的增加，轴承达到一个最佳游隙，虽然也增加了陶瓷球与轴承套圈的摩擦力，但与冲击现象相比，摩擦的增加相对较弱，因此整体辐射噪声相对较小。然而，当继续增大预紧力时，摩擦现象逐渐加剧，并起主要作用，导致辐射噪声增大。在不同转速下，出现极小值辐射噪声时的预紧力不同。当转速为 18000r/min 时，在预紧力为 350N 时有相对较小的辐射噪声，而当转速为 24000r/min 时，在预紧力为 300N 时有相对较小的辐射噪声。这表明在不同工作转速下均有其相对应的最佳预紧力，使全陶瓷角接触球轴承在运行中辐射噪声最小。并且由计算结果可知，随着转速的提高，实现最小辐射噪声所需的预紧力逐渐减小。

图 8.22 给出了转速为 18000r/min 时，全陶瓷角接触球轴承辐射噪声在冲击载荷区和摩擦载荷区的最大声压级随预紧力的变化曲线。由图可以看出，当预紧力低于 350N 时，辐射噪声随预紧力的增加呈现逐渐减小的趋势；当预紧力大于 350N 时，继续增加预紧力将导致辐射噪声逐渐增大。当预紧力为 250N 时，冲击载荷区的辐射噪声大于摩擦载荷区的辐射噪声；而当预紧力为 350N 时，摩擦载荷区的辐射噪声变得大于冲击载荷区的辐射噪声，并且之后一直保持这种情况。

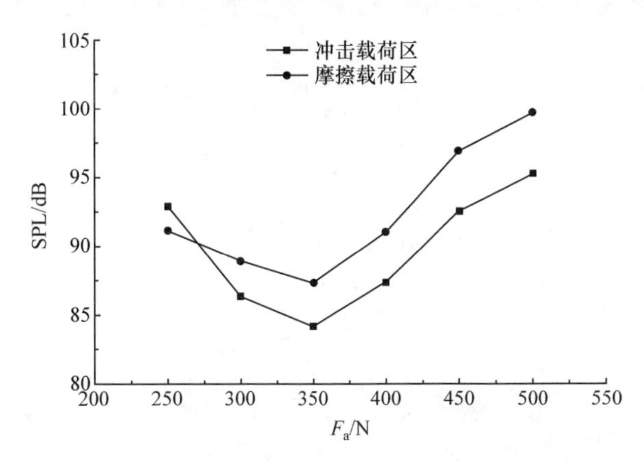

图 8.22　不同预紧力下冲击载荷区与摩擦载荷区最大声压级

结合图 8.21 和图 8.22 可以看出，在一定预紧力范围内，随着预紧力的增加，全陶瓷角接触球轴承辐射噪声先减小后增大。这是由于在较小预紧力时，轴承有较大的游隙，导致陶瓷球与其他组件相互作用产生较大的辐射噪声，但这时由于陶瓷球在冲击载荷区的间隙相对较大，产生的较大冲击噪声占据主导作用。当预紧力逐渐增大到 350N 时，轴承游隙减小，这时轴承运行更为平稳，轴承产生的摩擦噪声和冲击噪声均相对较小，并且此时摩擦噪声超过冲击噪声。然而，预紧力继续增大，轴承游隙继续减小，导致陶瓷球和滚道之间的摩擦急剧加重，从而产生较为严重的摩擦噪声，并且当预紧力到达某一值时，甚至出现严重负游隙情况，轴承可能出现卡死现象。

为进一步分析全陶瓷角接触球轴承辐射噪声的声场指向性，如图 8.23 和图 8.24 所示，分别给出了转速为 18000r/min 时冲击载荷区与摩擦载荷区声场指向性角和指向性水平随预紧力的变化趋势。

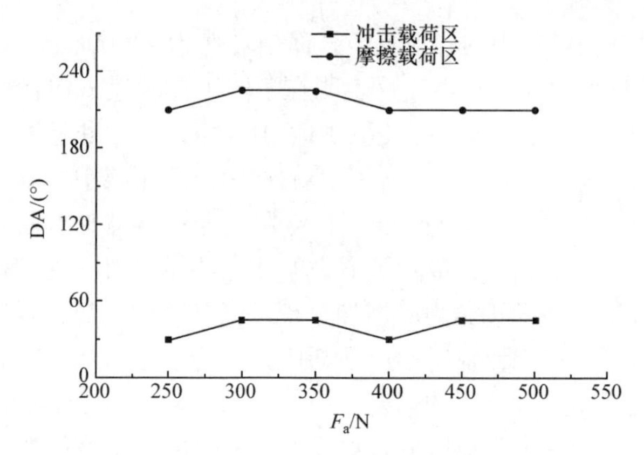

图 8.23　不同预紧力下冲击载荷区与摩擦载荷区的指向性角

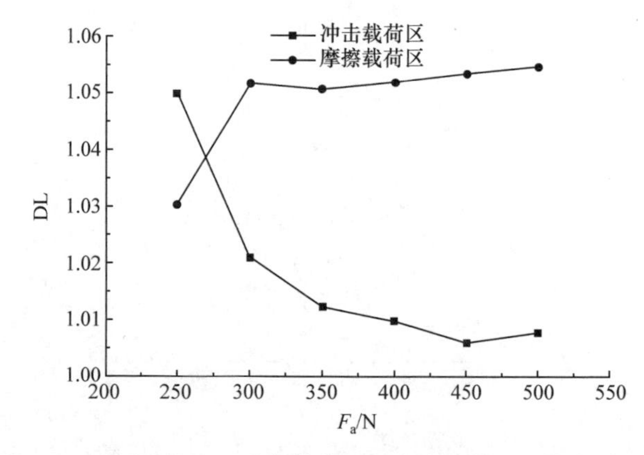

图 8.24　不同预紧力下冲击载荷区与摩擦载荷区的指向性水平

由图 8.23 可以看出，在转速为 18000r/min 时，随着预紧力的增加，冲击载荷区的指向性角在 30°～45°变化，摩擦载荷区的指向性角在 210°～225°变化。当预紧力低于 400N 时，摩擦载荷区与冲击载荷区的指向性角相差 180°；当预紧力大于 400N 时，它们之差减小至 165°。这是由于预紧力增加，冲击载荷区偏向旋转方向，产生更加严重的摩擦现象，这时冲击载荷区的辐射噪声也以摩擦噪声为主，从而在较大预紧力时冲击载荷区的指向性角仍保持在 45°位置。

由图 8.24 可知，在转速为 18000r/min 时，随着预紧力的增加，冲击载荷区的指向性水平呈现减小的趋势，而摩擦载荷区的指向性水平呈现增大的趋势，并在预紧力低于 300N 时，指向性水平变化较大。

根据以上分析可知，随着预紧力的增大，全陶瓷角接触球轴承辐射噪声在整个圆周方向的声场指向性由冲击载荷区转变到摩擦载荷区，指向性角也发生相应的改变。图 8.25 和图 8.26 给出了随着全陶瓷角接触球轴承预紧力的增加，声场指向性方向的声压级和指向性角的变化趋势。

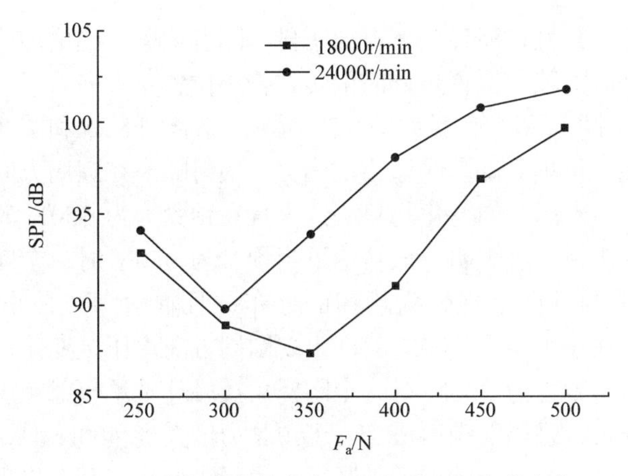

图 8.25　声场指向性方向声压级随预紧力的变化

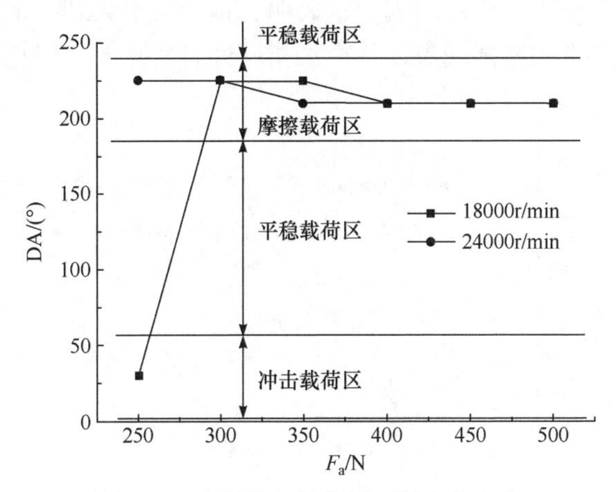

图 8.26　声场指向性角随预紧力的变化

根据图 8.25 和图 8.26 可知，在不同转速下，全陶瓷角接触球轴承辐射噪声随预紧力的变化趋势相似，在不同的预紧力时，高转速的辐射噪声均大于低转速的辐射噪声。在 18000r/min 转速下，当预紧力为 250N 时，全陶瓷角接触球轴承辐射噪声声场指向性方向在冲击载荷区内 30°位置角方向，且辐射噪声相对较大；当预紧力为 300N 时，辐射噪声有所降低，而声场指向性角转变为摩擦载荷区内 225°位置角方向；当预紧力为 350N 时，辐射噪声最小，声场指向性角仍在 225°位置；当预紧力大于 350N 时，辐射噪声随预紧力的增大而增大且保持声场指向性角在摩擦载荷区。在 24000r/min 转速下，随着预紧力由 250N 增加到 500N，声场指向性角始终保持在摩擦载荷区。当预紧力为 300N 时，有最小的辐射噪声，此时声场指向性角为 225°位置；当预紧力较大(350～500N)时，声场指向性角保持在 210°位置角方向。此外，从图中还可以看到，在较大的预紧力时，声压级增加的幅度有所减小，并且在高转速下更加明显。随着预紧力的增加，高转速下的声场指向性角过早地由较大位置角方向偏转到较小位置角方向。

不同预紧力时声压级变化量如图 8.27 所示。结合图 8.25 和图 8.27 可以看到，当转速为 18000r/min 时，随着预紧力的增大，辐射噪声在圆周方向声压级变化量的变化趋势与最大声压级的变化趋势一致，且在预紧力为 350N 时有最小声压级和最小声压级变化量。这表明，该转速下当预紧为 350N 时，全陶瓷角接触球轴承辐射噪声在圆周方向呈现较为均匀的分布，且辐射噪声最小。而当转速为 24000r/min 时，在预紧力为 300N 时即出现圆周方向声压级变化量较小的情况，表明该转速下当预紧力为 300N 时，全陶瓷角接触球轴承辐射噪声在圆周方向呈现较为均匀的分布，且辐射噪声最小。当预紧力增大到 400N 时，圆周方向声压级变化量增大到最高值，继续增大预紧力，声压级变化量开始出现逐渐减小的趋势，而辐射噪声声压级却仍在增大。这表明，预紧力增大到一定程度后，整个圆周方向均表现出严重的摩擦现象，使声场指向性有所减弱，但总的噪声却随摩擦加重而逐渐增大。

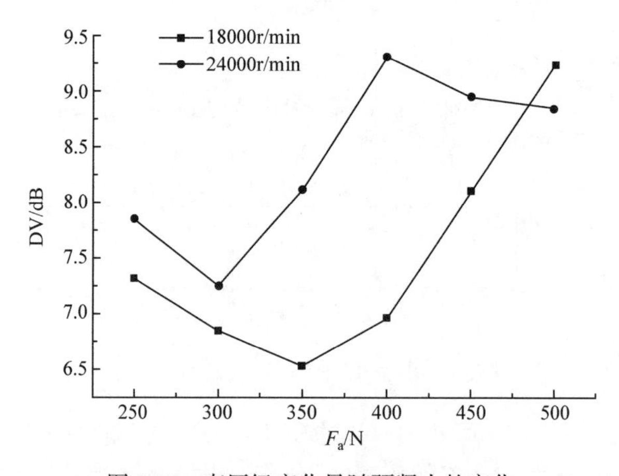

图 8.27 声压级变化量随预紧力的变化

声场指向性水平随预紧力的变化关系如图 8.28 所示。由图可知，随着预紧力的增加，转速为 18000r/min 时声场指向性水平总体上呈增加的趋势，而转速为 24000r/min 时声场指向性水平的变化较为复杂，其变化趋势与圆周方向声压级变化量较为相似。结合图 8.25 可知，在预紧力为 300N 时，与转速为 18000r/min 时相比，转速为 24000r/min 时声场指向性水平相对较低，但其声压级相对较高，这是由于高转速下陶瓷球与其他组件的摩擦较为剧烈，且圆周上的摩擦相对均匀，导致尽管声场指向性水平减小，但辐射噪声仍然较大的现象。

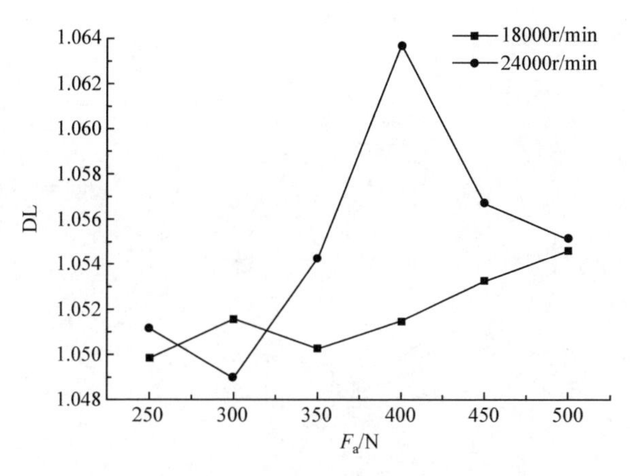

图 8.28　声场指向性水平随预紧力的变化

综合上述分析，全陶瓷角接触球轴承在转速为 18000r/min 下运行，当预紧力在 250N 时，尽管指向性水平最小，但声压级相对较大，且声压级在圆周方向的变化量较大，分布不均匀；而当预紧力在 350N 时，其声场指向性水平仅稍高于预紧力为 250N 时，且声压级相对较小，声压级在圆周方向的变化量也最小，声场分布相对均匀。全陶瓷角接触球轴承在转速为 24000r/min 下运行，当预紧力在 300N 时，有最小的辐射噪声，且指向性水平最小，声压级在圆周方向的变化量较小，分布相对均匀。因此，对于本节研究的全陶瓷球轴承，辐射噪声为评价指标时，转速为 18000r/min 时最佳预紧力为 350N，转速为 24000r/min 时最佳预紧力为 300N，即转速越高，最佳预紧力越小。

8.3.2　预紧力对全陶瓷球轴承声场分布影响的试验分析

预紧力被广泛应用于消除轴承游隙以及防止轴承打滑。然而，过高的预负荷可能会导致球和滚道产生较大的变形，并带来额外巨大的摩擦和噪声，此外，过大的预紧力也会导致轴承发热以及卡死现象。因此，适当的预紧力不仅可以改善轴承的运行动态，还能够延长轴承的使用寿命。在对以上计算结果进行分析的基础上，本节采用试验测试的方式分析预紧力对全陶瓷角接触球轴承辐射噪声的影响。将轴承转速设定为 18000r/min，供油量设置为 0.02mL/min，采样频率为 51.2kHz，采样时间为 10s，测试预紧力分别为 250N、300N、350N、400N、450N 与 500N 时全陶瓷角接触球轴承的辐射噪声。图 8.29 为不同预紧力作用下全陶瓷角接触球轴承圆周方向辐射噪声分布的试验结果，图 8.30 为圆周方向声压级变化量随预紧力的变化曲线。

由图 8.29 可知，在任一给定的预紧力下，全陶瓷角接触球轴承的辐射噪声在圆周方向分布均呈现非线性变化，并且具有明显的声场指向性。在声场中有两

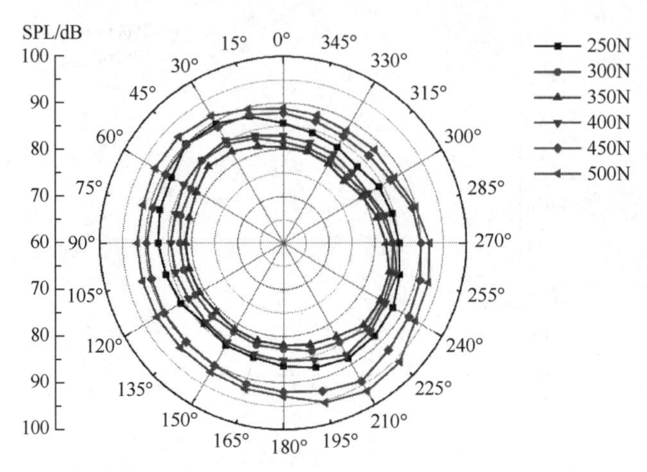

图 8.29　不同预紧力下圆周方向的声场分布试验结果

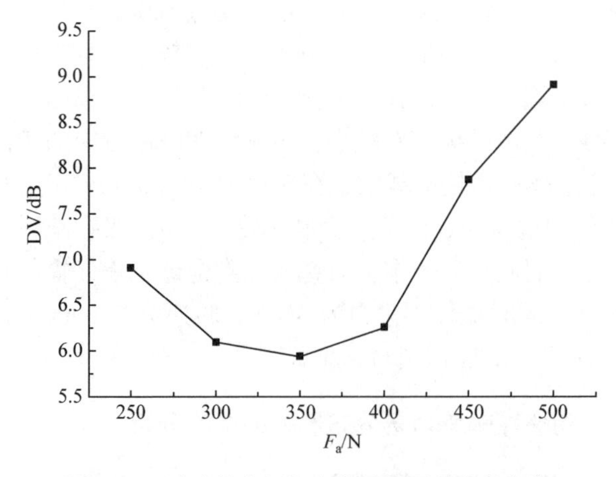

图 8.30　试验的声压级变化量随预紧力的变化

个较大的声压级区域，即冲击载荷区和摩擦载荷区，并且在这两个载荷区的声压级变化幅度较大，而在平稳载荷区的声压级变化较为平缓，且在 75°～180°的辐射噪声稍微大于 300°～360°的辐射噪声。随着预紧力从 250N 增加到 500N，全陶瓷角接触球轴承辐射噪声整体上先减小之后又增加，并且在预紧力为 350N 时有最小的辐射噪声，可以认为这一预紧力为该轴承在 18000r/min 时有最小辐射噪声的最佳预紧力。其与仿真计算结果一致。

从图 8.30 中可以看到，随着预紧力的增加，在圆周方向的声压级变化量也是先减小后增大。当预紧力由 250N 增大到 350N 时，圆周方向声压级变化量由 6.91dB 减小到 5.94dB；当预紧力继续增大到 500N 时，圆周方向声压级变化量又增大到了 8.91dB。表明了预紧力对全陶瓷角接触球轴承的辐射噪声有较大的影响。

图 8.31 和图 8.32 分别为轴承辐射噪声在冲击载荷区与摩擦载荷区声场指向性方向的声压级和声场指向性角随预紧力变化的曲线。

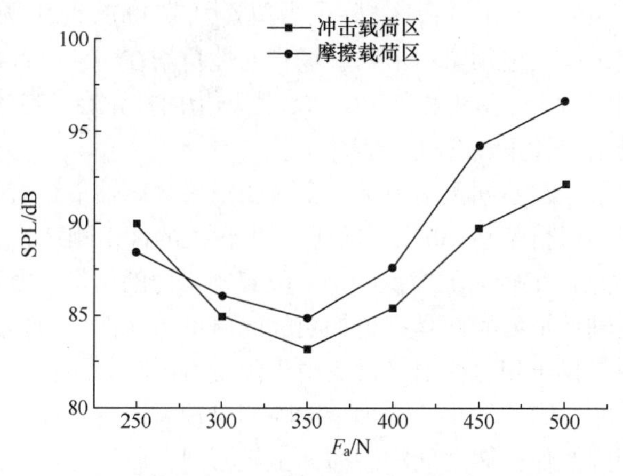

图 8.31　不同预紧力下冲击载荷区和摩擦载荷区声压级的试验结果

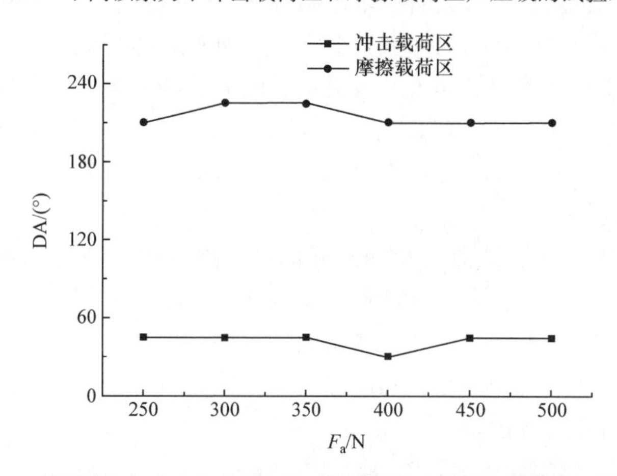

图 8.32　不同预紧力下冲击载荷区和摩擦载荷区声场指向性角的试验结果

从图 8.31 中可以直观地看出，在预紧力为 350N 时轴承有最小的辐射噪声声压级。在轴承预紧力较小(250N)时，摩擦载荷区的辐射噪声稍低于冲击载荷区的辐射噪声。然而，随着预紧力的逐渐增加(250～300N)，摩擦载荷区的辐射噪声开始变得高于冲击载荷区的辐射噪声。当预紧力大于 300N 时，摩擦载荷区的辐射噪声一直高于冲击载荷区的辐射噪声。这主要是由于当预紧力较小时，陶瓷球与套圈之间产生的摩擦力较小，此时陶瓷球与轴承套圈及保持架之间的碰撞冲击力占主导地位，所以冲击噪声较大，而当预紧力增大到一定程度后，陶瓷球与套圈之间的摩擦力过大，加剧了轴承摩擦磨损，导致摩擦噪声变大。

此外，由图 8.31 可知，随着预紧力的增加，摩擦载荷区的最大声压级与冲击载荷区的最大声压级之差越来越大。表明预紧力的增加使摩擦载荷区的辐射噪声逐渐占主导地位。

由图 8.32 可知，在冲击载荷区，除了当预紧力为 400N 时声场指向性角在 30°位置角方向，测试中其他预紧力下的声场指向性角均在 45°位置角方向。而对于摩擦载荷区，预紧力为 300N 和 350N 时，声场指向性角在 225°位置角方向，其他预紧力时声场指向性角在 210°位置角方向。

综合以上结果，在不同预紧力下，全陶瓷角接触球轴承具有明显的声场指向性是因为陶瓷球与保持架在 30°方向附近产生较大的冲击噪声，并且陶瓷球与套圈在 210°方向附近产生较大的摩擦噪声。随着预紧力的增加，摩擦噪声与冲击噪声均增大，导致轴承辐射噪声具有更加明显的声场指向性。当预紧力较小时，摩擦噪声较小，冲击噪声相对突出。这是由于预紧力小时，陶瓷球与套圈之间相互作用的接触力和摩擦力均较小，而轴承游隙相对较大，陶瓷球活动空间大，这时陶瓷球与轴承套圈及保持架之间的碰撞冲击较剧烈，所以冲击噪声比摩擦噪声更为突出。相反，当预紧力较大时，轴承游隙变小，增加了陶瓷球与套圈之间的接触变形，套圈与陶瓷球之间的摩擦力变大，导致较大的摩擦噪声。而高速运转时陶瓷球与保持架发生较大的冲击，也会产生较大的冲击噪声，但比摩擦噪声相对小些。而预紧力适中时，摩擦噪声和冲击噪声均相对较小。当轴承预紧力过大时，在严重的情况下，轴承会出现磨损故障甚至会发生卡死现象。因此，应避免给轴承施加过高的预紧力。

图 8.33 给出了摩擦载荷区和冲击载荷区的声场指向性水平测试结果随预紧力的变化。从图中可以看到，随着预紧力的增加，摩擦载荷区的声场指向性水平呈现增大趋势，而冲击载荷区的声场指向性水平却呈现先逐渐减小而后逐渐变大的趋势。当预紧力为 450N 时，冲击载荷区的声场指向性水平接近为 1，表明与圆周方向的平均值非常接近。

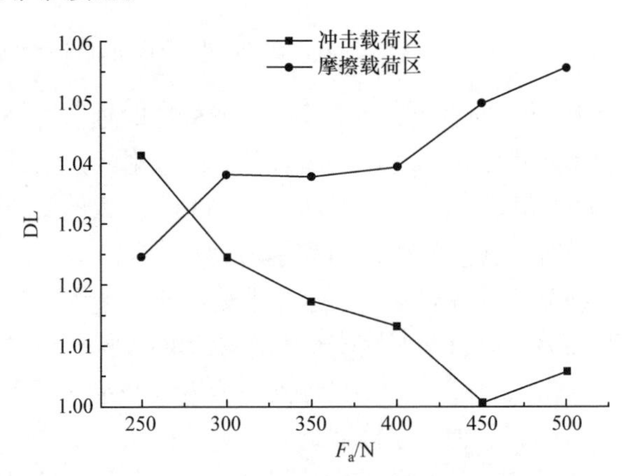

图 8.33 不同预紧力下冲击载荷区和摩擦载荷区声场指向性水平的试验结果

图 8.34 为整个圆周方向的声场指向性角随预紧力的变化趋势。从图中可以看到，当预紧力为 250N 时，指向性角在冲击载荷区的 45°位置角方向，而在预紧力由 300N 增大到 500N 的过程中，指向性角在摩擦载荷区由 225°位置角方向转向 210°位置角方向。

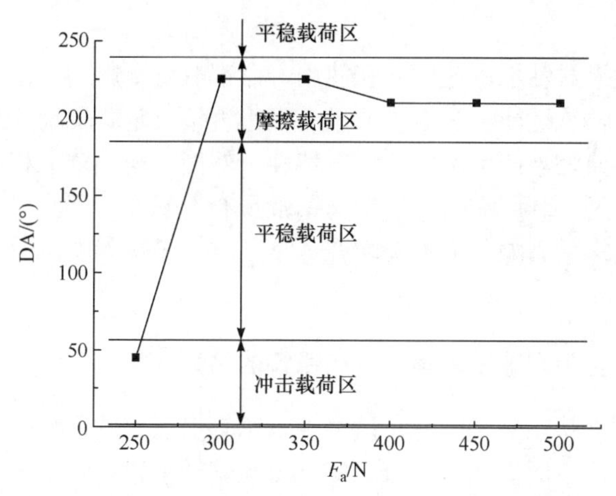

图 8.34　不同预紧力下声场指向性角的试验结果

图 8.35 给出了不同预紧力时计算结果与试验结果的相对误差变化。从图中可以看到，各预紧力时辐射噪声在圆周方向的相对误差不超过 4.5%，根据测试结果，在预紧力为 250N、位置角为 60°方向时的相对误差最大，为 4.20%，而在预紧力为 350N、位置角为 165°方向时的相对误差最小，为 0.97%。此外，试验结果仍然小于计算结果。

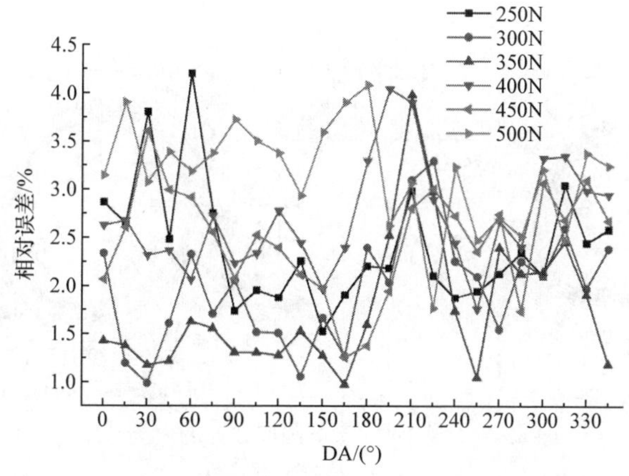

图 8.35　不同预紧力时计算结果与试验结果的相对误差

根据以上试验结果，对比仿真计算结果，虽然计算结果存在一定误差，但在不同预紧力时辐射噪声的总体变化趋势具有一致性，验证了预紧力变化对全陶瓷球轴承辐射噪声影响计算结果的准确性和有效性。

8.4 供油量对全陶瓷球轴承辐射噪声的影响分析

轴承润滑效果对轴承运转性能和使用寿命都有重要影响，良好的润滑可以减小摩擦力，改善轴承性能。润滑供油量的大小直接决定着轴承的润滑状态，不同的润滑状态也将使轴承产生不同的噪声特性。然而，与钢轴承相比，全陶瓷球轴承具有自润滑效果，其所需的供油量与钢轴承有所不同，因此研究供油量对全陶瓷球轴承辐射噪声的影响，探索全陶瓷球轴承有最小辐射噪声时所需供油量具有重要意义。

8.4.1 供油量对全陶瓷球轴承声场分布影响的仿真分析

为了分析润滑状态对全陶瓷角接触球轴承辐射噪声的影响，以供油量为轴承的润滑指标，讨论不同供油量对全陶瓷角接触球轴承辐射噪声分布的影响。在半径为 210mm 的圆周方向选择 24 个均匀分布的场点进行分析，相邻两个场点之间的夹角为 15°，各场点到轴承平面的距离为 50mm。将轴承转速设定为 18000r/min 和 24000r/min，预紧力设置为 350N，分别计算供油量 V 为 0.010mL/min、0.015mL/min、0.020mL/min、0.025mL/min、0.030mL/min 和 0.035mL/min 时全陶瓷角接触球轴承的辐射噪声。将轴承材料、尺寸及其他条件参数与之前设置相同。经计算得到不同供油量时全陶瓷角接触球轴承圆周方向辐射噪声分布情况如图 8.36 所示。

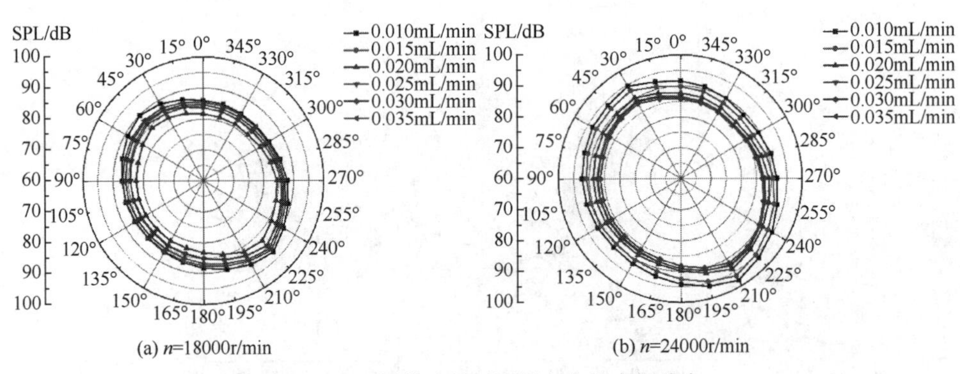

(a) n=18000r/min (b) n=24000r/min

图 8.36 不同供油量下圆周方向的声场分布

由图 8.36 可知，在不同供油量下，全陶瓷角接触球轴承辐射噪声在圆周方向均呈现出分布不均匀现象，并且呈现出明显的声场指向性。随着供油量的增加，辐射噪声呈现先减小后增大的变化趋势。这是因为供油量较小时，陶瓷球与套圈的摩擦力较大，产生较大的辐射噪声；随着供油量的增大，轴承的润滑条件得到改善，同时陶瓷球与保持架的撞击噪声也被油膜吸收一部分，辐射噪声得以降低；但当供油量过多时，形成较大的阻力和较高的搅油温度，增加了摩擦力，从而导致辐射噪声又有所增大。

从图 8.36 中还可以看到，在不同转速下，出现较小辐射噪声所需的供油量不同。当转速为 18000r/min 时，在供油量为 0.020mL/min 时有相对较小的声压级；而当转速为 24000r/min 时，在供油量为 0.030mL/min 时有相对较小的声压级。这表明在不同工作转速下，全陶瓷球轴承润滑所需的最适供油量有所不同，且随着转速的提高，全陶瓷角接触球轴承产生最小辐射噪声所需供油量逐渐增大。

图 8.37 给出了转速为 18000r/min 时，全陶瓷角接触球轴承辐射噪声在冲击载荷区和摩擦载荷区的最大声压级随供油量的变化曲线。由图可知，摩擦载荷区的辐射噪声高于冲击载荷区的辐射噪声，并且随着供油量的增加，它们的变化趋势相似，均表现出先减小后增大的变化趋势。在较大供油量时，声压级增加的幅度趋于减小。

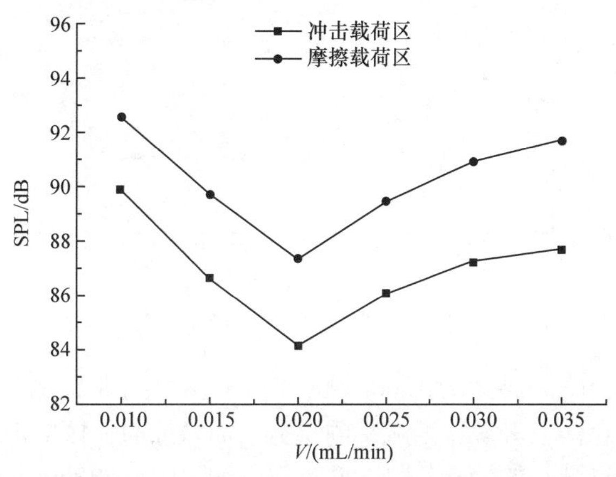

图 8.37　冲击载荷区和摩擦载荷区的最大声压级随供油量的变化

为进一步分析供油量对全陶瓷角接触球轴承辐射噪声声场指向性的影响，如图 8.38 和图 8.39 所示，分别给出了转速为 18000r/min 时冲击载荷区与摩擦载荷区的声场指向性角和指向性水平随供油量的变化趋势。

由图 8.38 可以看出，在转速为 18000r/min 时，随着供油量的增加，冲击载荷区的指向性角在 45°位置角方向不变，摩擦载荷区的指向性角在 225°位置角方向不变。摩擦载荷区与冲击载荷区的指向性角相差 180°。其表明供油量不影响冲击载荷区和摩擦载荷区的声场指向性角。

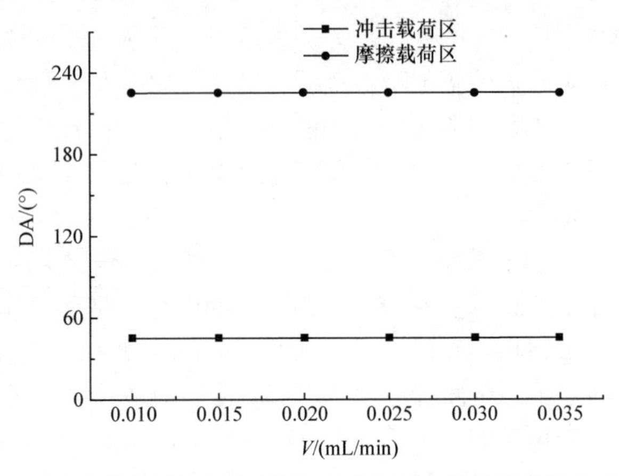

图 8.38 冲击载荷区和摩擦载荷区的声场指向性角随供油量的变化

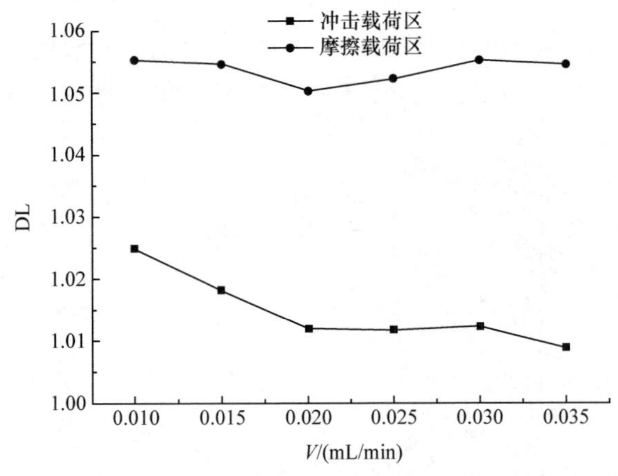

图 8.39 冲击载荷区和摩擦载荷区的声场指向性水平随供油量的变化

由图 8.39 可知，当转速为 18000r/min 时，随着供油量的增加，冲击载荷区的声场指向性水平总体上呈现逐渐减小的趋势，而摩擦载荷区的声场指向性水平呈现先减小后增大再减小的变化趋势，并且在供油量为 0.020mL/min 时，摩擦载荷区有相对较小的声场指向性水平。

根据以上分析，随着供油量的增加，全陶瓷角接触球轴承辐射噪声在冲击载荷区和摩擦载荷区的声场指向性水平的变化趋势不同,但声场指向性角保持不变。

图 8.40 和图 8.41 给出了全陶瓷角接触球轴承随供油量的增加，声场指向性方向的声压级和指向性角的变化趋势。

从图 8.40 中可以看到，在不同转速时，全陶瓷角接触球轴承辐射噪声最大声压级随供油量的增加均呈现先减小后增大的变化趋势，并且在高转速下产生较大的辐射噪声。在 18000r/min 转速下，当供油量为 0.020mL/min 时，全陶瓷角接触球

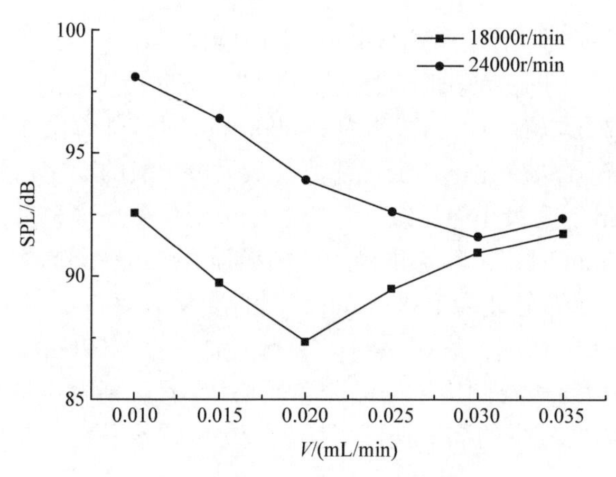

图 8.40　声场指向性方向的声压级随供油量的变化

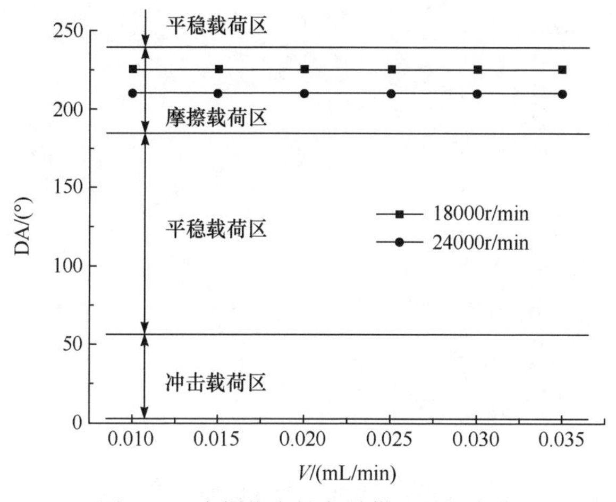

图 8.41　声场指向性角随供油量的变化

轴承产生相对较小的辐射噪声，而在 24000r/min 转速下，当供油量为 0.030mL/min 时，全陶瓷角接触球轴承产生相对较小的辐射噪声。此外，供油量由 0.020mL/min 增加到 0.035mL/min 的过程中，当转速为 18000r/min 时辐射噪声的增加趋势逐渐减缓。这表明供油量大于一定值后，增加供油量会导致辐射噪声增大，但是增大趋势越来越弱。

由图 8.41 可知，供油量并不改变声场指向性角的方位，并且在转速为 18000r/min 和 24000r/min 时声场指向性角分别一直保持在 225°和 210°位置角方向。结合 4.3 节的研究，在 24000r/min 时声场指向性角向较小位置角方向偏转是因为高转速下需要较小的预紧力即可实现产生较小辐射噪声的目的，对于此速度，本节设置的预紧力相对较大，导致指向性角发生改变。由此又可以看出，在预紧力和供油量都一定时，提高转速先是使声场指向性角向旋转方向偏移，当转速达到某一临界值时，会使声场指向性角向旋转方向的反方向偏移。

图 8.42 给出了不同供油量时辐射噪声在圆周方向声压级的变化量曲线。结合图 8.40 和图 8.42 可以看到，当转速为 24000r/min 时，随着供油量的增加，辐射噪声在圆周方向声压级变化量的变化趋势与最大声压级的变化趋势一致，且供油量为 0.030mL/min 时有最小声压级和最小声压级变化量。这表明，该转速下当供油量为 0.030mL/min 时，全陶瓷角接触球轴承辐射噪声在圆周方向分布较均匀，且辐射噪声最小。而在转速为 18000r/min、供油量为 0.020mL/min 时出现圆周方向声压级变化量较小的情况，表明该转速下当供油量为 0.020mL/min 时，全陶瓷角接触球轴承辐射噪声在圆周方向的分布较均匀，且辐射噪声最小。由此可以看到，较低转速时需要较少的润滑油即可达到较好的润滑状态，达到降低辐射噪声的目的。

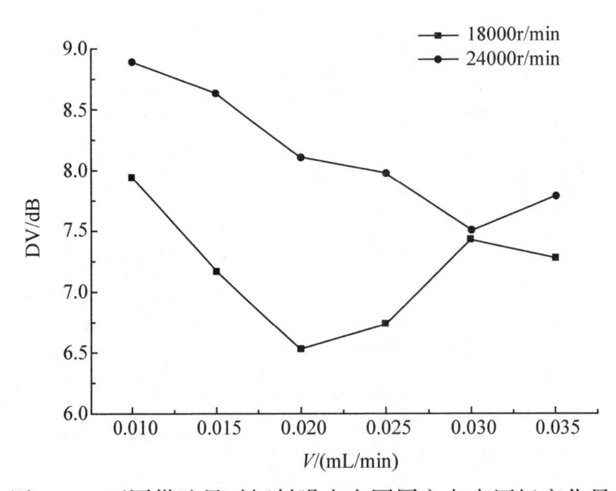

图 8.42　不同供油量时辐射噪声在圆周方向声压级变化量

此外，在转速为 18000r/min 时，当供油量由 0.010mL/min 增大到 0.030mL/min 时，辐射噪声在圆周方向声压级变化量的变化趋势与最大声压级的变化趋势相似，均是先减小后增大；但当供油量由 0.030mL/min 增大到 0.035mL/min 时，圆周方向声压级变化量有所减小，而辐射噪声声压级却仍在增大。这表明，供油量增加到一定量后，虽然辐射噪声仍呈现出增加趋势，但润滑油对吸收指向性方向噪声起到很大作用，使圆周方向噪声变得均匀。

图 8.43 给出了声场指向性水平随供油量的变化关系。从图中可以看到，随着供油量的增加，转速为 18000r/min 时声场指向性水平在供油量为 0.020mL/min 时有最小值，而转速为 24000r/min 时声场指向性水平在供油量为 0.030mL/min 时有最小值。结合图 8.39 可知，转速为 18000r/min 时声场指向性水平随供油量的变化就是该转速下摩擦载荷区的声场指向性水平的变化。

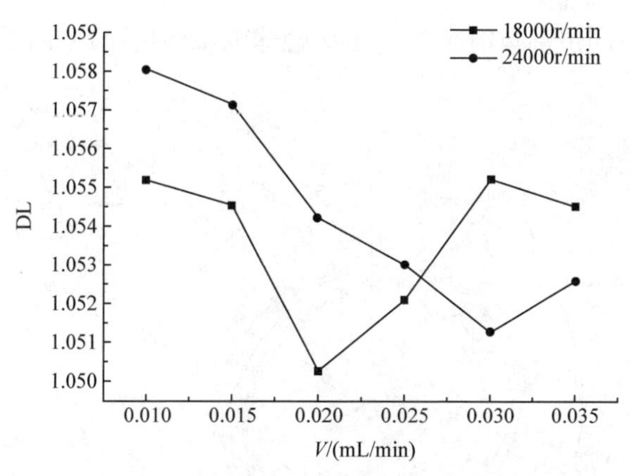

图 8.43　声场指向性水平随供油量的变化曲线

结合图 8.40 和图 8.43 可知，在供油量为 0.010～0.025mL/min，与转速为 18000r/min 时相比，转速为 24000r/min 时声场指向性水平与声压级均较大，但当供油量大于 0.025mL/min 之后，转速为 18000r/min 时声场指向性水平增大(大于 0.030mL/min 之后减小)，而转速为 24000r/min 时声场指向性水平仍在减小(大于 0.030mL/min 之后增大)，进而导致转速为 24000r/min 时声场指向性水平逐渐小于转速为 18000r/min 时声场指向性水平，但高速时声压级仍相对较高。

综合上述分析，全陶瓷角接触球轴承在转速为 18000r/min 下运行，当给轴承施加 350N 的预紧力时，轴承产生最小辐射噪声所需的供油量为 0.020mL/min，全陶瓷角接触球轴承在转速为 24000r/min 下运行，当给轴承施加 350N 的预紧力时，轴承产生最小辐射噪声所需的供油量为 0.030mL/min。由此可知，转速的提高，增大了全陶瓷角接触球轴承产生最小辐射噪声所需的供油量。

8.4.2　供油量对全陶瓷球轴承声场分布影响的试验分析

轴承在工作过程中需要润滑，从而减少轴承组件之间的摩擦。此外，轴承运行时所处的润滑条件对轴承可靠性与使用寿命是至关重要的。在轴承运行过程中的润滑供油量直接决定着轴承的润滑状态。然而，尽管全陶瓷球轴承具有自润滑效果，可以在无润滑条件下正常工作，但是加入少量的润滑剂仍能改善其摩擦状态，降低辐射噪声。因此，对于全陶瓷球轴承，仅需要较少的润滑油即可实现很好的润滑状态。根据计算结果的分析，在研究供油量对全陶瓷角接触球轴承辐射噪声影响的试验中，试验测试全陶瓷球轴承及采样设置同前，将转速设置为 18000r/min，预紧力调节至 350N，共进行 6 组不同供油量时的辐射噪声试验。供油量分别设置为 0.010mL/min、0.015mL/min、0.020mL/min、0.025mL/min、0.030mL/min 和 0.035mL/min。测试过程中，其他参数的设置与计算时相同。

图 8.44 给出了不同供油量时全陶瓷角接触球轴承辐射噪声在圆周方向分布的试验结果。

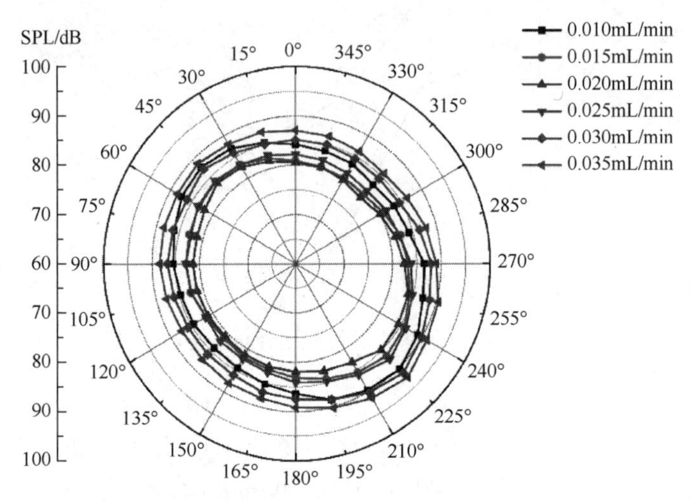

图 8.44　不同供油量时圆周方向的声场分布试验结果

根据图 8.44 可知，在全陶瓷角接触球轴承辐射噪声周向分布中出现了两个明显的声场指向性方向，这两个方向分别为 0°～75°的冲击载荷区和 195°～255°的摩擦载荷区。75°～180°的辐射噪声变化较为平缓，且稍大于 270°～360°的辐射噪声。75°～180°与 270°～360°的辐射噪声声压级的差值随供油量的增多趋于减小。在 315°位置角方向全陶瓷角接触球轴承辐射噪声为最小值。

随着供油量的增加，全陶瓷角接触球轴承辐射噪声的变化较为复杂，当供油量由 0.010mL/min 增加到 0.015mL/min 过程中，冲击载荷区的辐射噪声减小得较大；供油量由 0.015mL/min 增加到 0.025mL/min 过程中，冲击载荷区的辐射噪声变化相对较小；供油量由 0.025mL/min 增加到 0.035mL/min 过程中，整个圆周方向的辐射噪声增加的幅度相差不大。此外，从图中可以看出，辐射噪声随供油量的整体变化趋势与仿真计算结果一致。

随着供油量的增加，全陶瓷角接触球轴承的辐射噪声呈现先减小后增大的趋势，在供油量为 0.020mL/min 时，轴承的辐射噪声最小，此即在轴承预紧力为 350N、转速为 18000r/min 时全陶瓷角接触球轴承产生最佳润滑效果的最适供油量。当供油量过少时，虽然陶瓷轴承具有一定的自润滑效果，但在高速下轴承仍处于边界摩擦状态，产生较大的摩擦力，导致轴承运转产生较大的噪声。当供油量过多时，虽然可以产生较好的润滑状态，但同时会产生大量的搅油温升，造成轴承工作温度过高，并且轴承内外圈存在一定温差，减小了轴承游隙，导致产生较大的摩擦噪声。因此，在一定转速和预紧力下，全陶瓷角接触球轴承润滑条件存在一个最适供油量，使轴承在良好的润滑状态下运行，进而使轴承产生较小的辐射噪声。

图 8.45 给出了圆周方向声压级变化量随转速的变化。从图中可以看到，随着供油量由 0.010mL/min 增大到 0.020mL/min，圆周方向辐射噪声差异性逐渐减小进而变得均匀化，然后当供油量增大到 0.030mL/min 时，圆周方向声压级变化量又逐渐变大；当供油量达到 0.035mL/min 时，圆周方向声压级变化量又稍有些减小。表明供油量对全陶瓷角接触球轴承的辐射噪声具有较为复杂的影响。

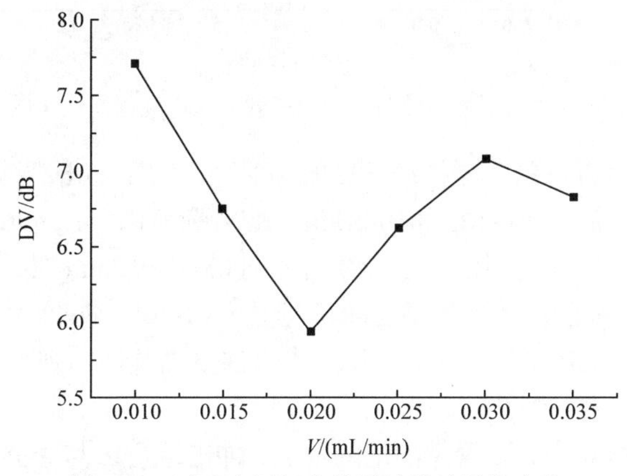

图 8.45　试验声压级变化量随供油量的变化

图 8.46 和图 8.47 分别为轴承辐射噪声在冲击载荷区与摩擦载荷区声场指向性方向的声压级和声场指向性角随供油量变化的曲线。

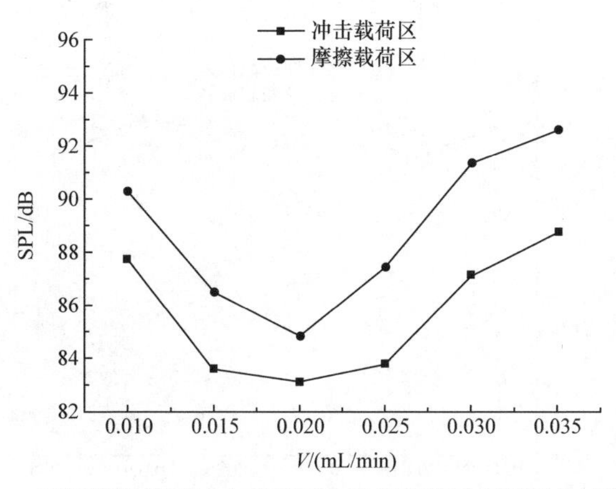

图 8.46　不同供油量下冲击载荷区和摩擦载荷区声压级的试验结果

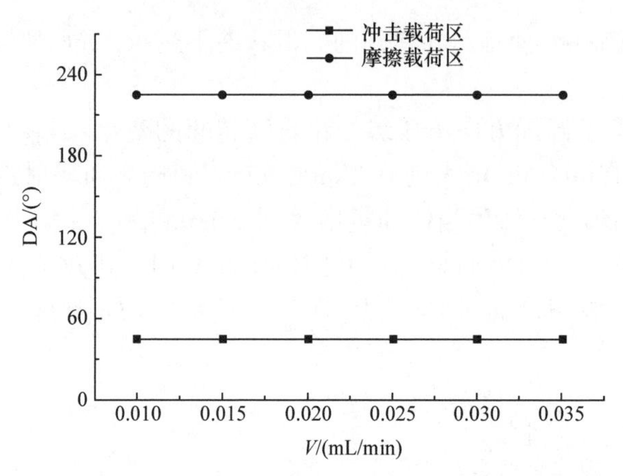

图 8.47　不同供油量下冲击载荷区和摩擦载荷区声场指向性角的试验结果

从图 8.46 中可以看到，摩擦载荷区的辐射噪声大于冲击载荷区的辐射噪声。在冲击载荷区，随着供油量由 0.010mL/min 增大到 0.020mL/min，最大声压级由 87.75dB 减小到 83.15dB，当供油量继续增大到 0.035mL/min 时，最大声压级又逐渐增加到 88.76dB；在摩擦载荷区，随着供油量由 0.010mL/min 增大到 0.020mL/min，最大声压级由 90.28dB 减小到 84.83dB，当供油量继续增加到 0.035mL/min 时，最大声压级又逐渐增加到 92.62dB。

由图 8.47 可以看出，随着供油量的增加，冲击载荷区与摩擦载荷区的声场指向性角均保持不变，分别在 45°位置角方向和 225°位置角方向。由此可知，供油量并不改变声场指向性角的位置，其与仿真计算结果一致。

图 8.48 为轴承辐射噪声在冲击载荷区与摩擦载荷区声场指向性水平随供油量变化的曲线。从图中可以看到，与摩擦载荷区相比，冲击载荷区的声场指向性

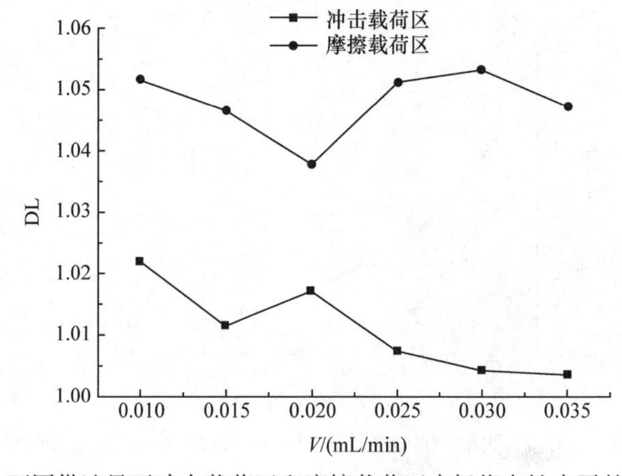

图 8.48　不同供油量下冲击载荷区和摩擦载荷区声场指向性水平的试验结果

相对较弱。随着供油量的增加，冲击载荷区的声场指向性水平整体上趋于减弱，但在供油量为 0.020mL/min 时，出现稍有增大的情况；而在摩擦载荷区，声场指向性水平的变化相对复杂，供油量较小(0.010mL/min)时声场指向性较为明显，随着供油量的增加，声场指向性趋于减弱，但当供油量达到一定值(0.020mL/min)时，随着供油量的继续增加，声场指向性有所增强，但当供油量达到 0.030mL/min 时，声场指向性又有所减弱。

冲击载荷区声场指向性的变化趋势是由于润滑油的增多降低了冲击且对辐射噪声具有一定吸收作用所致。摩擦载荷区的声场指向性变化趋势是由于润滑油的适量增加，陶瓷球与套圈的接触摩擦有所降低，并且油膜吸收一部分噪声，因此出现此区域辐射噪声减小的现象，进而使圆周方向的辐射噪声也分布较为均匀，从而声场指向性减弱；然而，当润滑油较多时，不但会增加油气阻力和摩擦阻力，而且使温度升高较大，减小了陶瓷球与套圈之间的游隙量，增大了摩擦辐射噪声；当润滑油过多时，会破坏润滑状态，使整个圆周方向的辐射噪声均增大，且趋于均匀，导致声场指向性稍有减弱。

由图 8.49 可以看出，随着供油量的增加，整个圆周方向的声场指向性角保持在摩擦载荷区的 225°位置角方向不变。

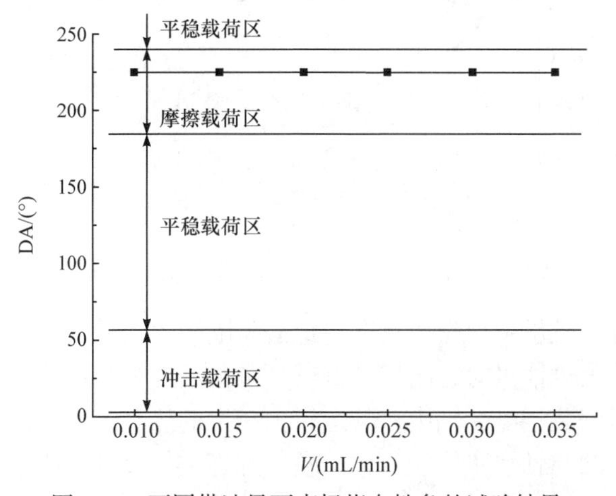

图 8.49　不同供油量下声场指向性角的试验结果

综上分析，尽管陶瓷材料热膨胀系数较小，但在较高的温度下仍有一定的变形量，且氮化硅陶瓷热膨胀系数小于氧化锆陶瓷热膨胀系数，润滑油过多导致温升，且内圈温度高于外圈，使陶瓷球与套圈之间的游隙量减小，从而导致全陶瓷球轴承辐射噪声的增加。此外，保持架的热膨胀系数最大，高温下产生较大的变形，导致其引导间隙以及兜孔与陶瓷球的间隙量增大，降低了保持架的稳定性且加剧了兜孔与陶瓷球之间的碰撞冲击。

相比于预紧力对辐射噪声的影响，全陶瓷角接触球轴承的辐射噪声在圆周方向随预紧力和供油量的增加有类似的分布特性，并且预紧力对声场指向性角有微小影响，而供油不改变声场指向性角。与预紧力相比，供油量对全陶瓷角接触球轴承辐射噪声的影响相对较小。由于全陶瓷角接触球轴承有自润滑性能，较少的润滑油即可达到良好的润滑效果。

图 8.50 给出了不同供油量时计算结果与试验结果的相对误差变化。从图中可以看到，不同供油量时辐射噪声在圆周方向的相对误差不超过 4.0%，但在供油量为 0.030mL/min 和 0.035mL/min 时，出现了负值相对误差，表明测试结果高于试验结果。根据测试结果，考虑相对误差绝对值，在供油量为 0.020mL/min 时，位置角为 210°方向的相对误差最大，为 3.98%，而在供油量为 0.030mL/min 时，位置角为 45°方向的相对误差最小，为 0.16%。

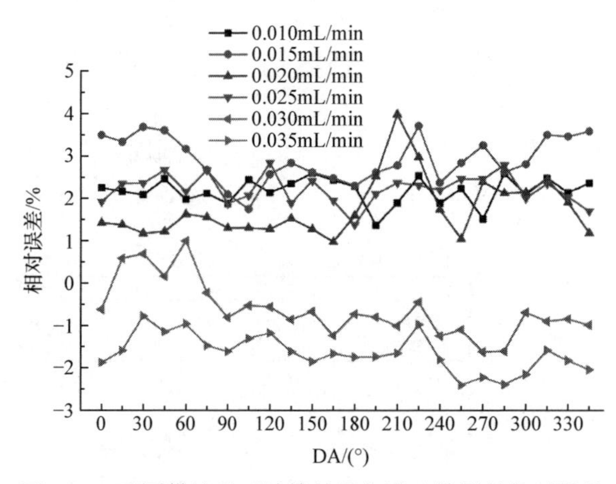

图 8.50 不同供油量时计算结果与试验结果的相对误差

由于电主轴对轴承辐射噪声具有一定的阻隔吸收效果，一般计算结果大于测试结果，但在较大供油量时，出现了测试结果大于计算结果的情况。这是由于测试过程中，轴承安装于电主轴中，其运转中产生的热量不容易消散，引起轴承温升较高。由于外圈与轴承座接触，轴承座与外界空气接触，所以外圈温度一般低于内圈，内圈膨胀量大些，并且氮化硅陶瓷球热膨胀系数小于套圈，其变形量很小，使轴承游隙减小，从而导致产生较大的摩擦噪声。此外，温度的升高也使轴承外圈与轴承座之间的间隙变大，导致产生较大的振动噪声，因此在较大供油量时，出现了试验结果大于计算结果的情况。

对比仿真计算结果与试验结果，误差在可接受范围内，且随着润滑供油量的增加，计算结果与试验结果变化趋势一致，因此验证了润滑供油量变化对全陶瓷球轴承辐射噪声影响计算结果的准确性和有效性。

8.5　径向载荷对全陶瓷球轴承辐射噪声的影响分析

在前面分析的全陶瓷球轴承变参辐射噪声特性中，轴承为空载运行，即所受外力仅考虑轴向预紧力，忽略了径向载荷的影响。然而在实际中，轴承在运转过程中也受径向载荷的影响。本节讨论全陶瓷角接触球轴承在不同径向载荷作用下的辐射噪声在声场中的分布特性。

8.5.1　径向载荷对全陶瓷球轴承声场分布影响的仿真分析

为分析径向载荷对全陶瓷角接触球轴承辐射噪声的影响，在半径为 210mm 的圆周方向选择 24 个均匀分布的场点进行分析，相邻两个场点之间的夹角为 15°，各场点到轴承平面的距离为 50mm。设定转速为 18000r/min，预紧力为 350N，供油量为 0.02mL/min，分别计算径向载荷 F_r 为 0N、50N、100N、150N、200N 和 250N 时全陶瓷角接触球轴承辐射噪声。将轴承材料、尺寸及其他条件参数设置同前。经计算得到不同径向载荷作用下全陶瓷角接触球轴承圆周方向辐射噪声分布情况如图 8.51 所示。

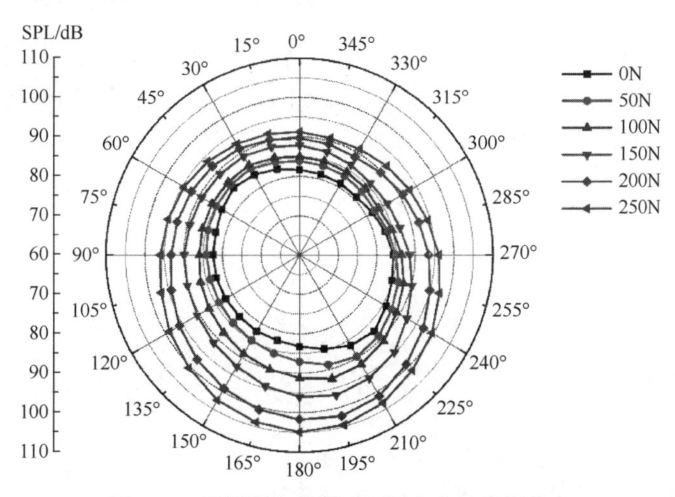

图 8.51　不同径向载荷时圆周方向的声场分布

由图 8.51 可知，径向载荷使摩擦载荷区向旋转反方向偏移，即向位置角减小的方向偏转。随着径向载荷的增加，辐射噪声逐渐增大，且在不同位置角方向增加的幅度不同。增加径向载荷使摩擦载荷区辐射噪声增大较快，而冲击载荷区的辐射噪声变得平稳，逐渐转换为平稳载荷区。因此，增大径向载荷可使摩擦载荷区受力增大，从而使声场只有一个主要的指向性方向。

图 8.52 为声场指向性方向声压级与指向性角随径向载荷的变化曲线。随着径向载荷的增大，声场指向性方向的声压级呈逐渐增大的趋势，当径向载荷达到 200N 之后，声压级增加的程度趋于减弱。径向载荷的增加使声场指向性角位置向下移动，当径向载荷由 0N 增加到 250N 时，指向性角由 225°位置角方向逐渐变为 180°位置角方向。

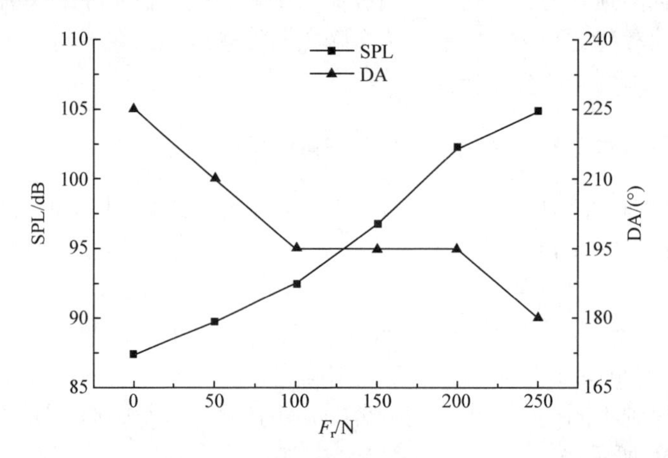

图 8.52 声场指向性方向声压级与指向性角随径向载荷的变化

图 8.53 给出了声压级变化量与声场指向性水平随径向载荷的变化关系。由图可知，它们与声场指向性方向声压级的变化相似，随着径向载荷的增加而增加。并且在径向载荷达到 200N 之后，增加的幅度开始减小。

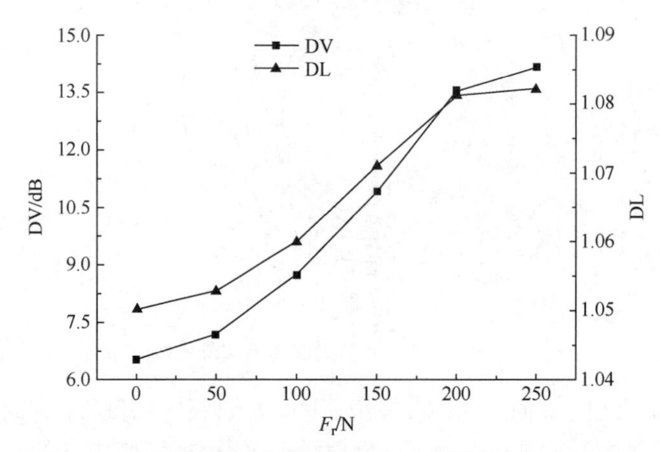

图 8.53 声压级变化量与声场指向性水平随径向载荷的变化

出现以上现象的主要原因在于当径向载荷增大时，摩擦载荷区陶瓷球受轴承内外圈的挤压作用增强，使接触变形量增大，各组件间的摩擦效应变得更加明显，从而导致摩擦噪声成分增加。而径向载荷的增大使冲击载荷区接触变形量有所减小，增大了轴承游隙，导致冲击噪声也有所增加，轴承辐射噪声呈现增大趋势。随着径向载荷的增大，摩擦载荷区陶瓷球受内外圈作用的竖直方向压力增大，由于陶瓷球在竖直方向需要受到足够的支撑力，使其受力趋于平衡，摩擦载荷区陶瓷球受摩擦作用力较大的位置将向 180°方向偏移，即摩擦载荷区范围与声场指向性角向下偏移。轴承摩擦噪声随径向载荷的变化量大于冲击噪声随径向载荷的变化量，因此摩擦载荷区辐射噪声声压级增大幅度更大，声场指向性趋于明显，而在径向载荷达到 200N 之后，使摩擦载荷区两侧边缘处陶瓷球摩擦也加剧，导致摩擦载荷区不同位置辐射噪声差异减小，因此声场指向性水平增长速度减慢。

8.5.2 径向载荷对全陶瓷球轴承声场分布影响的试验分析

将轴承转速设定为 18000r/min，供油量设置为 0.02mL/min，采样频率与采样时间同前，测试径向载荷分别为 0N、50N、100N、150N、200N 与 250N 时全陶瓷角接触球轴承的辐射噪声。图 8.54 为不同径向载荷作用下全陶瓷角接触球轴承圆周方向辐射噪声声场分布的试验结果。

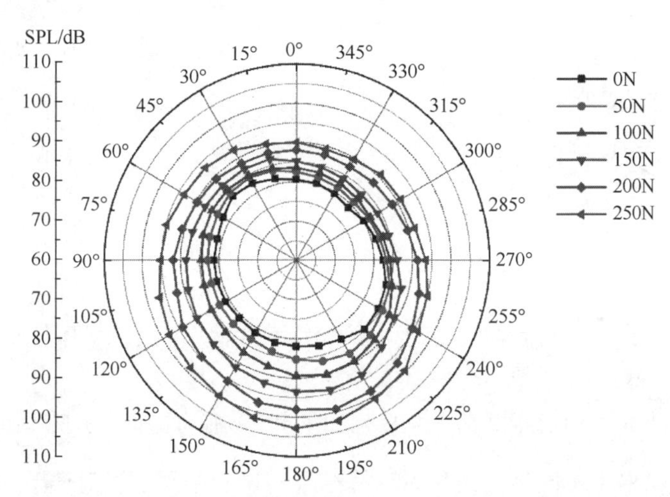

图 8.54 不同径向载荷作用下圆周方向的声场分布试验结果

由图 8.54 可知，辐射噪声随径向载荷的增加而逐渐增大，并且在摩擦载荷区的辐射噪声增大较快。与图 8.51 相比较，随着径向载荷的增加，辐射噪声的整体变化趋势与计算结果相符。

图 8.55 给出了测试的声压级和声场指向性角随径向载荷的变化，从图中可以看到，随着径向载荷的增加，声场指向性方向的声压级逐渐增大，而声场指向性角呈减小趋势，这与计算结果相一致。

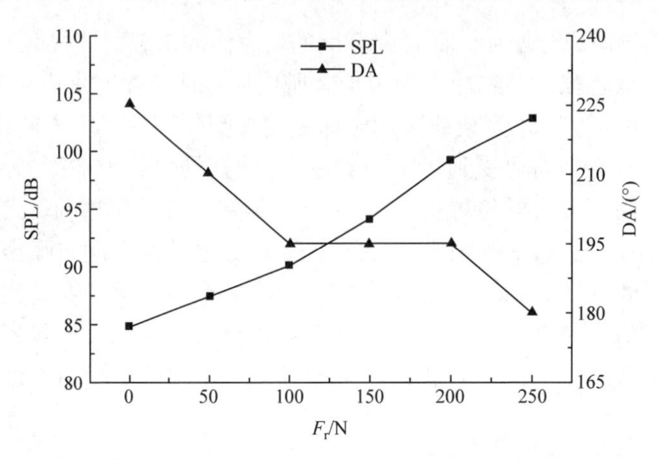

图 8.55　试验的声压级和声场指向性角随径向载荷的变化

由图 8.56 可知，随着径向载荷的增加，声压级变化量与声场指向性水平呈增加趋势，当径向载荷由 200N 增大到 250N 时，声场指向性水平呈缓慢增加趋势，其与计算结果相一致。

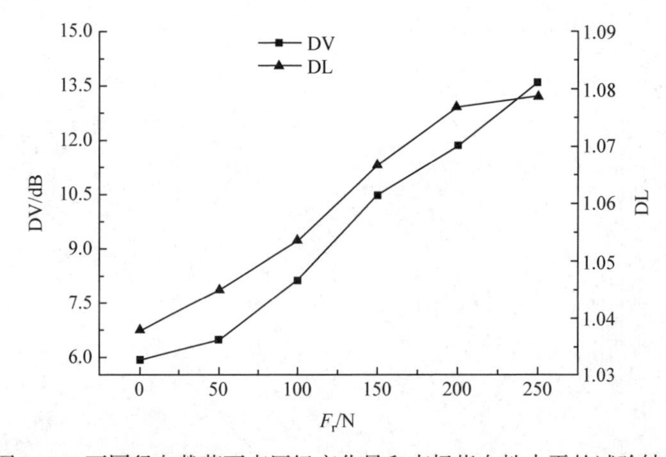

图 8.56　不同径向载荷下声压级变化量和声场指向性水平的试验结果

图 8.57 给出了不同径向载荷时计算结果与试验结果的相对误差变化。由图可知，最大相对误差为 3.98%，出现在未加径向载荷时 210°位置角方向。在施加径向载荷时最大相对误差为 3.90%，出现在径向载荷为 150N 时 225°位置角方向，最大相对误差不超过 4.0%。不同径向载荷时最小相对误差为 0.26%，出现在径向载荷为 250N 时 30°位置角方向。

根据以上试验结果，对比仿真计算结果，虽然计算结果存在一定误差，但不同径向载荷时辐射噪声的总体变化趋势一致，验证了径向载荷对全陶瓷球轴承辐射噪声影响计算结果的准确性和有效性。

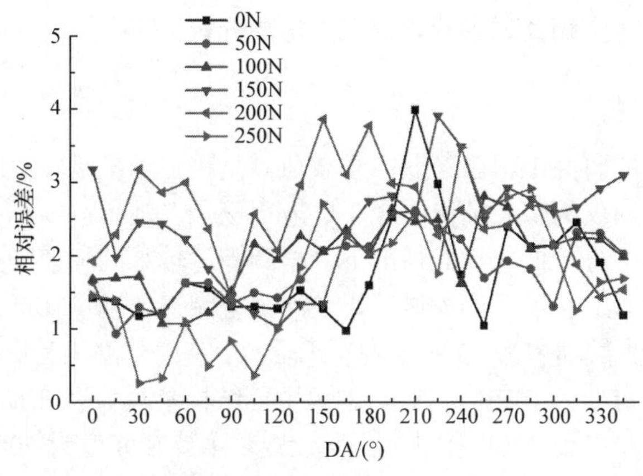

图 8.57　不同径向载荷时计算结果与试验结果的相对误差

8.6　特殊条件下全陶瓷球轴承辐射噪声特性分析

全陶瓷球轴承具有精度高、耐磨性、热稳定性好等优点，目前已逐步推向市场，在各行业得到应用。在一些特殊工况下，如低速重载、冲击载荷、干摩擦状态和低温环境下，全陶瓷球轴承会产生不同的动态特性，从而产生不同的辐射噪声。陶瓷材料由于刚度大，对辐射噪声的吸收能力较差，因此在这些工况下轴承辐射噪声变化更为复杂。

在低速重载工况下，随着轴承的运转，滚动体承受交替变化的载荷，并且在承载区承受较大的接触力，因此轴承将在承载区产生较大的摩擦噪声，而在非承载区产生相对较大的冲击噪声。当数控机床主轴采用全陶瓷球轴承，并加工硬脆材料时，轴承可能会受到冲击载荷的作用。此外，汽车在行驶中若发生颠簸也将使其轮毂轴承承受严重冲击，当列车通过轨道连接处时，也可能受到较大的冲击载荷。当轴承受到冲击载荷作用时，轴承受力变化更为复杂，较大的瞬态载荷严重影响着轴承动态特性，从而产生复杂变化的辐射噪声。全陶瓷球轴承具有自润滑效果，其在某些无润滑工况下仍能保持良好的运行状态，与钢轴承相比，全陶瓷球轴承润滑性能有较大的提升。在航空航天领域，环境温度变化较大，且通常温度较低，这将对轴承性能产生较大影响。

在实际应用中，这些工况条件都将对轴承特性产生较大影响，并且影响着轴承使用寿命，其可以反映在轴承运转过程中产生的辐射噪声上。为了明确低速重载、冲击载荷、干摩擦状态和低温环境对辐射噪声的影响规律，研究全陶瓷球轴承在特殊条件下的辐射噪声特性，可为全陶瓷球轴承在实际中的应用提供参考。本节从低速重载、冲击载荷、干摩擦以及低温环境等方面分析全陶瓷球轴承辐射噪声特性。

8.6.1 低速重载对全陶瓷球轴承辐射噪声影响分析

1. 试验方案

在前面章节的研究中，已经获得了载荷对全陶瓷球轴承辐射噪声有较大的影响，但之前讨论的仅为轻载情况，在一些应用场合，轴承需要承受较大的负载。本节将从试验角度分析低速重载情况下，全陶瓷球轴承的辐射噪声特性。

如图 8.58 所示，在轴承寿命试验机上测试全陶瓷球轴承在低速重载工况下的辐射噪声特性。测试轴承为 6206 全陶瓷球轴承，其内外圈均为氧化锆陶瓷，球为氮化硅陶瓷，保持架为 PEEK 树脂，轴承主要结构参数如表 8.1 所示。测试过程中仅径向加载，并采用 32#机械油润滑。设置轴承旋转速度为 6000r/min，测试径向载荷分别为 0.5kN、1.0kN、1.5kN、2.0kN、2.5kN、3.0kN、4.0kN、5.0kN、6.0kN、7.0kN、8.0kN、8.8kN 时的全陶瓷球轴承辐射噪声。

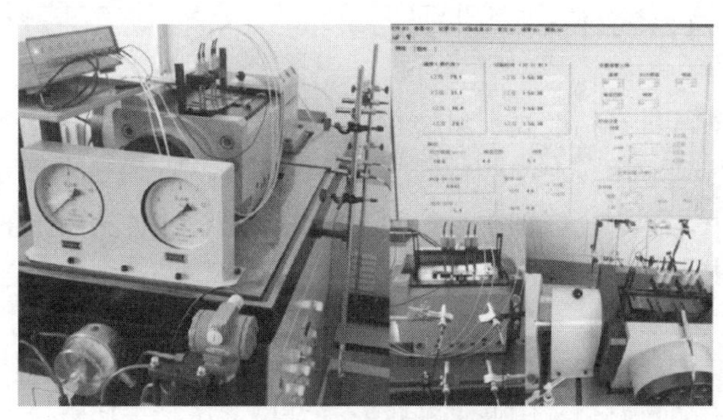

图 8.58　载荷噪声试验

表 8.1　6206 全陶瓷球轴承结构参数

结构参数	参数值
轴承外径	62mm
轴承内径	30mm
轴承宽度	16mm
陶瓷球直径	9.525mm
陶瓷球数量	9

2. 结果分析

图 8.59 和图 8.60 分别绘制了当轴承转速为 6000r/min 和 9000r/min 时，全陶瓷球轴承辐射噪声随径向载荷增加的变化曲线。

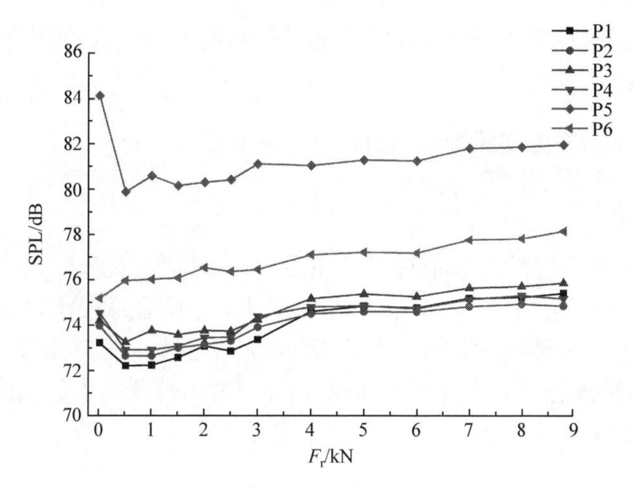

图 8.59　转速为 6000r/min 时辐射噪声随载荷的变化

P1～P6 代表 6 个测点，下同

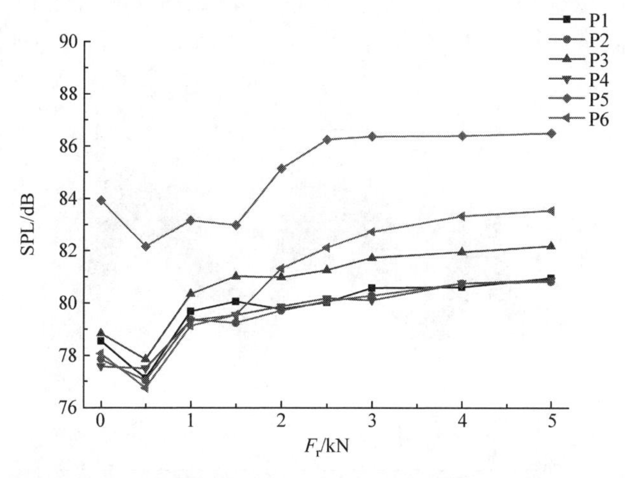

图 8.60　转速为 9000r/min 时辐射噪声随载荷的变化

由图 8.59 和图 8.60 可知，在适当施加较小径向载荷时，全陶瓷球轴承辐射噪声稍有减小，但随后随着载荷的增加，辐射噪声又呈逐渐增大的趋势，并且增加的趋势减缓。这是因为当没有载荷作用时，轴承的游隙较大，产生较大的振动噪声，而适当的径向载荷抵消了轴承的径向游隙，使轴承运行更加平稳，因此辐射噪声有所降低，这相当于角接触球轴承的最佳预紧力。随着载荷继续增加，陶瓷球与滚道的摩擦加剧，从而增大了摩擦辐射噪声。比较图 8.59 与图 8.60 可以看到，轴承转速较高时的辐射噪声较大，并且受载荷的影响更大些。这是由于随着转速的提高，陶瓷球的离心力以及其与套圈的作用力增大，导致轴承振动噪声增大。其也与之前的研究结果相符合。

此外，不同测点的辐射噪声随载荷的变化幅度不同，也表明了径向载荷影响着全陶瓷球轴承的声场指向性。

8.6.2 冲击载荷对全陶瓷球轴承辐射噪声影响分析

1. 试验方案

冲击载荷影响轴承润滑油膜厚度，更重要的是影响陶瓷球与套圈的接触力，从而影响轴承振动噪声特性。为了分析冲击载荷对全陶瓷球轴承辐射噪声的影响，利用 6206 全陶瓷球轴承进行冲击载荷辐射噪声测试，试验传感器位置安排如图 8.58 所示，轴承旋转速度设置为 9000r/min，冲击载荷大小分别设置为 2.2kN、4.4kN 以及 5.0kN。

2. 结果分析

以测点 P3 位置为例，来分析冲击载荷对全陶瓷球轴承辐射噪声的影响，通过多次加载卸载测试，得到冲击载荷作用下全陶瓷球轴承辐射噪声如图 8.61 所示。

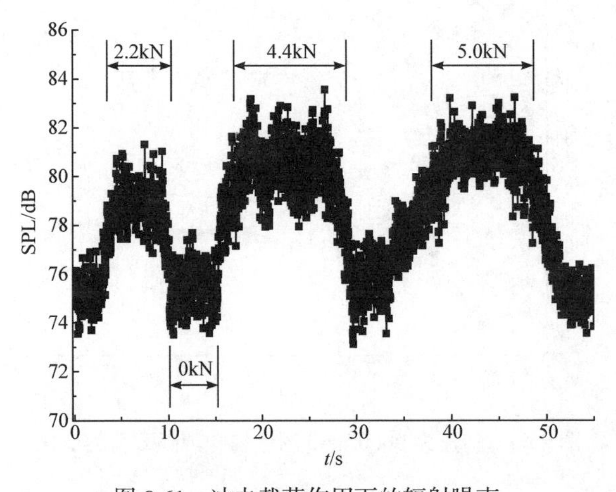

图 8.61　冲击载荷作用下的辐射噪声

从图 8.61 中可以看到，当轴承受到冲击载荷作用时，辐射噪声迅速增大，而将载荷卸下后，辐射噪声又降低至无载荷状态下的大小。并且在载荷达到冲击载荷设定值的瞬间，以及在刚卸载的时刻，辐射噪声都较在载荷平稳状态下的值稍大些。从图中还可以看到，当冲击载荷较大时，辐射噪声变化较大。

根据以上分析可知，载荷的变化直接影响着轴承的辐射噪声。为了更清晰地分析不同转速下冲击载荷对辐射噪声的影响规律，图 8.62 给出了不同转速下辐射噪声随冲击载荷加载卸载的变化趋势。

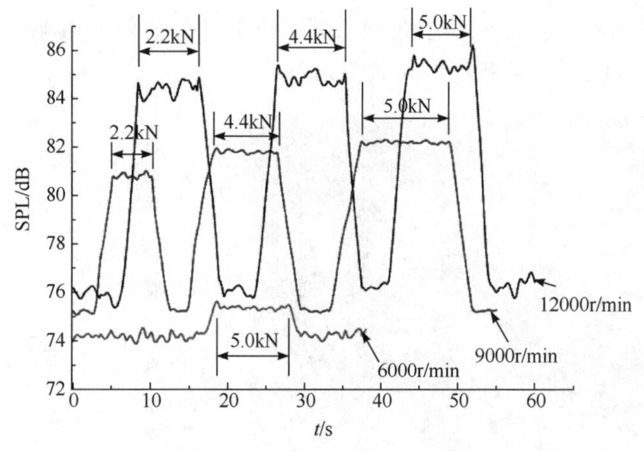

图 8.62　不同转速下轴承受冲击载荷时的辐射噪声变化

从图 8.62 可以看到，不同转速下的变化趋势相似。随着冲击载荷逐渐增大，辐射噪声逐渐增加。转速越高，辐射噪声受冲击载荷的影响越大。转速为 6000r/min 时，冲击载荷对辐射噪声的影响较小，且较平稳。转速升高到 9000r/min 时，冲击载荷对辐射噪声的影响相对变大，辐射噪声的变化也较稳定。当转速提高到 12000r/min 时，辐射噪声的波动较大，在施加冲击载荷时辐射噪声的波动更加明显。这是由于转速的提高使轴承刚度降低，轴承振动变大，辐射噪声增加。当轴承受到冲击载荷后，轴承内部受力瞬间发生较大改变，使轴承稳定性减弱，导致振动加剧，产生较大的辐射噪声以及较大的噪声波动。

8.6.3　无润滑对全陶瓷球轴承辐射噪声影响分析

1. 试验方案

全陶瓷球轴承具有自润滑效果，即在无润滑的状态下其自身能够产生润滑效果，仍可以保持良好的运行状态。本节针对多种全陶瓷球轴承进行干摩擦噪声试验，分析在无润滑油状态下全陶瓷球轴承辐射噪声特性。测试轴承型号如表 8.2 所示。

表 8.2　干摩擦测试轴承

代号	轴承型号	套圈材料	陶瓷球材料	保持架材料
B1	7009C	氧化锆	氮化硅	胶木
B2	7009C	氮化硅	氮化硅	胶木
B3	7009C	轴承钢	氮化硅	胶木
B4	7008C	氧化锆	氮化硅	胶木
B5	7008C	氮化硅	氮化硅	胶木

如图 8.63 所示，将轴承安装在轴承试验机上进行辐射噪声测试，测试 6 个场点辐射噪声的声压级，各测点的位置坐标如表 8.3 所示。

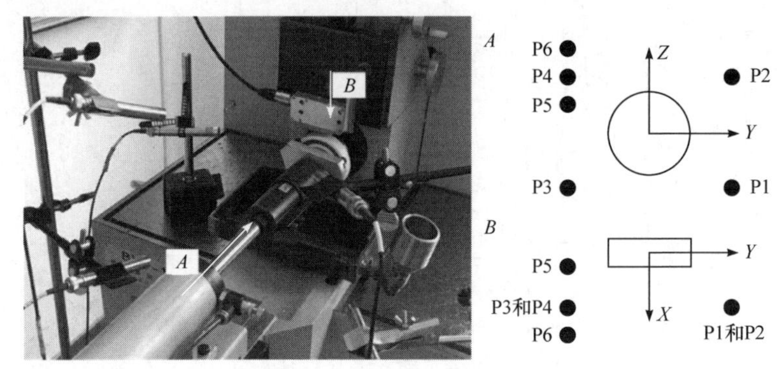

图 8.63　干摩擦噪声试验方案

表 8.3　测试场点位置坐标　（单位：mm）

测点	P1	P2	P3	P4	P5	P6
X坐标	200	200	200	200	30	220
Y坐标	110	110	–110	–110	–140	–160
Z坐标	–75	75	–75	75	50	80

测试中，给轴承施加的预紧力为 150N，带动轴承运转的主轴转速为 1800r/min，当仅主轴运转而未安装轴承时的背景噪声为 56.5dB。

2. 结果分析

在干摩擦状态下，轴承 B1 在各测点的辐射噪声随时间的变化如图 8.64 所示。

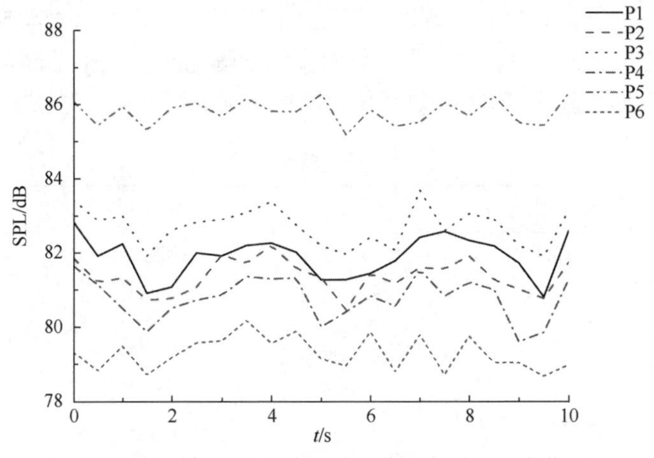

图 8.64　轴承 B1 在各测点的声压级随时间变化

由图 8.64 可以看出，测点 P5 位置的辐射噪声最大，而测点 P6 位置的辐射噪声最小。根据测试结果，经计算得到各测点的平均声压级分别为 81.92dB、81.43dB、82.78dB、80.85dB、85.92dB、79.26dB。由此可知，距轴承轴线有相同距离的 P1、P2、P3 和 P4 位置的声压级有所差异，特别是 P4 位置的声压级相对较小，而 P3 位置的声压级相对较大，这也表明了全陶瓷球轴承声场具有指向性，与理论研究结果相符合。

此外，图 8.65 给出了干摩擦状态下与有润滑时测点 P5 位置的辐射噪声比较。从图中可以看到，轴承 B1 辐射噪声最大，且干摩擦显著增大了轴承的辐射噪声。特别是针对轴承 B3，干摩擦辐射噪声较润滑状态下高 18.49dB，轴承 B1 与 B2 干摩擦辐射噪声仅高于润滑状态下 5dB 左右，但其总体辐射噪声要高于轴承 B3。这是由于轴承 B1 与 B2 内外圈及球均为陶瓷材料，因此其对辐射噪声的吸收能力较差，有较大的辐射噪声。尽管轴承 B3 的球为陶瓷材料，较钢球轴承性能有所改善，但其套圈材料仍为轴承钢，干摩擦状态下陶瓷球与钢套圈仍会产生较大的摩擦噪声，而全陶瓷球轴承有自润滑效果，所以对润滑油的敏感性没有钢制轴承敏感。

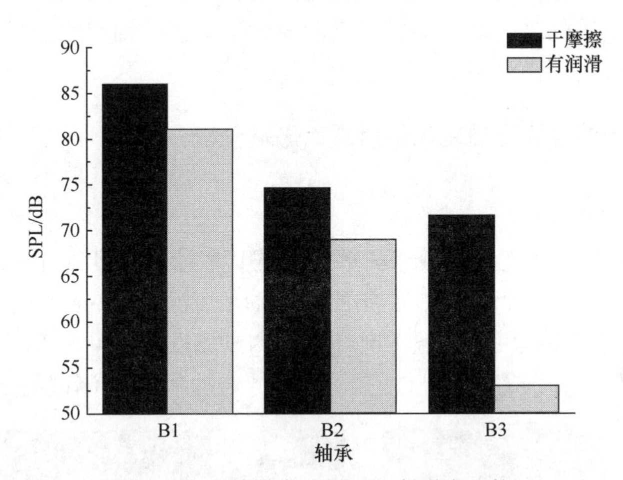

图 8.65　干摩擦与有润滑辐射噪声比较

为了更详细地分析不同类型轴承在干摩擦状态下的辐射噪声特性，图 8.66 给出了各类型轴承在各测点位置的平均声压级。

从图 8.66 可以看到，各轴承在不同测点有不同大小的辐射噪声，各轴承辐射噪声均有一定的指向性，但声压级大小主要与测点到轴承距离有关。在同一测点，各轴承的辐射噪声大小不同，其主要与轴承材料和结构尺寸相关。在测试的轴承中，氧化锆陶瓷球轴承辐射噪声较大，钢制球轴承辐射噪声较小，7009 轴承大于 7008 轴承的辐射噪声。在干摩擦状态下，由于陶瓷轴承有自润滑效果，而钢轴承

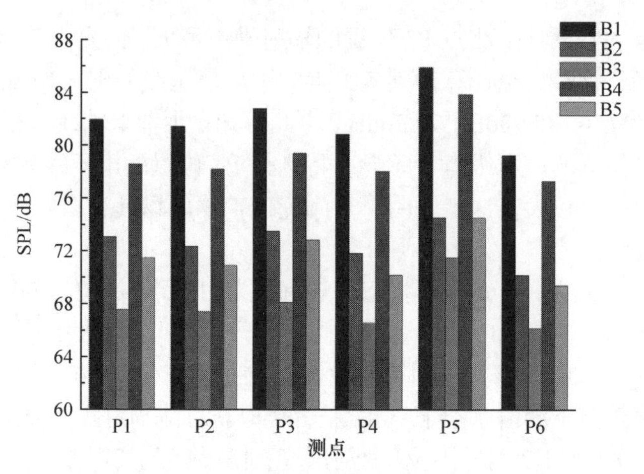

图 8.66　不同轴承在各测点的平均声压级

没有自润滑作用，因而钢轴承产生较大的摩擦噪声。7009 轴承结构参数较大，球的个数相对较多，声源个数较多，因此产生较大的辐射噪声。此外，氧化锆陶瓷球轴承的套圈为氧化锆陶瓷，而球为氮化硅陶瓷，氧化锆陶瓷的自润滑效果较氮化硅差，球对噪声的吸收能力较弱，因此氮化硅陶瓷球轴承的辐射噪声较氧化锆陶瓷球轴承的辐射噪声稍小些。

8.6.4　环境温度对全陶瓷球轴承辐射噪声影响分析

1. 试验方案

针对 7009C 全陶瓷角接触球轴承，测试其在特殊温度条件下的辐射噪声特性。在轴承试验机上设计了如图 8.67 所示的轴承工况环境局部降温控制装置，并采用液氮降温实现模拟轴承低温工况环境。测试场点的布置与干摩擦噪声试验一致，测试轴承代号分别为 B1 和 B2(表 8.2)。针对轴承 B1，测试温度范围为−70℃

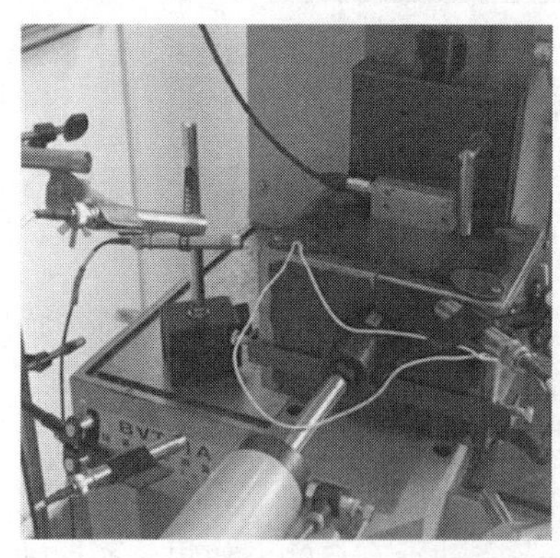

图 8.67　低温噪声试验装置

到 20℃，而针对轴承 B2 的测试温度范围为−150℃到 20℃。测试过程中轴承旋转速度为 1800r/min，预紧力为 150N。

2. 结果分析

通过多次测试，获得了全陶瓷角接触球轴承辐射噪声随温度变化的曲线关系如图 8.68 和图 8.69 所示。

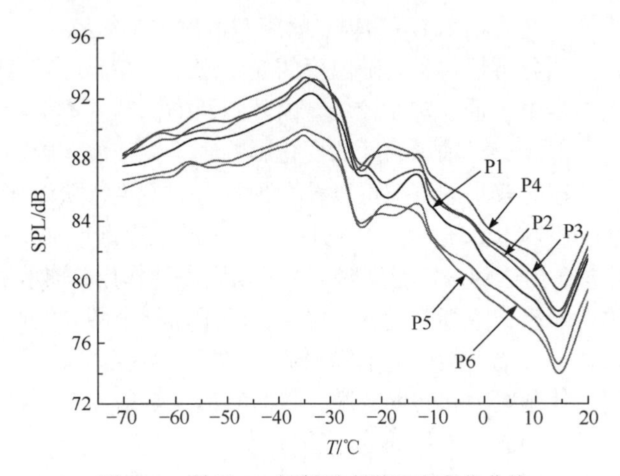

图 8.68　轴承 B1 辐射噪声随温度变化曲线

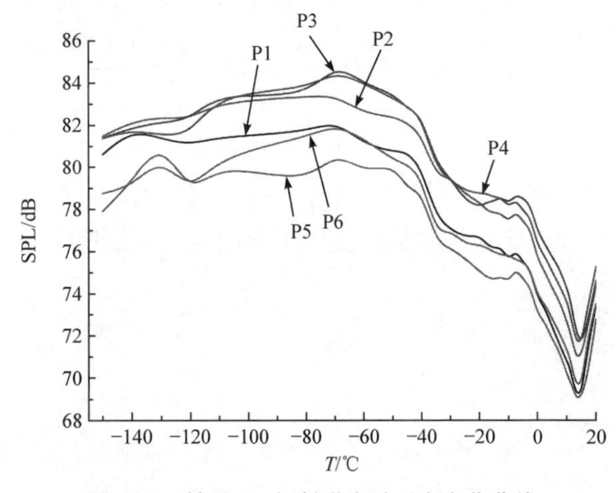

图 8.69　轴承 B2 辐射噪声随温度变化曲线

由图 8.68 可知，全陶瓷球轴承在各测点的辐射噪声随温度变化有类似的变化趋势，温度为−70～−35℃，轴承 B1 辐射噪声呈逐渐增加的变化趋势，而当温度高于−35℃之后，辐射噪声呈现逐渐减小的变化趋势，但−25～−11℃辐射噪声变化较为复杂，当温度高于 15℃之后，辐射噪声又开始呈现增大的趋势。在整个测试温度范围内，温度在 15℃时轴承 B1 有最小的辐射噪声。

由图 8.69 可以看出，温度为−150～−70℃，轴承 B2 辐射噪声有缓慢增加的趋势，而当温度高于−70℃之后，辐射噪声呈现逐渐减小的变化趋势，且在−7.5℃～15℃时辐射噪声变化较大，当温度高于 15℃之后，辐射噪声又开始呈现增大的趋势。在整个测试温度范围内，温度在 15℃时的辐射噪声最小。比较图 8.68 与图 8.69 可知，轴承 B1 和 B2 均在温度为 15℃时有最小的辐射噪声，而辐射噪声的其他温度拐点却不相同，并且轴承 B1 的辐射噪声对温度更加敏感。

以轴承 B2 为例分析辐射噪声随温度的变化规律。在温度较低时，较常温下轴承游隙稍有减小。由于轴承转速较低，内外圈及陶瓷球基本保持相同的温度，即在低温环境下，低转速对轴承温度的变化影响较小。又由于施加的预紧力尚未达到最佳预紧力，这时较小的游隙可以补充预紧力的不足，从而在低温环境下有相对较小的辐射噪声。随着环境温度的升高，轴承游隙逐渐增加，振动稍有增大，辐射噪声随之增加，当达到一定温度时，由于预紧力的作用，轴承游隙不再增加，这时有较大的辐射噪声；继续升高环境温度，轴承内外套圈开始产生温度差，这时轴承游隙逐渐减小，辐射噪声呈下降趋势；当环境温度再次升高到某一值时，轴承游隙减小到最佳预紧力状态的游隙，这时有最佳辐射噪声；再继续升高环境温度，辐射噪声又呈现逐渐增加的变化趋势。

根据以上分析，可为在不同环境温度下选择哪种材料的轴承提供参考。

8.7 本章小结

本章开展了全陶瓷球轴承在不同转速、预紧力、供油量、径向载荷以及特殊工况条件下的辐射噪声特性研究，为优化全陶瓷球轴承服役条件、实现低辐射噪声高速运转、提出噪声优化控制策略提供了理论与试验依据。

第 9 章　数控机床全陶瓷球轴承电主轴辐射噪声研究

9.1　概　　述

高速电主轴是数控机床的核心部件，其用电机直接驱动主轴的转动方式，实现了机床主轴的“零传动”，即达到了 100%的传递效率[348]。随着高速加工技术的不断发展，各工业制造领域对电主轴转速与精度的要求与日俱增，这迫使电主轴技术向高速大功率、高精度、高可靠性、高寿命等方向发展。陶瓷电主轴具有转速适应范围宽、高速运转发热小、性能稳定、寿命长、耐腐蚀、不怕污染、自润滑、抗磨损和可靠性高等优异性能指标，是高速数控机床理想的主轴单元[349, 350]。电主轴的关键部件为支承主轴的轴承，轴承的服役性能决定着电主轴的性能，全陶瓷球轴承电主轴也是高速机床的主要噪声源，其噪声成分主要有两部分：一部分来自中低频段的全陶瓷球轴承产生的机械噪声；另一部分来自中高频段的电机产生的磁场噪声[351-353]。电主轴噪声是一种声学污染源，较高的噪声不仅对操作工人身心健康造成影响，降低劳动效率，同时对周围声环境也会造成污染，更重要的是影响电主轴可靠性，严重制约了陶瓷电主轴向高速大功率、高可靠性、高精度、高寿命等方向的发展，同时也成为高速、超高速数控机床陶瓷电主轴单元速度进一步提升的“瓶颈”，并且严重制约着电主轴技术向前跨越。

2006 年以来，作者研究团队对陶瓷电主轴及相关技术展开了一系列研究，创造性地提出了主轴轴承及主轴均采用工程陶瓷材料的高速大功率全陶瓷电主轴设计，其技术指标达到了最高转速为 30000r/min，功率为 20kW，主轴精度、寿命和加工效率提高了 2～3 倍，无故障工作时间高于 3000h；并首次成功研制了无内圈式全陶瓷电主轴样机，其技术指标实现最高转速为 30000r/min，功率最大能达到 15kW，主轴的旋转精度 $\leqslant \pm 1\mu m$，正常工作寿命达到 6000h，主轴性能已经达到国际先进技术水平[249, 354-384]。

前面章节研究了全陶瓷球轴承辐射噪声的分布特性及影响因素，本章研究全陶瓷球轴承在数控机床高速电主轴中的辐射噪声特性。首先探索一种全陶瓷球轴承在电主轴中的装配与拆卸工艺，接着分析高速陶瓷球轴承运转过程中的辐射噪声，然后对比安装不同材料轴承的电主轴辐射噪声特性，最后利用全陶瓷角接触球轴承电主轴在机床上进行实际磨削试验，测试实际工况的辐射噪声。

9.2　数控机床全陶瓷球轴承电主轴的装配与拆卸及噪声分析

电主轴在实际应用中，主轴的前后支承轴承均采用双轴承，为了测试实际工况全陶瓷角接触球轴承电主轴的辐射噪声，电主轴中装配四套全陶瓷角接触球轴承。将轴承应用于电主轴中，必不可少地需要掌握科学合理的电主轴装配与拆卸工艺。轴承科学合理的拆装工艺可以保证其运转精度，提高电主轴的工作精度，降低运转噪声[385-388]。本节探索全陶瓷球轴承在电主轴中的装配与拆卸工艺，提高全陶瓷球轴承电主轴的装配精度，为研究全陶瓷球轴承电主轴辐射噪声特性奠定基础。

9.2.1　数控机床全陶瓷球轴承电主轴的拆装工艺

1. 数控机床全陶瓷球轴承电主轴的装配

根据图 9.1 所示电主轴结构描述电主轴装配工艺。图中前两个支承轴承与后两个支承轴承均采用同向排列配对，前后轴承配置方式为背靠背配置。其中，定子已经装配在电主轴壳体上，转子也已经热压固定在主轴上。

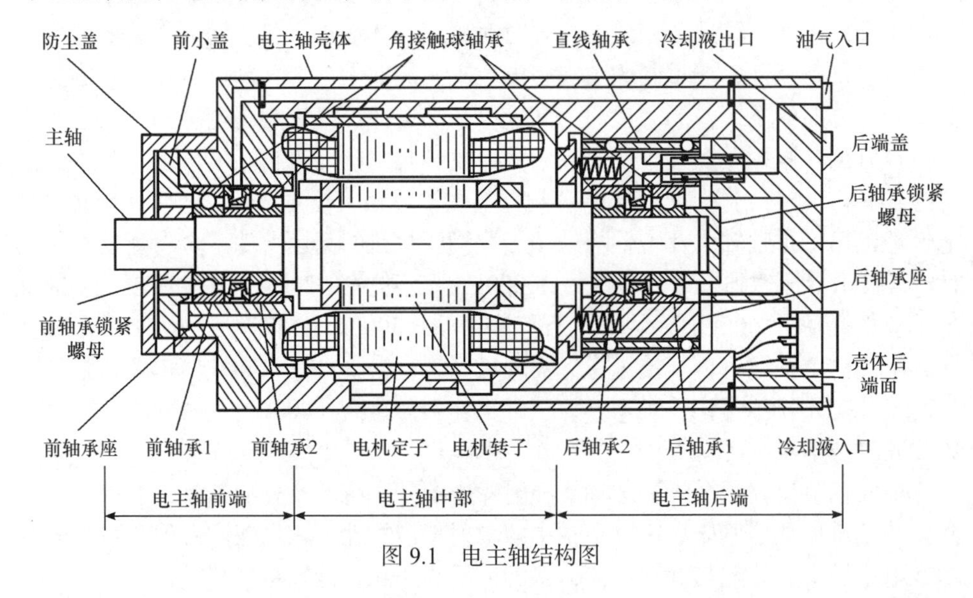

图 9.1　电主轴结构图

通常，轴承内圈与轴采用过盈配合。在传统的电主轴装配工艺中，如果钢轴承与主轴过盈量较小，可采用直接压入的方式进行装配，但这样安装会对轴承与轴的配合精度造成损坏，同时也会影响轴承的运转精度，从而影响轴承服役性能；如果过盈量较大，可采用将钢轴承加热的方式进行装配。然而，对于全陶瓷球轴承，由于陶瓷球轴承不导磁，采用轴承加热器无法实现轴承的加热。因此，本节特制了 O 形电阻丝，采用热传递方式对全陶瓷球轴承套圈进行加热。同时，采用液氮冷却方式实现超低温冷却，对主轴进行降温使其收缩，保证轴承内圈与轴的间隙量，确保安装精度[389]。

全陶瓷球轴承电主轴的具体装配工艺流程如图 9.2 所示[390, 391]。

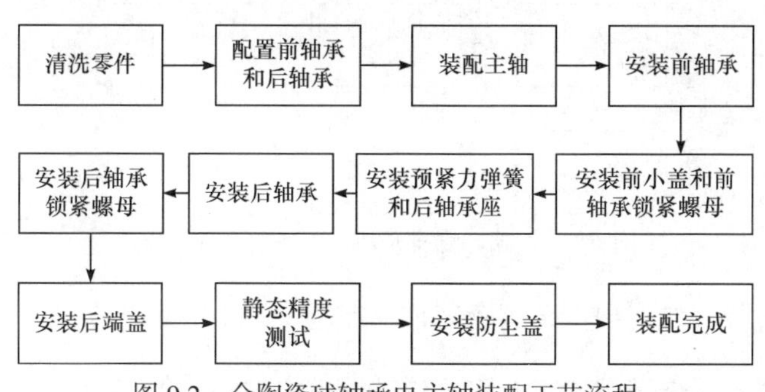

图 9.2　全陶瓷球轴承电主轴装配工艺流程

对于钢轴承，一般外圈与轴承座为过渡配合或间隙配合。其利用电主轴旋转过程中生热使外圈受热膨胀的方式确保轴承外圈与轴承座胀紧。然而，对于全陶瓷球轴承，其热膨胀系数较小，运行中即使有温升，也将在轴承座和轴承外圈间存在一定间隙量，这样将大大降低主轴的旋转精度。因此，一般全陶瓷球轴承与轴承座之间采用过渡配合，甚至偏向过盈配合。这样给装配带来了很大困难。本节同样采用特制 O 形电阻丝对轴承座内部进行整体加热的方式，使其膨胀达到与轴承外圈间隙的状态进行装配。其他零部件的安装与传统装配工艺相同。

采用该方法进行全陶瓷球轴承电主轴的装配，提高了装配精度与全陶瓷球轴承电主轴的运转精度。在对装配好的电主轴进行静态测试时，新方法装配的全陶瓷球轴承电主轴径向跳动在 1μm 范围内，而采用传统方法时主轴径向跳动为 3～4μm。

2. 数控机床全陶瓷球轴承电主轴的拆卸

电主轴拆卸与安装过程相反。在传统的拆卸工艺中，主要采用直接敲击主轴的方式进行拆卸，这样不仅破坏了轴承精度，而且损坏了主轴配合位置的精度。在拆卸全陶瓷球轴承时，因轴承在主轴上，故采用液氮冷却的方式对主轴和前轴承部位同时冷却，由于陶瓷材料的热膨胀系数小，而钢轴受冷收缩较大，这样主轴和轴承内圈间将产生一定间隙，可使主轴连同后轴承和后轴承座一起被推出。

前轴承在前轴承座中，将采用特制 O 形电阻丝对轴承座加热，使陶瓷轴承外圈与轴承座产生间隙将陶瓷轴承拆卸下来。后轴承与后轴承座及主轴安装在一起，采用液氮冷却的方式将后轴承与后轴承座从轴上拆卸下来。然后对后轴承座进行加热，便可直接将后轴承拆卸下来。

全陶瓷球轴承电主轴的具体拆卸工艺流程如图 9.3 所示。

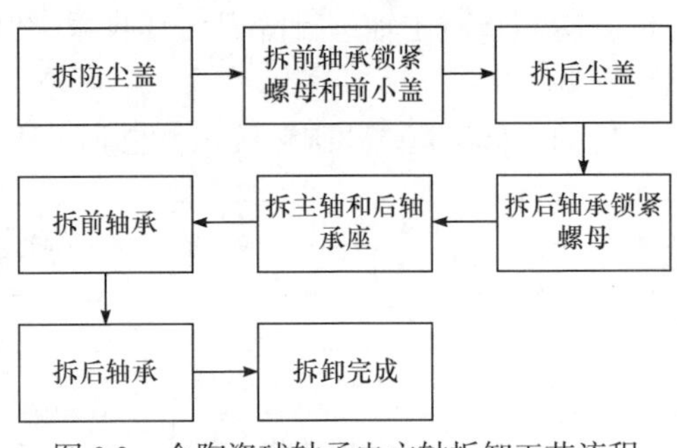

图 9.3　全陶瓷球轴承电主轴拆卸工艺流程

采用新拆装方法实现了全陶瓷球轴承在电主轴中的超低温无损伤拆装工艺。

9.2.2　超低温无损伤装配工艺全陶瓷球轴承电主轴的辐射噪声分析

采用传统工艺无法满足全陶瓷球轴承在电主轴中的无损装配与拆卸，并且直接硬装与硬拆破坏了配合精度，影响全陶瓷球轴承在电主轴的运转性能。采用传统直接硬装配与新提出的装配工艺两种方式对全陶瓷球轴承电主轴进行装配，并对其辐射噪声进行了测试。在转速为 9000r/min 时，新装配工艺获得的辐射噪声较传统装配工艺测得的辐射噪声减小了 6.38dB。由此可以看出，装配与拆卸工艺直接影响着全陶瓷球轴承电主轴的性能，提高全陶瓷球轴承在电主轴中的装配精度可有效降低全陶瓷球轴承电主轴的辐射噪声。

9.3　数控机床不同类型轴承电主轴辐射噪声比较

9.3.1　测试电主轴及试验设备

测试对象为三种不同类型的电主轴，主轴的支承轴承均为角接触球轴承[392]。三种电主轴的配置如下。

(1) 全陶瓷轴承电主轴：主轴型号为 150MD18Y14.5，主轴为钢轴。前轴承型号为 H7009C，轴承内外圈材料为氧化锆陶瓷，球的材料为氮化硅陶瓷，保持架材料为胶木；后轴承型号为 H7008C，轴承内外圈和球的材料均为氮化硅陶瓷，保持架材料为胶木。

(2) 钢轴承电主轴：主轴型号为 170HT30Y35，主轴为钢轴。前后轴承的内外圈及球的材料均为 GCr15 钢，保持架材料为胶木。前轴承型号为 H7009C，后轴承型号为 H7008C。

(3) 无内圈式陶瓷轴电主轴：主轴型号为 170SD30Y15，主轴为氧化锆陶瓷轴。前后轴承的外圈材料都是 GCr15 钢，球的材料为氮化硅陶瓷，保持架材料为胶木。其外圈型号为 H7009C。

试验采用 INV3060S 数据采集仪、INV9206-I 声压传感器和 Coinv DASP-V10 声学测试平台软件。声压传感器的灵敏度范围为 50～54.5mV/Pa。电主轴运行过程中采用油气润滑系统对轴承供油润滑，并利用恒温 18℃的水冷却系统进行冷却。

9.3.2　不同类型轴承电主轴辐射噪声测试试验方案

在距电主轴前端 50mm 处的平面内安装 6 个声压传感器，且其均匀分布在以 200mm 为半径的圆周上，其中第一个声压传感器位于正上方，并按逆时针方向编号。具体试验方案如图 9.4 所示。

图 9.4　不同类型轴承电主轴噪声测试装备

试验过程中分别对三种电主轴进行辐射噪声测试，电主轴逆时针旋转，测试转速范围为 9000～18000r/min，间隔为 1000r/min，共测试 10 组转速下的噪声信号。采样频率为 51.2kHz，采样时间为 10s，采用线性计权方式以及有效声压级对测试的声压信号进行数据分析。测试中实验室背景噪声低于 45dB。

9.3.3　试验结果分析

图 9.5～图 9.7 分别为全陶瓷轴承电主轴、钢轴承电主轴以及无内圈式陶瓷轴电主轴在不同转速下的辐射噪声时域声波图。

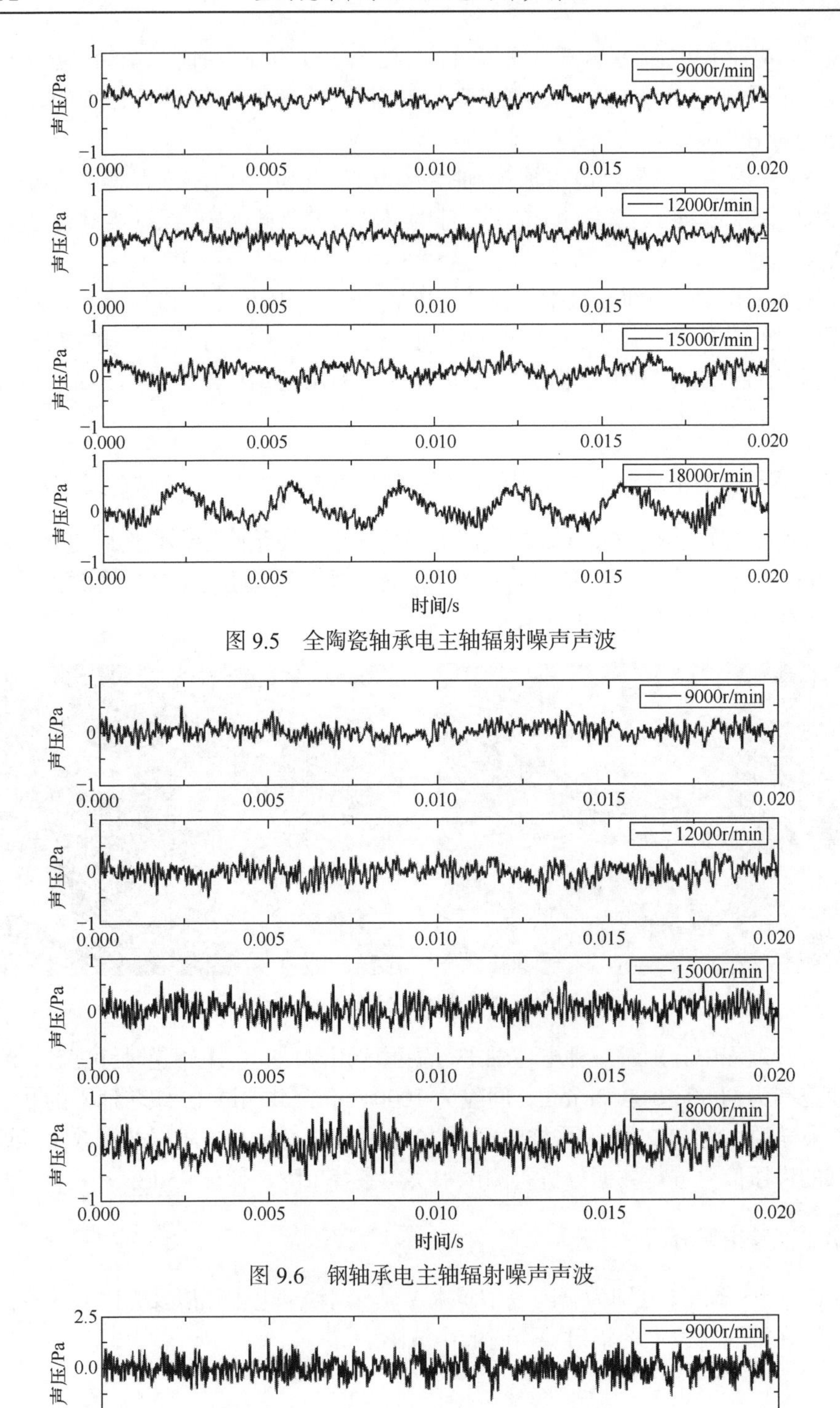

图 9.5　全陶瓷轴承电主轴辐射噪声声波

图 9.6　钢轴承电主轴辐射噪声声波

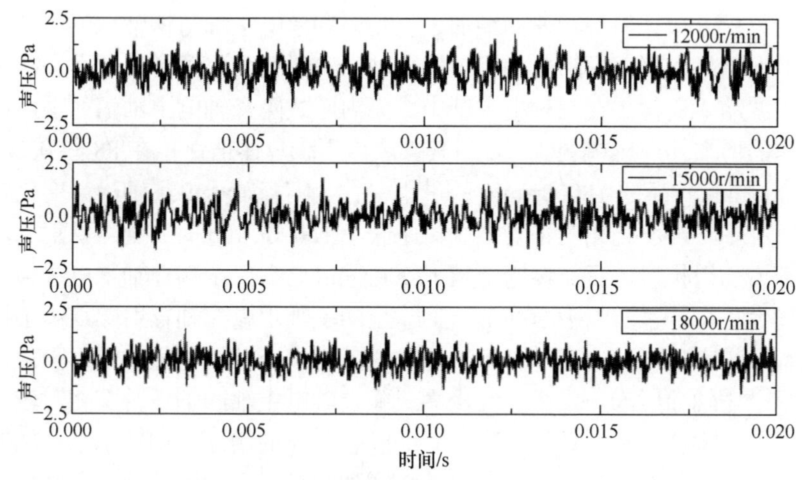

图 9.7　无内圈式陶瓷轴电主轴辐射噪声声波

从图 9.5 可以看到，在测试转速由 9000r/min 升高到 18000r/min 的过程中，全陶瓷轴承电主轴辐射噪声声波幅值逐渐增大，并且噪声信号的周期性变得更加明显。由图 9.6 可知，钢轴承电主轴辐射噪声声波幅值也随转速的提高而增大，但与全陶瓷轴承电主轴相比，其幅度的变化不是很明显，且声波变化没有明显规律，即并不像全陶瓷轴承电主轴那样呈现较为明显的周期性。由图 9.7 可知，在时域中，无内圈式陶瓷轴电主轴辐射噪声声波的变化相对杂乱，并且转速在 9000～18000r/min 范围内，其声波幅值的变化基本与转速无关。比较图 9.5、图 9.6 和图 9.7 可以看出，无内圈式陶瓷轴电主轴辐射噪声声压幅值明显高于全陶瓷轴承电主轴与钢轴承电主轴。

图 9.8 为全陶瓷轴承电主轴、钢轴承电主轴与无内圈式陶瓷轴电主轴辐射噪声声压级随转速变化的曲线图。

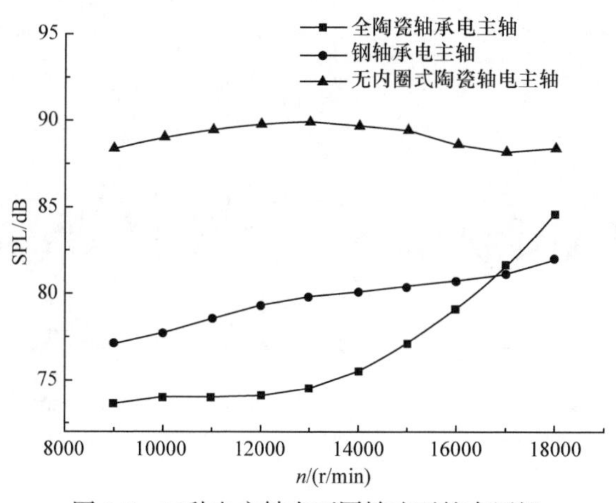

图 9.8　三种电主轴在不同转速下的声压级

由图 9.8 可知，随着转速的增加，全陶瓷轴承电主轴与钢轴承电主轴辐射噪声均呈增大趋势，而无内圈式陶瓷轴电主轴的辐射噪声出现了先增大后减小然后又增加的波动式变化。在三种电主轴中，无内圈式陶瓷轴电主轴辐射噪声最高，但随转速的增加其声压级变化最小，其噪声声压级总体值保持在 88～90dB。在转速由 9000r/min 升高到 18000r/min 的过程中，全陶瓷轴承电主轴噪声变化较大，钢轴承电主轴噪声变化相对平稳。在转速低于 12000r/min 时，全陶瓷轴承电主轴辐射噪声增加得较慢，而当转速达到 12000r/min 之后，全陶瓷轴承电主轴辐射噪声快速增大。在转速低于 16000r/min 时，全陶瓷轴承电主轴辐射噪声小于钢轴承电主轴辐射噪声，在转速高于 17000/min 时，全陶瓷轴承电主轴辐射噪声变得高于钢轴承电主轴辐射噪声。由于无内圈式陶瓷轴电主轴的轴承游隙相对较大，因此在运转过程中产生较大的振动噪声。而随着转速的增加，钢轴承电主轴辐射噪声相对较小且变化较为平稳，基本呈线性增加趋势。全陶瓷轴承电主轴随转速的增加使球与套圈的摩擦力增加得较快，产生相对较大的摩擦噪声。因此，与钢轴承电主轴相比，全陶瓷轴承电主轴产生的噪声变化较大，呈非线性增加趋势。

图 9.9～图 9.11 分别给出了全陶瓷轴承电主轴、钢轴承电主轴以及无内圈式陶瓷轴电主轴在不同转速下的辐射噪声频谱特性。

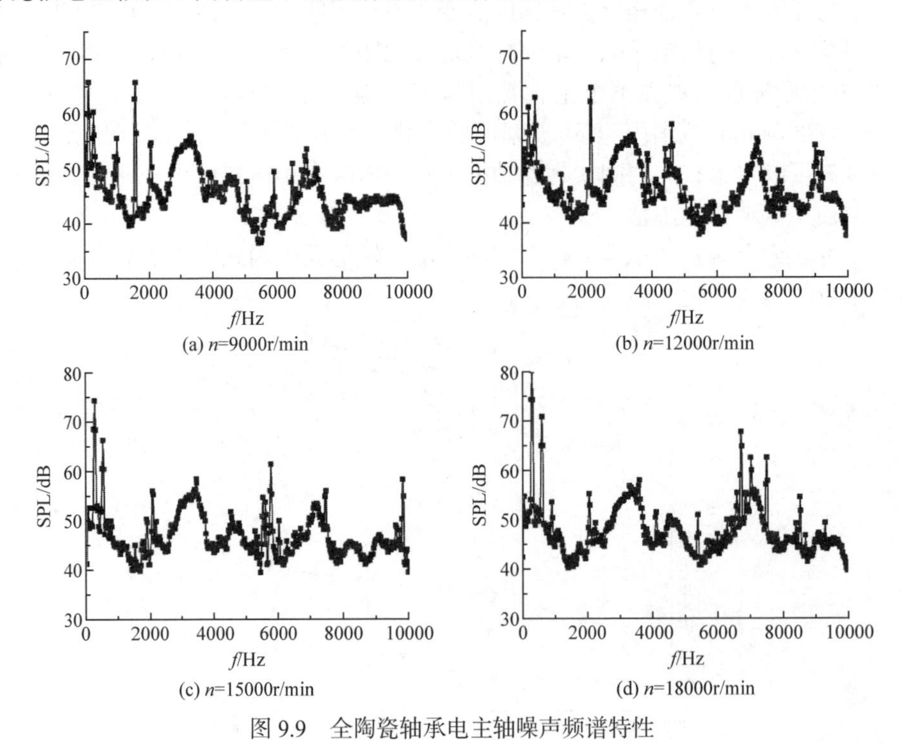

图 9.9　全陶瓷轴承电主轴噪声频谱特性

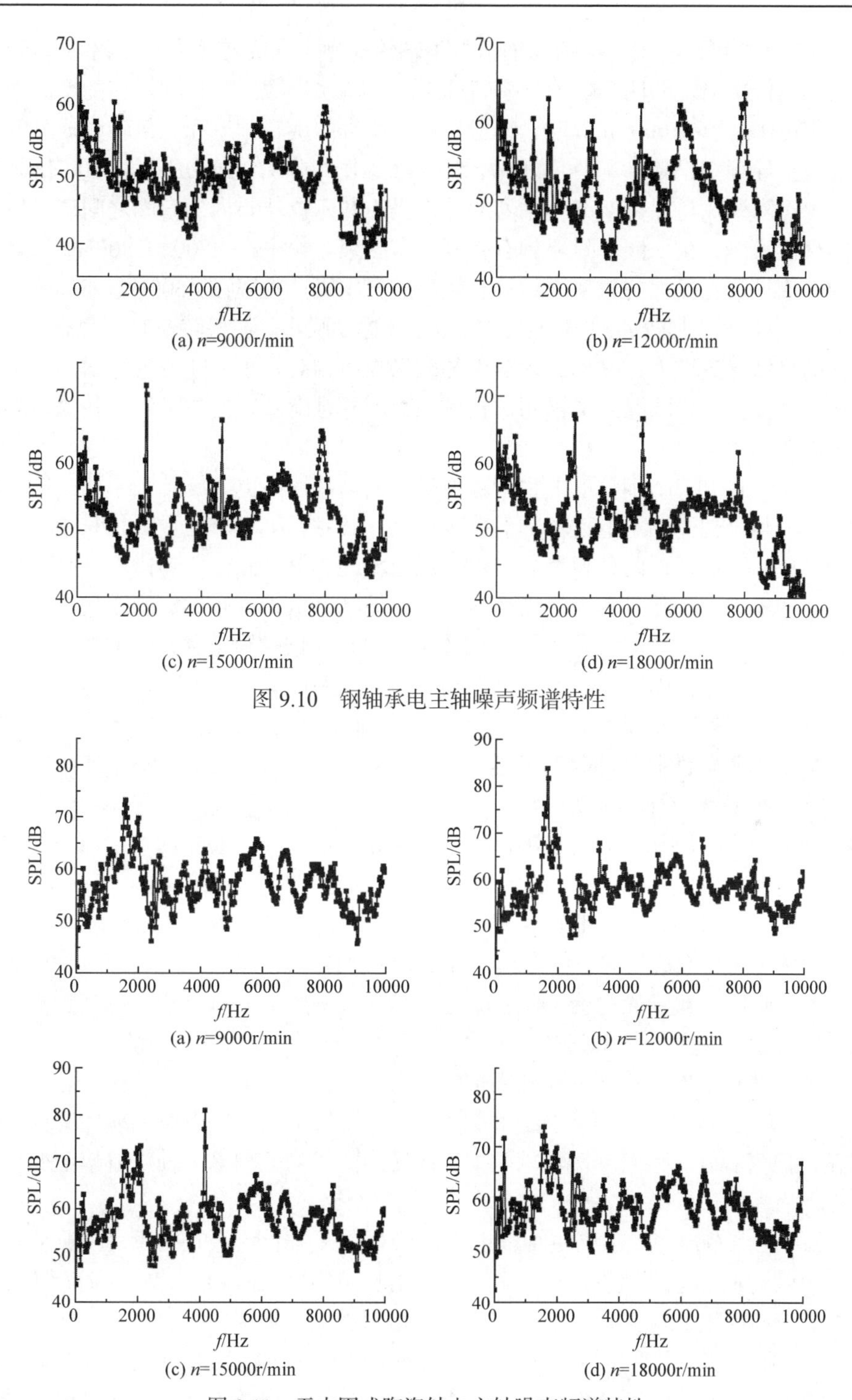

图 9.10　钢轴承电主轴噪声频谱特性

图 9.11　无内圈式陶瓷轴电主轴噪声频谱特性

由图 9.9 可以看出，全陶瓷轴承电主轴辐射噪声在旋转频率和二倍转频(频率由低到高依次出现的两个峰值频率)下具有较高的声压级，并且随转速的增高而变大。在转速高于 15000r/min 时，辐射噪声中所含的旋转频率和二倍转频成分开始转变为主导频率，旋转频率下的声压级更为突出。频率在 1500Hz 和 2100Hz 附近时，由于陶瓷球与保持架产生剧烈的冲击噪声和陶瓷球与内外套圈之间产生较严重的摩擦噪声，这一频率附近具有较高的声压级。频率在 2800～3800Hz 时，气压的作用导致在很大的频率段均具有较高的声压级。频率在 4500Hz、5600Hz 和 8000Hz 附近时，其较高的声压级主要为磁场振动噪声。在低转速时，因轴承旋转产生的机械噪声较大，磁场振动产生的磁场噪声相对较小，随着转速增加，由于磁场振动加剧，磁场噪声缓慢超过机械噪声。并且随着转速的增加，各噪声频率逐渐向右移动。

由图 9.10 可知，钢轴承电主轴辐射噪声频谱特性中也有旋转频率和二倍转频成分，但与全陶瓷轴承电主轴辐射噪声相比，其对总体噪声的贡献相对较弱，并且随转速的增加，这两种频率成分也呈现减弱的趋势。此外，频谱中具有较高的摩擦与冲击噪声，并且其磁场噪声与全陶瓷轴承电主轴具有类似的变化趋势。

由图 9.11 可以看到，无内圈式陶瓷轴电主轴频谱较为杂乱，但也可以看到有机械振动频率噪声的存在，而磁场振动与气动频率成分总体上不是很明显，但在 15000r/min 转速下，出现较高的磁场噪声。在较低转速时，其旋转频率噪声不是很明显，而陶瓷球与套圈和保持架的摩擦与冲击噪声较为突出，在较高转速(18000r/min)时，旋转频率噪声有所显现。与其他两种电主轴相比，无内圈式陶瓷轴电主轴的辐射噪声频谱较为平缓。由于陶瓷轴与钢轴相比不导磁，陶瓷轴电主轴与钢轴电主轴噪声谱有较大差异。

综上分析可知，在较低转速时，全陶瓷轴承电主轴和钢轴承电主轴以机械振动噪声为主，随转速提升，主频偏向电磁场振动频率，以致较高转速时磁场噪声高于机械噪声。对于无内圈式陶瓷轴电主轴，其噪声谱相对复杂，且其频谱变化与转速关系不大。

根据试验结果，总结三种电主轴的辐射噪声特性如下：

(1) 在时域波形中，随着转速的增加，全陶瓷轴承电主轴声波周期性变得更加明显，且幅值显著增大。钢轴承电主轴与无内圈式陶瓷轴电主轴声波幅值变化较小，但后者幅值较高。

(2) 无内圈式陶瓷轴电主轴辐射噪声最大，且随着转速的提高呈现波动式变化。全陶瓷轴承电主轴与钢轴承电主轴辐射噪声均呈增大趋势，并且随着转速的升高，全陶瓷轴承电主轴声压级逐渐高于钢轴承电主轴声压级。

(3) 在频谱中，全陶瓷轴承电主轴与钢轴承电主轴辐射噪声包含较明显的旋转频率和二倍转频特征，而无内圈式陶瓷轴电主轴频谱较为杂乱。三种电主轴辐射噪声中均具有较高的摩擦与冲击噪声。

9.4　数控机床全陶瓷球轴承电主轴磨削加工时的辐射噪声研究

为了测试全陶瓷球轴承电主轴在实际加工工件时产生的辐射噪声特性，本节将装配有全陶瓷球轴承的 5SD36Y16-150 高速电主轴安装在 MK2710 数控内外圆复合磨床上，进行磨削轴承套圈试验，测试磨削过程中全陶瓷球轴承电主轴产生的辐射噪声特性[393]。

9.4.1　数控磨床与测试电主轴介绍

MK2710 磨床是无锡机床股份有限公司生产的高精度数控内外圆复合磨床，四轴均由伺服电机通过挠性联轴器加滚珠丝杠构成，可实现无间隙、高灵敏度运动，各轴运动分辨率可达 1μm。采用德国西门子 840D 数控系统，工作台导轨采用日本 NHK 公司精密直线滚动导轨。图 9.12 为 MK2710 磨床，表 9.1 给出了该设备的主要技术参数。

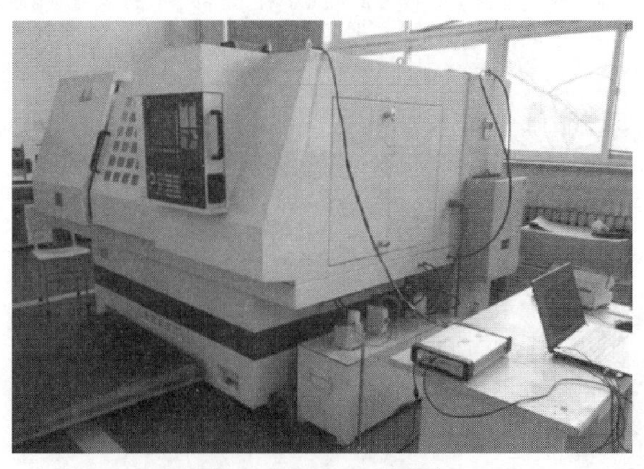

图 9.12　MK2710 磨床

表 9.1　MK2710 磨床的主要技术参数

技术参数	参数值
磨削孔径	30～100mm
最大磨削深度	80mm
磨削外锥最大直径	150mm
磨削端面直径	30～150mm

续表

技术参数	参数值
工作台 Z 轴行程	350mm
工作台 U 轴行程	220mm
工作台 X 轴行程	40mm
工作台 W 轴行程	220mm
工件主轴转速	100～800r/min
内圆砂轮轴转速	3600r/min

5SD36Y16-150 高速电主轴装配有四套全陶瓷球轴承，前后各两套以稳定支持主轴，其径向跳动和端面跳动均在 4μm 以下，振动值在 1.2mm/s 以下，额定转速为 36000r/min，频率为 600Hz，额定电压为 350V，额定电流为 40A，最大功率可达 16kW。

9.4.2　磨削加工时的噪声测试试验方案

为测试不同工作转速下的全陶瓷球轴承电主轴磨削加工辐射噪声，试验测试传感器布置方案如图 9.13 所示。

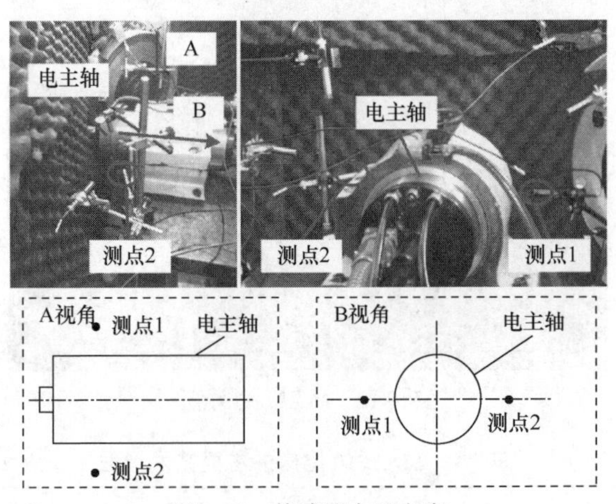

图 9.13　传感器布置方案

测试过程中，接杆伸出电主轴前端的长度为 80mm，使用的砂轮外径为 50mm，宽度为 45mm，粒度为 90～106μm。磨削工件为氮化硅陶瓷轴承外圈，其外径为 75mm，内径为 63.5mm，磨削进给量为 10μm。测试中对套圈内表面进行磨削。

9.4.3　试验结果分析

本节测试了空载运行和磨削工件时全陶瓷球轴承电主轴的辐射噪声特性。图 9.14 给出了背景噪声声压波形与声压级，其中背景噪声指仅砂轮主轴不运转而其他辅助设备均开启时的噪声。

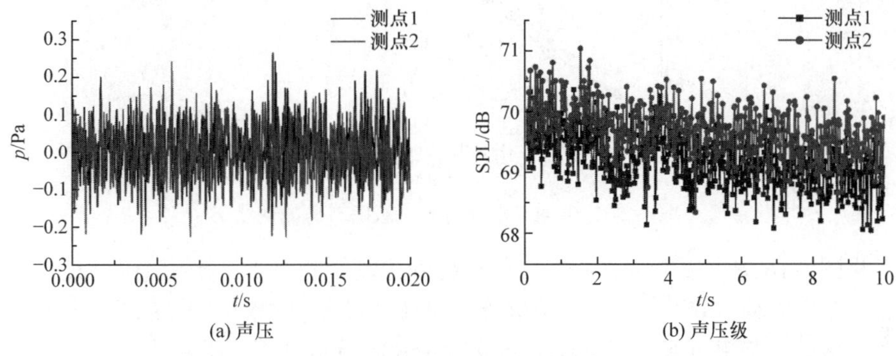

(a) 声压　(b) 声压级

图 9.14　磨削试验的背景噪声

由图 9.14(a)可以看出，两个测点的声压波形在 0.02s 范围内的变化趋势一致，且变化大小基本一样，表明两个测点的声压相近。图 9.14(b)为在 10s 的测试时间内，对每隔 0.02s 内的有效声压计算得到的声压级。由图可知，实际磨削环境的背景噪声很高，在距离机床砂轮主轴 300mm 位置的背景噪声在 68.05～71.04dB，且测点 2 位置的声压级稍大于测点 1 位置的声压级，两个测点的平均声压级已经高达 69.17dB(测点 1)和 69.7dB(测点 2)。背景噪声较大主要是由辅助设备加工运行产生的，其中包括冷却水电机、润滑设备等。经过检查测试分析，测试中产生较大的背景噪声由冷却水电机产生。

电主轴带砂轮空载运行时声压级随时间变化曲线如图 9.15 所示。从图中可以看出，在各转速下的辐射噪声均在一定范围内随时间变化，但总体噪声随转速的提高呈现增大的趋势。测点的声压级随转速的变化曲线如图 9.16 所示。

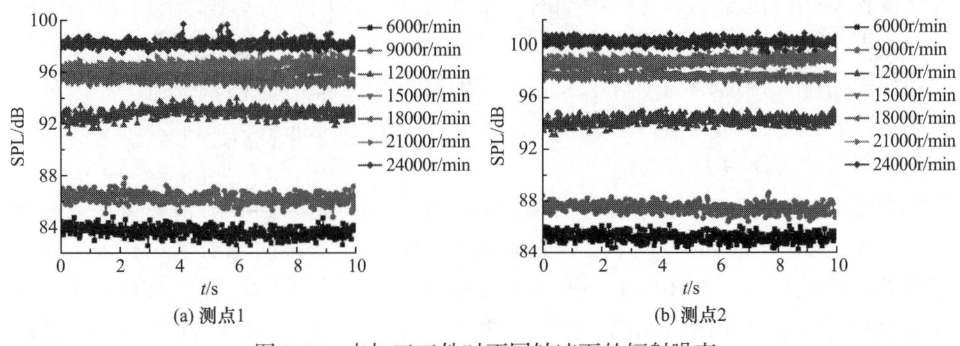

(a) 测点1　(b) 测点2

图 9.15　未加工工件时不同转速下的辐射噪声

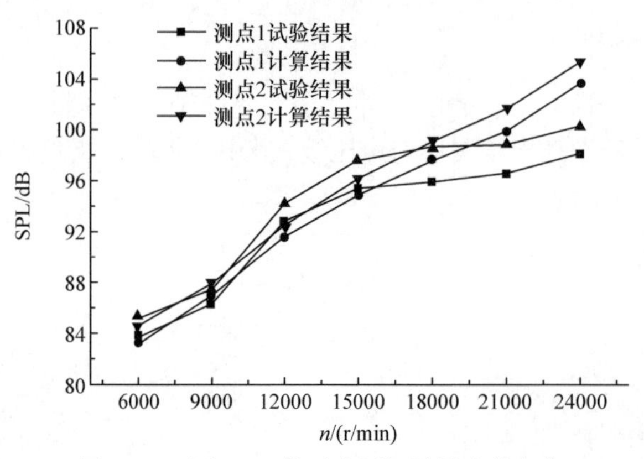

图 9.16　未加工工件时声压级随转速的变化

从图 9.16 中可以看到，测点 2 的辐射噪声高于测点 1，表明该声场具有指向性，与第 7 章研究结果一致，且随着转速的提高，辐射噪声呈现逐渐增大的变化趋势。从试验结果可知，在转速为 6000～15000r/min 时增加的幅度较大，而在转速为 15000～24000r/min 时变化平缓。根据第 8 章的研究结果发现，尽管转速的提高使辐射噪声增大，但对电主轴两端采用双轴承支承与采用单轴承支承所产生的辐射噪声变化并不完全一致。双轴承的辐射噪声也并不是简单地将两个单轴承辐射噪声进行叠加。对于单个轴承，随转速的增加，辐射噪声增加的幅度有所增大，而对于双轴承，辐射噪声增加的幅度先增大后又呈现减小的趋势。

此外，从图 9.16 中还可以看到，在转速为 6000～18000r/min 时，仿真计算结果与试验测试结果接近，但当转速大于 18000r/min 时，两者相差较大。

由此可以得出，当全陶瓷球轴承数量不同时，其辐射噪声随转速变化趋势并非完全一致，且第 3、4 章研究结果可用来指导电主轴的降噪，如可以从较大辐射噪声的测点方向以及改变服役条件实现降低电主轴的辐射噪声。

为了分析磨削时的辐射噪声，将工件套圈稍安装偏心一些，以使工件旋转一周时，只在某一区域有实际磨削效果，而在其他区域砂轮没有实际磨削到工件。这样设置便于对比磨削时与未磨削时的辐射噪声。采用隔音罩将磨削工件的噪声隔开，即将砂轮与工件接触产生的噪声隔开(消音)。在一定程度上可以认为测试得到的辐射噪声即磨削与未磨削交替作用时陶瓷电主轴的辐射噪声。图 9.17 给出了在不同转速下磨削与未磨削交替作用时辐射噪声变化曲线。实际磨削工件时电主轴辐射噪声如图 9.18 所示。

由图 9.17 可知，磨削时产生的辐射噪声明显高于未磨削时的辐射噪声，只有在转速为 15000r/min 时，测点 2 磨削时辐射噪声与未磨削时辐射噪声相差较小，但其平均值也相差 1.5dB 以上。而其他转速下磨削时声压级均高于未磨削时声压级 2dB 以上，最大相差 9.2dB。由此表明了磨削加工对全陶瓷球轴承的辐射噪声有较大的影响。

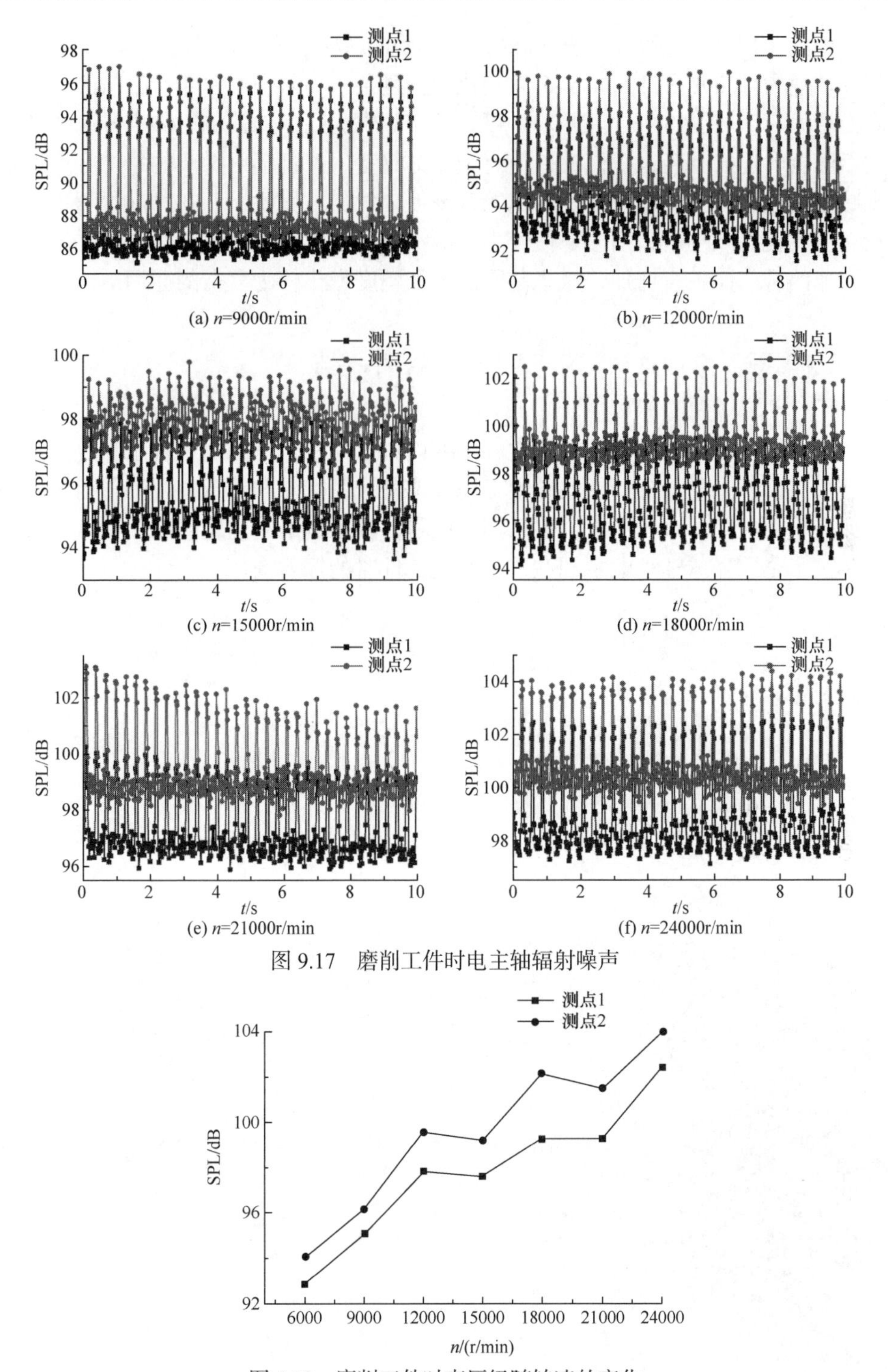

图 9.17　磨削工件时电主轴辐射噪声

图 9.18　磨削工件时声压级随转速的变化

由图 9.18 可知，随着转速的升高，实际磨削时辐射噪声总体上呈增大的趋势，但在转速为 12000～21000r/min 时变化较为复杂，辐射噪声并非严格按转速的升高而增大。比较图 9.16 与图 9.18 可知，实际磨削到工件的辐射噪声较未磨削时大，随着转速的升高，它们的差值有减小的趋势，并且辐射噪声的增加幅度也呈现减小的趋势。其主要原因是转速的升高使辐射噪声增大，而在磨削过程中，砂轮速度的提高减小了磨削力，使噪声有减小的趋势，因此导致辐射噪声并不完全随转速的升高而一直增加，这也是噪声增加幅度变化较为复杂的原因。

9.5 本章小结

本章针对全陶瓷球轴承在电主轴中的应用，探索了全陶瓷球轴承在电主轴中的装配与拆卸工艺，分析了实验室环境高速角接触陶瓷球轴承电主轴辐射噪声随转速变化的规律，对比了电主轴采用不同材料轴承支承时的辐射噪声特性，进一步测试了全陶瓷球轴承电主轴在实际磨削工件时的辐射噪声。

参考文献

[1] 辛志杰. 超硬与难磨削材料加工技术实例[M]. 北京: 化学工业出版社, 2013.

[2] 陈扬, 曹丽云. 机械工程材料[M]. 沈阳: 东北大学出版社, 2008.

[3] Komanduri R. On material removal mechanisms in finishing of advanced ceramics and glasses[J]. CIRP Annals—Manufacturing Technology, 1996, 45(1): 509-514.

[4] Cund R, 肖晖. 轴承用陶瓷材料[J]. 国外轴承技术, 1994, (1): 9-17.

[5] 田欣利, 吴志远, 唐修检, 等. 工程陶瓷高效低成本加工新技术与强度控制[M]. 北京: 国防工业出版社, 2015.

[6] 肖汉宁, 刘井雄, 郭文明, 等. 工程陶瓷的技术现状与产业发展[J]. 机械工程材料, 2016, 40(6): 1-7, 105.

[7] 王会阳, 李承宇, 刘德志. 氮化硅陶瓷的制备及性能研究进展[J]. 江苏陶瓷, 2011, 44(6): 4-7.

[8] 王坤, 豆高雅, 康永. 特种陶瓷材料的制备工艺进展[J]. 陶瓷, 2016, (10): 9-13.

[9] 杨洪波, 赵恒华, 刘伟锐. 磨削技术的现状和未来发展趋势[J]. 机械制造与自动化, 2014, 43(6): 7-9.

[10] 戴培赟, 周平, 王泌宝, 等. 氮化硅致密陶瓷材料研究进展[J]. 中国陶瓷, 2012, 48(4): 1-6, 26.

[11] 吴玉胜, 李明春. 功能陶瓷材料及制备工艺[M]. 北京: 化学工业出版社, 2013.

[12] 宁翔, 周贱根, 何璇男. 粘结剂配比对干法制备 ZrO_2 陶瓷轴承造粒粉性能的影响[J]. 中国陶瓷工业, 2020, 27(1): 25-29.

[13] 余冬玲, 张小辉, 吴南星, 等. 造粒颗粒粒度级配对 ZrO_2 陶瓷轴承坯体孔隙率的影响[J]. 耐火材料, 2020, 54(5): 427-429.

[14] 余冬玲, 张小辉, 吴南星, 等. 掺杂 CeO_2 对制备 ZrO_2 陶瓷轴承颗粒分散性的影响[J]. 粉末冶金工业, 2021, 31(1): 39-45.

[15] Otsuka T, Brehl M, Cicconi M R, et al. Thermal evolutions to glass-ceramics bearing calcium tungstate crystals in borate glasses doped with photoluminescent Eu^{3+} ions[J]. Materials, 2021, 14(4): 952.

[16] 周芬芬, 袁巨龙, 赵萍, 等. 氮化硅陶瓷球材料性能参数测试及其相关性分析研究[J]. 机电工程, 2016, 33(6): 689-693.

[17] Náhlík L, Šestáková L, Hutař P, et al. Prediction of crack propagation in layered ceramics with strong interfaces[J]. Engineering Fracture Mechanics, 2010, 77(11): 2192-2199.

[18] Rutkowski P, Stobierski L, Zientara D, et al. The influence of the graphene additive on mechanical properties and wear of hot-pressed Si_3N_4 matrix composites[J]. Journal of the European Ceramic Society, 2015, 35(1): 87-94.

[19] 李勇霞. 高性能氮化硅的制备及其性能研究[D]. 哈尔滨: 哈尔滨工业大学, 2013.

[20] 胡海龙, 曾宇平, 左开慧, 等. 烧结助剂种类对 Si_3N_4/SiC 陶瓷力学与摩擦性能的影响[J].

无机材料学报, 2014, 29(8): 885-890.
[21] 肖永清. 探秘新型结构陶瓷材料及其运用与发展[J]. 现代技术陶瓷, 2015, 36(2): 31-38.
[22] Zhang D K, Li C H, Jia D Z, et al. Investigation into engineering ceramics grinding mechanism and the influential factors of the grinding force[J]. International Journal of Control and Automation, 2014, 7(3): 19-34.
[23] Dong G J, Zhou M, Huang S N. Study on the surface quality of silicon nitride ceramics in ultrasonic vibration grinding[J]. Key Engineering Materials, 2013, 579-580: 144-147.
[24] 吴玉厚, 朱正杰, 王贺. 影响氮化硅陶瓷内圆磨削加工表面形貌因素分析[J]. 沈阳建筑大学学报(自然科学版), 2014, 30(2): 312-317.
[25] Liu W X. Research on residual stress of engineering ceramic grinding surface[J]. Applied Mechanics and Materials, 2013, 345: 259-262.
[26] Popper P. Applications of silicon nitride[J]. Key Engineering Materials, 1994, 89-91: 719-724.
[27] Krstic Z, Krstic V D. Silicon nitride: The engineering material of the future[J]. Journal of Materials Science, 2012, 47(2): 535-552.
[28] 王望龙, 王龙, 田欣利, 等. 工程陶瓷特种加工技术的研究现状与进展[J]. 机床与液压, 2015, 43(7): 176-180.
[29] 张创, 宋仪杰. 氮化硅陶瓷的研究与应用进展[J]. 中国陶瓷工业, 2021, 28(3): 40-47.
[30] 万林林, 刘志坚, 邓朝晖, 等. 氮化硅陶瓷切削仿真与实验[J]. 宇航材料工艺, 2016, 46(6): 40-45.
[31] 唐修检, 刘谦, 田欣利, 等. 切向载荷作用下氮化硅陶瓷崩碎损伤规律与机理[J]. 光学精密工程, 2015, 23(7): 2023-2030.
[32] Lu Y Y, Dong J H. The study of force control with artificial intelligence in ceramic grinding process[C]. International Symposium on Intelligence Information Processing and Trusted Computing, 2010, (2): 208-211.
[33] 王旭, 赵萍, 吕冰海, 等. 滚动轴承工作表面超精密加工技术研究现状[J]. 中国机械工程, 2019, 30(11): 1301-1309.
[34] 王洁, 赵萍, 吕冰海, 等. 用于功能陶瓷材料超精密平面加工的固结磨具的研究进展[J]. 材料导报, 2019, 33(17): 2873-2881.
[35] 王晓强, 徐少可, 崔凤奎, 等. 轴承套圈表面超声滚挤压加工硬化模型[J]. 塑性工程学报, 2019, 26(3): 231-237.
[36] 周井玲, 张巍文, 顾乐乐. 全陶瓷球轴承内外圈沟曲率系数的优化设计[J]. 机械设计与制造, 2020, (1): 26-28.
[37] 任敬心, 康仁科, 王西彬. 难加工材料磨削技术[M]. 北京: 电子工业出版社, 2011.
[38] 袁巨龙, 张韬杰, 凌洋, 等. 典型功能脆性材料磨削[J]. 光学精密工程, 2019, 27(5): 1096-1102.
[39] Mosleh M, Bradshaw K, Belk J H, et al. Fatigue failure of all-steel and steel-silicon nitride rolling ball combinations[J]. Wear, 2011, 271(9-10): 2471-2476.
[40] 盛晓敏. 超高速磨削技术[M]. 北京: 机械工业出版社, 2010.
[41] 刘超. 工程陶瓷磨削表面/亚表面损伤的模型建立和实验研究[D]. 天津: 天津大学, 2007.
[42] 兰叶深, 郭骞惠, 徐文俊, 等. 基于超声滚压加工的轴承内圈表层残余应力研究[J]. 组合

机床与自动化加工技术, 2019, (10): 28-30, 34.
[43] Zheng K, Liao W H, Sun L J, et al. Investigation on grinding temperature in ultrasonic vibration-assisted grinding of zirconia ceramics[J]. Machining Science and Technology, 2019, 23(4): 1-17.
[44] 张小辉, 邹闽强, 马云青, 等. 基于机器视觉的氮化硅陶瓷轴承表面缺陷检测技术[J]. 中国陶瓷工业, 2021, 28(2): 50-52.
[45] 孙健, 高龙飞, 杜德忱, 等. 一种用于加工陶瓷轴承套圈外圆的夹具: 中国, ZL201921907761. X[P]. 2020-07-03.
[46] 李颂华, 韩光田, 孙健, 等. 一种用于陶瓷轴承套圈端面加工的夹紧装置: 中国, ZL201822092712.7[P]. 2019-08-06.
[47] 李颂华, 隋阳宏, 孙健, 等. 一种应用于加工陶瓷轴承内外圈的夹紧装置: 中国, ZL201822083519.7[P]. 2019-08-13.
[48] 李颂华, 李祥宇, 单赞, 等. 一种用于加工陶瓷轴承套圈内孔的自动定心横向夹紧装置: 中国, ZL202022228717.5[P]. 2021-05-25.
[49] 李颂华, 王维东, 吴玉厚, 等. 一种应用于修整砂轮磨料块弧面的夹紧装置: 中国, ZL201810275950.3[P]. 2019-11-05.
[50] 马廉洁, 田俊超, 陈杰, 等. 基于 ABAQUS 的工程陶瓷单颗磨粒磨削仿真[J]. 装备制造技术, 2015, (11): 1-2, 6.
[51] Li B Z, Ni J M, Yang J G, et al. Study on high-speed grinding mechanisms for quality and process efficiency[J]. The International Journal of Advanced Manufacturing Technology, 2014, 70(5-8): 813-819.
[52] 吴玉厚, 沈亚超, 李颂华, 等. 氧化锆陶瓷磨削表面质量仿真与实验研究[J]. 机械与电子, 2017, 35(3): 8-12.
[53] 萧金瑞, 刘晓初, 梁忠伟, 等. 强化研磨微纳加工参数对轴承套圈滚道表面硬度的影响[J]. 精密成形工程, 2020, 12(4): 112-117.
[54] 李检贵, 叶健熠, 单琼飞, 等. 硬车加工不当对轴承套圈表面性能的影响[J]. 轴承, 2020, (8): 19-22.
[55] Alkawaz M H, Kasim M S, Izamshah R. Effect of spindle speed on performance measures during rotary ultrasonic machining of fully sintered zirconia ceramic[J]. Journal of Mechanical Engineering Research and Developments, 2020, 43(4): 381-387.
[56] Yuan J L, Lyu B H, Hang W, et al. Review on the progress of ultra-precision machining technologies[J]. Frontiers of Mechanical Engineering, 2017, 12(2): 158-180.
[57] 黄传真, 杨为清, 艾兴. 新型陶瓷轴承研究的现状与展望[J]. 中国陶瓷工业, 1999, 6(2): 25-27.
[58] 张珂, 王定文, 李颂华, 等. 氮化硅陶瓷球研磨去除方式[J]. 金刚石与磨料磨具工程, 2019, 39(3): 38-44.
[59] 朱晨. 两种钢球研磨方式的力学分析[J]. 轴承, 2000, (9): 11-13, 40.
[60] Xu W X, Cui D D, Wu Y B. Sphere forming mechanisms in vibration-assisted ball centreless grinding[J]. International Journal of Machine Tools and Manufacture, 2016, 108: 83-94.
[61] Itoigawa F, Nakamura T, Funabashi K. Steel ball lapping by lap with V-shape groove[J]. Transactions of the Japan Society of Mechanical Engineers, 1993, 59(562): 1906-1912.

[62] Ichikawa S, Ona H, Yoshimoto I, et al. Proposal of new lapping method for ceramic balls[J]. CIRP Annals—Manufacturing Technology, 1993, 42(1): 421-424.
[63] Lv C C, Sun Y L, Zuo D W. A novel eccentric lapping method with two rotatable lapping plates for finishing cemented carbide balls[C]. The 17th International Conference on Mechanical Engineering, Montreal, 2015, 9(5): 464-471.
[64] Kang J, Hadfield M. The polishing process of advanced ceramic balls using a novel eccentric lapping machine[J]. Proceedings of the Institution of Mechanical Engineers, Part B: Journal of Engineering Manufacture, 2005, 219(7): 493-503.
[65] Kang J, Hadfield M. A novel eccentric lapping machine for finishing advanced ceramic balls[J]. Proceedings of the Institution of Mechanical Engineers, Part B: Journal of Engineering Manufacture, 2001, 215(6): 781-795.
[66] Kang J, Hadfield M. The effects of lapping load in finishing advanced ceramic balls on a novel eccentric lapping machine[J]. Proceedings of the Institution of Mechanical Engineers, Part B: Journal of Engineering Manufacture, 2005, 219(7): 505-513.
[67] Lee R T, Hwang Y C, Chiou Y C. Lapping of ultra-precision ball surfaces. Part II. Eccentric V-groove lapping system[J]. International Journal of Machine Tools and Manufacture, 2006, 46(10): 1157-1169.
[68] Ren C Z, Xu Y S, Lin B, et al. Eccentric circular groove lapping technique for ceramic balls[J]. Chinese Journal of Mechanical Engineering, 1996, (1): 45-48.
[69] Yuan J L, Wang Z W, Lv B H, et al. Simulation study on the developed eccentric V-grooves lapping mode for precise ball[J]. Key Engineering Materials, 2006, 304-305: 300-304.
[70] Kurobe T, Kakuta H, Onoda M. Spin angle control lapping of balls(1st report)[J]. Journal of the Japan Society for Precision Engineering, 1996, 62(12): 1773-1777.
[71] Kurobe T, Kakuta H, Onoda M. Spin angle control lapping of balls(2nd report)[J]. Journal of the Japan Society for Precision Engineering, 1997, 63(5): 726-730.
[72] 吴玉厚, 王军, 郑焕文, 等. 陶瓷球轴承的制造工艺及其相关技术[J]. 制造技术与机床, 1996, (11): 8-10.
[73] Wu Y H, Zhang K, Sun H. Rubbing process technology of HIPSN ceramic balls[J]. Key Engineering Materials, 2001, 202-203: 185-188.
[74] Zhang K, Wu Y H, Li S H. Rubbing process and monitoring of precise ceramic ball[J]. Key Engineering Materials, 2001, 202-203: 329-332.
[75] 李颂华, 刘春泽, 张珂, 等. 新型陶瓷球研磨方式的力学分析[J]. 沈阳建筑工程学院学报(自然科学版), 2002, 18(3): 229-232, 240.
[76] 陆峰, 吴玉厚, 张珂. 混合轴承陶瓷球的锥形研磨加工工艺[J]. 东北大学学报, 2004, 25(1): 82-85.
[77] 吕冰海. 微型氮化硅陶瓷球研磨工艺的基础研究[D]. 杭州: 浙江工业大学, 2003.
[78] Lv B H, Yuan J L, Cheng F, et al. Influence of supporting characteristics on sphericity of ceramic balls in rotated dual-plates lapping process[J]. Advanced Materials Research, 2009, 69-70: 69-73.
[79] 吕冰海. 陶瓷球双转盘研磨方式及成球机理的研究[D]. 哈尔滨: 哈尔滨工业大学, 2007.
[80] Yuan J L, Yao W F, Deng Q F, et al. Research on V-groove angle of rotated dual-plates lapping

machine[J]. Applied Mechanics and Materials, 2010, 37-38:1125-1129.
[81] Yu W, Yuan J L, Lv B H, et al. Analysis on sliding state of ball in rotated dual-plates lapping mode[J]. Advanced Materials Research, 2011, 317-319: 345-349.
[82] Feng M, Wu Y B, Yuan J L, et al. Processing of high-precision ceramic balls with a spiral V-groove plate[J]. Frontiers of Mechanical Engineering, 2017, 12(1): 132-142.
[83] Tani Y, Kawata K, Nakayama K. Development of high-efficient fine finishing process using magnetic fluid[J]. CIRP Annals, 1984, 33(1): 217-220.
[84] Umehara N, Kirtane T, Gerlick R, et al. A new apparatus for finishing large size/large batch silicon nitride(Si_3N_4) balls for hybrid bearing applications by magnetic float polishing(MFP)[J]. International Journal of Machine Tools and Manufacture, 2006, 46(2): 151-169.
[85] Lee K L. Investigation of hidden polishing parameters in magnetic float polishing(MFP) of silicon nitride balls[D]. Stillwater: Oklahoma State University, 2005.
[86] Malpotra A, Singh L. Development of magnetic float polishing machine for steel balls[J]. Journal of Academia and Industrial Research, 2014, 3(1): 31-35.
[87] Bo Z, Uematsu T, Nakajima A. High efficiency and precision grinding of Si_3N_4 ceramic balls aided by magnetic fluid support using diamond wheels[J]. JSME International Journal Series C, 1998, 41(3): 499-505.
[88] Zhang B, Nakajima A, Kiuchi M. Grinding of Si_3N_4 ceramic balls with the aid of photo-catalyst of TiO_2[J]. CIRP Annals, 2002, 51(1): 259-262.
[89] Chang F Y, Childs T H C. Non-magnetic fluid grinding[J]. Wear, 1998, 223(1-2): 7-12.
[90] Childs T H C, Moss D J. Grinding ratio and cost issues in magnetic and non-magnetic fluid grinding[J]. CIRP Annals, 2000, 49(1): 261-264.
[91] Childs T H C, Moss D J. Wear and cost issues in magnetic fluid grinding[J]. Wear, 2001, 249(5-6): 509-516.
[92] 徐延忠. 高速磨削电主轴关键技术的研究[D]. 南京: 东南大学, 2004.
[93] Nakamura S, Kakino Y, Urano K, et al. An analysis and a performance evaluation of the under race lubrication spindle at high speed rotation[J]. Journal of Japan Society of Precision Engineering, 1994, 60(10): 1485-1489.
[94] 肖曙红, 张伯霖, 陈焰基. 高速电主轴关键技术的研究[J]. 组合机床与自动化加工技术, 1999, (12): 5.
[95] 饶水林. 航空发动机用氮化硅陶瓷轴承技术研究现状[J]. 中国陶瓷工业, 2020, 27(3): 35-38.
[96] 胡高斌, 徐晋, 薛泳泳, 等. 循环水泵陶瓷轴承及轴套改造方案[J]. 今日制造与升级, 2021, (Z1): 66-67.
[97] 翁俊. 陶瓷轴承在机加池 JG-15 刮泥机中的应用[J]. 设备管理与维修, 2020, (3): 109-110.
[98] Lavigne M, Vendittoli P A, Virolainen P, et al. Large head ceramic-on-ceramic bearing in primary total hip arthroplasty: Average 3-year follow-up of a multicentre study[J]. Hip International, 2020, 30(6): 711-717.
[99] Lee Y K, Kim K C, Yoon B H, et al. Cementless total hip arthroplasty with delta-on-delta ceramic bearing in patients younger than 30 years[J]. Hip International, 2021, 31(2): 181-185.
[100] Kim Y H, Park J W. Ultra-short anatomic uncemented femoral stem and ceramic-on-ceramic

bearing in patients with idiopathic or ethanol-induced femoral head osteonecrosis[J]. The Journal of Arthroplasty, 2020, 35(1): 212-218.

[101] Fernández-Fairén M, Torres-Perez A, Perez R, et al. Early short-term postoperative mechanical failures of current ceramic-on-ceramic bearing total hip arthroplasties[J]. Materials, 2020, 13(23): 5318.

[102] Eichler D, Barry J, Lavigne M, et al. No radiological and biological sign of trunnionosis with large diameter head ceramic bearing total hip arthroplasty after 5 years[J]. Orthopaedics & Traumatology: Surgery & Research, 2021, 107(1): 102543.

[103] Kim S M, Rhyu K H, Yoo J J, et al. The reasons for ceramic-on-ceramic revisions between the third- and fourth-generation bearings in total hip arthroplasty from multicentric registry data[J]. Scientific Reports, 2021, 11: 5539.

[104] Sedel L, Chappard D, Belzile E L. Ceramic-on-ceramic bearing: Recent progress and solved controversies[J]. Orthopaedics & Traumatology: Surgery & Research, 2021, 107(1): 102799.

[105] 张伟儒, 李伶, 王坤. 先进陶瓷材料研究现状及发展趋势[J]. 新材料产业, 2016, (1): 2-8.

[106] Liu W X. Research on relationship of residual stress, grinding conditions and workpiece property in engineering ceramic grinding surface[J]. Advanced Materials Research, 2013, 753-755: 306-309.

[107] 李颂华, 秘文博, 吴玉厚, 等. 氮化硅轴承套圈沟道的超精研工艺实验研究[J]. 机械与电子, 2017, 35(2): 32-35, 76.

[108] Malkin S. Grinding Technology: Theory and Applications of Machining with Abrasives[M]. New York: John Wiley & Sons, 1989.

[109] Yamaguchi K, Horaguchi I, Sato Y. Grinding with directionally aligned SiC whisker wheel—Loading-free grinding[J]. Precision Engineering, 1998, 22(2): 59-65.

[110] Inasaki I. Grinding of hard and brittle materials[J]. CIRP Annals, 1987, 36(3): 463-471.

[111] 于思远, 林滨, 林彬. 国内外先进陶瓷材料加工技术的进展[J]. 金刚石与磨料磨具工程, 2001, 21(4): 36-39, 3.

[112] 张东坤, 李长河. 工程陶瓷磨削力的影响因素研究[J]. 精密制造与自动化, 2014, (1): 10-13, 16.

[113] Azarhoushang B, Soltani B, Zahedi A. Laser-assisted grinding of silicon nitride by picosecond laser[J]. The International Journal of Advanced Manufacturing Technology, 2017, 93(5-8): 2517-2529.

[114] Kumar A, Ghosh S, Aravindan S. Grinding performance improvement of silicon nitride ceramics by utilizing nanofluids[J]. Ceramics International, 2017, 43(16): 13411-13421.

[115] Nishioka T, Tanaka Y, Yamakawa A, et al. Mechanism of mirror-finish grinding of silicon nitride ceramics[J]. Journal of the Ceramic Society of Japan, 2010, 104(1205): 33-37.

[116] Kuzin V. A model of forming the surface layer of ceramic parts based on silicon nitride in the grinding process[J]. Key Engineering Materials, 2012, 496: 127-131.

[117] Reveron H, Blanchard L, Vitupier Y, et al. Spark plasma sintering of fine alpha-silicon nitride ceramics with LAS for spatial applications[J]. Journal of the European Ceramic Society, 2011, 31(4): 645-652.

[118] Stojadinovic S, Tanovic L, Savicevic S. Micro-cutting mechanisms in silicon nitride ceramics Silinit R grinding[J]. Chinese Journal of Mechanical Engineering, 2015, 36(4): 291-297.

[119] Nishioka T, Nakao H, Yamakawa A, et al. Grindability of silicon nitride ceramics with metal-bonded grinding wheel[J]. Journal of the Ceramic Society of Japan, 2010, 103(1203): 1142-1146.

[120] Sciammarella F, Santner J, Staes J, et al. Production environment laser assisted machining of silicon nitride[C]. Conference Proceedings ICACC, 2010.

[121] Naito M, Hotta T, Hayakawa O, et al. Ball milling conditions of a very small amount of large particles in silicon nitride powder[J]. Journal of the Ceramic Society of Japan, 2010, 106(1236): 811-814.

[122] Mochida Y, Nishioka T, Yamakawa A, et al. Ultra-high-speed grinding of Si_3N_4 ceramics[J]. Journal of the Ceramic Society of Japan, 1997, 105(1225): 784-788.

[123] 万林林, 刘志坚, 邓朝晖, 等. 单颗磨粒切削氮化硅陶瓷表面残留高度研究[J]. 兵器材料科学与工程, 2017, 40(2): 1-7.

[124] 刘伟, 邓朝晖, 商圆圆, 等. 氮化硅陶瓷的单颗金刚石磨粒磨削试验研究[J]. 兵器材料科学与工程, 2016, 39(6): 1-5.

[125] 王少雷, 林彬, 王岩, 等. 杯形砂轮磨削氮化硅陶瓷表面形貌[J]. 科学通报, 2015, 60(3): 316-321.

[126] 李声超, 邓朝晖, 万林林, 等. 氮化硅陶瓷球面磨削表面破碎损伤研究[J]. 金刚石与磨料磨具工程, 2013, 33(1): 70-74.

[127] 龙飘, 邓朝晖, 万林林, 等. 氮化硅陶瓷球面 ELID 磨削过程控制实验研究[J]. 湘潭大学自然科学学报, 2012, 34(2): 117-121.

[128] 张彦斌, 林滨, 梁小虎, 等. 基于分形理论表征工程陶瓷磨削表面[J]. 硅酸盐学报, 2013, 41(11): 1558-1563.

[129] 田欣利, 王龙, 郭昉, 等. 小砂轮轴向大切深缓进给磨削的磨损特征[J]. 装甲兵工程学院学报, 2016, 30(1): 87-91.

[130] 林明星, 吕冰海, 袁巨龙, 等. 高精度氮化硅陶瓷球批量加工研磨工艺研究[J]. 机电工程, 2013, 30(2): 171-174, 213.

[131] 白鹤鹏, 董海, 杨海军, 等. PCD 刀具加工氮化硅陶瓷孔的试验研究[J]. 金刚石与磨料磨具工程, 2017, 37(1), 61-65, 73.

[132] 曹连静, 孙玉利, 左敦稳, 等. 金刚石线锯切割氮化硅的实验研究[J]. 金刚石与磨料磨具工程, 2013, 33(5): 5-11.

[133] Morrison F R, McCool J I, Yonushonis T M, et al. The load-life relationship for M50 steel bearings with silicon nitride ceramic balls[J]. Lubrication Engineering, 1984, 40(3): 153-159.

[134] 李婷. 谈陶瓷轴承的应用及市场前景[J]. 现代技术陶瓷, 2010, 31(3): 44-50.

[135] 林彩梅. 陶瓷轴承在高速机床中的应用研究[J]. 现代制造技术与装备, 2010, (3): 17-18, 29.

[136] Shoda Y, Ijuin S, Aramaki H, et al. The performance of a hybrid ceramic ball bearing under high speed conditions with the under-race lubrication method[J]. Tribology Transaction, 1997, 40(4): 676-684.

[137] Aramaki H, Shoda Y, Morishita Y, et al. The performance of ball bearings with silicon nitride

ceramic balls in high speed spindles for machine tools[J]. Journal of Tribology, 1988, 110(4): 693-698.

[138] Weck M, Koch A. Spindle bearing systems for high-speed applications in machine tools[J]. CIRP Annals, 1993, 42(1): 445-448.

[139] Chiu Y P, Pearson P K, Dezzani M, et al. Fatigue life and performance testing of hybrid ceramic ball bearing[J]. Lubrication Engineering, 1996, 52(3): 198-204.

[140] 靳国栋, 薛进学, 李亮, 等. 高温高速全陶瓷轴承配合技术研究[J]. 智能制造, 2016, (7): 49-53.

[141] 吴玉厚, 朱玉生, 李颂华. 全陶瓷轴承动力学特性分析与应用研究[J]. 组合机床与自动化加工技术, 2016, (4): 51-55.

[142] Charki A, Diop K, Champmartin S, et al. Numerical simulation and experimental study of thrust air bearings with multiple orifices[J]. International Journal of Mechanical Sciences, 2013, 72: 28-38.

[143] Bovet C, Zamponi L. An approach for predicting the internal behaviour of ball bearings under high moment load[J]. Mechanism and Machine Theory, 2016, 101: 1-22.

[144] Chasalevris A. Finite length floating ring bearings: Operational characteristics using analytical methods[J]. Tribology International, 2016, 94: 571-590.

[145] Wang H, Han Q K, Zhou D N. Nonlinear dynamic modeling of rotor system supported by angular contact ball bearings[J]. Mechanical Systems and Signal Processing, 2017, 85: 16-40.

[146] Halminen O, Aceituno J F, Escalona J L, et al. Models for dynamic analysis of backup ball bearings of an AMB-system[J]. Mechanical Systems and Signal Processing, 2017, 95: 324-344.

[147] 郑艳伟, 邓四二, 张文虎. 圆柱滚子轴承合套参数对轴承振动特性影响分析[J]. 轴承, 2019, (3): 35-41, 47.

[148] 姚齐水, 向磊, 李超, 等. 新型圆柱滚子轴承动态特性分析[J]. 振动工程学报, 2020, 33(4): 734-741.

[149] 曹宏瑞, 景新, 苏帅鸣, 等. 中介轴承故障动力学建模与振动特征分析[J]. 机械工程学报, 2020, 56(21): 89-99.

[150] Han Q K, Chu F L. Nonlinear dynamic model for skidding behavior of angular contact ball bearings[J]. Journal of Sound and Vibration, 2015, 354: 219-235.

[151] Wang Y L, Wang W Z, Zhang S G, et al. Investigation of skidding in angular contact ball bearings under high speed[J]. Tribology International, 2015, 92: 404-417.

[152] Han Q K, Li X L, Chu F L. Skidding behavior of cylindrical roller bearings under time-variable load conditions[J]. International Journal of Mechanical Sciences, 2018, 135: 203-214.

[153] Liao T N, Lin J F. Ball bearing skidding under radial and axial loads[J]. Mechanism and Machine Theory, 2002, 37(1): 91-113.

[154] Quagliato L, Kim D, Lee N, et al. Run-out based crossed roller bearing life prediction by utilization of accelerated testing approach and FE numerical models[J]. International Journal of Mechanical Sciences, 2017, 130: 99-110.

[155] Motahari-Nezhad M, Jafari S M. Bearing remaining useful life prediction under starved lubricating condition using time domain acoustic emission signal processing[J]. Expert Systems

with Applications, 2021, 168: 114391.

[156] Qian Y N, Yan R Q, Gao R X. A multi-time scale approach to remaining useful life prediction in rolling bearing[J]. Mechanical Systems and Signal Processing, 2017, 83: 549-567.

[157] Kankar P K, Sharma S C, Harsha S P. Vibration based performance prediction of ball bearings caused by localized defects[J]. Nonlinear Dynamics, 2012, 69(3): 847-875.

[158] Patil M S, Mathew J, Rajendrakumar P K, et al. A theoretical model to predict the effect of localized defect on vibrations associated with ball bearing[J]. International Journal of Mechanical Sciences, 2010, 52(9): 1193-1201.

[159] Kıral Z, Karagülle H. Vibration analysis of rolling element bearings with various defects under the action of an unbalanced force[J]. Mechanical Systems and Signal Processing, 2006, 20(8): 1967-1991.

[160] Liu J, Xu Y J, Pan G. A combined acoustic and dynamic model of a defective ball bearing[J]. Journal of Sound and Vibration, 2021, 501: 116029.

[161] Kasai M, Fillon M, Bouyer J, et al. Influence of lubricants on plain bearing performance: Evaluation of bearing performance with polymer-containing oils[J]. Tribology International, 2012, 46(1): 190-199.

[162] Lv F, Jiao C X, Ta N, et al. Mixed-lubrication analysis of misaligned bearing considering turbulence[J]. Tribology International, 2018, 119: 19-26.

[163] Xie Z L, Rao Z S, Ta N. Investigation on the lubrication regimes and dynamic characteristics of hydro-hybrid bearing of two-circuit main loop liquid sodium pump system[J]. Annals of Nuclear Energy, 2018, 115: 220-232.

[164] Zhao S X, Dai X D, Meng G, et al. An experimental study of nonlinear oil-film forces of a journal bearing[J]. Journal of Sound and Vibration, 2005, 287(4-5): 827-843.

[165] Nonato F, Cavalca K L. An approach for including the stiffness and damping of elastohydrodynamic point contacts in deep groove ball bearing equilibrium models[J]. Journal of Sound and Vibration, 2014, 333(25): 6960-6978.

[166] Bizarre L, Nonato F, Cavalca K L. Formulation of five degrees of freedom ball bearing model accounting for the nonlinear stiffness and damping of elastohydrodynamic point contacts[J]. Mechanism and Machine Theory, 2018, 124: 179-196.

[167] Xia X, Wang Z. Grey relation between nonlinear characteristic and dynamic uncertainty of rolling bearing friction torque[J]. Chinese Journal of Mechanical Engineering, 2009, 22(2): 244-249.

[168] Yang W X, Wang X L, Li H Q, et al. A novel tribometer for the measurement of friction torque in microball bearings[J]. Tribology International, 2017, 114: 402-408.

[169] Zhang X N, Han Q K, Peng Z K, et al. A new nonlinear dynamic model of the rotor-bearing system considering preload and varying contact angle of the bearing[J]. Communications in Nonlinear Science and Numerical Simulation, 2015, 22(1-3): 821-841.

[170] Zhang W H, Deng S E, Chen G D, et al. Impact of lubricant traction coefficient on cage's dynamic characteristics in high-speed angular contact ball bearing[J]. Chinese Journal of Aeronautics, 2017, 30(2): 827-835.

[171] Yang Z H, Yu T X, Zhang Y G, et al. Influence of cage clearance on the heating characteristics of high-speed ball bearings[J]. Tribology International, 2017, 105: 125-134.

[172] Than V T, Huang J H. Nonlinear thermal effects on high-speed spindle bearings subjected to preload[J]. Tribology International, 2016, 96: 361-372.

[173] Zahedi A, Movahhedy M R. Thermo-mechanical modeling of high speed spindles[J]. Scientia Iranica, 2012, 19(2): 282-293.

[174] Zhang J H, Fang B, Zhu Y S, et al. A comparative study and stiffness analysis of angular contact ball bearings under different preload mechanisms[J]. Mechanism and Machine Theory, 2017, 115: 1-17.

[175] Zhang J H, Fang B, Hong J, et al. Effect of preload on ball-raceway contact state and fatigue life of angular contact ball bearing[J]. Tribology International, 2017, 114: 365-372.

[176] Pandiyarajan R, Starvin M S, Ganesh K C. Contact stress distribution of large diameter ball bearing using hertzian elliptical contact theory[J]. Procedia Engineering, 2012, 38: 264-269.

[177] Bai C Q, Zhang H Y, Xu Q Y. Effects of axial preload of ball bearing on the nonlinear dynamic characteristics of a rotor-bearing system[J]. Nonlinear Dynamics, 2008, 53(3): 173-190.

[178] Tomović R. Calculation of the necessary level of external radial load for inner ring support on q rolling elements in a radial bearing with internal radial clearance[J]. International Journal of Mechanical Sciences, 2012, 60(1): 23-33.

[179] Ren X L, Zhai J, Ren G. Calculation of radial load distribution on ball and roller bearings with positive, negative and zero clearance[J]. International Journal of Mechanical Sciences, 2017, 131-132: 1-7.

[180] Harsha S P, Sandeep K, Prakash R. Nonlinear dynamic response of a rotor bearing system due to surface waviness[J]. Nonlinear Dynamics, 2004, 37(2): 91-114.

[181] Wang Y L, Wang W Z, Zhang S G, et al. Effects of raceway surface roughness in an angular contact ball bearing[J]. Mechanism and Machine Theory, 2018, 121: 198-212.

[182] Harsha S P, Kankar P K. Stability analysis of a rotor bearing system due to surface waviness and number of balls[J]. International Journal of Mechanical Sciences, 2004, 46(7): 1057-1081.

[183] Wang H, Han Q K, Luo R Z, et al. Dynamic modeling of moment wheel assemblies with nonlinear rolling bearing supports[J]. Journal of Sound and Vibration, 2017, 406: 124-145.

[184] Mao Y Z, Wang L Q, Zhang C. Influence of ring deformation on the dynamic characteristics of a roller bearing in clearance fit with housing[J]. International Journal of Mechanical Sciences, 2018, 138-139: 122-130.

[185] Jones A B. The Mathematical Theory of Rolling Element Bearing[M]. Oxford: Pergamon Press, 1956.

[186] Harris T A. An analytical method to predict skidding in high speed roller bearings[J]. ASLE Transaction, 1996, 9(3): 229-241.

[187] Boness R J. The effect of oil supply on cage and roller motion in a lubricated roller bearing[J]. Journal of Lubrication Technology, 1970, 92(1): 39-51.

[188] Walters C T. The dynamics of ball bearings[J]. Journal of Lubrication Technology, 1971, 93(1): 1-10.

[189] 李德水，陈国定，余永健. 基于拟动力学高速角接触球轴承动态特性分析[J]. 航空动力学报, 2017, 32(3): 730-739.

[190] 姚建涛，于清焕，孙晓宇，等. 角接触球轴承非线性动态特性分析[J]. 轴承, 2018, (1): 29-33.

[191] Cao H R, Niu L K, Xi S T, et al. Mechanical model development of rolling bearing-rotor systems: A review[J]. Mechanical Systems and Signal Processing, 2018, 102: 37-58.

[192] Bollinger J G, Geiger G. Analysis of the static and dynamic behavior of lathe spindles[J]. International Journal of Machine Tool Design and Research, 1964, 3(4): 193-209.

[193] Gupta P K. Cage unbalance and wear in ball bearings[J]. Wear, 1991, 147(1): 93-104.

[194] Zverv I, Pyoun Y S, Lee K B, et al. An elastic deformation model of high speed spindles built into ball bearings[J]. Journal of Materials Processing Technology, 2005, 170(3): 570-578.

[195] Karacay T, Akturk N. Vibrations of a grinding spindle supported by angular contact ball bearings[J]. Proceedings of the Institution of Mechanical Engineers, Part K: Journal of Multi-Body Dynamics, 2008, 222(1): 61-75.

[196] Jedrzejewski J, Kwasny W. Modelling of angular contact ball bearings and axial displacements for high-speed spindles[J]. CIRP Annals—Manufacturing Technology, 2010, 59(1): 377-382.

[197] Gunduz A, Dreyer J T, Singh R. Effect of bearing preloads on the modal characteristics of a shaft-bearing assembly: Experiments on double row angular contact ball bearings[J]. Mechanical Systems and Signal Processing, 2012, 31: 176-195.

[198] Tomovic R, Miltenovic V, Banic M, et al. Vibration response of rigid rotor in unloaded rolling element bearing[J]. International Journal of Mechanical Sciences, 2010, 52(9): 1176-1185.

[199] Jacobs W, Boonen R, Sas P, et al. The influence of the lubricant film on the stiffness and damping characteristics of a deep groove ball bearing[J]. Mechanical Systems and Signal Processing, 2014, 42(1-2): 335-350.

[200] Cakmak O, Sanliturk K Y. A dynamic model of an overhung rotor with ball bearings[J]. Proceedings of the Institution of Mechanical Engineers, Part K: Journal of Multi-Body Dynamics, 2011, 225(4): 310-321.

[201] Stolarski T A, Gawarkiewicz R, Tesch K. Acoustic journal bearing—A search for adequate configuration[J]. Tribology International, 2015, 92: 387-394.

[202] Stolarski T A, Gawarkiewicz R, Tesch K. Acoustic journal bearing—Performance under various load and speed conditions[J]. Tribology International, 2016, 102: 297-304.

[203] Rho B H, Kim K W. Acoustical properties of hydrodynamic journal bearings[J]. Tribology International, 2003, 36: 61-66.

[204] Bouaziz S, Fakhfakh T, Haddar M. Acoustic analysis of hydrodynamic and elasto-hydrodynamic oil lubricated journal bearings[J]. Journal of Hydrodynamics, Series B, 2012, 24(2): 250-256.

[205] Jiang S Y, Mao H B. Investigation of variable optimum preload for a machine tool spindle[J]. International Journal of Machine Tools and Manufacture, 2010, 50(1): 19-28.

[206] Jiang S Y, Mao H B. Investigation of the high speed rolling bearing temperature rise with oil-air lubrication[J]. Journal of Tribology, 2011, 133(2): 021101-1-021101-9.

[207] Jiang S Y, Zheng S F. Dynamic design of a high-speed motorized spindle-bearing system[J].

Journal of Mechanical Design, 2010, 132(3): 034501-1-034501-5.

[208] Jiang S Y, Zheng S F. A modeling approach for analysis and improvement of spindle-drawbar-bearing assembly dynamics[J]. International Journal of Machine Tools and Manufacture, 2010, 50(1): 131-142.

[209] Yan K, Wang Y T, Zhu Y S, et al. Investigation on heat dissipation characteristic of ball bearing cage and inside cavity at ultra high rotation speed[J]. Tribology International, 2016, 93: 470-481.

[210] Zhang X N, Han Q K, Peng Z K, et al. A comprehensive dynamic model to investigate the stability problems of the rotor-bearing system due to multiple excitations[J]. Mechanical Systems and Signal Processing, 2016, 70-71: 1171-1192.

[211] Zhang X N, Han Q K, Peng Z K, et al. Stability analysis of a rotor-bearing system with time-varying bearing stiffness due to finite number of balls and unbalanced force[J]. Journal of Sound and Vibration, 2013, 332(25): 6768-6784.

[212] 唐云冰, 罗贵火, 章璟璇, 等. 高速陶瓷滚动轴承等效刚度分析与试验[J]. 航空动力学报, 2005, 20(2): 240-244.

[213] 邓四二, 李兴林, 汪久根, 等. 角接触球轴承摩擦力矩特性研究[J]. 机械工程学报, 2011, 47(5): 114-120.

[214] 陈小安, 刘俊峰, 陈宏, 等. 计及套圈变形的电主轴角接触球轴承动刚度分析[J]. 振动与冲击, 2013, 32(2): 81-85.

[215] 高晓佳, 张珂. 高速陶瓷轴承电主轴单元的动性能研究[J]. 大连铁道学院学报, 2005, 26(2): 48-51.

[216] 王军. 混合陶瓷球轴承油气润滑与预紧力的实验研究[J]. 燕山大学学报, 2004, 28(1): 92-94.

[217] 古乐, 王黎钦, 齐毓霖, 等. 超低温高速混合式陶瓷轴承性能研究[J]. 哈尔滨工业大学学报, 2004, 36(2): 157-159.

[218] 张同钢, 王优强, 徐彩红, 等. 水润滑动静压陶瓷轴承的热弹流润滑分析[J]. 机械传动, 2017, 41(10): 17-22.

[219] Zhang K, Wang Z N, Bai X T, et al. Effect of preload on the dynamic characteristics of ceramic bearings based on a dynamic thermal coupling model[J]. Advances in Mechanical Engineering, 2020, 12(1): 1-18.

[220] Shi H T, Li Y Y, Bai X T, et al. Investigation of the orbit-spinning behaviors of the outer ring in a full ceramic ball bearing-steel pedestal system in wide temperature ranges[J]. Mechanical Systems and Signal Processing, 2021, 149: 107317.

[221] Shi H T, Bai X T. Model-based uneven loading condition monitoring of full ceramic ball bearings in starved lubrication[J]. Mechanical Systems and Signal Processing, 2020, 139: 106583.

[222] Chen F, Yan K, Zhang X H, et al. Microscale simulation method for prediction of mechanical properties and composition design of multilayer graphene-reinforced ceramic bearings[J]. Ceramics International, 2021, 47(12): 17531-17539.

[223] Botha J D M, Shahroki A, Rice H. An implementation of an aeroacoustic prediction model for broadband noise from a vertical axis wind turbine using a CFD informed methodology[J]. Journal of Sound and Vibration, 2017, 410: 389-415.

[224] 张建水. 结构参数对轴承振动噪声的影响[D]. 太原: 太原科技大学, 2013.
[225] Feng Z P, Ma H Q, Zuo M J. Spectral negentropy based sidebands and demodulation analysis for planet bearing fault diagnosis[J]. Journal of Sound and Vibration, 2017, 410: 124-150.
[226] 何磊, 黄迪山. 滚动轴承结构声学仿真研究[J]. 轴承, 2012, (11): 25-28.
[227] 张琦涛, 安琦. 深沟球轴承内圈及滚动体运动噪声的计算方法[J]. 华东理工大学学报(自然科学版), 2018, 44(6): 935-944.
[228] 康献民, 杜春英, 康华洲. 滚针轴承振动与噪声分析及试验[J]. 轴承, 2013, (8): 38-42.
[229] 刘明辉. 滚动轴承振动与噪声机理研究[D]. 太原: 太原科技大学, 2013.
[230] 刘明辉, 殷玉枫, 高崇仁, 等. 轴承噪声与外圈径向振动关系的灰色分析[J]. 轴承, 2013, (7): 42-46.
[231] 姚世卫, 杨俊, 张雪冰, 等. 水润滑橡胶轴承振动噪声机理分析与试验研究[J]. 振动与冲击, 2011, 30(2): 214-216.
[232] 王家序, 邱茜, 周广武, 等. 水润滑轴承振动噪声分析及实验研究[J]. 湖南大学学报(自然科学版), 2015, 42(8): 53-58.
[233] 涂文兵. 滚动轴承打滑动力学模型及振动噪声特征研究[D]. 重庆: 重庆大学, 2012.
[234] Guo Y, Eritenel T, Ericson T M, et al. Vibro-acoustic propagation of gear dynamics in a gear-bearing-housing system[J]. Journal of Sound and Vibration, 2014, 333(22): 5762-5785.
[235] Bai X T, Wu Y H, Zhang K, et al. Radiation noise of the bearing applied to the ceramic motorized spindle based on the sub-source decomposition method[J]. Journal of Sound and Vibration, 2017, 410: 35-48.
[236] 杨建华, 韩帅, 张帅, 等. 强噪声背景下滚动轴承微弱故障特征信号的经验模态分解[J]. 振动工程学报, 2020, 33(3): 582-589.
[237] 周易文, 陈金海, 王恒, 等. 基于噪声辅助信号特征增强的滚动轴承早期故障诊断[J]. 振动与冲击, 2020, 39(15): 66-73.
[238] Wang C, Shen C Q, He Q B, et al. Wayside acoustic defective bearing detection based on improved Dopplerlet transform and Doppler transient matching[J]. Applied Acoustics, 2016, 101: 141-155.
[239] Wang J, He Q B, Kong F R. A new synthetic detection technique for trackside acoustic identification of railroad roller bearing defects[J]. Applied Acoustics, 2014, 85: 69-81.
[240] Zhang H B, Lu S L, He Q B, et al. Multi-bearing defect detection with trackside acoustic signal based on a pseudo time-frequency analysis and Dopplerlet filter[J]. Mechanical Systems and Signal Processing, 2016, 70-71: 176-200.
[241] Mohanty S, Gupta K K, Raju K S. Hurst based vibro-acoustic feature extraction of bearing using EMD and VMD[J]. Measurement, 2017, 117: 200-220.
[242] 黄滨. 推力轴承三维热弹流润滑性能及其振动噪声特性研究[D]. 杭州: 浙江大学, 2013.
[243] Hemmati F, Orfali W, Gadala M S. Roller bearing acoustic signature extraction by wavelet packet transform, applications in fault detection and size estimation[J]. Applied Acoustics, 2016, 104: 101-118.
[244] 李洪梅. 影响深沟球轴承振动与噪声因素的测量与研究[D]. 哈尔滨: 哈尔滨工程大学, 2003.

[245] Elasha F, Greaves M, Mba D, et al. Application of acoustic emission in diagnostic of bearing faults within a helicopter gearbox[J]. Procedia CIRP, 2015, 38: 30-36.

[246] 周广武, 王家序, 李俊阳, 等. 低速重载条件下水润滑橡胶合金轴承摩擦噪声研究[J]. 振动与冲击, 2013, 32(20): 14-17, 34.

[247] Liu F, He Q B, Kong F R, et al. Doppler effect reduction based on time-domain interpolation resampling for wayside acoustic defective bearing detector system[J]. Mechanical Systems and Signal Processing, 2014, 46(2): 253-271.

[248] 白晓天, 石怀涛, 张珂, 等. 滚动体尺寸误差对全陶瓷球轴承辐射噪声影响分析[J]. 振动与冲击, 2020, 39(19): 55-61.

[249] 李颂华. 高速陶瓷电主轴的设计与制造关键技术研究[D]. 大连: 大连理工大学, 2012.

[250] 曾承志. 大型双馈风电机组传动系统故障诊断和故障失效预测技术研究[D]. 沈阳: 沈阳工业大学, 2016.

[251] 刘静, 邵毅敏, 秦晓猛, 等. 基于非理想 Hertz 线接触特性的圆柱滚子轴承局部故障动力学建模[J]. 机械工程学报, 2014, 50(1): 91-97.

[252] Guo Y, Sun S B, Wu X, et al. Experimental investigation on double-impulse phenomenon of hybrid ceramic ball bearing with outer race spall[J]. Mechanical Systems and Signal Processing, 2018, 113: 189-198.

[253] 周忆, 廖静, 李剑波, 等. 结构参数对水润滑橡胶合金轴承摩擦噪声的影响分析[J]. 重庆大学学报, 2015, 38(3): 15-20.

[254] Delvecchio S, Bonfiglio P, Pompoli F. Vibro-acoustic condition monitoring of internal combustion engines: A critical review of existing techniques[J]. Mechanical Systems and Signal Processing, 2018, 99: 661-683.

[255] 康延辉, 时可可, 张帅军, 等. 滚动轴承振动噪声检测用驱动及测试装置[J]. 轴承, 2020, (4): 51-54.

[256] 夏新涛, 颉谭成, 邓四二, 等. 滚动轴承噪声的谐波控制原理[J]. 声学学报, 2003, 28(3): 255-261.

[257] 夏新涛, 王中宇, 孙立明, 等. 滚动轴承振动与噪声关系的灰色研究[J]. 航空动力学报, 2004, 19(3): 424-428.

[258] 张靖, 陈兵奎, 吴长鸿, 等. 圆锥滚子轴承预紧力对变速器啸叫噪声的影响分析[J]. 中国机械工程, 2013, 24(11): 1453-1458.

[259] 熊师, 周瑞平. 轴承刚度对船体辐射噪声的影响[J]. 船海工程, 2017, 46(6): 86-89, 93.

[260] Lee J, Wu F J, Zhao W, et al. Prognostics and health management design for rotary machinery systems—Reviews, methodology and applications[J]. Mechanical Systems and Signal Processing, 2014, 42(1-2): 314-334.

[261] Wang L, Snidle R W, Gu L. Rolling contact silicon nitride bearing technology: A review of recent research[J]. Wear, 2000, 246(1-2): 159-173.

[262] 王黎钦, 贾虹霞, 郑德志, 等. 高可靠性陶瓷轴承技术研究进展[J]. 航空发动机, 2013, 39(2): 6-13.

[263] 孟博, 马廉洁, 陈景强. 氧化铝陶瓷在腐蚀环境下的摩擦磨损性能[J]. 轴承, 2021, (2): 19-23.

[264] 苏柏万, 辛士红, 马越, 等. 氮化硅全陶瓷滚动轴承在酸性水溶液中的动态腐蚀磨损行为[J]. 轴承, 2020, (4): 38-42.

[265] 苏柏万, 孙北奇, 王玉良, 等. 水介质氮化硅全陶瓷滚动轴承磨损特性的研究[J]. 轴承, 2020, (3): 22-25.

[266] 张梦元, 杨文玉, 朱大虎, 等. 基于 Abaqus 的砂带磨削单磨粒建模与仿真[J]. 工具技术, 2014, 48(2): 18-22.

[267] Sun J, Wu Y H, Zhou P, et al. Simulation and experimental research on Si_3N_4 ceramic grinding based on different diamond grains[J]. Advances in Mechanical Engineering, 2017, 9(6): 1-12.

[268] 王鹰宇. Abaqus 分析用户手册——分析卷[M]. 北京: 机械工业出版社, 2017.

[269] 刘伟, 邓朝晖, 万林林, 等. 单颗金刚石磨粒切削氮化硅陶瓷仿真与试验研究[J]. 机械工程学报, 2015, 51(21): 191-198.

[270] 吴玉厚, 王宇, 李颂华, 等. 氧化锆陶瓷轴承套圈内圆磨削力的试验研究[J]. 机械设计与制造, 2015(9): 159-161, 165.

[271] 刘伟. 基于单颗磨粒切削的氮化硅陶瓷精密磨削仿真与实验研究[D]. 长沙: 湖南大学, 2014.

[272] 张珂, 齐宇飞, 王贺, 等. 氧化锆陶瓷磨削机理有限元仿真与实验[J]. 沈阳建筑大学学报(自然科学版), 2014, 30(3): 523-529.

[273] Dai C W, Ding W F, Xu J H, et al. Influence of grain wear on material removal behavior during grinding nickel-based superalloy with a single diamond grain[J]. International Journal of Machine Tools and Manufacture, 2017, 113: 49-58.

[274] 贺勇, 黄辉, 徐西鹏. 单颗金刚石磨粒磨削 SiC 的磨削力实验研究[J]. 金刚石与磨料磨具工程, 2014, 34(2): 25-28.

[275] 吴海勇. 金刚石磨粒划擦过程中的机械磨损特性研究[D]. 泉州: 华侨大学, 2016.

[276] Yan L, Rong Y M, Jiang F, et al. Three-dimension surface characterization of grinding wheel using white light interferometer[J]. The International Journal of Advanced Manufacturing Technology, 2011, 55(1-4): 133-141.

[277] 王强. 陶瓷套圈内圆磨粗糙度研究及分子动力学仿真[D]. 沈阳: 沈阳建筑大学, 2013.

[278] 刘书博. 陶瓷材料平面磨削表面粗糙度预测与实验研究[D]. 哈尔滨: 哈尔滨理工大学, 2012.

[279] Li P, Chen S Y, Jin T, et al. Machining behaviors of glass-ceramics in multi-step high-speed grinding: Grinding parameter effects and optimization[J]. Ceramics International, 2021, 47(4): 4659-4673.

[280] 吴玉厚, 王浩, 孙健, 等. 氮化硅陶瓷磨削表面质量的建模与预测[J]. 表面技术, 2020, 49(3): 281-289.

[281] 李颂华, 韩光田, 孙健. 氧化锆陶瓷沟道磨削表面质量研究[J]. 硅酸盐通报, 2020, 39(4): 1260-1265.

[282] 李颂华, 隋阳宏, 孙健, 等. 磨削力对 HIPSN 陶瓷磨削亚表面裂纹的影响[J]. 现代制造工程, 2020, (3):1-6.

[283] 李颂华, 韩光田, 孙健, 等. 金刚石砂轮磨削轴承用 ZrO_2 陶瓷表面质量研究[J]. 金刚石与磨料磨具工程, 2019, 39(6): 75-81.

[284] 王西彬, 任敬心. 结构陶瓷磨削表面微裂纹的研究[J]. 无机材料学报, 1996, 11(4): 658-664.

[285] Zhang K, Sun J, Wang H, et al. Experimental research on high speed grinding of silicon nitride ceramic spindle[J]. Materials Science Forum, 2016, 874: 253-258.

[286] 袁东, 程金生, 杨润泽, 等. 陶瓷材料磨削裂纹扩展行为研究[J]. 机械设计与制造, 2011, (4): 144-146.

[287] 田欣利, 于爱兵. 工程陶瓷加工的理论与技术[M]. 北京: 国防工业出版社, 2006.

[288] Cundall P A. A computer model for rock mass behavior using interactive graphics for the input and output of geometrical data[R]. Minneapolis: University of Minnesota, 1974.

[289] Mo Z Z, Li H B, Zhou Q C, et al. Research on numerical simulation of rock breaking using TBM disc cutters based on UDEC method[J]. Rock & Soil Mechanics, 2012, 33(4): 1196-1202, 1209.

[290] 马廉洁, 巩亚东, 于爱兵, 等. 可加工陶瓷加工技术及应用[M]. 北京: 科学出版社, 2017.

[291] 马丁 T. 哈根, 等. 神经网络设计[M]. 2 版. 章毅, 等译. 北京: 机械工业出版社, 2018.

[292] 洛阳轴承研究所有限公司, 襄阳汽车轴承股份有限公司, 上海天安轴承有限公司. 滚动轴承/向心轴承产品几何技术规范(GPS)和公差值: GB/T 307.1—2017[S]. 北京: 全国滚动轴承标准化技术委员会, 2017.

[293] 秘文博. Si_3N_4陶瓷轴承外圈沟道的精磨与超精实验研究[D]. 沈阳: 沈阳建筑大学, 2017.

[294] 王维东. 氧化锆陶瓷轴承沟道超精研机理与工艺优化[D]. 沈阳: 沈阳建筑大学, 2019.

[295] Abdo B M A, Ahmed N, El-Tamimi A M, et al. Laser beam machining of zirconia ceramic: An investigation of micro-machining geometry and surface roughness[J]. Journal of Mechanical Science and Technology, 2019, 33(4): 1817-1831.

[296] 吴玉厚, 陈文征, 孙健, 等. 氮化硅陶瓷轴承套圈沟道超精加工工艺参数优化研究[J]. 现代制造工程, 2020, (10): 78-82.

[297] Archard J F. Mechanical polishing of metals: A scientific argument of long standing[J]. Physics Bulletin, 1985, 36(5): 212-214.

[298] 李国广. 钢球精密研磨机理及研球工艺研究[D]. 邯郸: 河北工程大学, 2014.

[299] 丁东辉. 树脂类精密球体研磨加工机理研究及仿真分析[D]. 杭州: 浙江工业大学, 2011.

[300] 庄司克雄. 磨削加工技术[M]. 郭隐彪, 王振忠，译. 北京: 机械工业出版社, 2007.

[301] Burwell J T Jr. Survey of possible wear mechanisms[J]. Wear, 1957, 1(2): 119-141.

[302] Adachi K, Hutchings I M. Wear-mode mapping for the micro-scale abrasion test[J]. Wear, 2003, 255(1-6): 23-29.

[303] Trezona R I, Allsopp D N, Hutchings I M. Transitions between two-body and three-body abrasive wear: influence of test conditions in the microscale abrasive wear test[J]. Wear, 1999, 225-229: 205-214.

[304] Williams J A, Hyncica A M. Mechanisms of abrasive wear in lubricated contacts[J]. Wear, 1992, 152(1): 57-74.

[305] 龚江宏. 陶瓷材料断裂力学[M]. 北京: 清华大学出版社, 2001.

[306] Anderson T L. Fracture Mechanics: Fundamentals and Applications[M]. Boca Raton: CRC Press, 2017.

[307] 曹志强, 詹建明, 张富. 液流悬浮超光滑加工硬脆材料去除机理[J]. 农业机械学报, 2008,

39(11): 164-168.

[308] Achtsnick M, Geelhoed P F, Hoogstrate A M, et al. Modelling and evaluation of the micro abrasive blasting process[J]. Wear, 2005, 259(1-6): 84-94.

[309] Anton R J, Subhash G. Dynamic vickers indentation of brittle materials[J]. Wear, 2000, 239(1): 27-35.

[310] Hill R. The Mathematical Theory of Plasticity[M]. Oxford: Oxford University Press, 1950.

[311] Evans A G, Gulden M E, Rosenblatt M. Impact damage in brittle materials in the elastic-plastic response regime[C]. Proceedings of the Royal Society A, 1978, 361:343-365.

[312] 郑杰. 试验设计与数据分析: 基于 R 语言应用[M]. 广州: 华南理工大学出版社, 2016.

[313] Yu D L, Zhu Z X, Min J L, et al. Multi-scale decomposition enhancement algorithm for surface defect images of Si_3N_4 ceramic bearing balls based on stationary wavelet transform[J]. Advances in Applied Ceramics, 2020, 120(1): 47-57.

[314] Kuang F M, Zhou X C, Huang J, et al. Machine-vision-based assessment of frictional vibration in water-lubricated rubber stern bearings[J]. Wear, 2019, 426-427: 760-769.

[315] Lu G C, Shi X L, Liu X Y, et al. Effects of functionally gradient structure of Ni_3Al metal matrix self-lubrication composites on friction-induced vibration and noise and wear behaviors[J]. Tribology International, 2019, 135: 75-88.

[316] Xue Y W, Shi X L, Zhou H Y, et al. Effects of groove-textured surface combined with Sn-Ag-Cu lubricant on friction-induced vibration and noise of GCr15 bearing steel[J]. Tribology International, 2020, 148: 106316.

[317] Bai X T, Wu Y H, Rosca I C, et al. Investigation on the effects of the ball diameter difference in the sound radiation of full ceramic bearings[J]. Journal of Sound and Vibration, 2019, 450: 231-250.

[318] Shi H T, Bai X T, Zhang K, et al. Effect of thermal-related fit clearance between outer ring and pedestal on the vibration of full ceramic ball bearing[J]. Shock and Vibration, 2019: 1-15.

[319] 王洪明. 航空发动机轴承游隙对发动机振动的影响分析[J]. 湖南工程学院学报(自然科学版), 2020, 30(2): 47-51.

[320] 邓四二, 贾群义, 薛进学. 滚动轴承设计原理[M]. 北京: 中国标准出版社, 2014.

[321] Harris T A, Kotzalas M N. Rolling Bearing Analysis(Fifth Edition): Essential Concepts of Bearing Technology[M]. Boca Raton: CRC Press, 2006.

[322] Shi H T, Bai X T, Zhang K, et al. Influence of uneven loading condition on the sound radiation of starved lubricated full ceramic ball bearings[J]. Journal of Sound and Vibration, 2019, 461: 114910.

[323] Yan H P, Wu Y H, Li S H, et al. The effect of factors on the radiation noise of high-speed full ceramic angular contact ball bearings[J]. Shock and Vibration, 2018: 1-9.

[324] 王建文, 安琦. 油气润滑最佳供油量研究[J]. 轴承, 2009, (1): 39-42.

[325] Bair S, Kottke P. Pressure-viscosity relationships for elastohydrodynamics[J]. Tribology Transactions, 2003, 46(3): 289-295.

[326] 温保岗. 角接触球轴承保持架动力学特性及其试验研究[D]. 大连: 大连理工大学, 2017.

[327] 姚廷强, 王立华, 迟毅林, 等. 球轴承多体接触动力学研究[J]. 航空动力学报, 2013, 28(7):

1624-1636.

[328] Gupta P K. Advanced Dynamics of Rolling Elements[M]. New York: Springer Science & Business Media, 1984.

[329] 杨咸启. 接触力学理论与滚动轴承设计分析[M]. 武汉: 华中科技大学出版社, 2018.

[330] Yan H P, Wu Y H, Sun J, et al. Acoustic model of ceramic angular contact ball bearing based on multi-sound source method[J]. Nonlinear Dynamics, 2020, 99(2): 1155-1177.

[331] Liu J, Shao Y M, Lim T C. Impulse vibration transmissibility characteristics in the presence of localized surface defects in deep groove ball bearing systems[J]. Proceedings of the Institution of Mechanical Engineers, Part K: Journal of Multi-Body Dynamics, 2013, 228(1): 62-81.

[332] 杜功焕, 朱哲民, 龚秀芬. 声学基础[M]. 2 版. 南京: 南京大学出版社, 2012.

[333] 赵玫, 周海亭, 陈光冶, 等. 机械振动与噪声[M]. 北京: 科学出版社, 2004.

[334] 夏新涛, 刘红彬. 滚动轴承振动与噪声研究[M]. 北京: 国防工业出版社, 2015.

[335] Li J P, Chen W. A modified singular boundary method for three-dimensional high frequency acoustic wave problems[J]. Applied Mathematical Modelling, 2018, 54: 189-201.

[336] Li C, Liang J, Xiao T J. Polynomial stability for wave equations with acoustic boundary conditions and boundary memory damping[J]. Applied Mathematics and Computation, 2018, 321: 593-601.

[337] Wang Z, Zhao Z, Liu Z, et al. A method for multi-frequency calculation of boundary integral equation in acoustics based on series expansion[J]. Applied Acoustics, 2009, 70(3): 459-468.

[338] Aslani P, Sommerfeldt S D, Blotter J D. Analysis of the external radiation from circular cylindrical shells[J]. Journal of Sound and Vibration, 2017, 408: 154-167.

[339] Gear C. Simultaneous numerical solution of differential-algebraic equations[J]. IEEE Transactions on Circuit Theory, 1971, 18(1): 89-95.

[340] Yan H P, Wu Y H, Li S H, et al. Research on sound field characteristics of full-ceramic angular contact ball bearing[J]. Journal of the Brazilian Society of Mechanical Sciences and Engineering, 2020, 42(6): 1-16.

[341] Wu Y H, Yan H P, Li S H, et al. Calculation on the radiation noise of ceramic ball bearings based on dynamic model considering nonlinear contact stiffness and damping[J]. Journal of Sound and Vibration, 2020, 479: 115374.

[342] Bai X T, An D, Zhang K. On the circumferential distribution of ceramic bearing sound radiation[J]. Journal of the Brazilian Society of Mechanical Sciences and Engineering, 2020, 42(2): 1-13.

[343] Drongelen W. Signal Processing for Neuroscientists(Second Edition): Chapter 6—Continuous, Discrete, and Fast Fourier Transform[M]. Oxford: Academic Press, 2018.

[344] Gao H, Meng X H, Qian K J. The impact analysis of beating vibration for active magnetic bearing[J]. IEEE Access, 2019, 99: 1.

[345] Chen G, Qu M J. Modeling and analysis of fit clearance between rolling bearing outer ring and housing[J]. Journal of Sound and Vibration, 2019, 438(6): 419-440.

[346] Zhang K, Wu X C, Bai X T, et al. Effect of the lubrication parameters on the ceramic ball bearing vibration in starved conditions[J]. Applied Sciences, 2020, 10(4): 1237.

[347] 齐兆悦. 不同润滑状态下柔性轴承摩擦噪声研究[D]. 哈尔滨: 哈尔滨工业大学, 2019.

[348] 吴玉厚, 张丽秀. 高速数控机床电主轴控制技术[M]. 北京: 科学出版社, 2013.

[349] 张珂, 吴玉厚, 富大伟, 等. 陶瓷轴承在数控机床主轴单元中的应用研究[J]. 机械制造, 2002, 40(4): 33-35.

[350] Li S H, Li X, Feng M H, et al. Dynamic behavior of all-ceramic spindle-bearing unit with preload[J]. Applied Mechanics and Materials, 2013, 365-366: 314-317.

[351] Wu Y H, Zhang L X. Intelligent Motorized Spindle Technology[M]. Singapore: Springer, 2020.

[352] 吴玉厚, 刘小文, 张珂, 等. 170SD30 全陶瓷电主轴有限元分析及其振动性能测试[J]. 沈阳建筑大学学报(自然科学版), 2010, 26(4): 767-771.

[353] 王丽艳. 陶瓷电主轴电磁力及损耗分析[D]. 沈阳: 沈阳建筑大学, 2012.

[354] 吴玉厚, 李颂华. 一种热等静压氮化硅全陶瓷电主轴及其制造方法: 中国, ZL 200610134117.4[P]. 2007-04-18.

[355] 吴玉厚, 李颂华. 一种无内圈式热等静压氮化硅全陶瓷球轴承及其制造方法: 中国, ZL 200610134118.9[P]. 2007-04-18.

[356] 张珂, 佟俊, 吴玉厚, 等. 陶瓷轴承电主轴的模态分析及其动态性能实验[J]. 沈阳建筑大学学报(自然科学版), 2008, 24(3): 490-493.

[357] Li S H, Wu Y H. High-efficiency and precision grinding technology of HIPSN all-ceramic bearing race[J]. Key Engineering Materials, 2007, 359-360: 108-112.

[358] Li S H, Wu Y H, Zhang L X. Development and experimental investigation of a high speed grinding spindle equipped with fully-ceramic bearings and ceramic shaft[J]. Advanced Materials Research, 2010, 156-157: 1366-1371.

[359] 李颂华, 吴玉厚. 高速无内圈式陶瓷电主轴设计开发与实验研究[J]. 大连理工大学学报, 2013, 53(2): 214-220.

[360] Li S H, Feng M H, Wu Y H. Research on optimal design and processing of high-speed ceramic ball bearings without inner rings[J]. Applied Mechanics and Materials, 2013, 446-447: 513-517.

[361] 闫海鹏, 吴玉厚, 王贺. 高速角接触陶瓷球轴承电主轴的辐射噪声分析[J]. 制造技术与机床, 2019, (7): 145-148.

[362] Zhang L X, Xu M Y, Wu Y H, et al. Analysis about the influence of load on loss of the ceramic spindle[J]. Advanced Materials Research, 2013, 655-657: 542-546.

[363] 张丽秀, 李超群, 李金鹏. 高速主轴温升影响因素实验研究[J]. 组合机床与自动化加工技术, 2016, (6): 75-77, 91.

[364] Zhang L X, Wu Y H. Vibration and noise monitoring of ceramic motorized spindles[J]. Advanced Materials Research, 2011, 291-294: 2076-2080.

[365] Zhang L X, Wu Y H, Wang L Y. Analysis on the influence of vibration performance of air-gap of ceramic motorized spindle[J]. Advanced Materials Research, 2011, 335-336: 547-551.

[366] 张丽秀, 阎铭, 吴玉厚, 等. 150MD24Z7.5 高速电主轴多场耦合模型与动态性能预测[J]. 振动与冲击, 2016, 35(1): 59-65.

[367] Wu Y H, Li S H. Ceramic Motorized Spindle[M]. London: ISCI Publishing, 2018.

[368] 吴玉厚, 李颂华. 数控机床高速主轴系统[M]. 北京: 科学出版社, 2012.

[369] 张峰铭, 吴玉厚, 闫海鹏, 等. 陶瓷电主轴空载噪声的分析与研究[J]. 组合机床与自动化

加工技术, 2018, (9): 41-44, 52.

[370] Sun J, Wu Y H, Zhou P, et al. The effects of grinding parameters on grinding performance and cracks extending mechanism of Si_3N_4 ceramic based on diamond grains[J]. Revista Romana de Materiale—Romanian Journal of Materials, 2018, 48(2): 198-203.

[371] Wang H, Zhang K, Wu Y H, et al. Research on grinding force of zirconia internal grinding with resin bond diamond wheel[J]. Advanced Materials Research, 2016, 1136: 30-35.

[372] 吴玉厚, 王维东, 李颂华, 等. 干湿磨条件下氧化锆陶瓷表面粗糙度实验[J]. 沈阳建筑大学学报(自然科学版), 2017, 33(6): 1080-1087.

[373] Li S, Zhu Y, Wu Y. Design and experimental investigation of innovative fully ceramic spindle-bearing system for NC machine tools[J]. Engineering Science, 2016: 1-10.

[374] 吴玉厚. 热压氮化硅陶瓷球轴承[M]. 沈阳: 辽宁科学技术出版社, 2003.

[375] 吴玉厚, 沙勇, 李颂华, 等. 氮化硅陶瓷球研磨过程中微磨料磨损形式的转变[J]. 兵器材料科学与工程, 2021, 44(3): 49-57.

[376] 吴玉厚, 张珂, 邓华波, 等. 主轴内置机械式在线动平衡装置: 中国, ZL201510398608.9[P]. 2017-05-24.

[377] 吴玉厚, 张珂, 张驰宇, 等. 一种主轴内置电磁驱动式动平衡装置: 中国, ZL201510671384.4[P]. 2018-02-02.

[378] 吴玉厚, 张珂, 邓华波, 等. 一种主轴内置机械式在线动平衡系统: 中国, ZL201510398758.X[P]. 2017-10-20.

[379] 邓华波, 丛仲谋, 郭建成, 等. 一种主轴动平衡双平面等效力平衡在线调节方法: 中国, ZL201710733490.X[P]. 2019-05-03.

[380] 吴玉厚, 张珂, 邓华波, 等. 一种主轴内置机械式在线动平衡系统的调整方法: 中国, ZL201510398747.1[P]. 2018-02-02.

[381] 包志刚, 吴玉厚, 赵晓旭, 等. 油气润滑装置、油气润滑的电主轴组件及其控制方法: 中国, ZL202010019846.5[P]. 2021-03-02.

[382] 张丽秀, 吴玉厚, 张珂. 一种电主轴加载测试系统及方法: 中国, ZL201310522511.5[P]. 2015-09-16.

[383] 吴玉厚, 张丽秀, 李颂华. 一种陶瓷轴芯高速电机装置: 中国, ZL200910188243.1[P]. 2011-06-15.

[384] 吴玉厚, 张珂. 高精度热压氮化硅陶瓷球轴承及其制造方法: 中国, ZL200410088856.5[P]. 2008-01-30.

[385] 张晓辉, 朱剑平, 蔡金洲, 等. 论陶瓷电主轴的故障分析及修复[J]. 装备维修技术, 2013, (Z1): 42-46.

[386] 杨川, 郭红丽, 田泽鹏. 电机轴承装配工艺与噪声振动的影响[J]. 山东工业技术, 2017, (17): 40.

[387] 肖九梅. 浅谈陶瓷轴承的使用与维护[J]. 陶瓷, 2020, (2): 9-14.

[388] 李苗苗, 李卓, 马亮亮, 等. 轴承配置对转子轴系振动特性的影响[J]. 航空动力学报, 2019, 34(6): 1209-1216.

[389] 闫海鹏, 吴玉厚, 孙健, 等. 电主轴装配与拆卸工艺的研究[J]. 机械制造, 2019, 57(5): 87-90.

[390] 吴玉厚, 闫海鹏, 王贺, 等. 一种全陶瓷轴承电主轴拆装方法: 中国, ZL201910159180.0[P]. 2020-04-28.

[391] 吴玉厚. 闫海鹏, 王子男, 等. 一种全陶瓷轴承电主轴轴承与转轴拆卸装置: 中国, ZL201910196720.2[P]. 2020-09-11.

[392] 闫海鹏, 吴玉厚, 王贺, 等. 高速电主轴辐射噪声特性分析[J]. 机床与液压, 2020, 48(7): 1-5.

[393] 闫海鹏, 胡贝贝, 牛虎利, 等. 全陶瓷球轴承电主轴磨削工件时辐射噪声特性研究[J]. 制造技术与机床, 2021, (4): 111-114, 125.